技术大全 SUMMA
TECHNOLOGIAE

STANISŁAW LEM

[波兰] 斯坦尼斯瓦夫 · 莱姆　著　云将鸿蒙 云将鸿蒙二号机 毛蕊　译

北京日报出版社

目 录

作者前言

这本书反反复复写了三次，直到第三次，我才得以确定它的边界在哪里，进而把这条边界勾勒出来，这样，这本旨在建造一座"理性之塔"，使人获得无限视野的书，才不致经历和那位谈论《圣经》的前辈相同的命运。为了突出主线——这一主线并不在于提出的一系列问题，而在于态度，用文中的话说就是"建设性"——所以哪怕是一些重要的话题和问题，在写作的过程中也不得不略过。这本书中一定不可避免地存在着不均衡的现象：对有些问题探讨得过多，而对有些问题则关注得太少。尽管我可以为这样的写作决定做出种种辩解，但是归根结底，一定是我的个人偏好所导致的。

《技术大全》（后文简称《大全》）到底是什么？是以"全工程学"为主题的文明兴衰文集？是对人类过去与未来的控制论诠释？是透过建造者的眼睛看到的宇宙图景？是关于自然伟力和人类双手的创造的事？是对未来

千年科学技术发展的预测？是一组过于大胆，以至于很难宣称有什么扎实科学依据的假设？的确，每项都有一些吧。那么对于这本书，读者应该或者能够相信几分呢？这个问题我可回答不了。我不知道哪些想法和假设会比其他人的更有可能。它们之中也没有哪一个是不可撼动的，而时间的流逝会把其中的许多，甚至所有，冲刷得无影无踪——但那些始终谨慎保持缄默的人却永远不会出错。

我试图以一种最简洁的方式来介绍我要表达的内容，然而准确性与简洁性并不总是紧密相关。我也并不总能将那些如同我私有财产（同时也是我的风险）的概念与从别人那里汲取而来的概念清晰地区分开来。认为有必要追根溯源的读者，可以在本书的末尾找到我的参考文献列表。

幸而有约瑟夫·什克洛夫斯基教授及其专著，我才得以填补此书中关于宇宙文明的参考书目空白。在很多方面、不止一次，甚至所有的一切，我都应该对其他作者表示感谢，然而我在此单独提到什克洛夫斯基教授，是因为他的作品是《大全》得以矗立的基石之一，没有它，这本书便无法以现有面貌呈现于世人面前。正因为（如第一章所说）对未来发展的预测充满了巨大的不确定性，哪怕是将其限定在相对狭隘的未来几十年中；也因为（正如第二章所说）地球上生物及技术这两种伟大的演化历程，并不能为全面而深远的预测提供什么依凭，在这种情况下，唯一不完全脱离经验的办法就是为地球文明找到一个将其包含在内的参考集。虽然它也只能用在一组假设的宇宙文明中，第三章介绍的就是这样一种对比研究的积极尝试。这种"宇宙比较社会学"的实践，理应带来真正具有深远意义的预测，但风险依然不可谓之不高。这一并不存在的学科研究仅有的依据便是经验事实，而这一事实还是否定的：鉴于在宇宙天体观测的全部材料中，都看不到这个可见宇宙中有任何理性（技术）行动的痕迹。将这样的事实提升到决定人类发展变体抉择（参见后面的几章）衡量标准的地位，似乎有些矛盾或荒谬，然而，天文学中探索宇宙起源的思考基础恰恰就是一个类似的否定性事实。这里，我想到的是奥伯斯佯谬：如他所说，假如宇宙是无限的，而且均匀地分布着无数的星体，那么整个太空应该无时无刻不散发着一种均衡稳定的光亮——然而事实并非如此，这就是在提出宇宙构造假说时必须要考虑到的"否定性事实"。同样的，这些视觉上并不可见的天体工程现象让我们不得不摒弃所有定向演化发展的假说，这些假说认为，未来是许多倍的现在，所以所有先于地球文明的文明都会大规模地开展天文上可见的星级工程。正如奥伯斯佯谬没能选择正确的宇宙模型作为指导，没找到天体工程也无法确保关于文明发展方向假说的正确性，因为这种不可见性可能是由于宇宙中生命非同寻常的稀缺性，也有可能（或许是两者兼有）是个别行星"灵生代"的瞬时性造成的。然而，在《大全》中，和当今的主流观点一样，我也假定了宇宙生命的普遍性，不认同（出于本文中介绍的原因）"宇宙全面灾难主义"，即所有可能存在的文明都具有自杀倾向。

确立这样的前提基础之后，在第四章及后面的章节中，我将讨论发展的替代假设，同时将科学信息的指数级增长当作抑制技术定向演化和改变文明未来命运的主要因素。对打破"信息壁垒"尝试的讨论引出了"信息农场"的概念，一个大规模生物技术工程活动，以及最后的"宇宙工程"，鉴于前文中提到的假设，其中最为有趣的要数"不可见的天文"变体。最后是对"全能"的介绍：它一方面被定义为人类在大自然的"建设性"活动的地盘上与之进行的有效对抗；另一方面，与前面提到的人类向物质环境扩张的企图正好相反，那就是技术对人体的入侵，换句话说就是人类的生物自我演化变体。

以上所述便是本书的逻辑结构，当然也不是无懈可击的。比如，人们可能会以为每一个文明的发展都可以分为两个阶段："孕育期"和"宇宙诞生期"；以及"成熟期"。在第一个阶段，所有的思维活动都在母星的范围内展开。跨越某个"技术门槛"后，文明便得以迈入可以和宇宙中其他处于成熟期的文明（这里假设这些"成熟"文明存在且活跃已久，只是仍处于幼稚的"胚胎孕育期"的我们无法感知或识别他们）交流的领域。这种需要事先承认额外假设的观点，以及其他许多观点都没有被考虑在内，因为这会使得任何"宇宙社会学"的尝试都显得很不成熟。我尽量将自己所介绍的内容限制在科学方法论允许的范围之内，或者更确切地说，方法论所规定的范围之内，也正因如此，我认为，我所介绍的内容更像一部假设合集，而不是幻想文集。而这二者之间又有什么区别呢？举个例子，人们可能会认为：我们所见的宇宙其实是不同天体间的战争引起的局部紊乱，这些天体的一秒钟和一毫米就相当于我们的十亿年和一个秒差距。然后我们所看到的银河系是局部爆炸发生之地，伴随着四散而飞的星云碎块以及恒星碎片，而微乎其微的我们纯粹是因为走运，才误打误撞进入了这次爆炸的中心。而这样的想法正是一种幻想，并不是因为这些想法"怪异""个别化""难以置信"，而是因为它与科学基础背道而驰，因为科学并不承认地球及其宇宙环境的命运具备任何特殊性。而"将宇宙看作战场"这一想法之所以是幻想而不是假设，是因为它在某种程度上认定我们的存在是特别的。相反，科学让我们相信，存在于天地间的万物，都是平均的、中立的、平常的，用一句话概括就是：万物皆普通。而本书中要呈现给读者的思考与观点的基础，正是要摒弃那些假设我们的存在具有特殊性的概念。

1963 年 12 月于克拉科夫

英译者序言

演化或许比它的各部分加起来更伟大一些，

但也伟大不到哪儿去

在宇宙中，人类是一种典型现象还是一个特殊现象？一种文明的扩张有其极限吗？剽窃自然算作弊吗？意识是人类能动性的必要组成部分吗？我们应该更相信自己的思想还是自己的感知？是我们在控制技术的发展，还是技术在控制我们？我们应该给机器以道德吗？人类社会与细菌群落有什么共同之处？我们能够从昆虫那里学到什么？要想回答上述及更多的问题，翻开斯坦尼斯瓦夫·莱姆的《技术大全》，你显然没有找错地方。

对于英文读者来说，莱姆最著名的身份是小说《索拉里斯星》的作者，这部小说曾两度改编成电影，导演分别是安德烈·塔可夫斯基（影片获 1972 年戛纳电影节评委会大奖）和史蒂文·索德伯格（2002 年上映）。然而，全世界的科幻迷这些年来一直都在阅读莱姆那些颇具原创性，而且往往非常惊人的小说——这些作品已被翻译成四十多种语言。不过，这位波兰作家对科幻小说的态度也没少给他惹麻烦。看看他是怎么激怒美国科幻与奇幻作家协会（SFWA）的吧，莱姆毫不客气地批评此类型中的大多数作品都毫无想象力和预见性，对未来的想象也相当狭隘。莱姆自己的小说则完全不同，它们建立在科学研究的基础之上，是对技术、时间、演化，以及人类的天性（与文化）的深刻哲学思考。使得莱姆的作品格外与众不同的是他幽默讽刺的写作风格，充满了双关、玩笑和机灵的旁白。但与此同时，他这些扣人心弦的太空旅行、外星生命和人类强化故事，也是关于人类与非人类生命的过去、现在与未来形态的复杂哲学寓言。

莱姆小说中的哲学野心在他最为完整、成熟的一部作品中表现得淋漓尽致：一部未来学、技术和科学论集，名为《技术大全》。这个书名是对托马斯·阿奎那《神学大全》（Summa Theologiae）的戏仿，莱姆建立起一座世俗知识的大厦，意欲与他的经院学术前辈分庭抗礼。在《大全》中，莱姆致力于研究当时的科学概念背后的前提与假设，特别是支撑着这些概念的"技术"这一观念。他开宗明义地写道："在本书中，我将集中讨论我们文明中可以在既有知识的基础上猜测和推导出来的各个方面，无论其实现看上去有多么不可能。这一假设构建的基础就是技术，亦即，用以实现某些集体决定的、受制于既有的知识水平和社会交往能力的目标——没人把它们当作目标的目标——的手段。"

尽管《大全》的写作已经是近五十年前的事了，但它的思想活力和重要意义却不曾有半分失色。自1964年出版以来，某些具体的科学议题或许有所推进或纠正，但真正令人惊讶的是：他搞对了，甚至预测到了那么多的事情——从搜寻地外文明计划（SETI）的局限到人工智能、仿生学、搜索引擎理论（莱姆的"阿里阿德涅学"）、虚拟现实（他称之为"幻影术"）和纳米技术。不过，这本书之所以能经久不衰，靠的还是在多个层面上展开的哲学讨论。生物物理学家彼得·布特科2006年发表了一篇《大全》的阐释文章，将其描述为"一部演化领域无所不包的哲学论述：不仅是科学和技术的演化……而且是生命、人性、意识、文化和文明的演化"。[1]

莱姆对涉及生物与技术演化的平行过程的研究，以及他对这种平行性后果的探索，为那些如今被许多媒介理论家用得多少有些随意的概念——譬如"生命"（life）、"缠结"（entanglement）、"关系性"（relationality）——奠定了重要的哲学与经验基础，同时剔除了其中活力论者的傲慢。可以说，在莱姆看来，演化"只是恰好发生了"。尽管如今人们又重燃起了对亨利·伯格森的著作及其创造性演化思想的兴趣，吉尔·德勒兹（往后看看就会知道，莱姆应该不会太喜欢他的哲学理论）也给出了对伯格森的重读，围绕着达尔文著作同样产生了多重交锋和概念重建，但莱姆对演化及地球生命兴起的不同线索和故事的批判性研究也没有失去任何重要性和时效性。我们应当将两种演化——生物上的和技术上的——放在一起考察，他的这一假设不仅仅是一种类比论证，也有着明显的现实维度。在题为《三十年后》的后记中，莱姆解释说，这本书的核心思想是"一个信念：生命及其经过生物学检验的演化过程将成为一座金矿，为未来所有适用于工程学方法的现象的构建带来取之不尽的启示"。[2] 有趣的是，我们可以在贝尔纳·斯蒂格勒提出的原始技术性（originary technicity）上看到这一纠缠演化轨迹（并非有意）的回声，这一理论是斯蒂格勒在其著作《技术与时间Ⅰ》中提出的，受到了勒鲁瓦-古兰古生物学研究成果的启发，现已成为当代技术哲学与媒介理论的基石之一。

以这种方式来思考生命在地球上的兴起，对于将人类置于万物之巅的人类中心主义来说，无疑是一种打击。莱姆认为，演化过程的背后不仅没有任何计划或整体思路的指导，其跳跃式行进中还充斥着一系列的错误、抢跑、重复和死胡同。他指出，"鉴于靠双脚站立并行走的尝试已经反复出现过无数次，想要为人类寻找一条平直的演化谱系的努力注定是徒劳的"。正如波兰批评家，同时也是著有多部作品的莱姆研究专家耶日·亚热布斯基所说，莱姆还点明了生物演化与理性演化之间的一个重要区别，否认后者的增加会自动带来设计能力的提升。莱姆的观点比理查德·道金斯"演化是一个盲眼钟表匠"的观念要早上二十多年，非但不那么浪漫，还要更加讽刺，正如在《大全》的第八章《演化的讽刺》中，他把演化描述为一种在设计自身方案时投机、短视、吝啬、挥霍、混乱、毫无逻辑的存在。演化最让我们感兴趣的产物，也就是被莱姆视为"自然最后的遗迹"的人类自己，也在引入自身和环境的技术侵袭之下被改造得面目全非。不过，莱姆并没有为这一正在发生的变化而悲哀，也不想去捍卫"自然之道"，或是坚持人类作为有机统一体的"本质"，因为后者看起来是那么短暂，在某种程度上也并不真实。正如布特科所说："莱姆在哲学上是一位实用主义者，他知道对大多数人来说，衡量万物的尺度是人性……但《大全》中并没有对人性的崇拜，我们并非演化的完美成果，要是它现在就停下来，那才叫奇怪呢。"[3]

为了进一步讨论这个观点，我们可以把莱姆关于演化设计的思考和斯蒂格勒的原始技术性理论结合起来，鉴于二者都认为人类早已技术化，而且恰恰是在与技术——从燧石工具与火一直到蒸汽机和因特网——的关系中出现的。斯蒂格勒用来解释人类对世界这一外在化过程的词叫作技术趋势（technical tendency），早在更为原始的动物学演进中应该就已经存在了。正是这一趋势使得人类（当时还不是）站立起来，把手伸向全世界去拿、去制造东西。"因为两手做事——即变爪为手——就意味着操作，而手操作的就是工具或器具。手之为手就在于它打开了技艺、技巧与技术之门。"[4]斯蒂格勒这样写道。在传统的亚里士多德理论模型中还只是一种工具的技术，在斯蒂格勒的框架中已经囊括了整个环境。这一理论策略使得这位法国哲学家可以假定我们在世界上的存在本质上是技术的，也反驳了所有只是简单谴责技术，或是想要回到想象中自然之地的尝试——因为人们认为自然是最原始的，因而也就更可信、更真实、更纯粹，一如人们觉得它先于技术而存在。和他一样，莱姆也不许我们对自然的运作抱有诸如此类的幻觉。在他看来，人类兴起的过程仍在继续，尽管自工业革命以来，这一过程无疑加速了。莱姆在《大全》中详细阐释的"信息泛滥"便是这种加速的结果之一。

本书中，莱姆的理论框架来自（当时尚属萌芽阶段的）控制论，以下段落便是明证：

> 想要控制周围环境，或者至少是在挣扎求生的过程中不向环境投降，是所有生物所共有的一种与生俱来的倾向，事实上，每种技术都是这种倾向

的人为延伸。内稳态（Homeostasis）——一个复杂的名称，指的是努力达到平衡，或在变化中维持存在——创造出了抵抗重力的钙质和几丁质骨架，便于移动的腿、翅膀和鳍，用于进食的尖牙、角、下颌和消化系统，保护自己不被吃的甲壳和拟态。最终，在努力减少有机体对环境的依赖的过程中，内稳态还实现了对体温的调控。就这样，在普遍熵增的世界中出现了一批熵减的小岛。

因此，我们文明的历史，用莱姆的话说就是"从类人猿序章一直到我们在这里概述的可能的延展"，可以视作一个几千年来内稳态范围不断扩张的控制论过程——人类对身处环境进行改造的另一种定义。作为一种探讨这个世界及其自然与技术进程的思想，多亏了 N. 凯瑟琳·海勒、加里·沃尔夫和布鲁斯·克拉克[5]等人的开拓性工作，控制论已经对媒介研究、科学技术研究，以及数字人文领域产生了深远影响，在这种情况下，能够把莱姆当作这一理论框架自觉而又批判的应用者来看待，是一件很有意思的事。有趣的是，莱姆还能将控制论研究置于冷战时期，特别是核威胁不断迫近的政治背景中，以"东方"的视角来讲述有关科学-政治关系的故事，在他看来，东方正处于与其西方对手之间不断摇摆的冲突与缓和之中。

于是，《大全》成了海勒《我们何以成为后人类》（*How We Became Posthuman*）一书的重要伙伴，后者通过考察梅西会议，追溯了控制论的起源，其背景是冷战带来的科研经费与两极分化的思维方式。

虽然超越了认为人类处于生物链最顶端的人类中心主义思想，莱姆还是花了大量时间思考人类在广阔宇宙中的特异性，以及他们的道德与政治责任。正如彼得·斯维尔斯基指出的那样，在《大全》中，莱姆与"认为人类能够超越部落主义，在全球范围内建设一种更美好未来的启蒙主义思想"[6]划清了界限，恰恰相反，他关注的是"我们对冲突与侵略无孔不入，似乎也无法遏止的冲动"[7]。这位波兰作家对"'智人'的理性持怀疑态度——和在他之前的乔纳森·斯威夫特一样——认为他们只是具有理性能力（Homo rationis capax）罢了"[8]。莱姆自己在《大全》第一章里做出的预测也很是不详："比起一百年前，现在的人更加认识到自己的危险倾向，在接下来的一百年里，他的知识会更先进，然后他会利用它。"在《大全》和莱姆的其他作品（尤其是他晚年那些科学与哲学主题的短文[9]）中，都可以非常明显地看出，他对作为演化产物的人类不怎么乐观——不仅是上文中对未来发展前景的不乐观，对当下的伦理政治形势也是如此。也许这并没有什么好惊讶的，因为正如前文所说，莱姆觉得一旦"知道它到底在做什么"，我们就不可能再信任演化。看上去，我们自己也不值得信任——至少不是始终如一的信任。这一有限的认知源自一种深层的矛盾，矛盾双方在莱姆那里表现为"有意识、能思考的头脑与决定行动的深层程序"，按照海勒的解释，这个底层程序就是基因，她还进一步指出，莱姆作品中的能动性危机因而"进一步表现为能思考的头脑（们）不可避免的悲剧性处境"[10]。

事实上，在他对自然、科学和技术的所有论述中，正是伦理方面的探讨提出了堪称最发人深省也最及时的问题。1994年，在接受斯维尔斯基的长篇访谈时，莱姆阐述了他的伦理学立场，其基本结论便是"传统的伦理类型都在迅速失效"[11]。在莱姆看来，经历了各式各样权威的垮塌、世俗化、极端民族主义与极端地方主义的兴起，以及逃避主义的诸多病态表现，二十世纪下半叶的人类不知怎么患上了留白恐惧症（horror vacui），"于是我们就可以看到一种新型'没有良心的人'的产生"[12]。对人类境况的这种悲观与忧伤，无论是在哲学还是在文学中都已经很常见了。不过在这里，我们还是得区分以下这两种对人类的悲观态度：一种是比较概括的形而上学叙事，包括那些主流宗教，认为人类受苦是因为某种原罪，或是其他引人作恶的固有缺陷；另外一种是更具怀疑精神的现实主义者的论点，他们会更实证地评估人类的缺陷，也就是说，建立在历史经验的基础之上。此外，这种对人类作恶潜力的推定是用减法做出来的：如莱姆所说，人类终将利用他的知识，那么就会有各种各样的用法，其中肯定会有一些有害的用法，因为无论是人类自身还是这个世界，都没有任何既有的因素能够打断这些操作。纵使人类已经在生物与技术演化的平行过程中获取了技术知识，但本身还是缺乏政治智慧，用斯蒂格勒的话说就是索菲娅（sophia）[13]，这就是为什么没什么东西能够阻止他制造武器而非生产器具，制造战争而非做爱。政治体系、国家与组织的政策、道德准则、文化价值观本可以阻止事情向负面甚至破坏性的方向发展，然而，在大多数情况下，政治和伦理想要赶上科学的发展那可是太难了。结果就是它们根本来不及阻止任何事情。人类自身能动性上的自由这么有限，又缺乏与世界上其他生命相处的知识，这些都加剧了人类的悲剧状况。

亚热布斯基表示，在莱姆看来，道德是"人类对人类历史的真正贡献"，它赋予了"不讲道德的达尔文主义模式一种人情味与组织感"，同时也使得文学作品的作者能够"以明确的观点"收束全篇。[14] 与此同时，他还指出了莱姆叙事中的一些逻辑缺陷，尤其是他对理性的发展不受限制的坚信——莱姆声称，到了某个时刻，理性将会压倒人类的智力，朝着某些虽不明确但有可能很危险的方向发展：比如说，走向宇宙的死亡。在指出传统神学在即将到来的"天启"或曰世界末日的问题上处理得更好的同时，亚热布斯基也提醒大家注意莱姆自己围绕这些问题所做的末世论方面的思考。这大概也解释了莱姆为什么会喜欢"构建配有某种脐带或入口的世界，以物质和完全世俗的方式来理解超然的存在。这使得把末世论的问题抛向另一个世界成为可能，从而免除了我们在已知宇宙的范围内回答这些问题的责任"[15]。我认为在这种情况下，莱姆（或许是无意识地）从他论证的后门走私了一些人文主义的碎片。他不时的斯威夫特式的厌世主义掩盖了他对人类状况的悲哀及改善的渴望——某种只有在形而上学或小说中才能上演的东西。在《大全》中，莱姆对佛教在社会政治方面的寂静主义的尖锐批评，在某种程度上也适用于他自己的技术化科学预测。

但我们不应低估莱姆在多个方面展开的这些批评的力量，和他写到的那些技术一样，在一个科学需要被严肃对待，但任何权威本质上又都很有限，也很难不犯错误的世界里，如果它们掌握在正确的人手中，便有可能成为一种动力，推动知识与文化发生真正的转变。事实上，在整个论证过程中，莱姆都毫不留情地将奥卡姆剃刀运用在科学所持有的许多假设和命题上，同时也对科学辩论和发现沉迷不已。尽管他自己对文学理论中各种各样的"主义"都相当怀疑，面对许多思想家和思想流派时更是非常暴躁——他对"这个疯子德里达"持强烈批评的态度，认为黑格尔是个"白痴"，对认为病人会按照性象征做梦的弗洛伊德学派和认为病人会按照原型做梦的荣格学派的精神分析学家们嗤之以鼻——但他对认知本质的怀疑主义（或者说是"可误主义"，按照帕斯里·雷文斯顿的说法 [16]）中还夹杂着对某些人类掌控之外的非人力量的探索。这些力量主要是自然之力，从演化的曲折和反复中便可见一斑，但莱姆也表现出了对个体人类的能动性被"系统"（无论它是生物的、社会的还是政治的）的力量征服、与之竞争，以及时有发生的协作情况的兴趣。这或许就解释了他为何会反复讨论意外、机会和运气等问题，而（在二十世纪六十年代非常流行的）博弈论恰好为他分析现代世界的发展提供了一个有用的框架。然而，如前所述，我们回到莱姆，并不只是出于历史原因。莱姆和大多数技术哲学家的区别不只是在于他的机智——可以理解为思维敏锐又有幽默感——还在于他对自己的哲学与科学中叙事性与故事性的自觉。（这并不是说这里的科学是"编造"的，而只是说它不仅依赖于数学语言，也依赖于文化上特定的符号学描述符，而且，它的惯例与假设还会随着时间的推移而变化。）

因此，《大全》便成了另一种技术哲学的样本，将严谨的知性分析与更容易和文学联系到一起的语言学游戏结合到了一起。尽管科学以其根植于客观事实与理性方法的方法论[17]，为莱姆在整本《大全》中采取的立场提供了一个坚固的基础，但可以说，他更感兴趣的是指出某些问题，并对此提出疑问[18]，而非为当下或未来提供某些确定的图景。结合了科学的严谨与哲学的前瞻性，莱姆谦虚地宣称："我并不觉得自己在主观上永远不会犯错。"[19]因此，他是一个怀疑论者，无论是在对科学与技术发展的看法上，还是在探索科学的不确定性与人类认知的限度时。或许这也可以解释为什么他对那些跟他采用的理论框架不兼容的思想流派的态度不是那么客气（也有可能它们只是不合他的胃口）。譬如：莱姆对文学理论中的结构主义从来都不屑一顾，尽管他会目不转睛地阅读博弈论的结构主义基础；承认自己没怎么太认真读过哲学，在他看来，哲学只是科学的衍生品罢了（显然，哲学被限制在了它的分析性肉身之中）；认为女性搞文学和学术都是"毫无必要地难上加难"[20]。

可以说，文学提供了一个独特的空间，在那里，这样的讨论得以最有效、最自由地发生——他那些深深根植于科学之中（与那些通常与科学只有粗浅关联的科幻小说截然不同）的"关于科学的小说"，为他的许多思想实验提供了试验场。尽管就其哲学风格与学术论证的性质而言，《大全》与莱姆的小说分属不同的体裁，但它们都受制于一种独特的文学性，在其作者把语言当作一种可塑材料来使用的创造性文化过程中展露无疑，这种材料在实验中确实会发生一定的变形，但同时也会表现出某种"材料韧性"。亚热布斯基甚至觉得，对于莱姆来说，演化本身也是一种"叙事"。[21] 同样，这并不是说它其实没发生过，而是说它需要多种叙事的演绎才能作为一个概念被传达——或是"传输"，借用《大全》里最爱用的那种通信用语——给处于特定的社会文化与哲学背景中的人类接收者。这就出现了一种悖论，因为正如亚热布斯基所说，演化是无法用理性来理解的——"因此，唯一的应对办法就是把一种人性的、近乎合理的叙事强加给它"，这就是为什么必须"通过与某种我们已知的东西类比，把它融入人类历史中"。[22] 可以说，《大全》想要处理的正是这一悖论。

谈及莱姆的文学性时，许多评论者都会提到安迪·索耶所说的作者"拖泥带水的写作风格"，以及他对"怪诞的、意象性的、语言学上的过度"的热爱——在索耶看来，这让莱姆变成了一位"巴洛克大师"。[23] 这种巴洛克式的，而且经常是很戏谑的风格或许是莱姆读者的快乐之源，但同时也是他的译者的沮丧之源。莱姆的语言与概念实验有着一长串的解码者——迈克尔·坎德尔、安东尼娅·劳埃德-琼斯、彼得·斯维尔斯基——在翻译莱姆那些自造词和复杂的措辞时，他们都展示出了炉火纯青的语言驾驭能力。莱姆自己似乎也很清楚译者的任务在某种程度上是开放的，他说："对文学的理解从来不存在唯一的最优解，有的只是相互联系、相互影响的集合。翻译也是如此。莎士比亚有那么多不同的译本，大部分都非常好，不过它们非但不雷同，事实上还千差万别。这都是无法避免的事。有的读者会一直喜欢《哈姆雷特》的这个译本，有的则会发现另一个译本读来更满意。"[24] 当然，我们很容易就可以把这里的《哈姆雷特》换成《大全》——真是一则令人安慰的说明，尤其是当它来自一位据说给他的许多译者都写了"分手信"的作者。

综上所述，翻译《大全》对我来说是一场有趣的智力和语言冒险。2009 年，马克·珀斯特教授与明尼苏达大学出版社刚联系我，让我考虑翻译这本书的时候，我觉得这个提议相当诱人，倒不是说我就忙不迭地抓住了这个机会，或是说后来我决定接下这本书的时候心里并不忐忑。（据说莱姆曾接待过一位想要翻译《大全》的"年轻女士"，但"尽管她非常努力……还是被迫放弃了"[25]，但这则逸事对我的作用只有激励！）作为莱姆的长期读者，在从事学术工作之前是科学与人文学术文本的译者，如今的研究领域又恰好是《大全》所关注的技术哲学与伦理学，我深知自己要处理的是一个令人兴奋但又十分困难的文本，无疑会渗透到我自己的哲学谱系与全部语言变体中。事实确实如此：我被彻底地"莱姆化"了。比如说，《后新媒体的生活：媒介作为关键过程》[26] 中就萦绕着莱姆的思想，这本书是我在翻译《大全》期间与莎拉·肯伯合著的。它帮助我明晰了我们可以称之为批判性活力论(critical vitalism) 的观点：演化过程应该被严肃对待，而非盲目崇拜；生命在生物与哲学上的发展需要人类的干预来理解，并控制它的随机展开。

首版《大全》1964 年在波兰出版，同年再版，1967 年与 1974 年也陆续出了新的版本(莱姆都做了一些修订)。本书翻译依据的是 1974 年的第四版，因为这可以说是最成熟也最新的版本了。布特科说："本质上讲，《大全》是一部仍在进行中的作品：莱姆修正了错误，更新了思考，部分依据是读者的反馈，他们往往是些科学家或各自领域内的专家。"[27]2000 年，《大全》在波兰再版；莱姆去世之后，又作为他作品全集的一部分于 2009 年至 2011 年间由《选举报》(Gazeta Wyborcza) 的出版商阿戈拉集团出版——这说明莱姆在其祖国的受欢迎程度和重要性都一如既往。莱姆自己似乎也始终坚信《大全》中的观点会有长久的时效性，远远超过他那些具体科学预言的实现，鉴于他曾对波兰文学评论家斯坦尼斯瓦夫·贝雷希坦陈:"《技术大全》是我所有这些论述性作品中唯一满意的一本。倒不是说它就不能更改,但如无必要,还是不改为好。这本书已经活了下来,而且依然很有生命力。"[28] 不过,莱姆在 1991 年的时候也承认他很乐意出"一部评述版的《大全》,把我对自己在二十世纪六十年代写的东西的评论和解说——以大量旁批、脚注和其他的方式——都增补进去"[29]。他的两篇文章,《二十年后》(写于 1982 年,附在《大全》第四版后,莱姆在这篇文章中给出了他对未来学的反思)和《三十年后》(回应了波兰哲学家莱赛克·考拉阔夫斯基的一篇书评),表明作者对这本书"如石沉大海,没有激起水花"[30] 有些伤感,还把《大全》中的一些例子更新为后来出现的科学对应物(比如合成生物学,以及可视电话和数据手套之类的虚拟现实设备)。提到这些是为了证明莱姆在《大全》中确实预测到了多少发明和发现——尽管他对人类的未来学愿景很是怀疑。"没有什么比未来衰老得更快。"[31] 他调侃道。

本书收录于明尼苏达大学出版社的"电子媒介丛书"——在十余年的时间里,该系列为新技术和新媒体的研究开辟了新的途径——旨在为最成熟的 1974 年第四版《大全》提供一个准确的译本,同时呈现莱姆在语言上的癖好。虽然原书中的一些科学材料甚至术语均已过时,但这里并没有想要把莱姆"更新"到二十一世纪，因为这本书确实"已经活了下来，而且依然很有生命力"。和各位译者一样，我也不可避免地需要在处理风格、语法和特定概念的语言学演绎时做出一些决定。我特别留意到莱姆在调整第三人称单数他（he）上相当强硬的态度，他是这么说的："我被当代北美的一个规定搞得很烦，他们要求你在写到某个人，比如一个物理学家时，必须用'他／她'来指代。我坚决反对这一点，当他们要我同意在我的书的美国译本里这么用时，我明确拒绝了。我告诉他们，他们要印可以印，但只能按照它本来的样子来印。这就跟管上帝叫'她'一样荒谬——一个奇怪的概念，鉴于在所有的一神教中他都是男的。我看不出有什么理由要改变这一点，这个传统又不是从我这儿开始的。"[32] 从某种程度上看，波兰语中的"rozum"一词是本书讨论中的基础所在，既可以翻译成"reason"（理性），也可以翻译成"intelligence"（智能），在"istota rozum"这样的词组中则既可以翻译成"rational"（有理性的），也可以翻译成"intelligent being"（智能生命）。我采用的是后者，由于它在天体物理学和人工智能研究领域的广泛应用。莱姆的"Konstruktor"在这里翻成了"Designer"（设计者），但是我也希望读者能意识到这个术语的工程学含义。在整本书中，莱姆对大写的使用似乎是一种有意的风格和视

技术大全

觉特色，需要引起注意。比如说，"evolution""designer""history""nature"这些词通常都是以小写的形式出现的，然而，其中某个词会突然被大写——大概是为了提醒读者注意这个概念在这里的重要性。原文中这些大写的地方我都照原样保留了下来。[33]

在本书的翻译过程中，我还得到了许多在科学概念和理念，以及它们的历史沿革上的建议：从利物浦约翰摩尔斯大学天体物理研究所的维托尔德·马切耶夫斯基到预印本数据库 arXiv.org，还要感谢加雷·哈勒和萨拉·肯伯，他们认真且耐心地阅读了译本中的不同部分，感谢我所在的伦敦大学金史密斯学院给了我时间来完成这个项目。最后，但绝非最不重要的，感谢麦吉尔大学（那里的莱姆精神非常活跃）邀请我担任 2011 年的比弗布鲁克访问学者。

乔安娜·齐林斯卡

注释

1　见 Peter Butko, "*Summa Technologiae—Looking Back and Ahead*," in *The Art and Science of Stanisław Lem*, ed. Peter Swirski (Montreal: mcgill-Queen's University Press, 2006), 84.——如无特殊说明，本书中注释均为英译者注

2　见 Stanisław Lem, "Thirty Years Later"（《三十年后》）, in *A Stanisław Lem Reader*, ed. Peter Swirski (Evanston, Ill.: Northwestern University Press, 1997), 70.

3　见 Butko, "Summa Technologiae," 102.

4　见 Bernard Stiegler, *Technics and Time, 1: The Fault of Epimetheus*（《技术与时间 I：艾比米修斯的过失》）, trans. Richard Beardsworth and George Collins (Stanford, Calif.: Stanford University Press, 1998), 113. 更多相关内容可参考 Joanna Zylinska, "Playing God, Playing Adam: The Politics and Ethics of Enhancement," *Journal of Bioethical Inquiry* 7 (2010): 2.

5　见 N. Katherine Hayles, *How We Became Posthuman* (Chicago: University of Chicago Press, 1999); Cary Wolfe, "In Search of Post-humanist Theory: The Second-Order Cybernetics of Maturana and Varela," in *The Politics of Systems and Environments*, Part I, special issue of *Cultural Critique* 30 (1995): 33–70; and Bruce Clarke, *Posthuman Metamorphosis: Narrative and Systems* (New York: Fordham University Press, 2008).

6　见 Peter Swirski, "Stanisław Lem: A Stranger in a Strange Land," in Swirski, *A Stanisław Lem Reader*, 6.

7　同上。

8　同上, 10.

9　正如莱姆在题为《小型机器人》的文章中所说："我们不能排除这样一种可能性，即拥有主权意志的机器可能会在某个时刻开始反抗我们。当然，我关心的并不是机器人对人类的反叛——就像所有原始认知魔法的传播者都喜欢做的那样。我的关注点在于，随着主体行为自由度的提高，'善且仅善'也将无法维持，因为这种自由也会产生一丝'恶'。我们在自然演化中也可以很清楚地看到这一点，这种反思或许可以暂缓我们赋予机器人自由意志的企图。"见 Lem, "Small Robots," in *Lemistry: A Celebration of the Work of Stanisław Lem*, ed. Ra Page and Magda Raczynska (Manchester, U.K.: Comma Press, 2011), 15–16. 莱姆在多年前就曾表达过这一思路，见 "The Ethics of Technology and the Technology of Ethics" (originally published in 1967), 在这篇文章中，莱

姆将道德定义为一种"技术社会的应用型控制",转引自 Peter Swirski, "Reflections on Philosophy, Literature, and Science (Personal Interview with Stanisław Lem, June 1992)," in Swirski, *A Stanisław Lem Reader*, 50.

10 见 N. Katherine Hayles, "(Un)masking the Agent: Stanisław Lem's 'The Mask,'" in *The Art and Science of Stanisław Lem*, ed. Peter Swirski (Montreal: mcgill-Queen's University Press, 2006), 29.

11 见 Peter Swirski, "Lem in a Nutshell (Written Interview with Stanisław Lem, July 1994)," in Swirski, *A Stanisław Lem Reader*, 115.

12 同上, 114.

13 见 Stiegler, *Technics and Time, 1*, 180–95.

14 见 Jerzy Jarzębski, "Models of Evolution in the Writings of Stanisław Lem," in Swirski, *The Art and Science of Stanisław Lem*, 115.

15 同上, 111.

16 见 Paisley Livingston, "Skepticism, Realism, Fallibilism: On Lem's Epistemological Themes," in Swirski, *A Stanisław Lem Reader*.

17 见 Swirski, "Reflections on Philosophy, Literature, and Science," 31.

18 见 Hayles, "(Un)masking the Agent," 43.

19 见 Swirski, "Lem in a Nutshell," 93.

20 见 Swirski, "Reflections on Philosophy, Literature, and Science," 56.

21 见 Jarzębski, "Models of Evolution," 105.

22 同上, 115.

23 见 Andy Sawyer, "Stanisław Lem—Who's He?" In Page and Raczynska, *Lemistry*, 258.

24 见 Swirski, "Reflections on Philosophy, Literature, and Science," 27.

25 见 Swirski, "Lem in a Nutshell," 116.

26 见 Sarah Kember and Joanna Zylinska, *Life after New Media: Meditation as a Vital Process* (Cambridge, Mass.: MIT Press, 2012).

27 见 Butko, "Summa Technologiae," *83–84.*

28 转引自波兰语的莱姆官网：http://www.lem.pl

29 见 Swirski, "Reflections on Philosophy, Literature, and Science," 54.

30 见 Lem, "Thirty Years Later," 68.

31 见 Stanisław Lem, "Dwadzieścia lat później" [Twenty Years Later], in Lem, *Summa Technologiae,* 4th exp. Ed. (Lublin, Poland: Wydawnictwo Lubelskie, 1997), 327.

32 见 Swirski, "Reflections on Philosophy, Literature, and Science," 55–56.

33 英文版中大写的词在中文版中用粗体表示。此外，英文版中斜体的词在中文版中用仿宋体表示。——中译者注

第一章　困境

我们将要谈论未来。然而，让我们这些面对此时此地正在发生的事都无比迷茫的人们来谈论未来会发生的事，难道真的合适吗？的确，在我们自己没法解决的问题都已经泛滥成灾的时候为玄孙们的问题操心，恐怕是最荒谬的那种经院哲学家才会干的事。如果我们姑且能用"我们是在寻找增强乐观主义精神的策略"或者"纯粹是出于对真理的爱"做借口，那还可以说这些构想在未来我们总能看到的。（在我们眼中，等到控制了气候，未来便再也不会有任何风暴的侵扰，无论是在比喻的意义上，还是在现实的层面里。）但我论证的理由并不是出于学术热情，或是坚信"无论发生什么，事情总会变好的"那种不可动摇的乐观，我的理由要更简洁，更清醒，也许还更谦逊，因为，在着手书写明天时，我只是在做一件我力所能及的事——不管做得怎么样，因为这是我唯一的能力。如此一来，我的工作便不会比其他工作更卑微或更不重要，因为它们都建立在同一个事实之上：世界存在，而且将继续存在。

既已证明我的意图并无不妥，让我们来具体看一下本书的主题和方法。在这里，我会将讨论的重点放在我们文明的一些方面，它们都是以我们现有的知识为前提猜测和推导出来的，无论其实现看上去有多么不可能。这一假设构建的基础就是技术，亦即，用以实现某些集体决定的、受制于既有的知识水平和社会交往能力的目标——没人把它们当作目标的目标——的手段。

我对个别技术的机制，无论是真实的还是尚未实现的，都不是特别感兴趣。如果人的创造性活动可以像神在造物一样，免受无知的污染——如果，在现在或是未来，我们能够使用一种最纯粹的、能够和《创世记》中方法论的精确程度相匹配的方式来实现我们的目标；如果，我们说"要有光"就能获得光本身，而没有任何不必要的副产品——我就不必讨论这些了。然而，上面所说的目标的分裂，或者甚至是用一个目标（通常是不如人愿的目标）来替换掉另一个，都是很典型的现象。不满的人就连在神的作品中都能看到类似的紊乱——特别是在智能生命的原型面世，以及随后的智人模型开始量产之后。但还是让我们把这方面的讨论留给神学-技术专家们吧。总之，可以说人类几乎不知道自己到底在做什么——至少不是那么确定。让我来举一个非常极端的例子吧：抹消全部的**地球生命**，这在今天是完全能够做到的，但这其实并不是任何一个原子能发现者的初衷。

因此，在某种程度上说，我对技术感兴趣完全是出于必要，因为一个既有的文明包含了社会想要的一切，但也包含了不在任何人计划中的一切。有时，甚至是经常，一项技术是从意外中诞生的——就像人们想要寻找贤者之石，却发明出了瓷器——但在所有使人努力追求技术的因素中，目的性，或者说是有意识的目的所发挥的作用，是随着知识本身的增长而增强的。尽管意外出现的频率越来越低，但有时还是能达到世界末日的程度。这个在前文中已经讲过了。

很少有技术不能被归为双刃剑，就像赫梯人战车车轮上的镰刀和众所周知的被铸成剑的犁[1]。想要控制周围环境，或者至少是在挣扎求生的过程中不向环境投降，是所有生物所共有的一种与生俱来的倾向，事实上，每种技术都是这种倾向的人为延伸。内稳态（Homeostasis）——一个复杂的名称，指的是努力达到平衡，或在变化中维持存在——创造出了抵抗重力的钙质和几丁质骨架，便于移动的腿、翅膀和鳍，用于进食的尖牙、角、下颌和消化系统，保护自己不被吃的甲壳和拟态。最终，在努力减少有机体对环境的依赖的过程中，内稳态还实现了对体温的调控。

就这样，在普遍熵增的世界中出现了一批熵减的小岛。生物的演化并不局限于这一过程中，因为它还靠微生物、各种门类的生命，还有动植物构成了更高等的实体——它不再是一座小岛，而是内稳态的群岛。就这样，它形塑了地球表面的形状和大气。有生命的自然，或者说是生物圈中，既存在着协作，也有着互相吞吃的渴望，它是一个和斗争密不可分的同盟——正如那些经过生态学家检验的层级所表明的那样。我们能在这些层级中，尤其是动物中，发现金字塔的顶端是巨大的掠食者，它们以猎捕小动物为生，被猎捕者又猎捕更小的。只有在最底层，以人们了解中最基础的"生命"形态，一个在陆地和大海都无处不在的绿色转换者在孜孜不倦地将太阳能转化为生物能。以一万亿朝生暮死的芦苇的形式，它在自身内部保有着大量的生命，这些生命的形式发生了变化，但从未彻底消失。

以技术为器官，人类的内稳态活动将他变成**地球**的主宰，然而，只有在像他自己这样的护教士眼中，他才是强大的。面对气候扰动、地震，以及罕见但致命的陨石撞击，人类其实和上个冰河期一样无助。当然，他想到了应对各种灾难的方法。他甚至能预言其中一些——虽然并不是特别准确。要实现全球范围内的内稳态还有很长的路要走，更不用说星际规模的了。不像大多数动物，人并不会让自己去适应环境，而是会根据他自己的需要去改变环境。他也能这样改变恒星吗？也许某一天，或许是在遥远的未来，会有一种可以遥控太阳内部变化的技术出现，好让这些存在时间与太阳相比实在太过短暂的生物能够自由地控制它燃烧了几十亿年的火？我觉得这是可能的，我这么说不是为了礼赞已经被过度推崇的人类天才，恰恰相反，而是为了给出一种相反的可能性。到目前为止，人类在任何维度上都没有把自己变大，但他对其他人为善和作恶的能力都大大增强了。能够点亮和熄灭恒星的人也能彻底消灭一整个有生命的星球，以这种方式，把自己从一个天体技术人员变成星球破坏者——从而成为一个巨大宇宙范围内的罪犯。如果前者是可能的（无论它看起来有多么不可能，或是发生的可能性有多小），那么后者就也是可能的。

要说这不可能，那我要解释一下了，并不是因为我坚信善神终将击败恶神[2]。我不相信承诺，也不相信任何建立在所谓人文主义上的保证。对抗技术的唯一方法就是另一种技术。比起一百年前，现在的人更加认识到自己的危险倾向，在接下来的一百年里，他的知识会更先进，然后他会利用它。

科学与技术进步的加速已经显而易见，不是专家也能发觉。由此引发的生活状况的多变性，在我看来，是影响我们的习俗和规范形成内稳态系统的负面因素之一。当未来一代人的整个生活已不再是他们父母的重复，即使上一辈人的经验再丰富，又能为年轻人提供什么经验教训呢？这一不断变化的因素对行为模式及其标准的破坏，实际上被另外一个更独特、导致的后果当然也就更严重的过程掩盖了。这一过程涉及一个以正反馈为主，但也不乏很小一部分负面因素的自我觉醒系统摇摆的加速，我指的是**东方-西方系统**——近年来，该系统一直在世界危机与缓和之间摇摆。

不用说，多亏了知识积累和新技术出现的加速，我们才有机会更严肃地审视目前的话题。毋庸置疑，眼下的变化发生得迅速而剧烈。要是有人说2000年和我们现在差不了多少，那他会被笑死的。然而，这种把（理想化的）现状推演到未来的尝试也并不总被认为是荒谬的，贝拉米在1960年描绘的乌托邦就证明了这一点，它以十九世纪后半叶的视角描述了二十一世纪的世界。贝拉米有意忽视了所有当时他的同时代人还不知道的可能的新发明。作为一位一本正经的人文主义者，他认为技术演化引发的变化无论是对社会运作还是对个人心理的影响都不大。今天，不用等到我们的孙辈出生，这种预言的幼稚可笑就已经昭然若揭了。在今天，只要把对明天所谓的"可信"

想象在抽屉里放上几年，任何人都能找到许多乐子。

因此，变化速度之迅疾，既成了如本书这般深思熟虑的动力，也削弱了所有预言的可信度。在这里，我都不想提那些无辜的科普者，鉴于应被归咎的是他们那些博学的导师。P.M.S. 布莱克特，一位知名的英国物理学家，也是运筹学（早期数学方法）的奠基人之一——可以算是专业预言家了——在他 1948 年的书里预言了原子武器的发展及其军事影响，在二十世纪六十年代的现在看来要多荒唐有多荒唐。就连我都知道奥地利物理学家瑟林 1946 年写的一本书，他是第一个公开谈论氢弹理论的人。但布莱克特却认为核武器的当量不可能超过千吨级，因为兆吨级别（当时还没有这个说法，顺便说一句）的炸弹没有任何值得炸的目标，然而今天我们频频谈到十亿吨当量。宇航学预言家的表现也没有好到哪里去，当然，也有相反的错误：1955 年前后，人们相信在恒星中观测到的氢聚变为氦的现象很快就会应用于工业，现在估计微型聚合电池[3]在二十世纪九十年代，甚至更晚都不一定能生产出来。不过特定技术的发展不是问题，这一发展的未知后果才是问题。

到目前为止，我们已经否定了任何相信进步的预测，这似乎把我们正要做的大胆尝试逼上了绝路——我指的主要是展望未来。既然已经说明这一任务的无望，我们最好还是干些别的。当然我们没那么容易放弃。上文中提到的风险其实还可以引发进一步的讨论。再说，就算我们犯下了一连串的大错，也还有那么多伴儿呢。有无数个理由可以让预言成为一个吃力不讨好的任务，下面我将列举几个让艺术家们尤为不快的错误。

首先，会导致现存技术产生重大转向的变革的出现，有时就像雅典娜从宙斯头里蹦出来一样突然——超出所有人的预料，专家们也是一样。二十世纪已经经历过好几轮这类霸权技术的洗礼了，比如说控制论。迷恋于手段之匮乏的艺术家们，（错误地）认为类似的调度是对艺术创作的巨大戕害之一，很是憎恨这类机械降神的装置。但**历史**就是这么容易被取悦，我们又能怎么办呢？

此外，我们总爱以一种直线的方式对新技术的未来发展做出延展，所以十九世纪的空想家和蓝图描绘家们会构想出"满是气球的世界"和"全是蒸汽的世界"——这两个构想今天看来都很可笑。所以说，今人想要用太空"船"来填满外太空的构想也一样可笑，包括船上还有勇敢的"船员""值班驾驶员""舵手"等等。并不是说不能这样写，而是说这种写作属于幻想题材，是一种"反向"的十九世纪历史小说。就像以前人们会把当代君主的动机和心理特征赋予法老，今人对三十世纪的海盗船和海盗的表现的预测也是如此。我们当然可以这样自娱自乐，只要我们记得自己只是在玩乐。然而，**历史与这种简化的呈现毫无关系**。它绝不会把任何线性的发展路径展示在我们面前，只会用曲折迂回的线条来展示非线性的演化轨迹。很遗憾，这意味着那些简洁的设计习惯都只得被抛弃。

然后，一部文学作品有其开端、发展和结局。到目前为止，情节的缠结、时间性的交织，以及其他旨在把小说现代化的手段还没能消除这一结构。一般来说，我们倾向于把现象放在一个闭合的框架里。让我们来想象一下，一位二十世纪三十年代的思想家被问及如下假设：在二十世纪六十年代，世界将会分割成两大敌对阵营，每一方都有一些可怖的武器，能够把对方化为齑粉。结果会怎么样？我们这位思想家无疑会说，要么同归于尽，要么都彻底解除武装（并且他还会相当肯定地补充说，我们这个例子没什么说服力，因为它太耸人听闻，也太难以置信了）。然而，这一预言至今并未成真。要注意，"恐怖的平衡"[4]已经维持了十五年以上，是制造第一颗原子弹所需时间的三倍。某种程度上，世界就像一个病人，相信自己要么会很快好转，要么会很快死去，想都没想过自己可以就这么呻吟着，熬过一些短期的起起伏伏，一直活到很大年纪。当然这个类比是相当短视的……除非我们能发明出某种药物，彻底根治他的疾病。但还是会有新的问题出现，比如哪怕是给他装了颗人工心脏，但它还是要放在一个小推车上，通过一根蜿蜒的管道与病人连接在一起。当然，这纯粹是胡说了，但我们在谈论的是这种"彻底根治"的代价。从压迫中解放（比如说，人类从有限的煤炭和石油能源中解放出来，实现原子能自由）是有代价的，而预期偿还的金额、期限，以及支付方式，通常是出人意料的。出于和平的目的而广泛应用的原子能会带来一个严重的问题，那就是放射性废弃物，现在我们还不知道该怎么处理。而核武器的迅速发展则会导致这样的情况：无论是"彻底解除武装"还是"同归于尽"，在今天都只会显得不合时宜。很难确定会变得更好还是更坏。总体上的威胁可能会增加（比如说，内部打击能力会增强，这就要求我们用钢筋混凝土建造避难所），但这些威胁变成现实的可能性会降低——或者也可能恰恰相反。另一种组合也是可能的。但不管怎么说，全球系统保持着不平衡，不仅仅是说它距离战争只有一步之遥，这早就不是什么新鲜事了，而是说它总体上正在演化。目前看来，大概要比千吨级的时候要更"可怕"，毕竟现在已经有兆吨级的武器了，但目前只是一个过渡阶段罢了。事情往往不是大家想象中的那样，我们不该以为这种演化的唯一方向就是当量和速度的提高，或是"反导"系统的发展。我们正在进入一个军事技术的水平越来越高的时代，其结果就是，传统的战船、轰炸机、战略和参谋人员全都过时了：全球对抗的想法也是如此。我不知道它将会如何演化。不过，我要简要介绍一下 W. 奥拉夫·斯塔普雷顿的一部小说[5]，其"情节"涵盖了二十多亿年的人类文明。

火星人，一种能聚作果冻状"智能云团"的病毒物种，攻击了**地球**，人们与之进行了长期的对抗，殊不知他们在对抗的是一个智能生命，而非一场宇宙灾难。"战胜或战败"的选择并没有降临，在几个世纪的斗争之后，病毒发生了深层的变异，进入了人类的基因组，形成了一种新的智人。

我认为这是一个规模尚未可知的历史现象的优美模型，这一现象真实发生的可能性并不是那么重要，我更关心的是它的结构。历史并非"开端—发展—结局"的三段式闭合框架，只有在小说里，角色的人生才会被固定为一个特定的形象，这样"全文完"的字眼才得以出现，从而给作者带来美学上的快感。只有在小说里，我们才必须有一个结尾，无论是喜剧或悲剧，在布局的层面上，总归是个封闭的结尾。然而，人类的历史并不知晓，我也希望不会知晓，这种明确的结尾或者"大结局"。

注释

1 尽管先知以赛亚的启示版本"将刀打成犁头，把枪打成镰刀。这国不举刀攻击那国，他们也不再学习战事（以赛亚书 2:4）"更常见，但《圣经》也提到了相反的行为"要将犁头打成刀剑，将镰刀打成戈矛。软弱的要说，我有勇力。（约珥书 3:10）"，莱姆所说的就是后者。

2 善神奥尔穆兹德与恶神阿赫里曼是琐罗亚斯德教中两个主要的神。

3 Microfusion cell，该术语目前已经基本上过时了，指的是通过氢聚变产生能源的自动核电站。这反映了莱姆想要为我们的文明寻找一些替代能源的关切，这个问题还将贯穿整本书。

4 莱姆这里指的是二十世纪六十年代早期。

5 莱姆这里指的是斯塔普雷顿 1930 年出版的科幻小说《最后与最初的人：临近与遥远未来的故事》（*Last and First Men: A Story of the Near and Far Future*）。

第二章　两种演化

对于现在的我们来说，要理解古代技术诞生的过程已经很困难了。它们的实用主义特性和目的论构造早已无可辩驳了，但它们却没有某个独立的设计者或发明者。所以追寻早期技术的源头是一项危险的任务。成功的技术曾以迷信或神话作为它们的"理论依据"，要么在应用之前要先举行魔法仪式（药草的特性被归功于收集和使用这些药草时反复吟诵的配方），要么它们本身就是某种仪式，其中实用主义的要素不可避免地和神秘主义联系起来（造船仪式中，生产的过程就是一种礼拜仪式）。说到对于最终目标的认知，在今天，集体任务的构建可能就和一个人完成他自己的任务差不多，但在以前可不是这样，人们只能用比喻的方式来谈论古代社会的技术目标。

从旧石器时代到新石器时代的转变，即新石器革命——在文化意义上可以与原子革命匹敌——并不是一个石器时代的爱因斯坦的"脑子里突然蹦出"了一个耕作的想法，然后"说服"了同时代人来使用这项有诸多优势的新技术。它是一个非常缓慢的过程，一个逐渐发生的变化，持续的时间要远远超过许多代人的寿命——先是从发现的植物中汲取营养，然后是游牧狩猎采集，再到定居。这些变化在一代人的生命中几乎是难以察觉的。换句话说，每一代人遇到的都是一个基本上没什么变化的技术，就像日出日落一样"自然"。技术实践的这种出现模式并未完全消失，毕竟每一项伟大技术的文化影响都远远超过一代人的寿命——这就是为什么它对未来系统性、习惯性和伦理性的影响，以及它把人类推往的方向，不仅不取决于任何人有意识的目的，事实上还使得这类意义的存在，或是对它性质的定义变得难以识别。以这个吓人的句子（吓人的是它的风格，而不是内容），我们打开了人类技术演化曲线的元理论一隅。我们说"元"，是因为目前占据我们心神的并非对其方向的描述，也不是对其未来影响的确认，而是一个更为普遍和首要的现象。是谁引发的谁？是技术引发了我们的出现，还是我们引发了技术的出现？是它[1]会引领我们走向任何它想去的地方，即使是毁灭也在所不惜，还是说，我们能够根据自己的追求去改变它？但如果不是技术思维，是什么驱动了这一追求？"人类-技术"的关系是一成不变的，还是会随着历史而改变？如果是后者，那这个未知量究竟要去向何方？谁将占据上风，为文明的发展赢得战略空间：是能够在技术手段的武器库里自由挑选的人类，还是能够（通过自动化）将人类从自己的疆域内移除的技术？在现在和未来，有任何可设想的技术是无法实现的吗？是什么决定了其可能性——是世界的结构，还是我们自身的局限？除了技术，我们的文明还有没有其他可能的发展方向？我们在宇宙中的轨迹是典型的吗？是一种常态——还是例外？

让我们来探寻这些问题的答案——尽管我们的探索并不总能得出明确的结果。我们的起点是一张表现效应器（也就是能够行动的系统）分类的图表，皮埃尔·德拉蒂伊在他 1956 年的书《用机器思考》（*Thinking by Machine*）中提到了这一点。他指出，效应器主要分为三类：第一类效应器包括简单工具（比如锤子），复杂工具（比如加法机，一个经典的机器），以及和环境相连的机器（不带反馈），比如说自动火灾探测仪。第二类是有组织的效应器，包含反馈系统：具有内置行动确定性的机器（自动调节器，比如说蒸汽机上那种），有多种行动目标的机器（可以从外部调节，比如电子大脑），以及自主编程机器（能够自组织的系统）。动物和人类属于后者。还有一些系统拥有更高一筹的自由——为实现其目标，它们能够改变自己。（德拉蒂伊称之为一种"是谁"的自由，在这个意义上，人类的组织和身体元素是被"给予"的，而更高级的系统，不仅能够自由地选择构成元素，还能彻底改变自己的组织结构。一个正在经历生物演化的物种便可视作这种系统的一个例子。）德拉蒂伊假想中更高级的效应器也有选择"构筑自身"的材料的自由，为了举出一个拥有最高自由的系统作为例子，德拉蒂伊援引了霍伊尔[2]的理论中提到的宇宙物质自然发生机制。很容易就能看出，技术演化系统的假说性要弱得多，要证实也容易得多。它表现出了这样一个反馈系统的所有特性：能"从内部"编程，也就是自组织的，整体上能够自由转变（就像一个仍在存续并不断演化的物种一样），还可以自由地选择其构成材料（技术能够支配和调用宇宙中的一切）。

我已经概述了德拉蒂伊根据系统拥有自由的程度所做出的分类，当然没有提及其中许多在分类上争议性很强的细节。在继续讨论之前，我们也许应该补充一下，这一分类中所涉及的形式还不全。人可以想象出一个系统，它拥有另一种程度上的自由，但还是只能在宇宙现有的物质中进行挑选，所以势必受限于宇宙拥有的"零件清单"。然而，我们还可以设想出一个不满足于现有清单的系统，它能创造出"清单外"的材料，也就是宇宙中不存在的物质。神智学家可能会把这样一个"有着最高自由度的自组织系统"称为神。然而，这种假设对我们来说并无必要，因为哪怕是仅凭我们现有的浅薄知识，也能得出结论：创造"清单外"的物质（比如说，"正常"**宇宙**中不会有的亚原子粒子）是可能的。为什么？因为**宇宙**并不能实现所有可能的物质结构。众所周知，在任何一颗星球上，**宇宙**都没有创造出打字机，然而打字机的"可能性"就潜藏于其中。我们可以假设，同样的道理也适用于**宇宙**中所有（尚未实现）的物质和能量，以及承载它们的时间与空间。

相似

我们对演化的起源几乎一无所知。我们相对了解的是新物种出现的动态过程：先是诞生，发展到顶峰，然后衰亡。演化路径的数量几乎和物种的数量一样多，而且它们都有着许多共同的特性。一个新物种悄无声息地出现在世界上，似乎是从既有的东西中来的，这种借用貌似证明了**设计者**创造时的惰性。最初，没有多少迹象表明其内部结构已经发生剧变，但物种后来的发展都要归功于此。第一批样本通常很小，还明显保留着原始的特征，仿佛它们的出生非常匆忙，充满了不确定性。接下来的一段时间里，它们像植物一样低调地生长着，几乎无法与已有的物种竞争——后者已经很好地适应了这个世界。然后，在环境（一个物种的环境不只是地质环境，还包含了栖身其中的其他物种）中看似微小的变化的推动下，总体的平衡已然改变，一种新的扩张开始了。进入一片自己已占据的领地时，一个物种公开表现出它在生存竞争中的领先地位。在进入一片尚未被征服的空地时，则会爆发出一种演化的辐射，涌现出一系列新的变异。在这些变异中，原始的特征从物种身上剥离，新的系统性解决方案崭露头角，更勇敢地支配着其外形和新功能。这便是一个物种发展到其顶峰的路径。在这个过程中，整个时代因此而得名。物种在陆地、海洋或天空的统治持续了很长时间，一直到这种静止的内稳态最终再次被打破——然而这依然并不预示着失败。一个物种的演化动态获得了一些迄今未被观察到的新特征。在它的主要分支中，样本变得越来越大，仿佛巨大化能抵挡威胁，然后，演化的辐射再一次发生，这一时期一般以特化为标志。

侧面分支则致力于渗透到竞争相对没那么激烈的环境中，这种做法有时也会成功。然后，等到巨物们——它们的出现是主要分支抵御灭绝的一种策略——的所有痕迹最终都消失了，与之同时进行的所有反方向努力（比如那些迅速转向侏儒化的演化路线）也都宣告失败，侧面分支的后裔在竞争相对平缓的外围地带遇到了较好的条件，于是开心地继续存在下去，不再变化。就这样，它们成了一个物种的原始丰裕与力量的最后证明。

请原谅我有些浮夸的风格和毫无例证的修辞。如果说它看起来很含糊，那是因为我一直在同时谈论两种演化：生物的和技术的。

事实上，它们的主要特征都显示出大量惊人的一致。不仅是最早的两栖动物和鱼相似，哺乳动物和小蜥蜴相似，最早的飞机、汽车或收音机的出现，都得益于之前已经存在的形式相似的东西。最早的鸟类看起来像有羽毛的飞蜥蜴，最早的汽车看起来像把车轴锯短了的马车，飞机直接"抄袭"了风筝（甚至是鸟儿），收音机看起来像早已存在的电话。这些原型的尺寸往往偏小，原始的设计也还有很多亟待改进之处。最早的鸟儿，作为马或象的祖先来说，是相当小的了；最早的蒸汽机车比一辆普通的马车大不了多少，最早的电力机车甚至更小。在其设计之初，一种新的生物或技术样本恐怕更应得到同情，而非热情。原始的机车跑得比马车还慢，最早的飞机连升空都很勉强，最早的收音机广播发出的声音比留声机的杂音还要令人不适。同样的，最早的陆地动物不再擅长游泳，但也没能学会走路。有羽毛的蜥蜴——始祖鸟——并不能振翼飞翔。正是在完善这些新特征的过程中，之前提到的"辐射"才终于发生。就像鸟类征服了天空，食草哺乳动物征服了草原一样，内燃机车掌控了公路，由此分化出更多更特化的种类。在"生存竞争"中，汽车不仅淘汰了驿站马车，还"催生"了公共汽车、卡车、推土机、消防车、坦克、越野车等几十种交通工具。控制了空中"生态位"的飞机发展得甚至还要快，多次改变了已经固定下来的形态与驱动方式（涡轮发动机取代了活塞发动机，又被涡轮活塞发动机取代，最终让位于喷气式发动机；在进行短距离飞行时，有翼飞机遭遇了直升机这个主要竞争对手，等等）。

值得注意的是，就像掠食者的策略会影响其猎物的策略，传统飞机也在抵御直升机的入侵。它的抵御方式便是创造出了一个有翼飞机的原型——由于改变了推动力的方向，它能够做到垂直起飞和降落——任何一个演化论者都很清楚，这是一场争取功能最大普适性的斗争。

上述两种交通工具都尚未抵达演化的顶峰，所以我们无法谈论它们的晚期形式。但热气球就不一样了，在那些密度比空气还要大的机器的威胁之下，它们表现出了象皮肿般的症状，这种衰败前夕的盛放，正是一个演化分支濒临消亡的典型表现。二十世纪三十年代最后的齐柏林飞艇就像侏罗纪的载域龙和雷龙一样。在被内燃火车和电力火车取代之前，最后一代蒸汽货运列车也呈现出巨大的外形。要想寻找接下来的演化征兆，也就是正在进行第二轮辐射，以抵御正面临的危险的例子，我们可以看看收音机和影院。来自电视机的挑战令收音机突然表现出"变异辐射"，并占据了新的"生态位"。就这样，小型收音机，便携收音机，各种各样的收音机——包括那些特化的收音机，比如带有立体声和高保真录音功能的 Hi-Fi 收音机等等——也都出现了。在与电视机竞争时，影院银幕的尺寸显著地扩大了，甚至展现出"包围"观众的趋势（全景银幕和环幕[3]）。人们也可以想象，随着机械车辆的进一步发展，车轮将成为过去时。等到现有的汽车最终被"气垫车"所取代，很可能传统汽车仍会有最后的后裔，比如说，小型内燃割草机，在"侧面分支"中继续存活。它的设计将会成为汽车时代的遥远回忆，就像印度洋群岛中的某些蜥蜴是中生代巨型爬行动物遗留下的末裔。

生物和技术演化在形态上的相似——都可以表示为一个慢慢上升、达到顶点又下降的曲线——并不能涵盖两大领域所有的趋同性。人们可以发现其他更为惊人的趋同性。比如说，在特定的有机体中，有相当数量的性状没办法用适应度来解释。我们可以举出一些例子，除了众所周知的鸡冠，还有一些雄性鸟类艳丽的羽毛，比如孔雀和野鸡，甚至也包括我们可以在爬行动物化石脊背上看到的帆状突起。[4] 同样，具体某项技术的大部分产品都有很多看似多余或者说没用的特性，无法用功用或者工作原理来解释。这里可以举出一个非常有趣又有点可笑的相似之处——在生物和技术演化中都出现了入侵：对前者来说，入侵者为性选择的标准，在后者那里，则是时尚。清晰起见，让我们把分析的范围限定在现代汽车身上，我们会发现，车辆的主要特征是当时的技术水平强加给设计者的，例如，为了不改变后轮驱动和前置发动机的"系统性"结构，工程师必须把传动轴的轴管放在汽车内部。然而，在不改变这辆车"系统性"结构的设计这一需求和受众的需求与品位之间，存在着很大的"发明自由"空间，因为受众有着许多种选择：各种形状和颜色的车身、不同形状和尺寸的窗户、附加装饰、镀铬等等。在生物演化中，和上述时尚压力所造就的产品多样性相对应的，是各种各样的第二性征。这些特征本来是一些偶然变化，也就是突变的结果。由于受到了异性的青睐，这些性状便在它们的后代中逐渐固定下来。因此，和车尾、镀铬装饰、奇形怪状的排气管、车头和车灯相对应的，便是繁殖期颜色、顶冠、异常突起，以及最后但绝非最不重要的，分布独特的脂肪组织，以及有性吸引力的面部特质。

当然，生物演化中"性时尚"的惰性要比起技术演化中的要强得多，毕竟自然这位设计者没办法每年更换产品模型。然而，这一现象的本质，也就是"不实用""不重要"和"非目的性"的因素对生物和技术产品外形和发展的独特影响，闭着眼睛都能找出许多例子来验证。

我们还可以发现这两株演化树上其他一些更不明显的相似之处。比如说，在生物演化中，有一种叫作拟态的现象，也就是一个物种让自己看起来像是另一个物种，这对"模仿者"有好处。无毒昆虫的样子可能会和某种有毒的远亲如出一辙,它们甚至能"假装"成跟昆虫八竿子打不着的生物的某个身体部位——我第一时间想到的就是一些蝴蝶翅膀上那惊人的"猫眼"。类似的模仿在技术进化中也并不罕见。十九世纪绝大部分金属制品的出现,都是模仿植物形态的结果(桥梁、扶手、路灯和栅栏中的铁制品,甚至是老式火车头上的漏斗形"冠冕",都"模仿"了植物的设计)。如今,诸如钢笔、打火机、台灯和打字机等日常用品通常都是流线型的,伪装成航空工程的产物——这是一个高速技术的行业。然而与生物演化不同的是,这种模仿缺乏深刻的理由。我们在这里看到的只是占主导地位的技术对相对低级、次要的技术的影响。时尚在这方面也有很多话要说。

总之,我们很难分清某种形态在多大程度上出自设计者的想法,又有多少是出自消费者的要求。我们面对的是一个循环的过程,原因变成结果,结果又变成原因,在这个过程中,各种正负反馈的例子都在发挥着作用:生物学意义上的有机体,或是之后技术文明中的工业产品,都只是更高过程中再微小不过的元素罢了。

之前的论述同时也揭示了这两种演化之间相似性的起源。它们都是物质过程,拥有几乎同等层次的自由度,动态规律也基本一致。这些过程都发生在一个自组织系统中——这个术语既适用于**地球**生物圈这一整体，也适用于人类的全部技术活动。这种系统的特点是"进步"这一现象，也就是内稳态能力的增强，其直接目标就是实现超稳定的平衡。[5]

在接下来的论述中，援引生物学中的例子也将被证明是卓有成效的。除了相似之处，这两种演化也显示出一些深远的差异，一次彻底的审视或将揭示出**自然**这位理当完美的**设计者**的局限与不足，以及技术的迅速发展交到人类手中的未知的机遇（和危险）。我之所以说是"人类手中"，是因为技术演化，至少到目前为止还无法摆脱人类，它们只有在得到"人类的补充"后才能成为完整的存在。或许这就是两种演化最大的区别：生物演化显然是一个非道德的过程，而技术演化则不然。

差异

两种演化的第一个区别是根本性的，主要在于它们的驱动力上。生物演化的动因是自然，技术演化的动因则是人类。想要解释生物演化"起点"的尝试依然带来了重重的困难。生命起源的问题在我们的讨论中至关重要，因为要想解决这一问题，需要的远不只是搞清楚在**地球**遥远的过去某个特定历史事件的动因。我们真正关心的不是这个事实本身，而是其结果如今仍在对技术的进一步发展发挥的影响。技术已经发展到了这一步：如果不能获得关于极为复杂的现象——像生命本身一样复杂——的准确知识，就无法取得任何进步。这并不是说我们想"模仿"一个活的细胞。就算我们自己也飞了起来，那也无法模仿鸟类的飞行机制，在这里，重要的不是模仿，而是理解。事情难就难在这里：想要"从设计者的角度"来理解生命起源。

传统生物学把热力学当成了可靠的仲裁者，后者宣称复杂度由高变低是一种常态。但生命出现的过程恰恰相反。就算我们把"最小复杂度阈值"假说（只要高于这一阈值，一个物质系统不仅可以在外界干扰下维持现有的组织，甚至还能原封不动地传递给后代）作为基本定律接受下来，这一假说在遗传层面上也无法解释任何问题。有机体早晚能超过这个阈值，真正的问题在于：这个现象究竟是所谓的意外还是必然的结果？换句话说：生命的"开始"是一个例外（就像中彩票），还是一种常态（就像不中彩票）？

在谈论生命的自然发生时，生物学家认为那必定是一个渐进的过程，由多个阶段组成，在通往第一个细胞出现的路上，每个阶段都有其特定的可能性。在原始海洋中，氨基酸作为电离的结果出现是相当有可能的，氨基酸变成肽的可能性要小一点，但还是很可能发生的。但酶——生命的催化剂，生化反应的舵手——的自然合成就很不寻常了（尽管它是生命的诞生所不可或缺的）。在概率的统治领域中，我们就要面对统计法则。热力学就是其中之一，在它看来，把一锅水放在火上烧，它极有可能会沸腾，但这也不是绝对的，它也有可能在火上结成冰块，虽然这种情况发生可能性微乎其微。所以在热力学那里，看似最不可能的事情也总有一天会发生，只要你肯耐心地等——生命的演化就足够"耐心"，等了几十亿年——听起来很有道理，如果我们不对此进行数学推理的话。诚然，热力学能够解释蛋白质在氨基酸溶液中的自然形成，但它无法解释酶的出现。假设整个**地球**是一片蛋白质溶液的海洋，那么就算它的半径是现在的五倍，也还是不足以支持构建生命所必需的高度特化的酶的出现。所有可能出现的酶的数量比整个**宇宙**中的星星还要多。要是只能等原始海洋中的蛋白质自然发生，那恐怕永远也等不到了。因此，为了解释生命起源过程中某个阶段的出现，我们只得做一个极不可能的假设：在之前提到的那种宇宙尺度的彩票中"中了头彩"。

开诚布公地说：如果我们所有人，包括科学家在内，都是智能机器人，而不是由血肉组成的生物，那么愿意接受这种生命起源的概率假说的科学家一只手就能数得过来。如今信的科学家之所以这么多，与其说是因为他们都相信这一假说的真实性，不如说是基于我们活着这一简单事实，也就是说，我们自己就是这种生命起源的一个很有力的证据，尽管只是间接的。这是因为，二十亿甚至四十亿年的时间，对于一个物种的形成与演化来说已经完全够用了，但对于以一种盲目的方式，从所有可能性的统计袋子中反复"抽彩"，以形成一个活的细胞来说，还远远不够。

用这种方式来讨论问题，非但从科学方法论（它处理的是典型现象，而非几乎不可预测的偶然现象）的角度来看很不可靠，还会导出一个相当明显的结论：任何想"设计生命"或者"设计相当复杂的系统"的尝试都是徒劳的，因为它们的出现都是由极端罕见的意外决定的。

幸运的是，这种方法是错误的。它建立在这样一个事实之上，那就是我们只知道两种系统：一种是非常简单的，就像现在我们制造的机器；另一种是非常复杂的，比如所有的生命体。中间环节的缺失，让我们过分拘泥于这些现象的热力学解释，却忽略了旨在达到平衡的系统中会逐渐出现的法则。如果系统条件像时钟一样受限——平衡就相当于停摆——我们就没有足够的材料来推断有多种动态情况的系统，譬如一颗正在发生生命起源的星球，或是一间科学家们正在里面建造自组织系统的实验室。

这种在今天看来相对有些简单的系统正是我们一直

在寻找的间接联系。它们的出现（譬如说，以有机生命体的形式）并非"中了头彩"，而是在一个有着许多元素和倾向的系统中实现必要的动态平衡状态的表现。因此，自组织系统的过程并不独特，而是相当普遍的，生命的出现也只是内稳态组织过程中的一种可能现象，这种过程在宇宙中是广泛存在的。这个过程并不会打乱宇宙中的热力学平衡，因为这个状态是全球性的，能够容纳许多现象的发生——譬如说，由更轻（因而更简单）的元素生成更重（因而更复杂）的元素。

因此，宇宙轮盘赌的蒙特卡罗假说——建立在对极为简单机制的认知之上的思考在方法论上的一种幼稚拓展——被一种叫作"宇宙总体演化论"的理论取代，把我们从消极等待某些极为罕见的奇迹到来的存在，变成能够在多得不能再多的可能性中进行选择的设计者。这些可能性就蕴藏在那些旨在建造一个复杂程度不断提高的自组织系统但至今仍相当笼统的指令中。

至于上面提到的"平行生物学演化"在宇宙中出现的频率有多高，人类理解中"心智"的出现究竟是不是这种演化的顶峰，就是另外的问题了。这是一个需要单独讨论的课题，要求我们广泛调用天体物理观测领域的诸多事实。

自然这位伟大的设计者，进行了几十亿年的实验，

用现有的材料（尽管这点还有待商榷）创造可能的一切。作为**自然母亲**和**机遇父亲**的孩子，人类窥探着它不知疲倦的活动，在几个世纪里，不断思考这场极其严肃的游戏的意义，以及它的结局。如果他永远只是在一直问这个问题，那自然是没什么意义。然而，一旦他开始自己回答这些问题，接管自然错综复杂的秘密，开始"按照自己的样子"发起**技术演化**时，意义就产生了。

两种演化的第二个区别在方法论上，也就是"怎样"的问题。生物演化可以分为两个阶段。第一个阶段包括从无机质"开始"到活细胞的产生——此时它们与外界环境之间已经有了明显的分界。演化的第二个阶段——也就是物种的出现——的法则和基本行为，乃至它选择的许多具体路径我们都已经相当熟悉了，但还是对它的初始时期一无所知。在很长一段时间内，无论是就其范围而言，还是就其间发生的现象而言，这一阶段都被低估了。今天我们可以估计它至少占了整个演化史的一半时间，也就是二十亿年左右，但是一些专家仍然嫌它持续得太短。重要的是，正是在那时，细胞作为生物大厦建筑材料中的小砖块出现了，在十亿年前的三叶虫，以及洋甘菊、水螅、鳄鱼和今天的人类身上，都表现为相同的核心构造。这种建筑材料的普适性是最为惊人的，事实上也是很难理解的。草履虫、哺乳动物的肌肉、植物的叶片、蜗牛的淋巴腺，以及昆虫腹部的腺体，它们的细胞里都有着与细胞核（及其中能够使在分子层面上已臻于完善的遗传信息得以传递下去的机制）、线粒体的酶系统，以及高尔基体相同的基本成分。每一个这样的细胞都具有实现动态内稳态、选择性特化，以及多细胞组织的分层构造的潜能。生物演化的基本法则之一就是它的活动规划的短期性，毕竟每一种变化都直接服务于当下的适应性需要。演化不会让那些除了为数百万年后的变化铺路之外毫无作用的变化发生。它并不"知道"数百万年后会发生什么，因为它是个盲目的设计者，只能靠"试错"来运作。与工程师不同的是，它不能把有缺陷的生命机器"关掉"，不能在重新考虑其设计原则后，再着手进行彻底的重新设计。

这就是为什么我们会如此讶异于它在物种多幕剧的序幕中显示出的这种"原始远见"，它创造出的建筑材料功能如此广泛、可塑性如此之强，没有任何一种材料能与之相比。如前所述，由于演化没办法做出任何激进的彻底重建，所以我们可以说，它所有的遗传机制——它的超稳定性，再加上干扰这种超稳定性的偶然突变因素（没有突变就没有任何变化，也就不会有发展）、性别分化、生殖潜力，甚至是那些在中枢神经系统中表现得最为明显的活体组织特性——都早在数十亿年前的太古代就植入了细胞。这种远见是由一个非人的、盲目的**设计者**表现出来的，它似乎只关心最稍纵即逝的事态，也就是当时存在的那一代原初有机体的生存，这些黏稠的微观蛋白质液滴只能做一件事：在物理化学反应的流体平衡中继续存在，并将其所在的动态结构传递给他者！

这一阶段是物种实际演化的预备，我们对这段早期剧情一无所知，因为它完全没有留下任何痕迹。在这几百万年中，很可能有着许多和现在的生命形式与最古代的化石都截然不同的原始生命出现，随后又消失了。我们可以推断，那些更大的、"几乎是活的"、需要一些时间（显然，这段时间也是以百万年计的）才能出现的聚合物曾反复出现过很多次，一直到了生存竞争的后期，才不可避免地被那些更普遍因而适应性也更强的生物从它们的生态位中驱逐出来。这昭示了自组织物质发展路径的初始变异和多样化在理论上的可能性，甚至是概率，在这里，追求极度普适性的设计理念就等同于持续不断的淘汰过程。那些在残酷的考验中存活至今的物种的数量，显然只是已灭绝物种数量的几千分之一。

技术演化的构造方法完全不同。比方说，**自然**需要在它的生物建筑材料中预置所有的可能性，留待很久很久以后实现。而**人类**就不一样了，他们更愿意创造出一种技术，然后抛弃它，再去发明一种更新的技术。在建筑材料的选择上，他的自由度要大得多，可以按照自己的需要选择高温还是低温，金属还是矿物，气体、液体还是固体，等等。按理说，他取得的成就应该比演化的更大。演化只能用它已有的东西——温热的水溶液、胶质多分子体系，太古代海洋中出现的数量相对有限的几个元素——但就是靠着这套新手装备，它创造出了可能的一切。最终，至少现在看来，生物的"技术"要远远超过有着全社会所有理论知识资源支持的人类工程。

换句话说，我们的技术是一种普适性非常弱的技术。迄今为止，技术演化一直在沿着与生物演化相反的方向发展，因为它制造的都是用途很狭隘的特化设备。大多数工具的原型都是人类的手，但每次都只是它的一种动作或姿势——两根捏紧的手指、一根在手腕和肘关节的带动下围绕中心轴转动的手指、一个拳头——对它们的模拟分别产生了钳子、钻头和锤子。所谓的普适性机械工具实际上都是高度特化的。就连自动化工厂——它的建造才刚刚开始——也不具备最简单的生命有机体都有的行为可塑性。普适性的潜能似乎还有赖于自组织系统理论的进一步发展，好赋予它进行适应性自我编程的能力。当然，这些工具与人类在功能上的相似性绝非偶然。

这条路的终点并不像某些人所声称的那样是用电路在数字机器中"复制"人类或其他有机生命体的设计。迄今为止，生命的技术要远远领先于我们，我们得迎头赶上——不是要仿制它的产物，而是要超越其看似无与伦比的完美性。

演化方法论中有单独的一个章节，专门用来讨论理论和实践的关系，抽象知识和实现它们的技术之间的关系。当然，这一关系在生物演化中并不存在，毕竟**自然**显然"不知道自己在干什么"。它只是把可能的东西实现，这些东西都是从既有的物质条件中自发涌现的。想让人类接受这种说法可并不容易，尤其是他也是**自然母亲**"不想要"的"意外"之子。

但它实际上并不是一个章节，而是一个巨大的图书馆。任何想要总其内容的尝试都是徒劳无望的。面对这样一个无底深渊，我们的解释必须非常简明扼要。原始的技术专家们没有任何理论知识，因为，撇开别的不说，他们压根儿就不知道还有这种东西。几千年间，理论知识的发展借助的都不是实验，而是魔法思维——这是一种归纳方式，但它的应用是错误的。条件反射——也就是"如果 A，那么 B"式的反应——是它的动物性前身。当然，这种反射和魔法都要以观察为基础，经常会有这样的情况：一项可行的技术和当时错误的理论知识是相悖的。于是便出现了一系列试图调节二者的伪解释（比如说，水泵不能把水抬升到十米以上，就被"解释"为自然对真空的恐惧）。在现代，知识被认为是对世界规律的研究，而技术则是一种运用这些规律来满足人类需求的方式——这些需求其实跟埃及法老时代的需求也没什么差别。它要为我们提供衣物、食物和遮风挡雨的屋顶，把我们从一个地方送到另一个地方，保护我们免受疾病的困扰。知识关注的是事实——关于原子、粒子或者星体的事实——而不是我们，至少不是直接为了造出对我们有用的东西。应当指出的是，理论研究的无利害性曾经比现在更纯粹。现在，从经验中我们可以得知，在最实用主义的意义上，这个世界上不存在无用的知识，因为我们永远不知道对世界的何种认知会在什么时候派上用场，甚至会变成人特别需要和特别重要的东西。比如说，植物学中最"无用"的分支地衣学——它的研究对象是真菌——在青霉素被发现后就变得至关重要。在过去，研究者-象形文字专家，不知疲倦的事实收集者、描述者和分类者，都没指望过能取得这样的成功。然而，人类——一种其不切实际程度只有其求知欲才偶尔能与之媲美的生物——更喜欢数星星和研究宇宙的结构，而非研究农业理论和自己身体的运作方式。通过这些观察收集者艰辛，有时甚至是狂热的努力，普遍性科学——一种把事实归纳为现象和事物的系统性规律的科学——的大厦慢慢拔地而起。鉴于其理论知识远远落后于技术实践，人类的工程学探索在很多方面都和生物演化采用的"试错"法很是相似。就像演化会"检验"动植物突变体"原型"的适应能力一样，工程师也要测试新发明、飞行装置、车辆和机器的实际性能——往往是要靠构建它们的微缩模型。这种靠经验来排除错误方案然后从头再来的方法，是十九世纪这些发明得以出现的基础：碳纤维灯丝的灯泡、留声机、爱迪生的发电机，以及再之前的火车机车和汽船。

所有这一切都使得人们普遍认为，除了天赋、常识、毅力、钳子和锤子，发明家不需要任何东西就能实现他的目标。但这种发明方式太过奢侈了——几乎和生物演化的运作方式一样奢侈，其长达数十亿年的经验实践，即它在解决生命在新环境下的存续问题时的"错误方案"，夺走了无数受害者的生命。技术"经验时代"的实质并不在于它有多么缺乏理论上的解决方案，而在于这些方案的衍生性。我们是先有了蒸汽机，然后才有热力学，就像我们先有了飞机，然后才有飞行理论，先建造了桥梁，然后才学会如何进行计算。我们大可说技术经验主义已经发展到了它的极限。爱迪生试图发明某种类似"原子发动机"的东西，但它没有——也不可能——取得什么像样的成就，因为虽然发电机可以通过试错法研究出来，原子反应堆却不行。

技术经验主义自然也不意味着盲目地从一个极为草率的实验切换到另一个，经验主义发明家通常会有一个想法，或者甚至能看到眼前的一小段路——通过他自己（或是他之前的其他人）已经取得的成就。他的行为链条是由负反馈调节的（每次实验的失败都说明此路不通）。因此，他走的路虽然曲折，但总归是有方向和目的地的。理论知识的获取带来了巨大的飞跃。在"二战"期间，德国人并没有掌握超音速火箭弹道飞行理论。V-2火箭的形状是他们从大量实验（通过在风洞里对微缩模型进行测试）的经验中得出的。如果知道正确的方程式当然会省去这些麻烦。

除了"经验"之外，演化不具备任何"知识"，而"经验"是包含在信息的遗传铭文中的，是一种双重类型的"知识"。首先，它是一种能够预先定义和决定未来有机体所有可能性的知识（也就是组织中告诉它们应该如何运作以确保生命过程顺利进行、某些组织和器官应当如何与其他组织与器官相协调，以及有机体作为一个整体如何面对环境的"先天知识"，最后这种信息就被称作"本能"、防御机制、向性等等）。其次，还有一种"潜在"的知识，这种知识不是基于物种的，而是每个个体中独特的存在。它不是事先决定好的，而是在个体的一生中习得的，这个过程都有赖于有机体的神经系统（大脑）。演化能够在一定程度上累积第一种知识——但也只是在一定程度上，鉴于当代哺乳动物的结构体现了演化在构建海洋和陆地脊椎动物时百万年的"经验"。同时，演化有时也确实会"丢失"一些相当优秀的生物学问题的解决方案。这就是为什么一个特定的动物（或人类）的设计方案并非迄今为止经过检验确认的所有最佳方案的总和。我们既没有大猩猩的肌肉力量，也没有两栖动物或所谓低等鱼类的再生能力，或是啮齿类动物牙齿不断更新的机制，最后但绝非最不重要的是，更没有水陆两栖哺乳动物对水环境的普遍适应性。这就是为什么我们不该高估生物演化的"智慧"，它不仅喜欢重复有益的解决方案，而且也同样喜欢重复那些能导致衰退的错误解决方案。**演化**的知识也显示出经验主义和短视。它表面上的完美是它所穿越的漫长时空的结果。总体来说，演化的失败多于成功。人类知识才刚刚开始走出——而且还不是所有的体系都走出了——经验主义时期，这个过程在生物学中是最慢的，或许在医学中也是如此。但是我们如今可以发现，如果说一件事只需要耐心、毅力，再加上一点爆发的灵感就能实现的话，那它原则上就已经实现了，其他的一切——也就是所有那些需要最为清晰的理论思考的东西——都还在前头等着我们呢。[6]

最后一个我们必须处理的问题是技术演化的道德方面。它的生产效率已经引来了严厉的批评，毕竟它在不断扩大我们活动两个主要领域间的分歧：调控**自然**和调控**人类**。从这个角度来看，人类现在还不够格去掌握原子能。人类向外太空的第一步迈得也太早了，尤其是在宇宙探索的早期，它需要海量的资源，从而耗尽了本已很不平衡的**全球**收入分配。医学的发展降低了死亡率，再加上避孕手段的匮乏，人口爆炸无法阻止。原本用来使生活便利的技术变成了使生活贫穷的元凶，这是因为大众媒体正在从一个温顺的精神产品复制者变成文化垃圾的生产者。往好里说，技术在文化上也是贫瘠的。我说"往好里说"，是因为它所希求的人性的统一是以牺牲之前几个世纪的精神遗产和当下正在进行的创造性努力为代价的。艺术被技术征服，被经济规律支配，开始表现出通胀和贬值的迹象。在大众娱乐（这种娱乐必须是极易获得的，因为普遍易得就是**技术专家**的准则）的技术池之外，只有一只手都数得过来的几种创造性技术得以存活。它们的努力聚焦于忽视或嘲弄对机械化生活的刻板印象。总之，技术演化带来的坏处比好处多，人类变成了自己造物的囚徒。伴随着其知识增长的是掌控自己命运的可能性的减少。

　　在简短但小心地表达谴责技术进步的立场时，我想我起码做到了诚实。

那我们究竟能不能，或者说该不该就这个视点进行讨论呢？该不该解释技术既可以有好的用途，也可以有坏的用途？该不该指出，我们不能对任何人或事物提出自相矛盾的诉求？这点也适用于技术（比如说，保护生命，自然也要把它的生长与衰落都包括在内；精英文化同时也是大众文化；一种能够移山却又不会伤害一只苍蝇的能量）。

这恐怕不太明智。可以说，从一开始我们就可以用不同的方式来对待技术。乍一看，技术是**自然**和人类活动的共同结果，因为它所引发的一切都是在物质世界的默许下进行的。我们会因此认为它是一个达成各种目标的工具，这些目标的选择取决于特定文明的发展阶段与社会制度，所以理当被纳入道德判断的范围之内。但道德判断只适用于这一目标的选择，而非技术本身。因此，问题并不在于我们要谴责还是赞扬技术，而在于审视我们可以在多大程度上信任其发展，又能在多大程度上干预它的方向。

任何其他类型的论证都基于一个（被默认的）错误前提：技术演化是发展中偶然的反常现象，沿着这种错误方向发展下去只能是死路一条。

但事实并不是这样的。确实，无论是在第一次工业革命之前还是之后，其发展方向都并非出自任何人的规划：先是**机械学**，也就是"传统机器"，以及用机械术语构建出来的天文学，这为模仿者-设计者提供了一个范例；

然后是**热学**，包括化学燃料发动机；再到**热力学**；最后是**电学**。在认知层面上，其趋势是从单数形式到统计规律，从严格的因果关系到发生概率，以及我们现在才发现的从简单（这种简单是"人造的"，因为**自然**中没有简单的东西）到复杂（复杂性的增加让我们清楚地明白，下一个关键任务将是**调控**）。

我们可以看到，这是解决方案从简单到更精密复杂的转变过程。只有在分别、孤立地审视这个旅程中单独的每一步——发现和发明——时，我们才能把它们看作巧合、意外和幸运的结果。但若是将其视为一个整体，把**地球**文明和假想中的外星文明做比较，这段旅程看上去显然就很有可能甚至相当典型了。

在长达几个世纪的活动的累积效应之下，这种生产能力有益与有害的后果都会不可否认地显现出来，我们应当将其视作一种必然。

这就是为什么"技术是罪恶之源"这种谴责应该获得的不是一个道歉，而应让位于对"前调控时代即将结束"这一事实的理解。道德法则应当陪伴在我们未来的每一个行动身旁，为我们从各种选项中做出选择提供建议，这些选项都是由它们的生产者——非道德的技术——提供的。技术提供的只是方法和工具，但是用它们来做好事还是坏事的功劳或责任都在于我们自己。

这是一个普遍的共识，在这里只是作为简介提一句，仅此而已。上述区别是没法维持的，特别是长远看来。这并不是因为我们构建了技术，而是因为技术构建了我们和我们的观点，包括我们的道德观。当然，这是通过技术的生产基地——社会系统发生的，但我目前关心的是另一件事。技术也可以直接行动——而且确实正在行动。我们还不太习惯看到物理和道德之间的直接联系，但事实就是这样。至少可以说，事实很可能是这样。为了避免听起来空洞，我要声明行为的道德审判首先取决于其不可逆性。如果我们能起死回生，那么杀戮——虽然依然会被视作一种负面行为——就将不再是一项罪行，就像人在愤怒时扇人耳光不算是犯罪一样。技术比我们想象中更具侵略性。它对我们的情感生活、对关乎我们人格合成与蜕变的问题——我们待会儿会提到——的影响，现如今在现象中尚属空类。随着未来的进步，这个空类将被填满，许多在今天看来不可动摇的道德律令将被抛弃，当然，新的问题与新的道德困境也将涌现出来。

由此可见，并不存在所谓超越历史的道德。虽然现象持续的时间长短会有所不同，但最终，连山脉都会崩塌，变成沙砾，世界就是这样的。人，一种生命短暂的生物，却热衷于使用永恒这个概念。某些精神产品、伟大的艺术品，或是道德体系都被描述为永恒的。但是，别自欺欺人了：它们不是永恒的。我们在谈论的并不是用混沌取代秩序，或是用随机性取代内在必然性。道德变化得很慢，但它确实在变，这就是为什么两种道德法则之间的时间跨度越大就越难以比较。我们与苏美尔人很接近，然而勒瓦娄哇文化中人们的道德却会让我们感到恐惧。

我们将试图证明不存在超越历史的判断系统，就像不存在绝对的牛顿参考系或者绝对的同时性现象。这并不意味着就要禁止对过去或未来的现象做出评价：人总是会做出超越其地位与实际能力的价值判断。这只意味着每一个时期都有它自己的立场，你可以同意也可以不同意，但首先应该理解这个立场。

第一因

我们正生活在技术演化加速的时代，这是否意味着人类的整个过去，从上一个冰河世纪到旧石器时代、新石器时代、远古时代和中世纪，其实只是一种准备、一种蓄力，好让我们今天得以跃向未知的未来？

动态文明的模型起源于**西方**。令人讶异的是，在温习历史的过程中，我们会发现各个国家有多少次已经那么接近"技术原点"，却又在边缘驻足不前。现代钢铁铸造公司可以从耐心的印度工匠那里获取教益，他们用粉末冶金技术制造了顾特卜建筑群中著名的防锈铁柱——这种技术在我们的时代才重新被发明。[7]每个人都知道中国人发明了火药与纸。科学上必不可少的思考工具——数学，是由阿拉伯学者发明并发展出来的。但是，所有这些发明，尽管是革命性的，却没有推动文明的任何发展，也没能引发任何快速的进步。在今天，全世界采用的都是**西方**的发展模式。是那些拥有更古老、更丰富的文化的国家在引进这些技术，而非发明这项技术的国家。这就提出了一个有趣的问题：如果**西方**没有发生一场技术革命，如果它没能调动伽利略、牛顿和史蒂芬森来推动第一次工业革命的爆发，那事情又会是什么样的呢？

这是一个关于"第一因"的问题。技术演化的起源不在于军事冲突吗？作为技术演进的载体，战争的影响是众所周知并且被广泛认可的。后来，军事技术失去了曾将其与其他知识领域区分开来的专业性，其应用变得广泛起来。弩炮与导弹仍然只是军事工具，但火药已经可以用于工业用途了（比如，采矿业）。运输技术的情况更是如此，因为没有任何运输工具——不管是有轮马车还是火箭——在改装后不能服务于和平的目标。反过来，原子能、控制论和航天技术也都表现出了其军事与和平应用潜力间的完美融合。

但是，人类的好战天性不应被视作技术演化的驱动力。作为对当时理论知识所提供的资源的广泛应用，它们通常会加速演化的发展，但是在这里，我们需要区分加速因素和启动因素。所有军事工具的诞生都要归功于伽利略和爱因斯坦的物理学、十八和十九世纪的化学、热力学、光学和原子物理学，但要想在军事领域为这些理论找到源头就很荒谬了。技术演化的进程，一旦开始，当然也可以放缓或加速。美国人决定投资两百亿美元，好让他们的宇航员能在1969年成为"登月第一人"。要是把计划推迟二十年，那阿波罗计划的实施成本肯定会少上很多，因为对于同一项原始技术来说，要实现同一个目标，在成熟后所需的资源和在其早期阶段所需的是没法比的。

然而，就算美国人决定投资的是两千亿美元而非两百亿，那也不可能在六个月内登上月球，就像星际旅行一样，无论我们花了多少亿美元，在短时间内都不可能实现。通过大量金钱和集中努力，我们有可能达到技术演化速度的极限，但在此之后，再追加任何投资都无法产生任何影响。显然，这种规则也适用于生物的演化。后者也有着它所能抵达的最大演化速度，无论如何也无法超越。

但是我们讨论的是"第一因"，而非一个既已发生的过程的最大速度。为此试图追溯技术的源头是件相当无望的任务，这场深入历史的旅程只会承认事实，但并不会给出原因。为何这棵技术演化的巨树——一棵根系可追溯到上个冰河世纪，树冠可延伸到下一个千年，树干贯穿了我们文明的早期阶段，也就是旧石器时代和新石器时代的巨树——在世界各地都相差无几，却在西方实现了全面繁盛？

列维-斯特劳斯在1952年时曾试图回答这一问题，但这种回答只是定性的，没有任何数学分析——由于现象太过复杂，后者是不可能完成的。他从统计学的角度分析了技术演化的出现，运用概率论提供了一种遗传学上的解释。

蒸汽和电力技术，然后是化合和原子技术，都是从无数研究中诞生的。这些探索一开始都是互相独立的，经历了漫长曲折的过程——有时甚至是从亚洲远道而来——才传入了地中海地区，激发了人们的灵感。在几百年的时间里，一场"隐秘"的知识积累得以发生，并最终表现为一系列的事件：抛弃了亚里士多德主义的教条，采用经验主义作为所有认知活动的指导；技术实验变成了有社会意义的现象；机械论物理学的普及。整个过程中还伴随着许多社会期盼已久的发明的诞生。这一现象是至关重要的，因为每一个国家都有一些可以成为爱因斯坦或者牛顿的人，却没有合适的土壤、机会或集体的共鸣来把他们个人活动的成果放大。

在列维-斯特劳斯看来，一个群体要想进入加速发展的进程，需要一系列特定的连续事件。思想"增殖"及其社会实现（第一台蒸汽机的建造，煤电工业和热力学的出现，等等）的系数存在着一种临界值，越过之后，这种增殖终将引发新发现的迅速增加。同样，中子"增加"的系数也存在一种临界值，越过某个门槛之后会引起重金属的链式反应。我们文明如今的全面扩张就类似于这种链式反应，或者甚至可以说是"技术爆炸"。按照这位法国人类学家的观点，一个特定的社会能否走上这条道路或引发这种链式反应完全是偶然的。从概率论的角度看就像掷骰子，只要试的次数足够多，总有一天能掷出一个全是六的组合，至少在原则上，每个社会群体都有平等的机会进入物质快速发展的通道。

有一点需要指出：我们和列维-斯特劳斯的关注点是不一样的。他想要证明的是，就算是和我们最不一样的文明，哪怕是非技术的文明，其存在都一样合理合法，我们不应该对它们进行价值评判，也就是说，我们不能因为有些文明在上述"游戏"中足够幸运地抵达了启动链式反应的临界点，就觉得有些文明"高于"其他文明。由于其方法论的简洁，这是个非常优美的模型。它揭示了为什么单个的发现即使再重大也只得被悬置在真空中，无法产生技术生产的社会效应，比如印度的粉末冶金术和中国的火药，因为那里没有后续的环节以启动链式反应，这一假说清晰地证明东方只是比西方少了那么一点点"运气"而已，至少在技术能否领先这件事上是这样的。因此，按照逻辑我们可以推断，要不是西方登上了历史舞台，东方迟早也会走出自己的道路。待会儿我们再来讨论这个命题的对错。现在，让我们先把关注点放在技术文明出现的概率模型上。

回到我们最主要的类比项——生物演化上，我们必须认识到，在演化过程中，不同种、属、科的物种在不同大陆上的出现有时是平行的。我们可以在旧大陆的草食或肉食动物与新大陆的某些物种之间找到一种对应关系，二者并无关联，但被演化塑造的方式却相差无几，因为演化用以影响它们祖先的环境与气候条件也是大同小异的。不过，门的演化更倾向于是单系群的，至少大部分专家是这样认为的。脊椎动物在地球范围内只出现过一次，鱼也是，两栖动物、爬行动物和哺乳动物莫不如是。这就引出了几个问题。我们可以看到，身体组织的实质性变化这种"设计者的壮举"在星球范围内只会发生一次。

我们也可以认为这种现象是统计法则在作祟：哺乳动物和鱼类出现的概率如此之低，因此，这种需要许多"运气"以及其他因素和条件配合的"中头彩"是极为罕见的现象。而一种现象越罕见，再次发生的可能性就越低。在两种演化中，还可以观察到另一个共同特征，那就是二者都产生了复杂与简单、高等和低等的形式，且一直存活至今。两栖动物的出现显然是在鱼类之后，又在爬行动物之前，但如今所有纲的动物都有其典型存在。同样地，家族和部落系统的出现要晚于奴隶制和封建主义，但又比资本主义早。虽说现在已经不太全了，但一直到不久前，所有这些社会制度——包括其中最原始的那些——还很确凿地共存于世。原始制度的遗迹仍然能在南部海域的一些群岛上找到。

在生物演化方面，这一现象很容易解释：每种变化都是由需求引起的。如果没有环境要求，如果环境允许单细胞生物的存在，那么，在接下来的一亿或者五亿年里就会持续产生原生动物。

但社会系统的转变又是什么造成的呢？我们知道它的驱动力是生产资料，也就是技术的改变。于是，我们又回到了起点，因为很明显，如果一直使用那些能一路追溯到新石器时代的传统技术，系统是不会变化的。

我们没法一劳永逸地解决这个问题，但可以得出这样的结论："链式反应"的概率假说并未虑及这种反应发生于其间的社会结构的特殊性。具有相似生产基础的系统的文化上层建筑可能会迥然不同。种种复杂精妙的风俗习惯，家庭与群居生活中时而令人痛苦的复杂行为规范——那些早已被广泛接受并正在严格执行的规范——是偶然的。尽管人类学家对各种文明间无穷无尽的内在联系万分着迷，仍需要让位于社会学家–控制论专家。后者有意忽略了所有这些实践的内在文化和语义学意义，转而审视它们的结构，仿佛它们构成了一个旨在实现超稳定平衡，并以确保这一平衡的延续为其动态任务的反馈系统。

很有可能，这些结构、这些相互依存的人类关系中的一部分是可以通过限制思考和行动的自由来阻止任何科学和技术发展的。也有可能，还存在其他一些结构，虽说并不鼓励此类发明，但至少能为它们打开发展的空间，哪怕只有那么一点。毋庸置疑，欧洲封建主义和十九世纪日本封建主义的基本特征极为相似，但同一系统的这两种模型——欧洲的和亚洲的——也显示出一些具体的差异，这些差异在实际的社会动态中扮演着次要甚至微不足道的角色。然而，正是这些差异导向了这样的事实：是欧洲，而非日本，利用新技术摧毁了封建主义，并在其废墟上建立起了工业资本主义的基础。[8]

从这个角度来看，引发技术链式反应的并非一个均匀发生的事件序列（譬如某个领域一个接一个的发现），而是两种事件序列的重叠，其中第一个序列（即控制论意义上的上层建筑）在统计上比第二个（即在经验和技术上对个体的兴趣的出现）具有更高的群众性。只有这两个序列相交，技术演化才有可能产生。如果这种相遇没有发生，那我们可能永远都无法超越新石器文明。

这个简单的框架当然太过简化了，但只有通过进一步的研究，问题才会更明朗。[9]

几个幼稚的问题

每个明智的人都会为未来做计划。他可以自由地——在一定限度内——选择他的教育、职业和生活方式。他可以换工作，如果他想的话，甚至可以在某种程度上改变自己的行为。但这种情况并不适用于一个文明。至少在十九世纪末之前，文明不是任何人的计划。它自发地出现，在新石器时期和第一次工业革命的技术飞跃中加速发展，而后陷入停滞，就这样过去了几千年。有些文化兴起又衰落，另外一些则在它们的废墟之上生长出来。一个文明"自己也不知道"在什么时候就会因为一系列科学发现及其社会发展而进入快车道。这一发展表现为内稳态的增加、能源消耗的增加，以及个人与集体面对各种威胁（疾病、自然灾害等）时自我保护能力的增强。它为之后通过调控活动驯服自然和社会力量提供了机会，但与此同时，它也控制和塑造着人类的命运。一个文明不是按照它自己的意愿来行动的，而是只能这么行动。我们为何要发展控制论？别的不说，我们可能很快就要撞上"信息屏障"了。这会阻碍科学的发展，除非我们能够掀起一场思想革命，规模就像过去两百年体力劳动领域的革命一样大。原来如此！所以我们不会做想做的事，而是做现在文明动态要求我们做的事。一个科学家会说，这就是客观发展曲线的表现。但难道一个文明不能在未来取得一个个体所拥有的自由吗？在什么情况下才能达到这种自由？社会必须更加独立于基本问题的技术。每个文明都要解决的基本的问题，衣食住行，繁衍，商品分配，健康和财产的保护，这些都要消失才行。它们必须像空气一样看不见，空气是人类历史上唯一充足的东西。毫无疑问这是有可能的，但是这只是先决条件，因为那时我们才能说："然后呢？"然后才会面对各种各样的刺激。社会把生命的意义给予个体，但是谁把这个意义或者特定的生命内容给予文明呢，谁来决定价值的传承？它自己。这个意义或者说内容来自它自己，只要它进入自由的领域。我们怎么想象这种自由？当然是免于灾难、贫穷、不幸的自由，但是这种没有熟悉的不平等或未满足的欲望和呼喊是否意味着幸福？如果是，那这一理想将会被以最大数量消费其生产的产品的文明达到。但是这种在**地球**上的消费者"天堂"能否让人幸福仍然存疑。这并不是说我们要推行禁欲主义或者宣扬另一个版本的卢梭的"回归自然"。这不仅幼稚还愚蠢。这种消费者"天堂"，愿望和欲念迅速满足会导致精神停止，和冯·赫尔纳 [10] 所说的"堕落"，他在对外星文明的统计中，把这种"堕落"归因于一个灵生"灭绝者"。但如果我们拒绝这个错误的想法，我们还剩下什么？一个拥有创造性劳力的文明？但是我们在穷尽一切力量把所有工作都机械化、自动化和自发化。这一过程的标志是人和技术的分离，或者后者在控制论意义上的全盘异化，这里指的是精神领域。显然只有非创造性的工作才可能自动化，但证据何在？让我们点明，没有，也不可能有。这种"不可能"的无根据陈述就和"你必须在额上流汗，以资获得你的面包"这种神学宣言一样毫无意义。显然说我们总有事做只是安慰——不仅因为我们认为工作自有其价值，还因为世界的本质迫使我们，也会一直逼迫我们工作。

类似的，人类如何做机器在做且能做得更好的事情？今天他好像觉得这没必要，因为我们的世界以很完美的形式被创造出来，在许多发展方向上，人力比机器人更经济实惠。但我们谈论的是未来，遥远的未来。如果人类突然说："够了！我们不要在自动化这个或那个领域了，虽然我们可以，但是为了让人有事可做，我们还是不要发展**技术**了。"可能吗？这将会是一种罕见的自由，也是一种罕见的利用自由的方式，虽然这种处境我们奋战了几个世纪才得以实现。

这些问题，似乎是显而易见的事实，其实是很幼稚的，

技术大全

因为我们不可能获得绝对的自由，不管是选择行为的自由还是不作行为的自由（因为"全体自动化"）。我们不能获得第一种自由，因为昨天还是自由的今天就不是了。从满足基本需求的义务中解放出来并不会是一个特别的历史事件。这一选择将会在今后达到更高水平时反复被采纳。总会有限定数量的选择，因此每次获得自由也是相对的，因为要把人类的限制一次性全消灭让他全知全能是不可能的。另一种我们不想要的自由也是虚构的，它是技术完全异化的结果，其通过控制论的力量将会把人类从其行动领域剔除而建构综合性的文明。

担心自动化会导致失业是有道理的，尤其是在高度发达的资本主义国家，但担心"消费过度繁荣"会导致失业没那么合理。控制论安乐乡 [11] 的构想是错误的，因为它假设人类劳动被机器取代后，人类会丧失所有的选择，但事实上，情况恰好相反。这种替代无疑会发生，但是它会打开更多的可能，对此我们知之甚少。但绝不会是"工人和技术人员被数字机器程序员取代"这种狭义的取代，因为在未来，机器的类别和型号决定了它将不再需要程序员。所以，这里发生的并不只是旧的工作被另外一种工作——一种新的、看起来不太一样，但本质上与旧的工作差不多的工作——所取代，而是一种根本性的转变，相当于是类人猿向人类的转变。人类不能直接和自然竞争，因为自然要比他复杂得多，人类无法与之抗衡。打个比方，人必须在自己与自然之间建立一整套媒介，每一种都是比前一种更有效的智能放大器。通过这种增强思想而非武力的方式，人们总有一天可以控制世界的物质属性——而这些属性是人脑所难以企及的。当然，这些媒介在某种意义上会比它们的人类设计者更"聪明"——但是"聪明"并不意味着"反叛"。我们可以通过推测，判断出人的这种强化活动在哪些领域更能适应和利用自然的造物。但即便如此，人类还是会受到某种限制，未来技术的材料方面的限制，我们没法预测在物质方面会有什么样的限制，因为它会受到未来技术的制约，但在心理层面上，我们多少还是可以想到一些，因为我们自己也是人类。一直到成百上千万年后，人类为了实现更完美的设计，放弃了他全部的物质性遗产，他那短暂而充满缺陷的身体，变成某种比我们高级得多的陌异存在时，这种理解的链条才会被打破。所以，我们对未来的预测将不得不止步于对这一物种自动演化的开端的描绘。

注释

1 波兰语中的名词有阴阳性之分，技术是阴性词，这里赋予技术一种有趣的人格化含义，不仅是在思辨的层面上，也是在语言的层面上。这一双重含义使得莱姆提出了"是谁引发的谁？"的问题。遗憾的是，在英文版的翻译中，这层含义没能保留下来，因为我只能用"它"而不是"她"来指代技术。

2 莱姆这里指的是弗雷德·霍伊尔（Fred Hoyle, 1915—2001），英国天文学家，以发明"大爆炸"一词却否定大爆炸假说而闻名。霍伊尔是宇宙恒稳态理论的支持者，这一理论认为连续不断的物质创造推动了宇宙膨胀，尽管宇宙被认为保持着无限的稳定状态。为了确保宇宙的平均密度恒定不变，霍伊尔认为新物质只能在扩张出的新区域中产生。

3 全景银幕（videorama）是一种环绕观众的多屏幕的视频装置。环幕（circarama）是一家使用了 360 度环形电影技术的电影院的名字，该技术是在二十世纪五十年代由华特迪士尼公司改进的，能为观众提供我们今天所谓"身临其境"的观影体验。

4 见 Davitashvili, *Teoria Polowogo Otbora*.——作者注

5 见 Smith, *Theory of Evolution*.——作者注

6 尝试绘制技术演化树会得出有趣的结果。它的整体形状很可能会类似于我们画的生物演化树（也就是说，它有着统一一均匀的树干和相对密集的树冠）。困难在于，如今的知识增长是由技术跨领域杂交引起的，这点在生物学中是不存在的。人类活动的任何随机选择都能产生技术杂交（我们有控制论和医学、数学和生物学等"杂交"），但生物物种固定下来，无法通过杂交繁殖。结果就是，技术演化的速度特征是持续加速，远高于生物演化。此外，技术演化领域里的长期预测很困难，因为常常发生突然转变，这完全无法预期，也无法预测（人没法在控制论出现前就预言它的出现）。任何特定时间出现的"技术物种"数量是所有存在物种共同作用的结果，对生物演化我们就不能这么解释。技术演化中的突然转变不能等同于生物演化中的突变，因为前者重要性更大。比如，物理学现在满怀希望地研究中微子，中微子已经为我们所熟知很久了，但最近人们才理解它们对宇宙中各种进程（例如恒星形成）的普遍影响，并在其中发挥着决定性作用。特定种类的恒星脱离内稳态节点时（比如说超新星爆发），会释放中微子，远超它们的总光度发射。这不适用于像太阳一样的稳定恒星（太阳的中微子放射是 β 衰变现象，远小于光度发射中释放的能量）。但天文学家现在对超新星研究尤其充满希望，超新星在宇宙总体发展、元素尤其是重元素的出现和生命起源中扮演的角色是独一无二的。这就是为什么尽管

中微子天文学不采用任何传统装置诸如望远镜反射器等，却有可能代替现在流行的光学天文学（射电天文学倒是另一个有力竞争者）。

中微子的问题可能包含了许多其他秘密。研究这一领域可能会发现其他未知的能量来源。（这会牵涉非常高的能级变化，表征了正负电子转变为正负中微子的过程，或者也叫所谓的中微子轫致辐射）。宇宙整体图景可能会经历巨变：如果中微子粒子的数量真如现在所宣称的那么高的话，特定空间内星系群岛的不均匀分布对宇宙演化影响不如中微子气体的影响，因为中微子均匀地分布在空间中。

所有这些议题都充满希望，又富有争议。它们表明知识的发展多么无法预测，如果假定我们已经知道了许多决定宇宙特性的基本法则，所以充满信心地觉得任何进一步的发现只会补充这幅完整图景的细节，那就大错特错了。但现在的情况是这样的：我们对一定数量的技术分支有坚实和相当确定的知识，但这只适用于广泛应用的技术，它们构成了地球文明的物质基础。然而，我们似乎对微观和宏观世界的本质、新技术出现的未来，或者宇宙学和星体学的知识，比几十年前知道得更少了。这一现象的原因在于有很多截然相反的假说和理论在这些领域互相竞争（地球膨胀假说，超新星在行星和元素形成中发挥的作用的理论，以及超新星类型假说）。

科学进程的先前结果显然是一个悖论，因为无知可以意味着两件不同的事。第一，对于此事我们一无所知，而且我们不知道缺乏这种知识（尼安德特人不知道电子性质，也丝毫不知道它们的存在）。这也就是说"完全"无知。第二，无知可以意味着知道某个问题的存在，同时又欠缺关于解决方案的知识。进步毫无疑问消除了第一种，也就是"完全"无知，却增加了第二种无知，或者说一系列没有答案的问题。后一种陈述不只指人类活动的领域，比如说，它不评估人类的理论和认知实践。在某种程度上也适用于整个宇宙（因为问题的增加是知识增加的结果，展现了宇宙的特定结构）。

在目前发展阶段，我们倾向于推定这样一种"极小-迷宫"特性是一切存在的内在固有属性。但把这么一种假设当作启发式本体论太冒险了。人类历史发展太短，没法形成像"特定真理"这样类似的命题。知道大量事实，知道事实之间的联系，可能导致某种"认知高峰"，在这之后，没有答案的问题数量开始下降（而非增加，正如现在在发生的那样）。对一个只能数到一百的人来说，万兆和无限没有区别。作为宇宙的探索者，人类更像一个刚学会代数的人，而不像一个能随便玩弄无限的数学家。此外，我们在研究之前讨论过的"认知累积"的条件下，可以发现宇宙结构的"有限"方程式（如果它真实存在）。但常数和问题数量的持续增加并不决定这一问题，因为可能只有超过一千亿年持

续发展的文明，才能达到"认知高峰"，因此，所有过早的预设都是毫无根据的……——作者注

7　莱姆这里指的是德里清真建筑群中一根建于一千六百年前、至今仍未被腐蚀的铁柱。显然，由铁、氧和氢组成的薄膜保护了铁柱免于锈蚀。

8　见 Koestler, *Lotus and the Robot.*——作者注

9　解决技术起源问题的随机统计学途径符合现在流行的博弈论对各种社会问题的应用（约翰·冯·诺依曼是该理论的奠基人）。我在本书多次提到这种模型。但问题的真正复杂性无法包含在这种概率性模型中。在有更高组织水平的系统中，即使非常微小的结构变化也会导致巨大的差异。此外，"放大"问题在此出现。我们可以讲一下"空间放大"，杠杆是一个模型，在其帮助下，一个"小动作"会变成"大动作"。还有"时间放大"，可以以胚胎发育为例证。我们仍然欠缺诸如拓扑型社会学这样的领域，其任务是研究个体行为和社会拓扑结构之间的关系。这样的结构可能会有"放大"效应，就是个体的思想和行为可以为其在社会中的扩散找到有利条件。这一现象甚至能产生雪球效应（控制论刚开始对这类现象表现出兴趣，它们发生在诸如社会或大脑等复杂系统中，比如说，在大脑中以癫痫方式发生）。反之亦然，特定的结构可以"剿灭"个体行动。我在《对话》一书中谈到了这一议题。[Lem, *Dialogi*].

当然，行动自由取决于给定的社会结构，以及个体在社会结构中的地位（国王比奴隶有更多自由）。这种区别微不足道，因为它没有给系统动态分析带来新鲜观点：且恰恰相反，不同结构以不同方式支持或阻止个体行为（比如说，学术思考）。这一问题其实在社会学、心理学、信息量和控制论的交叉路口。我们还需要等上一段时间，直到这一领域出现某些巨大进展。列维-斯特劳斯提出的概率性模型如果按字面理解，我们就会觉得漏洞百出。它的价值在于把客观方法引入技术历史，在这之前这个领域被更"人为主观"的问题解决模型主导，他们声称"人类精神，在经历了历史中的成功与失败后，终于学会阅读自然之书"等等。

列维-斯特劳斯强调"信息杂交"（精神产物的全球交换）的重要性，这无疑是正确的。单个文明是孤独的玩家，采取特定的策略。只有出现不同文化联盟（或者经验交换）时，战略性强化才会发生，这大大增加了"技术胜利"的概率。让我们引用列维-斯特劳斯的话："文化结合各种复杂的发明实体，我们将其描述为文明，结合成功与否取决于其他合作文化的数量和多样性，这种通用策略通常是不自觉的。数量和多样性……"[Lévi-Strauss, *Race and History*, 41].

但这种合作并不总是可能的。文化并不总是"封闭的"，也许因为地理原因（像日本在一座岛上，或者像印度北靠喜马拉雅山脉）孤立

存在。文化可以在结构层面上"封闭自身",因此不知不觉成功地封锁了技术进步的道路。地理位置当然很重要。欧洲就是如此,多种国家文化彼此临近,互相影响(正如战争史告诉我们的)。但这种机会元素不是让人满意的解释。普遍有效的方法论规则应该把统计规则尽可能还原简化到决定论规则。一开始失败之后重新开始尝试(让我们回忆一下历史,比如说,爱因斯坦和他同事徒劳地证明"确定"量子力学),并不是浪费时间,因为数据可以(尽管它并不一定要)是一张模糊的照片,一张糊掉的特写,而不是现象规则的准确反映。统计学让我们根据天气、星期几等预测意外事故的数量。但一种单一方法让我们更好地预防意外(因为每场意外事故受决定论原则影响,诸如视力不好、踩错刹车或超速)。

某一火星生物观察到"车辆液体"循环:用它的"机车身体"在高速公路上循环,它可能轻易认为这纯粹是统计学现象。该生物接下来会想到,史密斯先生每天开车上班,有一天突然半路掉转车头,这就是"非决定论"现象。但史密斯先生回去是因为他把公文包忘在了家里。这是该现象的"隐藏参数"。另一个人没到达目的地,因为他想起来有个重要会议,或者他发现引擎过热。于是,各种纯决定论因素可以提供大量基础现象特定中位行为的完整图景——这些现象表面上看似同质均匀。火星生物因此向地球工程师建议应该拓宽道路,促进"车辆液体"循环,减少意外事故数量。

如我们所见,统计学概述会为我们勾勒出实用主义理论。但考虑到"隐藏参数"会让我们从根本上改进理论:史密斯先生被建议把公文包留在车里,另一个司机被建议在日记里记下重要会议,第三个司机被要提前给车子做安全检查。一旦我们发现了这些隐藏参数,固定比例的不抵达目的地的车辆谜题就消失了。一旦我们研究了人类文化功能的拓扑学和信息方面,人类的多样文化构成策略的谜题也就消失了。正如俄罗斯控制论者格尔凡德(Gelfand)观察到的那样,在非常复杂的现象中,我们检测到相关和不相关参数。我们经常绝望地确定某些不相关的新参数,从而继续研究!比如,研究太阳活动周期和经济繁荣周期之间的相关性(亨廷顿就这么做过)。并不是说这种相关性不存在,实际上已经被确认了;只是这种联系太多了。亨廷顿在他的书中引用了海量的这种联系,最终导致进步的驱动问题淹没在相关性的汪洋中了。

不考虑相关或者不相关变量,这和研究相关性一样重要。当然,我们预先不知道哪些变量相关,哪些不相关。但动态和拓扑学方法允许我们放弃分析性方法,后者在这种情况下是不合适的。——作者注

10 塞巴斯蒂安·冯·赫尔纳(Sebastian von Hoerner,1919—2003)是德

国天体物理学家和射电天文学家，他在外星智能探索和恒星形成的研究中做出了大量贡献。莱姆在讨论中频繁使用的指称灵生代，指的就是"人类时代"。

11 莱姆在原文中用的是德语 Schlaraffenland，指的是中世纪流淌着奶与蜜的地方。

第三章　宇宙中的文明

问题的方程式

我们如何探索文明前进的方向？通过审视我们文明的前世今生。我们为什么要类比技术和生物演化？因为后者是唯一我们能接触到、提高复杂系统调控与内稳态的过程。这个过程尚未被人类干预，如果被干预，可能就会影响我们的观测和得出的结论。我们的表现就好像一个人为了明白自己的未来与潜力，开始观察自己和周围的环境。但其实还有另一个方法，至少原则上还有，一个年轻人可以通过观察另外一个人来了解自己的命运。通过观察他人，他将会了解面前的道路、选择以及自己做出选择的局限。观察到自然造物终有一死，不管是贝类、鱼类还是植物，孤岛上的鲁滨孙或许也能猜到自己的时间是有限的。但是，通过观察远处船只的烟与灯光，或者飞过头顶的飞机，他能得到更多关于自己未来可能性的知识。他也许能由此推断，存在一种和他类似的人创造出的文明。

人类就是这样的鲁滨孙，漂泊在一颗孤独星球上。人类的好奇心可能因生计所迫而面临严峻的考验，但是，这样的考验不值得挑战吗？看到其他文明的星际活动踪迹能够教会我们关于自己命运的知识。如果我们成功了，我们就不需要基于自身有限的星际经验而依赖猜想：宇宙间看到的各种事实给我们提供许多参考。此外，我们还可以描绘出自己在"文明因式分解曲线"上的位置，从而能够知晓自己是一般还是少见的现象，是某种普通的东西、宇宙中的一种发展典型，还是一个变数。

我们怀疑只要几年，最多几十年，就能遍览太阳系内的生物信息。其他高等文明存在其间的可能性几乎为零。十九世纪末常见的想象——让火星居民或天王星居民知晓我们存在的尝试并没有发生。不是因为不可能做到，而因为这纯属徒劳。要么这些星球上没有生命，要么就算有，也没有创造出任何技术。不然他们早就发现我们了，因为我们的短波无线电可以在星际层面上被观测到。电视机的存在已经让地球的电波在超高频率波段发射出去（它能轻易穿过大气），已经匹敌同频率内的太阳辐射了。

太阳系内的任何文明，只要有和我们相近的发展水平，不管是通过光、无线电波还是物质方式，肯定已能和我们建立联系了。但是，太阳系里没有这种文明。这个问题虽然很吸引人，但还不是现在我们最关心的，因为我们不在乎所有的文明，而只关心超过地球发展水平的文明。只有它们才能帮助我们得出关于自身未来的结论。基于我们对外太空的观测所得到的答案，将会推翻现在大多数的推测分析。一个能和其他智慧生物沟通，或者至少能观察远处行为的鲁滨孙，将不再烦恼于各种不确定的猜想。自然，这种状况也会带来危险。任何过于直接和确定的答案都会让我们变成决定论的奴隶，而非拥有更多自由的生物，后者拥有无限的选择。不同星系中特定组合的道路越是接近，后者的自由就越显得虚幻。

在新的一章中，我们的探索开始扩展到全宇宙，这一想法迷人又危险。把我们和"低等形式"，也就是动物区分开来的，不仅是文明，还有对自身局限的认知，尤其对死亡的认知。我们不知道比我们更高级的存在如何超越我们。不管怎样，我们必须强调，我们关注的是事实和符合科学原则的解释，而非幻想。这就是为什么我们不考虑各种关于地球和其他星体"未来"的畅想，致力于这一丰富题材的作家将其称为"科幻"。我不是说科幻违背了科学事实，而是要重申避免武断并保持距离的重要性。我们应该引用天体物理的观察材料，依靠科学家使用的方法，这和艺术家的方法截然不同。这不是因为后者比起前者更倾向于冒险，而是因为科学家的理想是把根据自身经验陈述世界的目的，提炼客观事实，和主观情绪结论完全隔离，这对艺术家来说则闻所未闻。换句话说，一个人越接近科学家，就越能够让自己的人性保持沉默，好让自然本身说话。相反，一个人越接近艺术家，就越倾向于将他自己的观点强加给我们，包括他作为独特个体所有的伟大与弱点。我们从未遇到过纯粹立场，这一事实证明了它是不可能被完全实现的，因为每个科学家内心都有个艺术家，反之亦然。但我们说的是发展的大致方向，而非无法企及的终点。

方法的方程式

上面提到有关这方面的学术工作近年来不断增多，但大多只发表在专业期刊中，难以接触。苏联天体物理学家约瑟夫·什克洛夫斯基1962年的《宇宙，生命，智能》（*Universe, Life, Intelligence*）在某种程度上填补了这一鸿沟。据我所知，这是第一篇讨论星际文明问题的专著，关于它们的存在、发展和沟通的可能性、在我们星系和其他星系中出现的频率等，这些问题不只是在宇宙学论文的字里行间偶然提到，还是该书的主题所在。不像其他专家，什克洛夫斯基教授在可能的最大尺度中讨论这个问题，只用了一章讨论太阳系中生命的起源。他的书意义尤其重大，因为书中展示了许多天文学家，尤其是无线电天文学家的许多观点和计算结果。他们都用概率论工具来计算宇宙文明"密度"，并且试图把自己的研究结果和现有的观察及理论匹配起来。

根据我们现在的关注点，我们只需要考虑从什克洛夫斯基引用的扩展材料中提炼出的有关"星际技术演化"的内容。我们也应该讨论基于英、美、德等国家的学者计算的某些特定内设。我们之所以这么做，是因为他们的内设很大程度上是粗略的又是假设性的。

今天的天文学既不能直接地（这里指的是直观地），也不能间接地确定恒星周围行星的存在，除非它们在邻近的恒星旁，并且质量超过木星，这样才能通过星际轨道扰动推测几十光年外的星体。听起来有些惊人，退一步说，在这种情况下一个人确实能谈论"外星文明"探索的表面科学结果。但是，要不接受构成这类学术工作基石一些基本推理要素，这也很难。

外太空中"外星人"的存在可以通过两种方法确认：第一，获得这些"外星人"发射的信号（无线电波、光或者物质信号，比如说火箭探测器）；第二，观察到某些"奇迹"。什克洛夫斯基称后者为某些不可能的现象，也就是说，天文学角度无法解释的现象，就像地上架起的高速公路从地理学角度无法解释。就像地理学家可以由此推断，某种智慧生物建造了高速公路，一个天文学家一旦发现偏离自身学识所预期的现象，并且是任何"自然"方式都不能解释的异数，他就不得不得出这样的结论：他的仪器检测范围内存在某种刻意活动的踪迹。

"奇迹"并非某种刻意信号，试图告知潜在的观察者存在外太空生命。他们是高度发达文明的副产品，就像灯火通明照亮几里外的天空，从而证明了大都会的存在一样。一个简单的计算显示这种现象应该可以从几十——如果不是几百的话——光年外看到，因为能量的消耗等同于恒星级力量。简单地说，只有"星级工程"的迹象可以在天文学层面上观察到。

几乎所有的作者（戴森、萨根、冯·赫尔纳、布雷斯韦尔和什克洛夫斯基）都坚称，"星级工程"的出现，不管何种形态，肯定会出现在文明发展的特定阶段。如果我们接受，地球上的能量需求每年增长 0.33%（根据目前的增长速度，相当保守地估计），那么两千五百年内全球的能量生产会翻百亿倍，到了 4500 年，将达到太阳总能量的万分之一。就算我们能把海洋中的氢转变为能源，也只能维持几千年。天体物理学家面临很多选择。戴森提出通过"戴森球"汲取太阳能，那是一个薄壁的空心球体，其半径等于地球绕日轨道半径。建造材料取自巨行星，主要是木星。这个球的内表面面向太阳，吸收太阳的所有辐射（4×10^{33} 尔格 / 秒）。什克洛夫斯基根据未来工程师的要求，也提出了另一个利用太阳能的可能，甚至影响太阳内部的核反应过程。不用说，我们不知道下一个千年能量使用是否会大幅增加，但我们知道今天可能的大宗能量用户：星际和星系旅行（耗时等同于人的寿命）唯一可能的交通工具也就是光子火箭，它就需要这么多能量。这当然只是一个例子。

既然太阳从很多方面看都是一颗普通的恒星，特别是在年龄方面，那么我们可以假定类似于它，年龄又比它大，且拥有许多行星的恒星数量和比太阳年龄小的恒星数量差不多。这可以让我们得出结论，比我们落后的系外文明和比我们先进的系外文明数量差不多。

我们得出这一论点的基础，即我们的存在非常普通，目前无可争辩：太阳在银河中的位置很"普通"（不在边上也不在中心），而且我们的星系——银河系本身也是典型的棒旋星系，在大量星云中有几十亿同类。这就是为什么我们认为地球文明典型、普通和平常。

布雷斯韦尔和冯·赫尔纳各自独立计算了宇宙中的"文明密度"，他们假设，我们的星系内每一百五十颗恒星就有一颗恒星拥有行星系统。因为银河系大约有一千五百亿颗恒星，所以应该有大约十亿个行星系统环绕其中。这是相当保守的估计，如果每十亿颗行星能有一颗出现生物演化，经过一段时间达到"灵生代"，计算显示，如果这个阶段的时长（比如说技术阶段）只取决于母星恒星的寿命（比如说一个普通的文明只要能接受到母星给予的维持生命的能量就能生存），那么两个文明的平均距离将少于十光年。

这个结论虽然在数学上没有漏洞，却不符合事实。如果文明密度如此高，我们应该早就接收到邻近星球上的信号了——不只是通过自 1960 年美国绿岸天文台德雷克牵头的一队天文学家一直在使用的特殊仪器。他们的仪器能够接收十光年内的信号，强度和现在地球发射器发出的无线电波频率一样高。当然，美国射电望远镜能够接收一百光年外的信号，只要适合的强信号向着二十七米长的天线指向的方向发出。仪器的寂静不仅昭示着天苑四和天仓五周围的"文明真空"，还表明在这些恒星之外，也没有更强大的信号穿越宇宙朝我们而来。德雷克领导的一队科学家在历史上第一次尝试"搜寻星际文明"，他们接受了另外两名美国天文学家可可尼和莫里森提出的观点。科学家们使用了为接收"人工"信号而特制的设备，能够将其与"星系噪声"（银河系的星体和星际物质都产生无线电波）区别开来。这是一场科学实验，旨在寻求能被我们接收到的规律性无线电波，这种规律性意味着发射的无线电波经过调整，也就证明了它们是智慧生物发射出的信息载体。这是第一次尝试，当然不会是最后一次，尽管天体物理学家的期望尚未实现。日复一日，周复一周，他们的仪器除了死物质发出的单调星际噪声，什么也没收到。

宇宙文明统计学

如前所述，如果宇宙中文明的寿命与其母星相同，这实际上意味着文明一旦形成，将会存在几十亿年，那么就不可避免会得出一个关于"文明密度"的结论，也就是说，两个有生命居住的世界只会间隔几光年。这个结论和观察结果——无论是宇宙中无线电波的否定结果、其他信号种类的缺失（比如说"外星"火箭探测器），还是"奇迹"，也就是星级工程活动现象的完全缺席——完全相悖。这一状况使得布雷斯韦尔、冯·赫尔纳以及什克洛夫斯基都接受了文明寿命远短于恒星寿命的假说。如果一个文明的平均寿命"只有"一亿年，那么从统计学来算，两个文明间最可能的距离大约是五十光年（这是两个文明的存在在时间上有分歧的结果）。但这听起来也很可疑。因此，前面提到的作者们更倾向于接受文明的平均寿命估计少于两万年的假说。如果真是这样，那么两个高度发达的世界就会相隔几千光年——这总算解释了我们寻找他们的尝试为什么都失败了。

因此，银河系中我们认为能够产生生命的星球越多（之后产生"灵生代"），我们必须假设其平均寿命就越短，这是为了不和观察结果矛盾。现在普遍接受的是，银河系的一千五百亿颗恒星中，大约十亿颗有能够产生生命的星球。但就算我们把这个数据减到现有的十分之一，概率计算的结果也不会发生太大改变。这看起来完全说不通，因为生命演化的前文明阶段需要耗时几百万年，所以很难理解为什么有了这么美妙的开始后，"灵生代"会在几十个世纪内迅速消亡。只要我们意识到，就算一百万年，也只是一个普通文明可以继续发展的时间的一小部分（毕竟它的母星能持续提供几十亿年的辐射能源），我们也许就能接受这个现象的神秘性，但现在这个解释仍不能满足我们的好奇心。

在我们看来，智慧生命看似是**宇宙**中非常罕见的现象。重点在于，我们讨论的不是普遍意义上的生命，而是说类似我们自己的生命，毕竟我们不关心银河系整个寿命（大约一百五十亿年）中无数出现又消失的文明，我们关心的是那些和我们文明同时代的文明。

这里需要解释一下"灵生代"转瞬即逝的原因，冯·赫尔纳列出了四种可能：（1）星球上所有生命灭绝。（2）只有高度组织的物种灭绝。（3）心理或物理上的衰退。

（4）失去技术兴趣。

　　给这些原因附加了粗略的概率系数后，冯·赫尔纳假定文明的平均寿命为六千五百年，文明间的平均距离为一千光年。他的计算结果也让他认为，我们第一个会接触到的外星文明，它最可能的年龄是一万两千年。而第一次就能接触到与地球发展阶段相匹配的文明，这样的概率更加渺茫：只有0.5%。此外，冯·赫尔纳也考虑了同一星球上文明重复出现和消失的可能性。

　　有鉴于此，我们就不难理解美国搜寻星际文明成功的可能性微乎其微。信息交换也不太可能，就算我们真的接收到了任何信号，在发送出问题后，也要等两千年才能收到回复……

　　根据银河系中生命分布的统计学特征，如果星际文明的局域群系出现，冯·赫尔纳也考虑到其"正向反馈"的可能性。当等待回复的时间仅占（在局域性"灵生代族群"中）整个文明寿命中相对短暂的时段时，文明间信息的成功交换才有可能（依靠经验交换）。

　　什克洛夫斯基把这个过程和适宜环境中有机体的快速繁殖进行比较。如果这种过程真的发生于银河系某处的话，它会覆盖巨大领域，很快就会悉数尽收更多数量的星系级文明，这会形成"超有机体"。最让人震惊的是，这一可能性竟然还没有实现，说实话，完全难以置信。让我们简要假定一下，冯·赫尔纳灾难性的假设在宇宙中广泛使用，这一假设性规则的统计学特征使一小部分长寿文明的存在变得非常有可能（尽管罕见）。假设没有文明能持续存在百万年，这将导致我们把统计学规律变成死亡决定论，如恶魔般、不可避免地迅速灭绝。但即便果真如此，那么至少有几个这样百万年古老的长寿文明，应该早就占领远离它们母星的星域了。换句话说，小部分这样的文明将会成为星系发展的决定因素。那么假定的"正向反馈"也会成为事实，事实上，这种反馈应该已经有几百年的历史了。为什么并没有这些文明的信号存在呢？为什么我们看不到它们巨型星级工程活动的迹象呢？为什么没有它们创造出的海量信息收集探测器充斥着虚空，也没有自我宣传机器渗入位处最偏远角落的我们星系呢？

换句话说，为什么我们看不到"奇迹"？

宇宙的灾难性理论

银河系是典型的棒旋星系，太阳是典型的恒星，地球大概也是典型的行星。但我们能多大程度上把地球上发生的文明现象推广到全宇宙呢？我们真应该去相信，当我们举头望天，眼中映出的是充盈着各种世界的幽邃深空，这些世界要么因自杀性的智能力量早已化作尘土，要么正在朝着灭亡直线奔去吗？这是冯·赫尔纳提出的，他认为"灵生代自毁"假说有65%的可能性是真的。只要我们意识到与我们相似的星系数以十亿计，并假定因为相似的构成材料和动态变化法则，它们之中都会上演相似的星球演化和灵生代演化，那么这就意味着万亿个发展中的文明会在短时间内走向灭绝，从天文学尺度上来说，消亡就在眨眼之间。我无法接受这样一个统计学地狱，不是因为它太可怖，而是因为它太幼稚。我们不是在控诉冯·赫尔纳的假说，把宇宙当成一个大机器，制造出一片片在劫难逃的原子屠宰场，我们否定这个假设也不是出于道德考量，毕竟情绪不能在科学分析中发挥任何作用。但这个假说认为，不同星球轨迹之间有着相当不太可能的相似性。我们不相信，充斥血腥战争史的地球和本性中不乏各种道德沦丧和黑暗面的人类，是某种例外的宇宙文明，或者外太空生存着比我们本性更加完美的生命。然而，把已经检验的已知过程推广到未经验证的过程，这个方法在宇宙学、天文学和物理学中如此有用，却很容易把总星系社会学的实践尝试变成自身的归谬法。

举个例子，倘若德意志第三帝国的种族灭绝政策将德意志犹太人排除在外，或者希特勒的独裁统治发现了某些物理实验的价值，并可能据此研制某种"奇迹武器"（这是德国统治者梦寐以求的），那世界的命运将截然不同。这可能是某种"预知梦"的结果，就像希特勒做过那样。结果，爱因斯坦可能就不是犹太人了。无论如何，可以假设一下：二十世纪四十年代，纳粹本应投入资源研究原子能。德国科学家当然会犹豫，要不要把氢弹交到法西斯手里，但从别处我们知道这种犹疑可以克服（只要看看战后针对海森堡的怀疑和指控，更加全面地调查这一问题之后，很难不认为他其实试图建造第一座微型核反应堆，而不只出于学术野心）。不过，我们知道，种种事件的转折与我们的设想大不相同：原子弹最先被美国人生产出来——经由德意志第三帝国移民的双手和大脑。如果这些人留在德国，希特勒也许就能得到他梦寐以求的可怕武器。我们不应该再继续这种毫无根据的假设了，重点是要展示，事件的紧要关头如何导致德国迅速落败，并在其废墟上诞生出两大残余潜在对手：社会主义和资本主义。不管德国人能否靠核能源领先获得统治世界的地位，核因素作为战争技术的重要方面，都将会改变星球的内稳态。也许会爆发数场世界大战，让人类元气大伤，但却团结起来。这些假设，经不起推敲又无关紧要，不过是那些整天坐在沙发上思考的哲学家的推理形式，但当我们将其推广到全宇宙尺度时，就拥有意义了，因为在一统四分五裂集体这一历史过程中，出现某一霸权领导人和同时出现两个对手的概率差不多。数码机械体的社会演化进程模型在不远的未来应该有可能实现，这样将会阐明这个问题。我在这里提出的是星球上的社会统一现象，技术演化将会消除社会中的对立主义和独裁主义。有鉴于驯服**自然**比全球范围内管制社会更容易，技术演化取代社会演化也许确实是这类过程的典型动态特征。很难接受的是，与控制**自然**力量相比，延迟社会力量的管制在宇宙中始终保持不变，因此这是所有可能文明的固有性质。但这个延迟的尺度，作为一个重要参数，是地球社会现象的一部分，它塑造了星球上人类统一的进程，结果造成了两大对立集团的出现。不用说，这种发展不一定要以彻底灭绝结束，我们可以相信，在相当大部分"世界"（记住我们在谈论模型！）中，力量分布和地球千差万别，以至于对手间互相争斗、竞相毁灭的这一可能性甚至不会存在。这种竞争还可能没有那么戏剧化：在其导致的衰落开始后，也许"星球"上所有的社会统一起来了。

然后呢？冯·赫尔纳假说的支持者会说，其他因素会缩短技术寿命，比如说，因为现在世界很大一部分社会盛行享乐主义和消费主义，从而产生了社会"衰退"的倾向。接下来，我们也要说说发展的"乐观主义驯服法"的可能性，以及"技术加速"循环的可能终止。但根据冯·赫尔纳的理论，这些因素只不过拥有 35% 的可能性。我们由此得出一种确定的可能性，一种根植于数学和模型的可能性，这一可能性从理论上否定冯·赫尔纳将自我毁灭作为宇宙中大多数文明存在规则的假说。就算冯·赫尔纳的理论比想象中更接近事实，他的"法则"统计学特征必须允许前文所述的例外的存在，恰恰是因为这些法则具有概率特征。想象一下，坐拥十亿颗星球的银河系中，九亿九千万颗星球的本质特征包含这一技术短命规则，那剩下的一千万颗，哪怕其中一万甚至一千颗星球都可能躲过"文明短命法则"，那么，这些文明将延续千百万年。那样，我们将面对地球生物演化的独特宇宙模拟物：地球上的活动看起来就是这样。在演化过程中物种灭绝的数量远比存活下来的多，但存活下来的产生了大量新物种。这就是为什么我们能提出这种"演化辐射"，不过不是生物演化，而是宇宙和文明尺度上的演化。我们的假说不需要囊括任何"田园牧歌"元素。当然我们可以想象这些数十亿年古老的文明在其星际扩张中建立联系，它们的战争在我们看来会像是整个星座的消失，或像破坏性辐射光束的喷发，或像某种星级工程活动"奇迹"（不管是和平的或破坏性的）。

因此，我们又绕回之前的问题：为什么我们没看到任何"奇迹"？请注意，在上一段，我们打算接受一个实际上比冯·赫尔纳更"灾难性"的文明发展观。他不只说宇宙中文明会自我毁灭，还说在发展过程中也会自毁：这类似于人类目前达到的阶段（但在天文尺度上可以忽略不计）。在我看来，我们不再把概率论方法应用于社会遗传现象，而只是用宇宙普遍性的面纱矫饰现代人的焦虑（这也适用于博学的天体物理学家）。

天体物理学无法给我们提供上面问题的答案，让我们到别处去寻求这个答案吧。

"奇迹"的元理论

前面提到的星级工程活动造成的"奇迹"会以什么形式出现呢？在"可能的奇迹"中，什克洛夫斯基列举了一些，包括人工引发的超新星爆发，或者特定罕见恒星光谱中锝元素谱线的存在。因为锝不是自然生成（是我们在地球上人工制造出来的），也不可能自然生成，因为这种元素衰变速度极快（只需几千年），所以我们能够推断，星体辐射中锝的存在一定是因为在星级工程活动过程中，该元素"跃跃欲动"于恒星烟火之中。顺带一提，要看到恒星辐射中某一元素的谱线，需要达到在天文尺度不可忽略的数量，也就是几百万吨。

这个假说，再加上"超新星人工爆发"假说，是什克洛夫斯基半开玩笑提出来的。科学中一个基本方法论原则叫"奥卡姆剃刀"，就是如无必要勿增实体（entia non sunt multiplicanda praeter necessitatem）理论。在建立假说的过程中，除非必要，一个人无须增加"实体"。在这里，"实体"可以理解为理论中的基础概念，且不能简化为其他概念的概念。这个原则被广泛遵守，其实很难在各个科学争论中注意到它。只有在以下特殊情况下才能在现实理论模型中引进新的概念：当构成我们知识的一些基石性概念遭遇危机。在原子分解的某些情况中，质量守恒法无法给出解释（一些"质量"凭空消失），于是，泡利发明了"中微子"的概念，一种纯属假想的粒子，中微子的存在后来在实验中被证明，这一概念挽救了守恒法则。"奥卡姆剃刀"，或者思想最省原则，要求科学家尽可能简洁地解释所有现象，不要加入任何"额外的实体"，也就是没有必要的假说。这一原则的广泛使用造就了统一所有科学的驱动力：这一动力体现在解释多样性时不断将其还原至基本概念，就像物理学的研究。许多科学时不时反对这种还原主义：比如，长久以来，生物学家坚持认为，要解释生命现象需要引入"生机"或者"活力"的概念。创造的超自然行为，意在把我们从解释生命起源或意识产生的重任中解放出来，也是一种"额外假说"。一段时间后，这样的概念被认定违反了奥卡姆剃刀原则，并作为肤浅概念而遭贬弃。天文学家观测满天繁星，看到了许多可以用特定理论模型解释的现象（譬如恒星演化模型，恒星内在

技术大全

设计模型），以及许多无法解释的现象。从银河核心喷流出的巨量星际氢，或者系外星云的大量无线电辐射，都没有理论解释。然而科学家很不情愿地声明："这是我们无法理解的现象，意味着是某些智慧生命的活动造成了这些现象。"这种行为太过冒险，因为它关闭了所有尝试用"自然"方法解释这些现象的大门。我们独自在海滩散步时，如果看到对称排布的岩石群，我们惊异于这一对称性，倾向于认为，研究这些现象将有益于科学：也许我们面对的是涨潮过程中未知的流体力学原理呢。但如果我们认定，这是另外一个在我们之前走过这里的人出于乐趣而排布石头，那么我们所有的物理或地理学知识将无处施展。这就是为什么科学家倾向认为，即使是某些旋臂状星云最"不正常"的星系行为，都是**自然**现象，而非**智能**干预。

我们能随意增加"奇迹"假说。比方说，宇宙辐射是散布于银河系各处"光量子飞机"的喷射效应的结果，其飞行轨迹穿越空间，飞往四面八方。如果我们假定，一百多万年以来，光子火箭从各个遥远的星球发射升空，那么我们可以认为，抵达我们地球的无线电辐射是它们辐射轨迹多普勒效应的结果（因为它们的波源，也就是火箭，以近光速飞行）。特定星簇中因为伴星自然爆炸，星体突然"飞出"，利用"弹弓"效应达到每秒几百千米的速度，但这些伴星也可能因为星级工程而湮灭。最后，一些超新星爆发也可能由人为引起。然而，奥卡姆剃刀原则无情地禁止我们接受这些假说。顺带一提，科幻小说的原罪之一就是"额外实体"的引入，也就是那些不需要引入，科学也能正常运转的假说。大量科幻作品把以下信仰作为其基础设定：地球生命的演化发展（或者只限于低等哺乳动物演化为人类祖先）是外来因素的结果——从前有个"外星"火箭降落在地球上。它们认为在太阳下"培养生命"有利可图，于是，"外星人"种下了生命的种子。也许他们认为自己在做好事，或者在做实验，又或者只是星球观光者的"失误"：在返回火箭时掉落了装有生命细菌的试管，这样的观点想要多少就能有多少。然而，从奥卡姆剃刀原则的角度看来，这些想法因其肤浅而遭驳斥，因为无须"外星到访理论"，生物起源也能得到解释。然而，后者的可能性也不能被完全排除（什克洛夫斯基书中也提到了这点）——谁知道人类会不会有一天也会到别的星球上传播生命？美国天文学家萨根曾提到，以前有人提议通过散播一些地球水藻，让金星变成宜居星球。方法论分析的结果因此清晰明了。搜寻宇宙中星级工程活动迹象的科学家也许已经看到好一段时间了，但是，因为其所从事的科学事业原则，被禁止将其归类为特别现象，即有别于自然世界现象，而是智能创造现象。这一困境没有出路吗？我们难道不能想象某种不能用非

　　　　　　　　　　　　技术大全

技术方法解释的"明确奇迹"吗？

　　毫无疑问，我们能。但这种奇迹必须有共同点（除了巨大天文尺度可以观测到的力量，毫无疑问），至少广义上要和我们自己的行为相似。是什么让我们寻找"奇迹"？尝试寻找我们目前能力的增强版，换句话说，我们把这个过程理解为沿着水平方向线性前进，而未来则是一个**更强大、更有力**的时代。穴居人会怎样期待地球和其他星球的未来？巨大且精致的锤子吧。古代人想在其他星球看到什么？也许是长桨木船。我们思考的错误就在这里吧？也许一个高度发达的文明并不需要最高能量，而是最好的规则呢？最近发现的微型核融合电池与原子弹的相似性，是一方面，与恒星的相似性，是另一方面，这是不是意味着我们现在已经发现了通路？也许最高级的文明也是人口最多的文明？不一定。如果不是，那么它的社会内稳态不会增加对能量的需求。原始人用双手开始生火时做了什么？他会把所有东西扔进火里，围绕着火焰载歌载舞，惊异于自己的能力。但我们现在不跟他一样吗？也许。尽管我们各种尝试"解释万物"，一个人应该接受存在有多种发展道路的事实，包括扩张型，就像我们的英雄主义观点，要向外征服更多物质和空间。也让我们应该对自己坦诚一些：我们不是在找"任何文明"，而主要在找拟人文明。我们把科学实验的秩序和法则引入自然，并以此为基础，想要看到和我们相似的存在。但我们仍没看到这样的现象。是因为它们不存在吗？面对这个问题，等待着我们的是沉默群星中深深黯淡之物——看起来永恒存在的绝对沉默。

人类的独特性

对于上述问题，俄国科学家鲍姆斯切恩的看法与什克洛夫斯基相反。他宣称，文明一旦成型，其寿命几乎无限，也就是说，能延长到数十亿年。同时，他还认为生命起源异常罕见。他这样证明他的观点：一颗鱼卵变成成年鱼的概率微乎其微。但由于鱼卵数量庞大（一胎大约三百万颗），至少有一两个鱼卵有机会孵化成功。他以此类比生物起源及人类的出现，单个情况下概率极低，但把所有情况综合起来概率就相当高。通过查看计算结果（在此不做一一列举），他总结道，银河系十亿颗星球中只有几颗，甚至可能只有一颗也就是地球，产生了"灵生代"。鲍姆斯切恩构建理论靠的是概率论，后者认为，既然某一特定现象的发生概率如果很低，那为了让其发生，就需要不断重复初始条件。因此，一个玩家扔十次骰子连续得到十个六的概率很低，但几十亿个玩家同时扔，至少有一个得到十个六的概率就会很高。人类的发展由许多因素决定。例如，所有脊椎动物的共同祖先——鱼类必须出现；小脑袋爬行类动物的霸权要让位于哺乳动物；之后，灵长类要从哺乳动物中演化出来。灵长类演化成人类的过程受冰川时期的影响极大，在这段时间，选择性骤增，给生物带来了发展自我调节能力的巨大期盼，从而导致大脑"二阶内稳态调节器"的快速发展。[1]

前面的说法没错，但有一个重要的例外。它的作者确实证明了特定的有机体只能在拥有巨大且唯一卫星的星球上诞生（月球引发潮汐，潮汐为沿海地区植被的出现创造了有利条件），而且"形成头部"，或者说原始人大脑的生长，必定受到冰期影响，加速发育，因为冰期扰乱并同时加剧了选择压力（据信，冰期的出现是因为太阳辐射能每几千亿年就会发生一次的衰落）。简言之，上述论点持有者确实证实了人类起源的罕见性，但他是从字面意义上证明的，也就是说，他证明了在太阳的各个行星上都出现类人生物的假设有多么不可能。

这一论点并不能解决宇宙中生物起源和生物演化的频率难题。在这里，上百万散落的鱼卵中生出一条鱼的概率模型并不适用。从三百万颗卵中生出一条鱼是很好，但是，一颗卵无法孵化出一条鱼就意味着那颗卵也完了。同时，智人没有从原始人中演化出来并不会抹消地球上智慧生命出现的可能性。比如，啮齿类可能会产生智慧。

掷骰子游戏的概率模型也不适用于演化这样的自组织系统。这个模型只能辨认输赢，所以是基于"全或无"原则的游戏。演化却倾向于做各种妥协：如果在陆地上"输"了，就到水里或空中繁殖；如果整个分支的动物都灭绝了，演化辐射很快会让另一种生物取代它。演化不是个会认输的玩家；它不像是那种要么克服困难要么死的对手，或是像一只要么在墙上炸裂，要么打穿墙壁的导弹。它更像是通过改变流向绕过障碍的河流。就像地球上没有两条形状和河床形状完全相同的河流一样，宇宙中估计也没有两条相同的演化河流（或者演化树）。因此，鲍姆斯切恩证明了一些他自己并不想证明的东西：他证明了在其他行星系重复地球的演化是不可能的，至少忠实地重复使得人类以现在的形式出现的每一个细节是不可能的。

但是，我们并不确切知道生物学中哪些形态因素是随机的（比如说地球的巨大卫星——月球），也不知道哪些是内稳态系统造就的不可避免的结果。最让人困惑的是那些"重复"，那些演化进程中的"无意识自我剽窃"的实例，经过几百万年的时间，演化不断重复很久以前生物适应环境的过程。作为二次模仿的结果，鲸鱼和鱼至少在外形上相似；类似的，一些乌龟曾有龟壳又退化掉，接着又经历上万代再次演化出来龟壳。"原始"龟壳和"二代"龟壳非常相似，但第一种龟壳从内骨骼演化而来，后者来自皮肤组织。这一事实提示我们，环境的形态影响是出现相似形态设计的重要因素。每一次演化的驱动力，首先在于将遗传信息代代相传，其次在于环境变化。什克洛夫斯基强调宇宙因素对遗传信息传递的影响。他提出了一个极具开创性的假说，即宇宙辐射强度（这调控了突变数量）是变化的，并取决于产生生命的星球愈来愈接近超新星。宇宙辐射强度因此会十倍甚至上百倍于"普通"辐射，也就是银河系平均辐射强度。某些特定生物类型显示出对辐射的抗性，这种抗性会毁灭遗传信息，因此令人相当困惑。比方说，昆虫能承受的辐射水平是哺乳动物致死量的几百倍。此外，生物寿命越长，辐射增加变异频率的程度要远强于对寿命较短生物的影响（这将会某种程度上影响有机世界里潜在超长寿者的"负选择"）。什克洛夫斯基提出了一个假说，中生代大型爬行类动物的大量灭绝就是由于地球意外靠近处在爆发边缘的超新星。因此，我们可以看到，环境因素比我们想象的更普遍，因为它不仅能决定选择压力，还能影响遗传性状的突变频率。总的来说，当环境条件几千万乃至上亿年都不变时，演化速度处在最低值，甚至接近零。这里所说的环境，首先包括海洋，一些动物在海洋中形成，尤其是鱼类，从侏罗纪到白垩纪基本没变。因此，那些比地球有更稳定气候和地理条件的星球，换句话说，我们认为是"乐园"，对生命现象"友好"的星球，可能是可以维持内稳态的地区。这是因为生命并不因向着"进步"的内在趋势而演化，而只会在面对极端危险时演化。相反地，太过动荡的情况，比如多星或双星系统中，也似乎可以排除生命出现的可能性，就算出现也始终面临着突然灭绝的威胁。

我们因此可以预期演化会出现在诸多天体。一个问题由此而生，是不是总是或者几乎总是能产生智能，或者说智能某种程度上是不是个意外，是外在于过程的动态调控：更像是发展道路上随意的一步，突然豁然开朗。遗憾的是，宇宙现在没法告诉我们这个问题的答案，而且可能很长一段时间内都不会。我们只得回到地球上，面对我们的问题，虽然知识有限，但还是可以从地球上发生的事情中得出一些结论的。

智能：偶然还是必然？

"非智能"动植物能够适应环境因素引起的变化——比如说季节。为解决此问题，内稳态解决方案中的演化手段多种多样：暂时失去叶子、散播孢子、冬眠和昆虫变形，这些只是其中的几个例子。然而，遗传信息所决定的调控机制只能应对几种变化类型，这些类型是经由上千代物种自身经历所选择出来的。当需要寻找新的解决方案时，物种本能行为的精确性就毫无用武之地，因为新方案尚未被该物种认知，因此也不存在于遗传信息中。一株植物，一个细菌，一只昆虫，作为"第一类内稳态调节器"，都有内置的变化应对机制。用控制论的语言来讲，我们可以说，这种系统（或者物种）都是"提前预设"好的，通过调控而去克服可能的变化范围，如果它们和它们承载的物种想要继续存在下去的话。这些变化大部分有周期性特征（昼夜交替、季节变化、潮涨潮落），或者至少是暂时现象（被捕食者追赶会激发内置防御机制：逃跑或者"装死"等等）。当面对的变化会迫使生物通过在体内"编程设定"某种无法预见的本能，使其脱离环境内稳态时，"一级调控器"给出的答案就不能让人满意——这就会引发危机。一方面，无法适应变化的生物的死亡率会突然增加，与此同时，选择压力赋予一些新形态演化特权，比如突变。这最终会导致生存所必需的反应成为"遗传编程"的一部分。另一方面，一个特殊机会落到了生来具有"二级调控器"的生物身上，这种"二级调节器"也就是大脑，大脑根据情况能够改变"行动计划"（通过学习自我编程）。这里大约存在一种特定类型、速度和变化序列（我们可以将这种序列称为"迷宫"，因为科学家会用走迷宫的方式来研究动物，比如大鼠的智能），它们不能和遗传决定的调节器或者本能的演化可塑性匹配。这给了中枢神经系统的扩张过程一项特权，该系统作为"二级"内稳态装置，其任务包括生产各种情况的测试模型。于是，生物要么适应变化的环境（大鼠找到迷宫的出口），要么改变环境适应自己（人类建造文明）——由生物"独立"完成改造，不依赖任何事先准备好的行动计划。自然地，也存在第三种可能性，那就是失败，在创造一种错误的应对模型后，生物无法适应而灭绝。

第一种生物"预先知道一切"，第二种还需要去学习做什么。生物要享受第一种解决方案带来的舒适性，它付出的代价就是将自己置身于狭小局促的生存空间，而第二种的代价就是风险。遗传信息传递的"通道"容量有限，其结果就是预设的行为不能太多：这就是我们说的调控"局限性"。人也许会聪明地认为存在一个初始阶段，在这期间生物特别容易犯错。这些错误的代价可能相当高，甚至可能会导致死亡。这大概就是为什么这两种调控类型在动物界都保留下来了。在一些环境中，从"摇篮"中学习的典型行为，与必须应对所有困难、付出从错误中学习的代价相比，前者是更经济的方法。顺带一提，这就是本能的"奇妙完美"之处。这一切都听起来不错，但是这对大脑起源的普遍法则又意味着什么？演化是否最终总是需要产生"二级调控器"，就像原始人的巨大大脑那样？又或者，如果星球上没有发生"剧烈变化"，是不是因为没有必要，就不会出现大脑了呢？

这么提问题就很难回答。对演化的粗浅理解往往导致对发展形成幼稚的想法：哺乳动物比爬行类动物拥有"更大的大脑"，这意味着"更强大的智能"，这就是为什么前者淘汰了后者。但是哺乳动物和爬行类动物共存已久，前者一直作为边缘的次要形态生存了上千万年，而后者一直占主导地位。最近再一次证实了，海豚相比其他海洋生物拥有多么美妙的智能。然而，海豚却并没有统治水下王国。我们倾向于高估智能作为"自身的价值"的作用。艾什比举了一些有趣的例子。[2]一只"愚蠢"的老鼠，不愿意学习，它会仔细检查它遇到的食物。而一只"聪明"的老鼠，发现总在相同时间地点发现食物，似乎更容易生存。但是如果食物有毒，"无法学习"的"愚蠢"老鼠会凭借着天生的多疑打败"聪明"老鼠，而后者将会被毒死。不是每种环境都有利于"智能"。总的来说，经验的推广（它的"传递"）在地球环境中非常有用。然而到其他环境里这项特质将会成为劣势。我们知道一个有经验的策略者可以击败一个没经验的，但是他却会输给一个牛仔，因为后者的行为是"非智能"的，因而无法预测。这让人联想到演化，其在信息传递的每个领域都如此"经济"，却创造了人类大脑——一个高度"超额过载"装置。这个大脑即使在今天二十世纪，还能很好地处理巨大文明的问题，它在解剖学上和生物学上都和我们几万年前的"野蛮人"祖先大脑极其相似。这种巨大的"智力潜能",从早些时候似乎就为建立文明而存在的过度潜能,面对演化在两个矢量之间不断概率性地博弈:突变压力和选择压力,它是以何种方式出现在这一过程中的?

演化论无法就这个问题给出明确的答案。经验表明,几乎每个动物的大脑都表现出巨大的"过度性",这表现为动物处理日常生活中不常遇见问题的能力,一般都是科学家们在实验中给出的任务。大脑质量的普遍增长是另一事实:现代两栖动物、爬行动物、鱼类,还有几乎所有动物王国中成员的大脑,都比古生代、中生代的祖先大脑更大。这么看来,所有动物在演化过程中都"变聪明"了。这个共同趋势似乎证明了,只要给演化进程足够长的演化时间,大脑质量最终一定会超过"临界阈值",从而引发社会的快速出现与发展。

然而,我们还是把这种"智能倾向性"的讨论转到演化过程的结构趋势上来吧。与使用"材料"或者"构建过程"初始阶段相关的某些特定因素,会限制处于早期阶段的演化未来能力,并决定其发展阈值,而这个阈值的高低决定了"二级调控器"是否出现。昆虫是最古老、最重要也最繁盛的物种类型,就是个很好的例子。如今,地球上有超过七十万种昆虫,与之相比,脊椎动物只有八千种,昆虫占动物王国的四分之三，然而，它们却并没有智能。它们的存在和脊椎动物一样古老，从统计学角度看（如果不是决定性的），因为其种群数量有十倍之多，那么产生"二级调控器"的概率也应该有十倍之多。但这事并没有发生，这就明确证明，概率计算并不是灵生代出现的决定因素。因此后者是可能的，但并不是不可避免的，它是一种更好的解决方案，但不适用于所有情况，也不是所有世界中最优化的方案。为了构建智能，演化必须掌握多种因素：诸如不太强的引力、相对稳定的宇宙辐射强度（不能太强）、不仅限于周期性的环境变化，以及其他种种我们可能还不清楚的因素。它们在星球表面同时存在也不是例外。尽管如此，我们因此才能期望在宇宙中发现智能，尽管其中一些智能的形态会推翻我们现有的想法。

假说

情况因此是矛盾的。在我们努力寻求依据，来展望地球文明未来的时候，我们和天体物理学不期而遇，这门学科通过统计学分析计算了宇宙中智慧生命出现的概率。然后，我们很快就开始质疑这类搜索的结果。一个天体物理学家可以问我们有什么资格做这件事，因为他在区别"自然"和"人工"现象这方面的专业性远高于我们。这需要回应。某种程度上，我们已经在之前的论述中做出了回应。我们现在只要总结一下。

我们应该指出，无线电天文学仍处在发展阶段。人们还继续着外太空搜索的尝试（在俄国和其他地方，它们由什克洛夫斯基教授的合作者推行）。如果未来几年我们确实探测到太空工程或活动信号，当然具有重大意义。但任何支持性数据的完全缺失更加重要，这类尝试花的时间越长仪器就越精密。在足够长的一段时间后，这类现象的缺失促使我们重新审视关于宇宙中生物起源和意识起源的理论。今天讨论这个还太早。然而，在建立假说时，我们发现自己被现阶段的知识局限了。我们接受"奇迹"或者外太空信号的缺失，就像天体物理学家一样。因此，我们不去质疑观测到的材料，而只是质疑其阐释方法。我们后面要说三个假说，其中每一个都给"灵生代虚空"做出了解释。

1. 文明很少在宇宙中发展，但它们持续的时间很长。每个星系出现的文明不超过二十个，因此每十亿颗恒星里只有一颗孕育出了"灵生代"。我们和天体物理学家一样，不赞同这个假说，因为它和广为流传的行星系统诞生及生命起源理论冲突。然而，我们要指出，无论多不可能，这个假说并不一定是错误的。不同的星系年龄不同，就像不同的恒星年龄不一，比我们星系更老的星系也许经历过星级工程活动，一旦仪器进一步研发，就会在未来被观测到。我们就像天体物理学家一样假定，所有或者几乎所有的文明尽管罕见，都会朝着技术方向发展，这一过程经过足够长的时间后就会出现星级工程。

2. 文明在宇宙中频频出现，但只持续很短的时间。原因如下：（1）文明的"自我毁灭"倾向；（2）文明的"衰落"倾向；（3）我们完全不明白的原因，这些原因在文明发展的特定阶段开始发挥作用。什克洛夫斯基在书中对这些假说着墨最多。我们会概括一下这些假说的基本前提，可以归结为以下两方面：前提一，大部分文明的发展方向和地球是一样的，都属于技术文明；前提二，至少在天文尺度上，不同文明的发展速度是一样的，百万年的误差可以忽略不计。因此，这两条前提表明，所有文明都以直向演化的方式发展，是几乎所有文明的基础。我们还默认，近两百年，在地球上观察到的技术发展加速过程是个不断变化的持续过程，只有某些破坏性的因素能够阻挡（例如文明"衰落""自杀"等等）。指数级发展是所有文明的关键动态特征。它直接关系到星级工程活动的出现。我们可以质疑这两条前提。但我们没有数据确定技术方向到底是不是代表了"灵生代"发展法则。它并不一定是。然而，遵循奥卡姆剃刀原则，我们不想引入任何"不必要的实体"，也就是不基于任何事实的假说。我们因此假定，技术就是一个典型方向，因为我们将我们自己和自己的历史作为宇宙中的标准现象、规律性现象，因此也是典型现象。

而第二条前提就是另一个问题了。虽然自工业革命以来，历史显示出稳定的指数级发展趋势，一些明确而又重要的事实表明，这可能会改变。如果我们（在天文尺度上）质疑技术演化速度所谓的恒定性，我们将要面对可能的新方案。我们可以在这提出第三种假说，一个能符合被观测到（或未被观测到）的**事实**。

3. 文明在宇宙中频频出现，并且持续很长的时间，但是并不遵循直向演化规律。不是它们存在的时间短，而是只有它们发展的特定阶段表现为指数级发展。这扩张阶段在天文层面只持续了很短时间：不到两万年（甚至更短，以后会出现）。在初始阶段后，发展进程的动态特征改变了。然而，这一改变并不一定意味着"自毁"或"衰退"。从此以后，不同文明的发展路径可能大相径庭。稍后我们会讨论影响这种多元化的因素。这样的讨论并不违反禁止毫无根据推测的原则，因为改变发展动态的因素早已被发现，不管是尚为雏形，还是在当代世界中。它们拥有超越社会和超越系统的属性，仅仅来源于我们生活世界的结构本身，来源于生活方式本身。我们将会讨论当文明达到特定发展阶段时，表现出的行为变化。有鉴于此，在特定局限内，对未来发展策略它有选择自由，我们显然没法预言文明将来会发生什么。从许多选择中，我们将只挑选那些符合事实的选择，也就是说，那些事实既能解释存在许久的多样宜居世界，也能解释他们无法被天文观测到的问题。

我们由此提出的理论一方面能满足天体物理学家的要求（譬如它将接受"奇迹"和外太空信号的缺失），另一方面也回避了冯·赫尔纳的灾难形式主义假说。我相信，我们应该重新审视一下，是什么导致我们反对这些假说推测出的"灭绝的统计学不可避免性"。如果银河系中所有文明的发展速度和方向都相似的话，如果文明的平均寿命是几千年，那并不意味着没有文明能存在几百万年——作为规则的特例。冯·赫尔纳的数据就像气体统计。室温下气体中的大部分粒子速度为每秒几百米，但总是有少数粒子速度更快。但是一小撮高速粒子的存在并不影响温热气体的行为。同时，一些文明在星系有"不正常"的寿命却会影响整个星系，因为这些文明将会在更宽广的恒星场中产生巨大的扩张辐射。在这种情况下，很可能看到星级工程的迹象，然而并没有。冯·赫尔纳因此默认他的统计包括像人生一样短暂且受限的现象。尽管统计学上有超出平均寿命六十岁的例外，但没人能活两三百年。然而，人类活了几十年后的普遍死亡性源自他们的生物特性，而对社会组织我们不能这么说。每个发展中的文明毫无疑问都会经历几次"危机"（比如和原子能的发现相关，以及其他我们不知道的重大转变）。但是，我们应该预计到存在与在生物种群中观测到的相反的比例关系：在这些群体中，死亡概率最高的个体反而是活得最久的。一个长寿的文明相反更不"容易灭亡"，比起短命文明面对更少的干扰风险，因为它的知识水平更高，这有赖于它对自身内稳态的控制。文明的普遍消亡因此是一个额外前提，是无中生有的。冯·赫尔纳在他忙于具体计算之前就将其引入自己的数学计算中。我们认为这个前提毫无根据。因此，是方法论而非乐观主义（在宇宙毫无立足之地）将我们推向接受外太空"灵生代虚空"的其他解释。[3]

宣誓分道扬镳

我们本应该回到地球上，但先暂且在高空待一会儿，因为我要就上面的问题表达一下自己的观点。这段陈述可能会让你惊讶，因为我好像一直就在概述自己的观点，同时还探讨了一系列假说。但我要赶紧解释一下，我一直以来都是一个法官——一个自任的法官，没错，但仍是一个守法的法官。我要说的是我遵守科学精准性的严格法则，这一立场体现在用奥卡姆剃刀原则切掉各种推测。

我认为这是明智的。但是，抛开现有的证据，人有时不想只是明智。这就是为什么我要在这里表达我个人的观点，之后我承诺将会归顺于方法论，成为它谦卑的奴仆。

所以让我们回到外太空文明……只要**科学**向**自然**的提问都涉及在某种尺度上与我们的现象平行的现象（我指的是我们有能力把检测到的现象近似于凭感官直接捕捉到的现象，一种通过日常经验获得的能力），**自然**的答案就听上去合情合理。然而，当"物质是波还是粒子？"这个问题在实验中被提出，在两个答案之间设定一个明确的替代方案之后，答案就显得既难以理解，也无法接受了。因此，就"外太空文明常不常见，长不长寿？"这个问题，我们收获了许多难以理解的答案，它们自相矛盾，而且都不太能说明我们是否有能力向**自然**提出正确的问题。人总会问很多**自然**"在它看来"毫无意义的问题，希冀能符合自己框架的明确答案。简言之，我们追求的不是这类**秩序**，而是特定的秩序：经济节省（奥卡姆剃刀原则！），直接明确（因此它不会有多种解释），普遍广泛（所以对整个宇宙适用），自主独立（比如说，独立于任何或者可能的观察者），并且亘古不变（**自然**法则不会随时间改变）。但是，所有这些都只是学者的假设理论，而非揭露的真相。宇宙不是为我们而生的，我们也不是为它而生的。我们是星际演变的副产品，也是宇宙制造出的无限产物中的副产品。我们当然要继续外太空搜寻和观测，期待遇到和我们相似的智能生物，并且能够通过信号辨认出来。但是这只是希望，别的什么也不是，因为我们某天发现的智能可能和我们对其的构想迥然不同，甚至让我们没法称其为智能。

读到这里，我们尊敬的读者可能已经没有耐心了。也许他会说，自然当然没有给我们明确的答案，但你，作者，不是自然！你没有清晰地表达你关于外太空文明的观点，只是把问题复杂化，谈论什么**自然法则**、**秩序**等等，最后再返回语义上——就好像这些外太空智能的存在与否取决于我们对"智能"的理解！这是完全的主观主义，甚至更差劲！你就不能老实承认你什么也不知道吗？

自然，我说，我确实没有可靠的知识，毕竟我能上哪儿去习得它呢？可能我是错的，也许在并不遥远的未来，"宇宙社会"的接触就会让我和我的观点显得格外荒谬可笑。但请让我解释。我认为之所以看不到外太空**智能**的存在，不是因为它们不存在，而是因为它的行为不符合我们的预期。这个行为可以有两种解释。第一，我们可以假设，**智能**不止一种，有许多"智能形式"。或者说，即使认定只有一种和我们相似的**智能**，我们也不能保证其在演化过程中不会变化，最终以一种和初始状态迥异的形式呈现出来。

人与人互相之间的脾气、性格等千差万别，正是第一种情况的最佳例证。

而第二种情况的例子可以在人类各成长阶段的不同形态中找到：婴儿、儿童、成人，最后成为老人。

我们要单独考虑第二种情况，因为某些事实契合这种"宇宙现状"的解释。我们可以从事实推演，期望获得**方法论**的支持来展开调查。

不幸的是，第一种情况不植根于任何事实：纯属推理，一种"假设"类型的推理。因此我讨论它时会有所保留。

让我们回到多种"**智能形式**"这个问题。我甚至不敢哪怕建议文明发展的不同可能方向，包括非技术类文明——因为我们很容易就"**技术**"这个名词争论不休，就像探讨"**智能**"一样。不论如何，不同形式的**智能**不意味着比人类智能"更愚蠢"或"更聪明"。通过**智能**，我们理解了二级内稳调控器能够应对环境带来的干扰，得益于其基于过去获得的知识所采取的行动。人类智能带领我们走入**技术时代**，这是因为地球环境拥有许多独一无二的特征。如果没有石炭纪，这个将太阳能储存到正在经历碳化的沉积森林的地质时期，工业革命会发生吗？如果没有其他各种转变过程造就的石油储备，有可能吗？"那又怎么样？"有人会说，"在没有石炭纪的星球上也有可能利用其他能源，比如太阳能和原子能……不管怎样，我们偏题了，我们应该谈论的是**智能**。"

但我们就是在谈论智能！不经过之前的煤炭时代和电力时代，根本不可能到达原子时代。或许另一种环境会要求另一种发现顺序，不仅要重排其他星球上牛顿和爱因斯坦的出生顺序。在一个高度混乱，超出社会调控能力的环境里，**智能**也许不会表现为扩张性的，不会渴求控制环境，而是会想克制自己去适应环境。我指的是生物技术先于物理技术出现：在这种世界中生存的生物选择改造自己来适应特定环境，而不是像人类那样，改造环境来更好地服务人类。"但这不再是智能行为！这不是**智能**！"我们也许会听到这种回应。"所有生物物种在演化过程中都是这样的。"

生物物种并不知道自己在干什么，这是我的回答。它无法支配自己，而是被**演化**所支配，将自己当作祭品放在**自然选择**的祭台上。我说的是有意识的行为：一个有计划有方向的自动演化，一种"适应性撤退"。它在我们看来不像是智能行为，因为人偏好对周围物质展开英雄主义式的进攻。但这只是我们人类中心主义的标志。有居民的世界情况越不同，这些世界中不同**智能**的种类就越多。如果有人认为只存在针叶树，即使身处最浓密的橡树林里，他也看不到一棵"树"。不管我们对自己的文明能说出多少正面的东西，我们要明确一点：它的发展肯定是不和谐的。这个文明能够在几个小时里毁灭整个生态圈，当面对严冬之时，亦是它处在崩溃的边缘之际！我说这个不是为了"自取其辱"。确实，发展的不平等几乎是宇宙最确定的通用法则。如果没有"单个智能"，而是有无数种类型的智能，如果一个"宇宙智能常态"不过是幻想，那么外星文明信号的缺失就容易理解了，就算我们考虑到可观的文明密度。我们因此有了许多种智能类型，它们都被"自己的星球问题"裹挟，向着不同的轨迹运行，遵循不同的思考和行为方式、不同的目标而分道扬镳。众所周知，即使身处一大群人中间，人也可以是孤独的。难道不就是说这个群体其实并不存在吗？难道这种孤独只是"语义误解"的结果吗？[4]

未来展望

到了 1996 年[5]，我们还不知道任何关于外太空文明的确切存在。但这个问题越来越成为探索和计划的研究课题。关注"外星人"、与其建立联系的学术会议在美国和苏联举行。当然，这些"外星人"是否存在还是个基本问题。看起来，既然缺乏经验数据，是与否这个答案完全取决于个人观点、科学家的特定"口味"。但更多科学家渐渐意识到整个宇宙中的"灵生代虚空"和我们自然知识的总体相矛盾。尽管这一知识并不明确假设"外星人"存在，但它确实有所暗示，因为自然科学的研究让我们看到天体出现、星球形成和生物起源是宇宙中正常、普遍和"典型"的现象。凭经验证明总星系 [6] 里没有可被我们感知的"外星人"（不管能否证明，是否有可能实现），不只是意味着否定某个特定的孤立假说（关于生命和智能在宇宙中出现的概率）。它还会对我们自然知识的基础构成严重的方法论威胁。承认虚空的存在意味着承认世界上不允许存在从选定物质现象到其他现象的连续转变，这种转变构成了所有知识不可动摇的基石，并且基于科学广泛接受的外推法——那就是从恒星形成到行星形成，再到生命的出现和演化。换句话说，这意味着，在世界某处存在着基础法则的裂痕——一个我们无法触及的裂痕。如果承认这一观点，必将颠覆今天人们奉为圭臬的一系列理论。回忆一下什克洛夫斯基在 1964 年比拉干会议的陈述："对我来说，至大至真的'奇迹'就是能够证明不存在'宇宙奇迹'。只有一位天文学专家能够完全理解以下可能事实的重要意义：来自宇宙可观测部分（大概 10^{10} 个星系，每个星系都有大约 10^{11} 颗恒星）的 10^{21} 颗恒星中，没有一颗恒星发现高度发达的文明，即使被行星系统环绕的恒星比例如此之高。"

在之前提到的会议中，一位名叫卡尔达舍夫的年轻俄罗斯天体物理学家把假想的文明划分为三种类型：（1）类地文明，每年能量消耗 4×10^{19} 尔格；（2）能量用度达到 4×10^{33} 尔格的文明；（3）"超级文明"，能量用度达到 4×10^{44} 尔格，统治整个星系的文明。他估计第一种文明需要几十亿年的时间来发展（以地球为例）。从第一种过渡到第二种只需要几千年（根据近几个世纪地球上能量生产的增长速度所预估的时间）；而第二种过渡到第三种需要两千万到一亿年。后一种估计会被其他专家非议，因为按照这种"灵生代速度"，所有星系里都应该有"超级文明"了。因此，空中应该充斥着密集的"星级工程"活动以及各种"宇宙奇迹"——这显然没有发生。我们因此总结道，要么是（任何）文明的发展都是高度不可能的，因此非常罕见，所以文明只在某些特定星系中发展（这意味着我们在我们银河系内可能是孤独的），又或者一些现象（也许是某种壁垒？），甚至是多种现象，对我们来说仍是谜团，正在阻碍能量的增长（因此也连带阻碍技术发展）。

　　当然，这个谜题可能有个相当简单的解决方法。如前所述，发展路径到一定阶段之前是能被共享的（就像地球上现如今的一样），之后会开枝散叶，向四面八方而去。在"开始比赛"的文明中，只有一小部分能够在早期发展时维持指数级发展趋势。这种发展壁垒有着概率论特征，但和宿命论决定论者所说的神秘"禁止"大为不同。

另一个类似的方法，根植于统计学，再度将宇宙视作文明发展博弈和斗争之地——这场斗争艰难又危险，但值得放手一搏。相反，决定论方法则表现得像神秘的缓刑，而任何意识或情感努力都无法克服它。

借助概率论精神解决前面这个问题（而非只是"精神慰藉"），从方法论角度来看，却是今天最恰当的方法。

我们可以将以下规则假定为几乎不可动摇的结论：从星球起源——据我们所知，这在宇宙中是相当典型的现象——开始，任何生物起源过程的进一步融合（之后是意识起源，然后是文明的发展及其方向）都会在某个发展道路点上消失。但我们不知道我们面对的是某个早已走向分歧的明确分歧"点"，还是地球"模型"从特定方向偏离后的大量不同阶段。统计学似乎告诉我们行星系统的数量远超产生生命的行星数量。后者的数量也比产生文明的星球数量要多——因此也就一路推算下去，直到我们碰到技术成就能够让他们穿越整个宇宙的文明。

可以理解的是，科学家们在上述假说中没有花太多时间，而是专注于文明间物理和技术方面的交流。关于后一个问题，接下来简要地提一下。首先，期待载人恒星级航天飞行，或者说光子飞船是不"时髦"的，它也不是任何现行理论研究的主题，因为能量的平衡分析（就像冯·赫尔纳提出的那样）已经告诉我们，这种旅行所需的能量就算是用湮灭做能源也满足不了推力需求。在"合理"的时间段（比如一个人的一生）从一个星系飞到另一个星系意味着要近光速飞行，其所需的湮灭物质量几乎相当于月球的质量。这种飞行因此几乎不可能，至少现在乃至几百年内实现不了。然而，有人指出"近光速"飞船可以部分利用星际物质来弥补原始质量的不足——这虽然有所局限，但还是适用于快速交通工具的有吸引力的潜在能源。也许还会发现一些其他的能量来源。不管怎样，航天学遇到的困难和其他的不同，例如永动机是不可能造出来的。而航天学不受自然法则的约束，就算证据显示星际飞船所需的质量有一个月球那么大，我们的关注点也在于实现它的超高技术难度，而不会认为完全不可能做到。然而，月球确实存在，这就是为什么如果地球未来一代足够执着，他们也许会把太阳系在行星诞生时就为我们精心准备好的卫星送上合适的旅程。

其次，科学家们最关心的问题就是和"外星人"的无线电（或者还有激光）交流，这需要严肃正经的物质投资，如果到头来能实现的话（这会要求我们制造许多设备来实现"搜寻外太空"——很可能还包括发射站。如果出于经济原因，所有的文明只想办法接收信号，那谁也听不到谁，这点许多人都看出来了）。这种投资要比现在投资核能研究更切实可行。

毫无疑问，科学家还需要"培养"一整代领导人，他们得愿意掏出国库的钱，援助这类看起来困扰众人，但传统上属于科幻领域的问题。抛开物资方面，无线电联系有一些有趣的信息特征。这个问题就是发射信息越是精确地使用信息频道容量（比方说发射过载减少得越多），它就越是听起来像噪声。在这种情况下，不知道解码系统的接收器可能真的会遇到许多困难，不只是很难解码收到的信息，还很难准确地将其识别为信息，而非其他宇宙背景噪声。因此，我们无法排除这样一种可能性：现在我们已经通过射电望远镜收到了"超级文明"发出的"星际交流"的只言片语，却还以为它们是噪声。这类文明——如果我们能发现它们的话——也将必须发送出性质完全不同的发射信号，这些信号不会使用传输信道的全部容量，因而采用一种特殊的"呼叫标记"形式，拥有相对简单、清晰有序的重复性结构。考虑到这种"呼叫标记"可能只是这些文明发出的所有信息的一小部分，建造数量相当的专门接收设备再次显得异常重要（所以如前所述将会是耗费甚多的）。

　　所以，我们仍然无法解决的唯一谜题就是"宇宙奇迹"，哪怕部分解开也做不到。这个问题蕴含着一个固有的矛盾。如我们之前所说，迄今为止提出的这种"奇迹""模型"，比如，戴森球，可能在哪儿都不存在。此外，我们知道星系和恒星中发生的大量现象还需要解释，然而没有任何一个专家愿将这些未知解释为"宇宙奇迹"。提出新现象（就像戴森球）是一回事儿，这样会给作为观察者的我们创造有利条件，从而提出两分法的解决方法（比如"自然"与"人工"之间的选择），但是真的创造出作为活跃的恒星、中微子甚至夸克能量学的副产品的现象又是另一回事儿了。[7]

对这种假设文明，它的能量学不是专门用来发射信号，对整个宇宙宣告它的存在的特殊装置。这就是为什么可以存在，几乎是意外的，某种"伪装"，它会让我们把"外星人"刻意制造的东西解释为**自然**力量所创，只要其法则允许这样解释。非专业人士会难以理解为什么要这样怀疑。如果他发现一封用难以理解的语言和字母写的信，他就会毫不怀疑，这是不是智慧生物写的，还是某种自然的"非人"现象造就。然而，相同的宇宙"噪声"序列既可以被理解为"信号"，也可以被认为是无生命物质的辐射。这个矛盾源自非常遥远物体的光谱——卡尔达舍夫试图力排众议，证明这是文明发射出的信号。然而，对的大概是其他天体物理学家，而不是他。

最后，让我们回到最后的评价。对大多数人，包括科学家来说，这里先撇开一小部分专家，"外星人"这个议题充满了科幻要素，更重要的是，它完全没有感情要素。

大多数人对人满为患的地球和荒凉的月球习以为常（除非我们要扯到童话故事）；他们认为除此以外别无其他。这就是为什么认为我们在宇宙中孑然一身的理论无法让人醍醐灌顶，但这就是前面什克洛夫斯基所采取的立场。我完全支持。为了一以贯之，让我们补充一下，尽管我们的孤独对唯物主义者和经验主义者看起来很可怕、很神秘、很吓人，但对唯心主义者来说相当完美，可能甚至是"令人心安"的。这也适用于科学家。在日常事务中，我们习惯于接受人在"智能生物"分类中是独一无二的存在这一观点。自然科学家不仅认同，甚至还强烈暗示着外星人的"存在"，在我们看来，这是一个极其抽象的说法。这种人类中心主义没法轻易让位于银河中心主义。这很好理解，就像人类彼此之间在地球上甚至都难以共存。在这些情况下，倡议宇宙普世主义，听起来梦幻、讽刺甚至是不负责任的幻想，而这种幻想居然还是最好斗的地球人中的怪胎提出来的。

我很清楚这一点，所以我并非想打着之前论点的旗号，呼吁纠正教科书。同时，我还发现很难相信在二十世纪下半叶一个人能称之为完全合格，除非他能时不时去思考尚未知晓的智慧生命群体，毕竟我们也是其中一部分。

注释

1   见 Baumsztejn, "Wozniknowienije obitajemoj planiety." ——作者注

2   见 Ashby（W.R. 艾什比），*An Introduction to Cybernetics*（《控制论导论》）.——作者注

3   基于任何不可辨认的信号或星级工程现象，而做出宇宙中有文明可能发展的结论，就好比"确认"古巴比伦有无线电报（因为考古学家没有在遗迹里发现任何电线，这表明当地人用的是无线电……）。

　　接下来我们回应先前提出的指控。正如第四章第一个注释，一个文明不可能在长时间内一直呈指数级发展。有假设声称，技术发展几千年后，文明会在短时间内消亡，这是一个非常荒唐的决定论。（它假定每个文明必须快速灭亡，因为即使有 99.999% 的文明灭亡，剩下的 0.001% 会呈现巨大的扩张性辐射趋势，在短时间内，即几千年尺度上，扩张到所有星系。）

　　因此，我们只剩下第三种假说——一个相当罕见的灵生代（每个星系只有一到三个）假说。它和宇宙学的基础前提相矛盾：宇宙普遍的均匀同质条件，由此地球、太阳和我们自己是常态、相当普遍的现象。

　　这就是为什么关于文明"孤立"于宇宙，所以在天文学尺度上无法轻易观测到它们这一假说看起来最有可能。它因此被选为本书写作中最主要的假说。——作者注

4   我们讨论的所有假说都以什克洛夫斯基提出的宇宙模型为出发点，即"脉冲"宇宙模型，星系经历"红移"逃逸阶段后，随之而来的是"蓝移"聚集。这种"星际引擎"的单次脉动就需要二十亿年左右。也存在其他星际模型，比如说利特顿（Lyttleton）的模型。它满足了"完美星际原理"的条件，该原理假设宇宙的可观测状态总是一样，即一个观测者看到的星系逃逸图景和我们今天看到的是一样的。该模型在天文物理层面上遇到诸多困难，更别提它假设物质无中生有的事实（在相当于一个房间的立方容积中，每一千万年就会出现一个氢原子）。在讨论宇宙模型时，人们并不会考虑生物学观点，但我们应该认识到如此古老和恒定的宇宙引入了另一个矛盾。如果宇宙现在的状态和无限时间内的状态一致，那么也该出现无数个文明。不管这些文明的限制有多么高，多么吓人，我们能够假设，从它们中随机选择一小部分出来就可能超越它们的星级工程阶段，于是这些文明中的智能生命独立于自己母星的寿命。这就足以得出结论：宇宙中目前存在无限数量的文明（鉴于从无限中任意选取的一小部分也是无限的）。这一矛盾也间接让我们接受宇宙随时间状态变化的假说。

　　顺带一提，生物起源并不一定要在有一个中心恒星当能量源的行

星系统中发生。正如哈罗·沙普利（Harlow Shapley）在《美国学术》[Shapley, "Crusted Stars and Self-warming Planets"] 中提到的那样，恒星和行星之间存在流体转换，也存在很小的恒星和很大的行星。此外，宇宙中存在大量"中间"天体，即一些古老渺小、有稳定表面（壳）、内部炽热、冷却很慢的恒星，其存在的可能性很大。这种天体，正如沙普利提出的，可以经历各种自体内稳态，即生命的出现。因为各自物理条件的差异巨大，这种生命将与行星形态的生命大不相同：这种"恒星星球"的质量比地球大很多（否则它们很快就会冷却）。同时，这种星球不会有它们自己的太阳：它们是孤独的天体，困在永恒的黑暗中，这意味着上面出现的任何生命恐怕都没有视力。

我们不会详尽讲述这种非常有信服力的假说，因为我们的关注点不在于发现所有生命和文明种类，而只想发现和地球演化相似的形态。我们将宇宙视作仲裁者，理应预测我们文明未来可能的发展方向。——作者注

5 也是在 1974 年，莱姆在《技术大全》第四版中补充了这一句。

6 Metagalaxy，在本书中指代整个物理宇宙，现代天文学已经不再使用该术语了。

7 The octet theory，八隅体理论，将秩序引入基本粒子混乱无序的状态，从而推导出存在特殊粒子的假设，盖尔曼称之为"夸克"。（夸克这个词本身没有任何意思，是乔伊斯在《芬尼根的守灵夜》里杜撰的词。）根据八隅体理论，所有的基本粒子都由夸克组成——远大于质子的粒子，集合在一起表现出巨大的质量缺陷。尽管做了深入研究，目前还无法探测到这些自由状态下的假定夸克子。一些研究人员倾向于认为我们只不过是在处理一个非常有用的数学虚构物而已。——作者注（夸克的存在后来在加速试验中被证实。——英译者注）

第四章　智能电子学

返回地球

本章中，我们将要探究技术演化中自发呈现出来的智力活动是否属于动态的持续过程，这一过程在任何时期都不会改变自身的高贵性，抑或这一过程是否必须历经变化，直到所有与其原始状态的相似之处彻底消失。

请注意，这里的讨论与本章之前的宇宙文明讨论差别巨大。我们先前讲述的关于外星文明的种种都不是空想产物，但我们提出的假设是建立在进一步假设理论的基础上，因此，我们结论的合理性可能会相当低。反过来讲，我们在本章中将会讨论到的现象，都是基于众所周知、具备透彻研究事实的预测。因此在本章中陈述的过程合理性将远高于先前章节中表述的宇宙文明密度的合理性。

在考虑科学发展潜能的同时，我们会检视文明的未来。科学会"一直"发展，这句话很容易说出；发现得越多，我们面临的新问题也就越多，这也是很容易看出的事。但这一过程是不是永无止境呢？没有尽头吗？发展的速度似乎也有其极限，这点我们很快就会谈到。

工业革命始于十七世纪[1]。其根源或者说促使其爆发的"燃料"可追溯至更早，因为工业革命更像一场爆炸而非缓慢成熟过程的产物。爱因斯坦就科学"第一因"的问题给出了风趣幽默又一针见血的答案："除非痒了，否则没人会瞎挠。"作为技术驱动力的科学本身受社会需求的驱使。社会需求驱动科学，让其广为流行，并且加速发展，但是社会需求并没有创造科学。科学的早期源头可追溯回古巴比伦和古希腊时期。科学始于天文学，解释天空的运行机制。这套机制中的宏大规律催生了第一批数学体系，这些体系异常复杂，远甚于古代技术要求的第一步算术（比如土地丈量、建筑测量等）。古希腊人创造了正式的公理系统（欧几里得几何学），与此同时，古巴比伦人则建立了独立于几何学的算术学。科学史学家非常关注众科学中天文学的初始状态。随之而来的就是实验物理学，其发展很大程度上受到天文学问题的驱动。物理反过来赋予了化学生命力，同时也让化学逐渐脱离炼金术士的玄秘梦境。而二十世纪初，生物学是自然科学中最后一门从不可验证概念中浮上水面的学科之一。在此，我要强调一下各门科学学科发展背后重要但不唯一的原因，因为学科成果的相互交叉加速了各自的发展轨迹，并在后续发展中衍生出新的分支学科。以上种种清晰表明，现代科学的"数学灵魂"和物质工具，即实验方法，两者早在工业革命之前，已有其雏形。工业革命结合了理论知识和生产实践，赋予科学发展动力。如此这般，过去的三百多年中，**技术响应科学**，给出正反馈。科学家将自己的发现传授给**技术专家**，后者继而证明发现的正确性，**科学家**的研究因此经历"放大"过程。这种反馈是正向肯定的，因为来自**技术专家**方面，而对**科学家**某一发现持否定态度，并不意味着那一领域的理论研究将要被终结。我在此刻意简化处理了两大领域之间的关系，实际上它们之间的关系要复杂得多。

正因为科学是一种收集信息的形式，我们可以根据当前专业期刊的印刷数量，准确预估其发展速度。自十七世纪以来，它们的数量显著增长。每隔十五年，科学期刊和杂志的数量就会翻番。指数级增长往往是过渡期，不会持续很久，至少在**自然**中不是如此。定植于固体介质表面的胚胎或者细菌会呈指数级增长（即其增长速度必须通过某一指数来表示）。因此能够计算出细菌帝国会以多快的速度侵吞地球上的物质。

在现实中，环境很快就会限制住这种指数级增长，将其转变为线性增长，或者暂缓其增长甚至让其停滞下来。由科学信息量增长所决定科学发展，在过去的三百年内，其惊人的发展速度一直保持不变，这是我们目前已知的唯一能如此的现象。指数级增长定律表明，给定的集合越大，增长速度越快。这一定律在科学中表现为每一科学发现会产生一系列的新发现。如此"繁殖"数量在给定时间段内直接与"发现数量"规模形成一定比例。目前，我们有约十万本科学期刊。如果这一发展速度不变，到了2000年，我们将有上百万本期刊。

科学家的数量也呈指数级增长。已经有人做过计算，如果全美大学院校从现在开始仅培养物理学家，到下一世纪末，所有人类加起来都不够用（不仅包括大学生，还包括所有人，老人、妇女和儿童）。因此，照此科学发展的速度，大约再过五十年，地球上人人都是科学家。这一"绝对阈值"无法超越，因为一旦越过，那就表示需要一个人同时身兼多名科学家的职能。

科学的指数级发展因此会因人力资源的缺乏而停下脚步。如今，我们已经能够观察到这一现象的端倪。几十多年前，伦琴的发现吸引了全球相当多的物理学家投身于X射线的探究。而如今，具有同等价值的发现仅吸引了不到1%的物理学家，因为随着科学研究范围不断拓宽，专心研究某单一领域的科学家人数会有所下降。

由于理论知识领先于应用到产业实践中的知识，所以，即使理论知识停下发展的脚步，我们也早已积累了足够的资源，有助于未来百年技术深入拓展。这种技术进步的"惯性"效应（受驱动于早已积累但尚未利用的科学成果）最终将会停下来，之后我们便会遭遇发展危机。当我们经历星球级别的"科学饱和"时，由于缺乏足够多的人，那些需要探究却被忽视的现象会越来越多。理论知识的增长不会彻底停止，但会时不时暂停。我们能设想这样一种文明吗，科学发展耗尽了所有的人力资源，但却仍需要人来发展文明？

全球技术进步预计以每年 6% 的速度增长。按照这个速度，大部分人类的需求无法得到满足。而根据目前的出生率，通过限制科学发展的脚步来暂缓技术进步，不仅会导致技术停滞不前，实际上也将会导致衰退。我在此处提到的科学家都对未来充满焦虑。[2] 因为他们预言，届时我们将不得不做出决定，哪种研究必须继续下去，而哪些研究必须放弃。还有一个问题，就是做出决策的是谁——是科学家本人还是政治家——这将变得无足轻重，因为无论是谁，做出的决定最终都有可能是错误的。整个科学史证明，技术进步永远源于不受任何实际目标驱动的"纯粹"研究发现。与之相反的过程，即知识源于已投入使用的技术，极其罕见，因此看上去相当反常。自工业革命以来，哪种理论研究会产生有用的技术成果，经历了时间的考验，至今仍是如此。让我们想象一下发售一百万张彩票，其中一千张能够中奖。如果我们将所有的彩票全抛售出去，只要有人出钱买下所有的彩票，那他肯定会中得所有的奖金。如果他只买一半数量的彩票，就有可能这一半中没有一张中奖的彩票。科学就类似于这样的"乐透"。人类孤注一掷，全部投在科学家身上。中奖彩票就是对技术和文明都有益的全新科学发现。然而，如果有一天，我们面临不得不裁决的情况，下注哪些研究，放弃哪些研究，就很有可能我们没有下注的那些人真正成功实现了不可预见的成果。事实上，我们的世界如今正在经历"科学博弈"的第一阶段。专家集中在火箭弹道、原子物理等领域，程度之高以至于其他研究领域无人问津，岌岌可危。

先前的观点不是文明败落的预言。只有将未来理解为指数级的现在时，除了正统演化之路外，看到其他发展可能的人，才会接受这些观点。他们相信任何文明都类似于我们的文明，在过去的三百年内经历快速发展，否则根本就不能算是文明。发展曲线的陡然上升变化，转变为"饱和"曲线的转折点代表着系统动态特征的变化，那就是科学。科学不会消失：唯一会消失的只是它当前发展无极限的形态。科学爆炸阶段是知识文明历史的一个台阶。那它是唯一的吗？"爆炸后"文明将会是怎样的？智慧的全向属性（我们认为这是智慧的永恒特征）会不会让位于选择性活动？我们应该找到这个问题的答案，我们讨论得太远了，甚至已经错过了一些有趣的星级宇宙生灵问题。指数级发展是文明的千年动态定律，但是对上百万年来说就不是了。在天文尺度中，这样的发展不过是短短一瞬，认知的持续过程导致累积式的连锁反应。在"科学大爆炸"中耗尽自身人力资源的文明堪比一颗在一次闪耀中将自身物质燃烧殆尽的恒星，在这之后它将进入另一种平衡状态，或者进入让许多宇宙文明销声匿迹的过程。

一颗兆字节炸弹

在前文中，我们将一个扩张的文明比作一颗超新星。正如恒星在爆炸中燃烧自身物质资源，文明在快速发展的科学"连锁反应"中耗尽人力资源。怀疑主义者可能会问，这样的比较是不是太夸张了？你是不是过分夸大了阻碍科学发展的可能后果？当到达"饱和"状态时，处在人力资源极限的科学会继续发展，但是它不再呈指数级发展，而是与所有生物呈一定比例关系。当涉及在研究中一直被忽视的现象时，这些现象始终存在于科学史中。在任何情况下，多亏了智能设计，科学的主要边界，科学进击的关键方向，始终会有科学家为其效力。因此，有理论说，未来文明将完全不同于我们现在的文明，因为一种高度发达的**智能**不会与其早期形式相同，但这理论尚未证实。

文明的"星球"模式尤其错误，因为物质资源的耗尽会导致恒星死亡，而文明的"微光"不会因其所使用的能源耗尽而熄灭，因为文明能够转用其他能源。

顺带一提的是，前文提到的方法是下列理论的基础，这一理论预测每一种文明的宇宙创生工程未来。星球模型是一种简化版，这确属事实：恒星就像能源机器，而文明既是能源机器，也是信息机器。这就是为什么就其发展形势而言，恒星要比文明更能准确预测。这不代表文明发展无极限。但是，唯一的差异在此：文明拥有能源"自由"，一直到它撞上"信息壁垒"。总而言之，我们有获取宇宙中可获得性资源的渠道。但是，我们有没有能力，或者说，我们能不能足够快地获得呢？

从正在逐渐耗尽的能源类型转变到新能源类型：从传统水能、风能到煤炭石油电能，然后再到原子能，要求提前掌握适当信息。只有当这样的信息量超越某一"临界点"时，基于这些信息产生的新技术才会找到新能源储备和新活动领域。

如果到了十九世纪末，煤炭和石油储量用尽，我们在二十世纪中叶都非常不可能产生原子技术，因为需要投入大量电能。这些电能最初装备在实验室中，随后用于工业生产规模。然而，人们仍然没有准备好广泛使用"重"原子能源（比如，由重原子核分解产生的能量）。鉴于目前电力使用的上升，这将导致在几个世纪的时间内"燃烧殆尽"铀原子核其他同族元素。核合成（氢原子和氦原子）的能源探索尚未实现。困难比设想的要严峻得多。这一切表明：首先，文明应该拥有大量可供使用的能源储备，这样才能够有足够的时间去收集获取新能源渠道的信息；其次，文明必须考虑这种获取新信息模式的首要性。否则，在文明找到可供开发的新能源之前，现有资源可能就已使用殆尽。而且，过去的经验告诉我们，旧能源到新能源的过渡时期，涉及获取新信息的能源成本会上升。因此，开发煤炭和石油技术要比开发核能"便宜"很多。

所以，信息是所有能源的关键，也是所有知识来源的关键。自工业革命以来，科学家数量的骤增是由控制论专家熟知的现象引起。通过某一特定渠道传播的信息量有限，科学就是这样一种渠道，科学将文明和外部世界联系起来（也连接上自己的内部世界，因为科学不仅研究物质世界，还有人类和社会）。科学家的数量呈指数级增长，这意味着这一渠道能力的稳定增长。这种增长有存在的必要性，因为必须要传播的信息量也呈指数级增长。科学家数量的增长导致他们创造的信息量增长，后者将几种新渠道"平行连接"（就是多招募新科学家），成为"拓宽"信息渠道的必要条件。这样一来，必要传播的信息量会进一步增长。这是一种正反馈过程。

然而，最终一定会达到这样一种状态，根据信息量的增长速度，任何科学传播能力不可能无极限地增长。这将不会再有更多的科学家出现。这种情况可以被描述为"百万字节炸弹"，或者"信息壁垒"。科学无法跨越这一壁垒，它会因为无法吸收涌向自己的信息而大崩溃。

科学采用的是一种概率论的策略。我们几乎无法确定哪些研究会有所收获，哪些没有。科学发现更像是一种偶然现象，就像基因突变一样，同样地，它们也会导致极端的和戏剧性的变化。以青霉素、X射线和"冷"原子核反应（即在低温下发生的反应，尽管还不可能实现，但有可能会成为能源领域未来的突破口）为例，这些都证明了科学发现的随机性。由于"没有什么是可以预知的"，因此我们只好"尽可能什么都研究"。这就是为什么如今科学领域总是在向多个方向进行扩张。从事一项科学研究的科学家越多，做出科学发现的可能性就越高。但他们到底在研究什么呢？所有他们能够研究的东西。存在两种完全不同的情况：一种是，我们不去研究 x，因为不知道 x 是否存在（比如，病人体内细菌的数量和他血液中青霉素含量之间的关系）；另一种是，我们认为只有先研究一整套的现象（r、s、t、v、x、z）才有可能去研究 x——但到目前为止什么都没能进行，完全是因为人手不够。但在抵达人力资源的极限之后，所有这些被忽略的研究只得一直被有意地搁置下去，变成那些无法展开的研究的一部分，因为我们将根本没有机会发现原来它们在我们的能力范围之内。当科学家的人数不足时，前一种情况表现为一条直线：在进入更广阔的空间时，任意两点之间仍保持着固定的距离，因为会有新的个体不断加入。

而第二种情况则表现为一条越来越细的线。

我们还应该补充观察到的另一种不利的现象：科学发现的数量和科学家数量不成正比（也就是说，科学家数量翻倍不代表研究发现的数量会翻倍）。具体来说：科学发现的数量每三十年翻一倍，但科学家的数量每十年就会翻一倍。这看似与我们前文所说的科学信息呈指数级增长矛盾，但事实上并不矛盾：科学发现的数量也在呈指数级增长，但它增长的速度还是要比科学家数量增长的速度慢（表现为一个较小的指数）。将所有的发现加到一起，也不过是科学能获得的信息量的一小部分。只要翻一下大学内堆积如山、落满灰尘的档案，你就会发现，这些为了取得学位而炮制的论文中任何一篇的任何部分都没能带来哪怕一丁点儿有用的结果。达到科学信息能力的极限意味着做出科学发现的可能性大大降低了。除此之外，随着科学家数量的实际增长曲线逐渐偏离进一步指数级增长（实际上并不可能）的假设曲线，概率系数今后只会不断地下降。

在某种程度上，科学研究类似于基因突变：有价值和开创性的发现只占了所有突变或者所有研究的一小部分。正如一个缺乏有意义的"突变压力"储备的群体会面临着内稳态失衡的风险，一个"发现压力"正在衰弱的文明必须调动所有资源以扭转这一变化梯度，因为这也会导致它的平衡态从稳定变得不稳定。

所以，我们需要补救。但有什么补救措施？控制论专家，这个"人工研究员"或者"超级大脑"——**信息生成和传播者**——的创造者会是其中之一吗？或者也许超越"信息壁垒"的发展能产生特定文明吗？没那么多，因为我们将要谈论的一切纯属虚构。而唯一不是虚构的就是S曲线，距离我们今天三十到七十年的未来，指数级增长曲线的下降。

大博弈

那么，抵达"信息巅峰"的文明会发生什么呢？也就是说，这种文明耗尽了作为"传播渠道"的科学传播能力。我们将讲述三种可能的情况。但这不会包括所有的可能性。我们仅选出三种，那是因为它们符合策略博弈的结果，在这场博弈中，**文明**和**自然**处在相互敌对的位置。我们对于博弈的第一阶段相当熟悉：即文明做出的博弈导致科学和技术的扩张性发展。在第二阶段，我们遭遇了信息危机。文明有可能克服危机，赢得这一阶段的胜利，也可能失败。而且它们还有可能打成平手，这将是一种妥协状态。

如果无法实现控制论提供的可能情况，胜局或者平局都不可能实现。胜局意味着创造出任何能力渠道，无论多大。利用控制论创造"人工科学家大军"，听上去颇有前景，但也只是第一局的延续性策略。科学本身的结构在这里不会经历任何重大变化；只是由"智能电子强化兵"捍卫科学前沿。与之相反的则是一种相当传统的方案。"人工合成研究人员"的数量不可能无限增长。由此一来，我们能够挡住危机，但是无法战胜危机。真正的胜局要求完全重构作为获取和传播信息的科学。如今，通过许多控制论专家，我们能够设想为构建更加庞大的"智能放大器"（它们不仅仅成为科学家的"盟友"，更得益于其超越人类大脑的"智能电子"超能力，很快就会将人类科学家甩在后头），或者还能设想为与我们当下讨论的内容完全不同的任何形式。

这将是对传统科学现象制造方法的彻底拒绝。这类"信息革命"背后的理论可归结如下：主要想法是从自然中直接"提取"信息，无须经过大脑，不管是人类的还是电子智能的，然后用来创造类似于"信息农场"和"信息演化"的东西。这一思想今天听来相当不可信,尤其是在与主导思想的正统形式相比较的背景下。但我们还是要深入探讨,稍后会单独讲,因为这需要额外的预备讨论。我们这样做不是因为它赋予了我们信心(这只是高度假设),而是因为这是唯一能够允许我们"突破信息壁垒"的想法,即赢得**自然**博弈的全面策略性胜利。目前,我们将只考虑一种自然过程,这种过程中包含着实现上述策略的可信可能性。遗传学在自身改变的道路上已经这么做了。通过这条路,**自然**获取并传播信息,促进自生发展,而无须借助任何大脑——在有机体的遗传物质中。然而,正如我们之前所述,我们将会单独探讨这种"信息的分子生物化学"。

博弈的第二种结果就是平局。每一种文明会为自己创造出一种人工环境,在其星球表面、内部和相邻宇宙空间内扩散。但是这一过程不以任何剧烈方式与**自然**割裂,它只是逐渐远离**自然**。这一过程能够持续下去,最终在整个宇宙中形成一种文明"胞囊"。这样的"胞囊"可以通过控制论的特殊应用来实现,将有助于"堵住"多余信息,并产生一种完全不同类型的信息。这种文明的结局首先完全取决于其对**自然**反馈的调控性影响。我们将不同自然现象(煤炭氧化、原子裂解等)置于反馈关系中,一路走来走到了太空航天工程这一步。经历信息危机且已掌握自然反馈和可保证其延续千百年能源的文明，是不可能同时意识到"自然信息潜力是会耗尽的"，持续当前策略可能招致失败（因为不断向"自然内部"挺进终将导致科学因其自身的高度专业化而分崩离析，有可能破坏其内稳态而最终失控），因此，这种文明将能够从自身内部出发，建构一种全新的反馈类型。要产生如此的"文明胞囊"就必须要构建"世界中的世界"，一种自主显示，不必和自然的物质现实建立直接连接。"控制论-社会技术"外壳的出现会将文明封装在自身之中。后者将会继续存在并发展，但是其生存发展方式不再被外部观察者所见（尤其是外太空的观察者）。

这听上去可能有点玄秘，但我们现在能够大致勾勒出上述思想的不同具体表现形式。我们稍后会详细讲述其中的一两种，现在，我们只想强调这样的妥协性平局并非虚构。因为自然不会以任何方式阻止我们从目前的知识状态转入要求的状态，从而获得平手的机会。建造一部能永久移动的机器，或者比光速还快的飞行器，这倒是一种幻想。

现在，让我们想一下失败的可能性。如果一个文明无法克服自身的危机，那会发生什么？它会从研究"万事万物"（正如我们现在的状态）的文明转变为只聚焦于某些精挑细选的研究方向的文明。随着每一研究方向逐渐开始经历人力资源的匮乏，这些研究方向的数量将会稳定下降。逐渐接近自身能源耗尽的文明，毫无疑问，会把研究活动集中在某一领域。资源充沛的文明则能够多点开花。这就是当我谈及它们的"物种演化"（即物种的出现）时，我心中所想到的内容，虽然早先时候我们在文中谈论的是文明种类，而不是生物物种。因此，宇宙由众多文明组成，其中只有一些专注于航天太空工程，或者笼统地说，专注于宇宙现象（比如宇宙航空学）。因此，对一些文明来说，由于缺乏研究人员，展开天文学研究早已是他们遥不可及的"奢侈梦想"。这种可能性起初看上去并不大。众所周知，科学发展越广，其不同分支之间的联系越多。没人能够在不受化学或者医学影响的情况下限制物理学的发展。反之亦然：物理可以从其研究领域之外的地方发掘新问题，比如，生物物理。简而言之，通过限制我们认为不太重要的研究发展，我们能够反过来影响我们选择关注的领域。除此之外，越来越窄的专业化会降低内稳态平衡。那些对星际自然干扰免疫，却对疾病无法免疫的文明，或者说那些缺乏"记忆"（放弃研究自身历史）的文明，将会变成残缺的文明，它们将会面临与文明一维特征尺度成比例的威胁。这一观点是正确的。但是，"物种演化"不能算作一种可能的解决方法。即使我们的文明尚未触碰到"信息壁垒"，那我们是否已经展现出过度的超级专业化？文明的军事潜力是否类似于中生代爬行动物那样的巨颌和甲壳？这些动物在其他许多方面能力有限，使得它们最终不可避免走向灭亡。现代高度专业化很大程度上缘于政治因素，而非信息或者科学因素。因此，人类一旦统一，便可能反转这一现象。顺带一提，这就是生物专业化和文明专业化之间的差异，这种差异会自然显现出来：前者无法逆转，而后者可以。

发展中的科学就像生长中的树木，不断分权，最终长成新的嫩枝。当科学的数量停止指数级增长，而科学新分支的数量，或者新学科的数量会持续增长，因此将会出现差距，或者信息获取的不平等。研究计划只能将这一过程来来回回地从一个方面转到另一个方面。这就是我们所说的"缺口"。数千年之后，文明的"生物演化"发展成三个连续的方向：社会方向、生物方向和宇宙方向。没有一个方向形式纯粹。主要的发展方向受到星球条件的影响：这一给定文明的历史、学术生产率或者某些知识领域的匮乏，不胜枚举。在任何情况下，这些改变早已发生，是早期决定的结果（比如放弃或者继续某些类型的研究），其逆转性会随着时间而减弱，直到我们走到这些早期决定开始对整个生活产生巨大影响的地步。给定文明作为一个整体，其自由程度的减弱也会减弱其成员的个人自由。可能有必要限制出生率或者职业选择。"物种演化"带来了不可预见的危害（因为必须要做出决策，而决策结果可能要到百年之后才显现）。这就是为什么我们将其视作自然博弈败局。当然，出现这种无法立刻监管的干扰并不意味着走下坡路或者衰落。毫无疑问，这种社会发展过程可描述为跨越数百年的动荡、起起落落。

但是，我们已经讲过，失败是不应用，或者错误应用控制论的潜在普遍性带来的可能性。如果说，正是控制论将会最终决定**大博弈**的结果，那么我们现在应该就其讲述一些新问题。[3]

科学神话

控制论只有二十年的历史，因此这是一门年轻的学科，但它正以迅雷之速向前发展。控制论有不同的学派和方向，有热情的拥趸也有质疑者。前者相信其普遍性，后者则寻找其应用方式的局限性。语言学家和哲学家，物理学家和生理学家，通信工程师和社会学家都接受了控制论。它不再是统一的大学科，因为它已经分化成多个分支学科。它的专业化仍在继续，就和其他科学的情况一样。同时，每一种科学都创造出自己的迷思，控制论也有。科学神话听着自相矛盾，或者像经验主义者的非理性主义。然而，每一门学科，甚至是最科学的那种，不仅得益于新理论和事实而发展，而且还得益于科学家的假设和希望。这些假设中只有一些通过了发展的考验，其余的都变成了错误观点，这就是为什么它们看上去很玄秘。经典力学的迷思被形象化为拉普拉斯妖，这个妖精知道某个给定时间点宇宙内所有原子的动量和位置，因此能够预测出完整的未来。当然，科学总能摆脱这些一直伴随自身发展的错误观点。但我们只能从历史角度给出马后炮式的结论，哪些猜想是正确的，而哪些构思不正确。重要的是，在过程中目标本身也在变化。如果你去问十九世纪的科学家，水银是否可能变成黄金，这正是当时炼金术士梦寐以求的，他将会坚决否认其可能性。而二十世纪的科学家知道，将汞原子转变成金原子是可能的。这是不是意味着炼金术士是正确的，而科学家是错误的呢？显然不是，因为目标本身的变化，在试管中燃烧的金子对原子物理学家来说已经不再重要了。核能不仅远比黄金珍贵，更重要的是，它非常新，完全不同于炼金术士最大胆的梦想。正是科学家使用的方法，而不是他们对手的炼金法术，帮助发现了核能。

我为什么要谈论这些？如今的控制论正受到中世纪"创生师"迷思的困扰，一种人工创造的智能生物。关于创造人工大脑从而展示人类思想特征的这一可能性，常常让哲学家和控制论专家争论不休。实则毫无意义。

"水银能变成黄金吗？"我们问核物理学家。"能，"他说，"但是我们不会真的去这么做。这种转变对我们来说一点都不重要，也不会影响我们的研究。"

　　"那将来有可能造出与如今的人类大脑一模一样、无法区分彼此的电子大脑吗？""很大可能是可以的，但是没人会去这么做。"

　　因此，我们必须要分清楚可能的目标和现实的目标。在科学中，可能的目标总有"否定其意义的预言家"。这样的预言家偶尔会让我大为震惊，因为他们总是满腔热情，一门心思地试图证明建造飞行器、原子机器或者思考机器纯属徒劳无功。我们能做的最明智的事情就是不要和这些预言家去争论什么可能性，不是因为我们必须要相信有一天一切都会成真，而是因为一旦陷入热烈的讨论，人们很容易就忘了真正的问题是什么。"反创生师"确信，否认人工合成心智的可能性，是在捍卫人类凌驾于其他生物的优越性，他们相信其他生物永不应该超越人类才智。只有当有人真正要尝试用机器取代人类的时候，且不是在某一特定工作场所，而是在整个文明中取代，这样的捍卫才有意义。重点不是构建人造人，而是翻开"技术之书"的新篇章：包含任何复杂程度系统的一章。因为人类自身，他的身体和大脑，全都属于某一类型的系统，这样的新技术将意味着全新类型的控制系统，人类能够借由其获得对自身，对机体的控制权。这将转而实现人类长久以来的梦想，比如长生不老，甚至逆转如今认为不可能逆转的过程（尤其是生物过程，例如衰老）。然而，这些目标可能只是幻想，就和炼金术士的黄金梦一样。即使人类确实无所不能，但他也不可能不惜一切代价去实现它。如果他愿意，他当然可以实现每一个目标，但他要事先明白，为实现这个目标他将要付出怎样的代价，而这会让目标本身变得荒唐至极。

那是因为即使是我们自己选择了终点，我们抵达终点的方式却由自然帮我们选择。我们能够飞，但不是靠拍打双臂。我们能在水上行走，但不是以《圣经》中所描述的那种方式。也许我们最终能够获得某种形式的长寿，寿命实际上堪比永生，但是真要如此，我们将必须放弃自然赐予我们的物理身体。也许得益于冬眠技术，我们将能够在太空中自由旅行上百万年，但之后，那些从寒冬之梦中苏醒过来的人们将会发现自己置身于一个完全陌生的世界，因为在他们"假死"期间，曾经塑造他们的世界和文化将会消失殆尽。因此，在完成我们梦想的同时，物质世界也将会要求我们承担我们实现行动的后果，等价于游戏中的输或赢。

我们对环境的统治基于自然过程的回馈，多亏有了煤矿挖掘出来的煤炭，重物才能跨越长距离，而闪亮亮的小汽车也得以离开装配流水线。这一切之所以会发生，是因为**自然**重复推演了几个物理学家、热动力学家和化学家研究出来的简单法则。

诸如大脑或者社会这样的复杂系统则无法用上面这种简单法则的语言来描述。从这样的角度来理解的话，相对论和其机制仍然是简单法则，但是思维过程的机制可没有那么简单。控制论专注于研究后一过程，因为它致力于理解并掌握其复杂性。在我们已知的物质系统中，大脑是最复杂的一种。也许，或者几乎可以肯定的是，总能发展出比大脑更加复杂的系统。一旦我们学会如何构建，我们就会知道了。所以，控制论是所有科学中头一门致力于实现目标不可能直接实现的科学。

"我们见到过一种包含八万亿个元素的设备模型，"我们告诉一位工程师，"这种设备有自己的能源中心，运动系统，分层式调控器，还有包括一百五十亿个部件的计时带。它能够执行许多功能，我们用尽一生的时间也无法将其全部列出。而且能够且已构建出这一设备的'配方'，完完整整地装在了一个 0.008 立方毫米的容器内。"

工程师回答道这不可能。他错了，因为我们讲的就是人类精子的头部，众所周知，里面包含了制造出智人活体标本的一切信息。

控制论专家研究这样的"配方"，不是因为他们野心勃勃要造出"小人"，而是因为他们想要借此完成其他相同类型的设计任务。要真正实现还非常遥远。但这门科学发展的时间也只有二十年。自然演化花了二十多亿年的时间才想出了自己的解决方案。所以控制论还需要上百甚至数千年才赶得上演化的步伐：就时间差距而言，我们仍占优势。

就"创生师"和"反创生师"而言，他们的争论类似于生物学中表观遗传学家和先成说学者之间的热烈讨论。在一门新科学的早期阶段，这样的争论相当典型。随着科学的深入发展，也不会有迹象表明争论会停止。但不会有人造人，因为没有制造的必要。也不会有思考机器"造反"对抗人类的事情出现。在后一信念的核心则蕴藏着另一迷思，一种邪恶迷思，不会有任何**智能放大器**会变成**电子敌基督**。这些迷思都用共同的拟人标准，要尽量降低机器的思考活动。这是一种严重的误解！的确，我们不知道一旦机器跨过了某一"复杂阈值"，会不会开始表现出它们自己的"个性"。要是真的发生，机器个性将会不同于人类"个性"，因为人体不同于微核熔电池。我们可以预判一些今天甚至无法想象的惊喜、问题和危险，但是不会重现直接来自中世纪披着技术外皮的恶魔和怪物。我们当然无法想象大多数这样的未来问题。但我们仍试图通过一系列的思想实验勾画出一些。

智能放大器

将数学思维引入各门科学的普遍趋势（包括之前不使用数学工具的学科，比如生物学、心理学和医学）正在慢慢扩展到人文学科。到目前为止，我们在语言研究（理论语言学）和文学理论（将信息理论应用到文学文本，尤其是诗歌的研究中）方面只投入了少量的精力。我们还开始看到一种与众不同的意外现象，也就是各种数学其实不足以实现最前沿领域中的一些最新目标，即面对自我组织内稳态系统的任务。打个比方说，我想要列举几个关键问题，能够让专家第一次看到数学的弱点。这些问题包括试图构建智能放大器和工业用自编程转向装置。而最大的任务则是试图建造一种通用内稳态调节器，其复杂程度堪比我们的人体。

我相信，上段提出的智能放大器是艾什比[4]提出的第一个现实的设计项目，就其心智能力而言，应该就相当于物理力量放大器，所谓的物理力量放大器指的是人类驱动的所有机器。汽车、挖掘机、起重机、机床以及任何其他将人类作为调控者而非动力来源"连接"到控制系统的装置，都可以被视作这样的力量放大器。与之看上去相反的是，就个体智能水平而言，偏离正常智能水平和在身体健康领域的同样偏差情况相差无几。人类平均智商值（根据最常规的生理测试结果）在 100 到 110 之间，聪明至极的人，则在 140 到 150 之间，而极为罕见的智商巅峰为 180 到 190 之间。智能放大器的智商值则是工人的平均能力值乘以他操控的工业用机器能力值得到的乘积，最终的智商值将会是 10000。建造这种放大器的现实可能性不亚于建造比一个人能力强上上百倍的机器。事实上，造出如此放大器的机会现在还相当渺茫，主要是因为目前主要精力集中在建造另一种装置：就是前文提到过的工业用控制系统（一种"适用于自动化工厂的内稳态大脑"）。然而，我将会多讲一些放大器的例子，因为它能够更好地展现建造者会遭遇的困难。值得注意的是，建造者要造出一个"比他本人更加聪明的"机器。显然，如果他想要使用控制论中用到的传统方法，就是要为机器制备合适的行动计划，他将无法解决所设立的任务，因为设计出来的程序本身就早已限定了建造中机器的"智能"极限。这个问题似乎是一个无法解决的悖论，类似于用一个人的头发把自己吊起来（同时这个人的脚上还绑着一百千克的重物）这种命题，但这只是一种错觉。确实，如果我们假设在建造放大器之前，需要把基于数学的所有理论放到一起，那至少按照如今的标准来看，问题看似无法解决。但我们可以想出一种完全不同的方法来实现这个任务，当然目前仍只是一种假设的可能性。我们缺少智能放大器内部设计的详细知识，可能甚至不需要这些细节。也许，将放大器视为"黑箱"就足够了，黑箱是一种内部工作原理和各种状态一无所知的装置，而我们感兴趣的只是最终结果。就像每一件可敬的控制论装置，放大器也装配了"输入"和"输出"两个点。而这两点之间的中间区域就是我们一无所知的灰色地带，但如果机器的行为表现真的像智商 10000 的智能体，那么灰色地带又真的很重要吗？

由于这个方法是全新的，此前从未使用过，我承认听上去就像是一出荒唐的戏剧，而不是技术支持的制造指南。但是这里有些例子，希望能让其应用听上去更可靠些。例如，我们可以将少量铁粉倒入装有纤毛虫的小型水族箱中（已经这么做了！）。除了自己的食物，纤毛虫还吃下了小剂量的铁粉。如果我们现在在水族箱外施加一个磁场，就能影响虫子的运动。磁场强度的变化实际上就是我们的"内稳态调节器""输入"信号的变化，而"输出"态则由纤毛虫自己的行为决定。我们目前尚不知道如何应用这种"纤毛虫-磁场"内稳态调节器，或者这种类似的特殊形态，但这并不重要，因为从任何方面来看，它与我们的假想智能放大器相去甚远。重点在于，尽管我们无法真正知晓每条纤毛虫个体的复杂程度，我们也无法像画机械设计图一样绘制其构造图，但我们总能通过我们已知的极少元素，造出一个更高级的实体，这一实体将遵循系统法则, 拥有 "输入" 和 "输出" 信号。除了纤毛虫之外, 我们还能使用某些类型的胶质物, 或者操纵电流通过多相溶液。这会导致某些物质沉淀, 从而改变溶液整体的电导率。反过来, 这也能够导致 "正反馈", 即产生信号放大。我们应该在此承认, 这些试验尚未产生任何突破, 许多控制论专家从根本上并不支持这种偏离传统操作的电流实验, 他们也不认同要去寻找新物质或者部分类似于有机体结构材料的新型建材(生命就是一场偶然!)。[5]

现在, 无须事先决定这些构思的结果, 我们已经能稍稍更好地理解, 如何能用我们 "不可理解" 的元素, 通过适合我们的方式, 来构建系统。我们在此面对的是设计初级阶段的重要方法转变。当代工程学的表现, 就好比要让一个人尝试跳过一条小水沟, 他就必须先在理论层面确定所有的关键参数, 这些参数之间的关系, 换言之, 他需要测量好当地的引力值, 他自身肌肉的力量值, 掌握好自己身体运动的运动学, 以及发生在小脑中的控制过程细节特征, 他才会去尝试。而控制论学派的非正统技术人员则反过来, 就是简单地轻松一跳, 然后完全正确地声明, 如果他设法做到了, 那么问题就迎刃而解了。

在此他利用的是以下事实: 任何物理活动, 比如前段所说的跳跃, 要求大脑做些准备和执行工作, 就跟极端复杂的数学系列过程一样(因为大脑神经网络的任何活动都可以还原简化为此过程）。但是，与此同时，我们的跳远者，当然他的大脑中装配好了与跳跃相关的所有数学知识，无法像他的理论数学家同事那样，写出合适的科学方程式和变形式。原因则是，如果通过传统高校所教授的方式传递出来，这种"生物数学"（所有的有机体都如此实践，包括纤毛虫）要求重复不断地将系统形成脉冲信号从一种语言翻译到另一种语言：从无须文字符号表述的"自动化"生物化学过程语言和神经刺激信号传导语言翻译成符号语言。后者的形式化和构造由大脑完全不同的功能区域执行，而不属于我们之前讨论过的直接监督和实现"先天数学"功能的区域。因此，关键问题是确保智能放大器不必去形式化、构建，或者文本化任何事物，而只需要自动甚至"单纯"，与此同时又能如跳远者的神经过程一样高效无误，换言之，除却以提供现成解决方案的方式将"输入"脉冲转化为"输出"脉冲，它无须做任何其他事。无论是它，还是放大器，抑或是其构建者，也无须任何人知道它的运作机制，但是我们将会获得对我们唯一且重要的东西：结果。

黑箱

　　过去，人们了解自己工具的功能和结构：锤子、弓与箭。劳动分工的不断深入让人们对这种认知程度越来越浅显，这就是现代工业社会发展的结果，我们对操纵机器的人（技工、手动操纵工人）、使用机器的人（坐电梯的人、看电视的人和开车的人）和了解机器设计原理的人三者有了明显的区分。如今，这世上没有一个人能够理解我们文明中用到的所有机器的设计原理。但是，社会本身，却能够了解这一切。当把某一给定社会团体中所有成员聚集到一起，拥有部分知识的个体就变成一个完整的统一体。

而异化的过程，即各种设备的知识和社会意识的分离，继续进行着。控制论推动着这一过程向着更高层次发展，因为从理论上讲，控制论有能力制造出没人能理解的结构。控制论装置因此变成了"黑箱"。"黑箱"可以是某一特定过程的调节器，包括商品制造、经济流通、交通协调、疾病治疗等等。重点在于针对给定的"输入"对应给定的"输出"，仅此而已。目前构建的"黑箱"仍然相当简单，这也就是为什么工程师-控制论专家能够了解其中的关系，它们的关系能够用数学方程式表达出来。但是，即使专家不知道数学方程式，仍然会出现状况。设计者的任务将会是建造能够执行必要调节过程的"黑箱"。但是设计者和其他任何人都不知道"黑箱"的执行过程。他不会知道表征"输入"和"输出"相互关系的数学方程式。不知道的原因不是因为无法找出，而首先是因为没有必要去知道。

让我们用一个实用的方式来介绍"黑箱"问题，回想一下蜈蚣的故事，当它被问到抬起第八十九条腿后，接下来抬的是哪条腿。我们都知道，蜈蚣想了一会儿，没法想出答案，但因为无法再抬腿走路，最后活活饿死。[6] 蜈蚣本身就是个"黑箱"，内部设计好了各种功能，甚至它自己都"不知道"如何运作。"黑箱"的操作原理非常普遍，通常相当简单，比如"蜈蚣走路"或者"猫抓老鼠"。"黑箱"包含着适当的"内部程序"，它的各种行为都要遵循程序设定。

技术员如今会通过准备必要的设计和计算开始建造东西。我们可以说，他需要分两次建造大桥、火车、飞机或者火箭：第一次是理论上建造，在纸上；第二次是在现实生活中，将方程式和设计中的符号语言用于行动的算法，"翻译"成一系列材料构建活动的过程。

"黑箱"无法用算法编程。算法是将一切事先预测好的现成程序。人们常常说，算法是可重复再现的科学处方，一步步展示解决某一特定任务的步骤。任何数学论文的形式化证明，和将一种语言翻译成另一种语言的计算机程序，全部都是算法。算法的概念来自数学：这就是为什么我将这一术语用到工程学领域有点不合常规。数学理论家的算法从不让他失望：如果有人为某一数学证明想出一套算法，他就可以肯定，这套证明不会"崩溃"。但是，工程师应用算法可能会失败，因为算法只不过看上去能够"提前预测一切"。大桥的强度能够借助某一特定算法计算出来，但是这无法保证其稳健性。如果大桥承受的力量超过设计者的考虑范围，那么大桥就会崩塌。在任何情况下，如果我们拥有任何过程的算法，我们在一定有限范围内可以了解该过程的所有后续阶段。

然而，当涉及非常复杂的系统，比如社会、大脑或者尚未存在的"巨型黑箱"，就无法获得这种知识，因为这种类型的系统没有算法。那我们如何理解呢？毫无疑问，我们认同每一套系统，包括大脑和社会，以某种确定的方式运作。因此，它的行为可以用符号来表征。但这并没有重大意义，因为算法必须要能重复运行，必须能让我们预测系统的未来状态，而社会分两次陷入同一状况时，不一定会以同样的方式应对。这正是高度复杂系统的确切情况。

我们如何构建"黑箱"？我们知道，我们能够做到，我们也知道，任何复杂程度的系统无须实现设计、计算或者算法就能被构建出来，因为我们本身就是这样的"黑箱"。我们的身体受我们自己控制，我们能够给身体发出特定指令，甚至我们自己都意识不到（比如，我们不必知道）其内部机制。我们在此再次遭遇跳远者问题，他跳跃的时候自己都不知道是如何做到的，换言之，对于产生跳跃的神经和肌肉回路动力学他一无所知。每一个人因此就是这样一个完美的例子，证明一套装置无须了解本身的算法，就能运行自如。我们的大脑就是整个宇宙中"最接近我们"的"装置"之一：我们人人都有大脑。但直至今日，我们仍然不知道大脑的确切运作机制。心理学史已经证明过，通过内省方法检验其机制极其不可靠，甚至会误入歧途，出现一些最为谬误的假设。大脑的构造方式即让我们采取行动，但它却"隐而不现"。当然，这不是我们的**设计者**，也就是**自然**蓄意妄为的结果，而是一连串自然选择的结果。自然选择让我们具备思考的能力，但其能力对演化目的是有用的，这就是为什么我们是会思考的生物，即使我们不知道自己如何做到，因为让我们了解这一过程不是演化的"兴趣"所在。演化在我们面前毫无隐瞒，它只不过是在活动过程中隐去了"在它看来"任何不必要的知识。如果在我们看来，这些知识并非不必要的，那么我们就必须要通过我们自己来获得。

控制论解决方案的独特性在于，它让机器完全脱离了人类的知识领域，实际上，**自然**一直都是这么做的。

有人会说，这可能是真的，但是人被自然赋予了这样的"黑箱"，他的身体和大脑，专心寻找最佳方式解决生活问题，这些都是自然历经数十亿年的试错最终构建出来的。那我们是不是要尝试复制它的成果？如果确实如此，我们又该怎么做？当然，我们不能真的想出另一套演化模式（这次是发生在技术层面的演化）。这样的"控制论式演化"可能需要数十亿年，上百万年，或者至少上万年。我们该如何开始这一过程呢？我们应不应该从生物或者非生物角度来解决这一问题呢？

这个问题的答案我们不得而知。我们无疑会尝试所有的途径，尤其是出于各种原因接近**演化**的那些。尽管我们的野心不是幻想某种可能会思考的"黑箱"，成为**技术**的创造者。我们只是想先提出问题。我们知道，只有非常复杂的调节器才能够处理非常复杂的系统。因此，我们在任何我们能够找的地方都寻找这样的调节器：生物化学、活体细胞、固体的分子工程学等等。诚然，我们知道我们想要什么，我们在寻找什么，得益于我们从自然获得的私人直觉，我们还知道这个任务能够被解决掉。我们已经知道很多了，旅程已经走了一大半！

内稳态调节器的道德

现在是时候将道德问题引入控制论思想中了。但实际上要从另外一个角度理解：不是我们要将伦理道德问题引入到控制论中，而是反过来，随着控制论的扩张，伴随着相应而来的后果，它将我们所理解的伦理道德囊括其中，所谓的伦理道德就是一套标准系统，从纯粹客观的角度来评估我们的行为，看似具有判断性质。道德具有判断性质，就和数学一样，因为两者都通过逻辑推理，从公认的公理推演而来，例如从直线外一点，我们能且只能画一条平行线。我们还能否定这条公理：就是后来出现的非欧几里得几何学。重要的是，我们注意到我们采取行动的方式是事先公认的，正如公认的几何公理一样，因为这种认同和决定取决于我们。比如说，我们可以达成一项道德共识，即杀死天生残疾的儿童。这便是历史上著名的"塔尔皮亚岩道德令"[7]，由于最近臭名昭著的沙利度胺丑闻引发了人们的广泛议论而最终被废止。人们常说，存在跨越历史维度的道德律令。从这个角度来看，塔尔皮亚岩道德令，哪怕其最良善的形式（比如为身患无法治愈的顽疾而饱受折磨的人执行安乐死）都是不道德的，是犯罪，是邪恶。这里的情况是，我们从一套道德体系的观点出发，来评判另一套道德体系。毋庸置疑，我们选择了另一套"非塔尔皮亚岩"道德体系，但如果我们认同，该体系伴随着人类社会演化而出现，而不是某种上天启示行为，那么我们必须要考虑以下事实：不同的道德体系在不同的历史时期发挥作用。我们宣扬的道德和我们实践的道德之间的分歧让事情愈发复杂化，但这种复杂性对我们并不重要，因为我们将只限于展示实际行为，而不是加以掩饰，这无疑是有可能的，但只会误人子弟。误导他人的人在自己的语言和行为中表现出不一致的道德。对错误信息的迫切需求表明，他所宣扬的道德公理在社会中广为接受，否则，他不必去扭曲事实。但是，这些同样的事实在不同的文明中遭遇截然不同的评价。让我们比较一下卖淫在当代文明和古巴比伦文明中的不同道德观。在古巴比伦文明中，"神圣妓女"不是出于个人利益而委身于男性，而是因为某种"更加崇高的目的"，比如她们宗教所支持的行为。她们的行为完全符合当时宗教倡导的道德观。因此，在她们那个时候，她们那个社会中，她们不会受到遣责，这完全不同于当代的妓女，因为根据当今的标准，卖淫在道德上是邪恶的。因此，在两种不同的文明中，同样的行为遭遇两种截然相反的评价。

控制论自动化的出现产生了一些相当意外的道德困境。斯塔福德·比尔是美国[8]将控制论引入资本主义制造工厂的先驱者之一，他提倡建造一种"内稳态企业"。为了描述其运作方式，他详细讲述了可应用到大型钢铁厂的调控理论。其"大脑"应该优化钢铁制造的所有过程，让制造过程尽可能高效、可靠，不受供应方（比如劳动力、矿石和煤炭等）干扰，也不受市场需求影响，同时还能排除内部系统障碍（非正常的生产，成本的意外增加，每个工人的最高效率）。根据比尔的设想，这样的生产单位应该是超稳态的内稳态调节器，能够响应每一个平衡态的偏离情况，进行内部重组，从而恢复平衡态。在展示这种理论模型时，一些专家指出其缺乏"宗教信仰"。比尔根据生物组织的运作原理有意识地构建了自己的内稳态钢铁厂模型。而自然生物的唯一"价值"标准就是其生存能力，不惜任何代价。这意味着可能以消灭其他生物为代价。理解自然的生物学家没有任何"道德审判体系"，他不会认为饥饿的捕食者道德上是邪恶的。这下就引出了下面一个问题：如有必要，"有机钢铁厂"是否会"吞噬"其对手？或者说，它是否"有权"这么做？这种类型的问题还有很多，也许其中一些不那么极端。这样的内稳态单元是否应该生产或者利润最大化？如果是的话，经过一段时间，随着技术不断地发展变化，钢铁生产是否会过剩？在这种生产体系"大脑"中内置的"生存驱动"应不应该因此彻底重新设计，重新组织工厂，转而制造塑料呢？但是，那么多产品，为什么是塑料呢？而其彻底重组的过程又是受到什么驱动的呢？是最大限度地发挥其社会有用价值还是达到利益最大化？

比尔回避这些问题，他宣布凌驾在钢铁厂"大脑"之上的还有一个私人业主委员会。这个委员会做出最高级别的决定，而"大脑"只是以最优化的方式执行这些决定。

因此，比尔不顾自己理论中的"自动化-有机"原则，将"道德"问题移出"黑箱"系统之外，交给了董事会处理。但这种回避显而易见。即使存在这些局限，"黑箱"也会做出道德决定，比如，当钢铁厂的最优化组织原则要求时，它就会裁减员工或者降低薪酬。因此很容易想象，比尔的"内稳态钢铁厂"和其他受雇于别家企业的不同控制论专家设计出的内稳态调节器之间爆发"生死存亡之斗"。要么后者的能力有限，不得不借助人类管理者来做出决策（决定竞争者是否因为出现的机会而宣布破产），要么为它们的活动承担道德后果，范围越加宽泛。在第一种情况下，内稳态生产商的自体调节原则将遭到侵犯。而第二种情况中，内稳态调节器会以创造者无法完全预见的方式影响人类，随后可能导致国家整体的经济崩溃，因为某一内稳态调节器太过完美，导致所有的竞争对手相继破产……

为什么在第一种情况下，"黑箱"的操作原则会受到侵犯？因为作为调节器的"黑箱"和人类不一样，在某种意义上说，人类在决策过程中无法就每一个阶段提出问题（关于其行为导致的社会后果的问题），并期待它能够做出回答。顺便说一句，即使人类管理者也往往无法知道其决策的长远后果。通过调节"输入"（煤炭、矿石和机器的价格，工资成本）和"输出"（钢铁的市场价格、不同品种的需求）之间的波动来"维持钢铁厂的存活"的"黑箱"与同时考虑到工人因素，甚至还有竞争对手、利益关系的"黑箱"是两种完全不同的设备，前者的生产效率要比后者高。如果我们将市场上生产商使用的劳动法加入最初的程序中，也就是"黑箱"行为的"公理内核"，那它将会包含针对劳动力的有害行为，但也可能会对一些竞争企业，或者其他资本主义国家的钢铁生产商，做出更多的危害性行为。最重要的问题就是，"黑箱"其实并不"知道"它到底什么时候做出危害行为，也不知道受害方是谁。我们无法期待它会告知我们自己决定的这些后果，因为，根据定义，无人知道它的内部状态，甚至它的设计者——建筑师也不知道。正是引入内稳态调节器的这种后果让诺伯特·维纳在自己著作《控制论》[9]的新版中单独列出一章，讨论起行为的不可预测后果。似乎构建更高级别的"黑箱"能够消除上述危险。这种黑箱作为一种"统治机器"，不是统治人类，而是统治个体生产商所隶属的"黑箱"。讨论这一步的后果将会非常有意思。

电子政治的危害

因此，为了避免"黑箱"作为单个生产单元调控设备，采取行动造成危害社会的后果，我们已经设置了一个特殊的"黑箱"：经济权力宝座上的**最高级别调节器**。让我们想象一下它的目的是限制生产调控方的自由，通过程序（相当于立法），向它们灌输劳动法条款，对人类竞争者的忠诚原则，清算储备劳动力的意愿（比如摆脱失业），等等。像这样的事情可能吗？理论上，是的。然而，现实中，这样的操作将会大量招致我们委婉称为"不便利"的事物。

特殊"黑箱"作为非常复杂的系统，难以用语言描述。没人知道其中的算法——也没人能知道。它以概率方式运作，这就意味着如果将它两次置于相同的情景内，它不会以同样的方式运行。最重要的是，那个特殊"黑箱"也是一种设备类型，在其执行行为的过程中，会通过自身的错误学习。控制论的基本理论告诉我们，想要构建这种立即变得无所不知，并且能够预测到自己制定决策的所有可能后果的黑箱（**经济统治者**）是不可能的。但是，随着时间的推移，调控器将逐渐接近这一理想。我们无法判断这样的情况多快会发生。它可能会先让国家陷入一系列可怕的危机中，然后逐渐将其解救出来。也许它会宣布，通过**操作程序**引入的公理之间存在自相矛盾：例如，无法在执行经济自动化生产方案的同时，还要争取降低失业率，除非同一时间还有很多其他解决方案，比如引入国家或者资本支持的技能再培训项目，来帮助那些被自动化生产淘汰的人。那然后呢？很难分析如此复杂的问题。我们只能说，那样的"黑箱"，要么是自身下层部门的生产调节器，要么是国家级别的通用调节器，永远只能通过有限的知识来运作。此外别无他法。再退一步讲，那样的黑箱（经济统治者），在历经大量试错，也就是让数百万人生活在水深火热之中后，能够获得庞大的知识量，可能要比所有资本主义经济学家掌握的知识总和还多，我们仍然无法保证，我们的"黑箱"不会试图阻止未来由震惊所有人的某些新因素引发的波动，包括设计者本人。我们必须通过考察一些特例来考虑这种可能性。

让我们想象一下黑箱（经济统治者）的预后部分（子系统）：经济统治者注意到，在多次振荡之后终于获得的内稳态正面临某种危险。危险源于人口增长远超满足人类需求的能力，这正是我们当前文明所处的状态，这样，根据目前的出生率，从明年开始，或者从现在开始的三十年内，生活标准开始下降。同时，突然之间，我们检测到一些化学因子通过某次"输入"进入了"黑箱"之内。对我们的健康而言，这种化学因子完全无害。但经常摄入的话，会导致女性排卵速度下降，她们一年只能有几天的受孕时间，而不是现在的一百多天。接下来，"黑箱"做出决定，将这种化学因子，以符合要求的微小剂量，加入全国所有水供应系统的饮用水中。当然，要确保行动成功，需要保密操作，否则出生率系数会在此后开始增加，因为许多人无疑只喝不含有化学物的水，比如河水或者井水。因此，"黑箱"将要做出如下选择：要么告知社会实情，欢迎反对意见；要么什么都不讲，为了所有人，维持现有的平衡状态。让我们假设一下，为了保护社会，我们再一次推进"黑箱"的"统治技术"，它的程序包括公布所有的变化意向。同时，还内置一个"安全刹车"，每次出现前文所述的情况，就可以"踩下刹车"。因此，由人类组成的"顾问团队"将会挫败上述在饮用水中放入降低生育率物质的计划。但是，像前文描述般简单明了的情况并不多见，这也意味着，"顾问团"不会知道在某一时刻是否需要激活"安全刹车"。无论如何，过于频繁地"踩刹车"会让"黑箱"的调控活动变得毫无意义，让社会一片混乱，更不要提，这样的"顾问团"到底代表谁的利益。例如，目前在美国，它可能会阻止免费医疗和养老系统的实施。确实，我们一定不要低估了"黑箱"。如果它的活动被阻止一次，两次，或者三次，它很有可能就会想出新的策略来。比如，它可能要保证人们结婚的时间越来越晚，或者让一小部分儿童享有经济福利，如果这些都没有带来预期的效果，它可能会用其他方式减缓人口增长速度，甚至绕个大圈子。让我们想象一下，存在一种防止牙齿腐烂的药物，在治疗过程的某一时刻，它会引发基因突变。突变的新基因本身不会降低生育能力，但只有和其他突变基因结合在一起的时候会有效果，而且另外那些突变基因也是长期周期性使用另外一种药物所致。想象一下，后一种药物让全国男性摆脱秃顶的烦恼。那么，"黑箱"就会用尽一切方法，推广这两种药物的使用，最终，得到它想要的结果：经过一段时间之后，两种基因在人群中经历突变，数量不断增加，直到有一天它们彼此接触到对方。这样就能降低人口增长的速度。有人可能会问，根据我们事先设计好的原则，它应该提供信息，告知我们任何它想要的变化，既然如此，为什么它没有在适当的时间告诉我们呢？

　　它不会将其公之于众，不是因为它行事"狡猾"或者"偏离正道"，而是因为它并不知道自己到底在干什么。它不是"电子撒旦"，不是无所不能的，无法像人或者超人一样推理，它仅仅是一个仪器设备，一直在寻找连接，寻找成千上万特定社会现象之间的统计学相关性。因此，作为调节器，它应该优化经济关系，普通民众的最高生活标准就是它的内稳态。人口增长就会威胁到这种平衡。总有一天，"黑箱"会注意到人口增长的减少和使用防蛀牙药物之间的正向相关性。它也会将此事告知"顾问团"，"顾问团"会展开某些研究，得出结论表明药物不会导致生育能力的下降（科学家也是"顾问团"的成员，他们会进行动物实验，当然，动物是不会用防秃药物的）。"黑箱"对公众没有任何隐瞒，因为它自己都不知道什么是基因，什么是突变，或者使用两种药物和生育能力下降之间有什么关系。"黑箱"只会检测所需要的相关性，然后尝试使用这种关系。这个例子还带有一丝原始主义的味道，但并非不可能。在现实中，"黑箱"的行为更加间接，循序渐进，"不知道自己在干什么"，是因为它追求的是超稳态，而它所检测到的现象之间的相关性，然后用来维持平衡态是一系列过程造成的结果，"黑箱"本身并没有仔细调查这些过程，而过程的起因它并不知道（或者不必知道）。最终，一百年之后，它可能得出结论，提高生活标准和减少失业率所付出的代价就是每六个孩子中有一个会长出尾巴，或者社会整体智力下降（因为人越是聪明，就会给机器的调控活动制造更多问题，这也就是为什么它想要减少人口数量）。我希望现在大家都明白，从"长小尾巴"到"增加白痴"的程度，机器的"公理学"无法提前考虑所有的选项。因此，我们用归谬法梳理了黑箱（**最高级的人口调节器**）理论。

控制论和社会学

"黑箱"作为社会过程调节器的失败可归结为以下几点原因：

第一，试图调节某一事先给定系统，即要求调节器维持资本主义社会平衡，和试图调节通过适当的社会学研究设计出来的系统，两者之间有所差异。

从原理上讲，任何复杂系统都能够被调节。然而，如果调节实体是社会，那么无论是使用方法，还是其结果，都不一定会获得被调控方的认可。像资本主义这样的系统，容易陷入自发性振荡，又可称作起起落落的经济振荡，调节器要是想要消灭这些振荡，就可能会决定执行将会遭遇强烈反对的措施。我们轻易就能想象，斯塔福德·比尔设计的"内稳态钢铁厂"主的反应，如果工厂的"大脑"为了维持内稳态，决定将生产资料国有化，或者至少削减一半的利润。如果要提前给定某一特别系统，那么同时也要给定某一特别参数范围内的行为准则。没有一个调节器能够擅自停止这些准则的运作，否则将是一种"奇迹"。调节器只能在各种系统现实状态之间做出选择。生物调节——演化——要么增加生物的体型大小，要么增强其行动能力。像跳蚤一样敏捷的鲸鱼是不可能出现的。因此，调节器必须寻找折中的解决方案。如果某些参数"不可触碰"，比如说私有制，那么可能选择的措施范围就缩小了，最后导致维持系统内部"平衡稳定"的唯一方式就是使用暴力。在这里，我们给"平衡稳定"打上问号，因为我们谈论的是虽用钢筋固定住，但仍摇摇欲坠大厦的稳定状态。一旦尝试用暴力限制系统的自发性振荡，其实就意味着放弃了内稳态原则，因为系统的自组织由暴力所取代。这也正是历史上诸如暴君、专制、法西斯等极权形式出现的原因。

第二，从调节器的角度来看，系统元素只需对其操作运行必需的知识即可。这一原理对机器和活体生物都无可辩驳，但与人类欲望背道而驰。我们人类，作为社会系统的元素，希望获取不仅仅关乎我们自身的信息，还希望信息能够应用到作为整体的系统中。

连接社会的"非人类"调节器（"黑箱"）针对的是各种形式的"统治术"，因此，使用"统治机器"的任何社会内稳态形式都不可取。原因在于，如果前文列举的第二个例子发生的话，基于某些社会学研究设计出来的系统调节将无法保障目前的平衡状态是否会在未来受到威胁。在任何给定时期，社会目标从来都不一样。内稳态不是"为了存在而存在"，而是目的论现象。最初，出现在设计阶段，随后，调节器的目标和其控制下的社会目标相互重叠，但接下来，可能会出现对抗。社会不会为了控制论调节器，牺牲自由来决定自身命运。

第三，社会发展中表现出的自由程度远高于生物演化领域。社会能够通过引入"控制论统治者"承受系统的突然变化，当然，后者的无限能力受到限制，它能够逐渐改善不同活动领域。而在生物演化过程中，所有这些颠覆性变化都不可能发生。社会内的行动自由不仅远胜于单个生物的自由（社会常常与有机体相比较），而且远胜于演化发生过程中所有生物的自由总和。

历史已经教给我们不同的权力系统。当涉及分类时，它们根据功能，被分为不同"类型"或者"高级单元"。系统的动态反馈由经济活动反映，但不由后者确定。因此，相同的系统在给定参数范围内，能够实现不同经济"模型"。此外，给定的系统类型也不由其参数单个值所确定。在资本主义系统中，合作蓬勃发展，但这不妨碍系统成为资本主义系统。只有同时改变一系列重要参数，才能改变经济模型，不仅如此，还能改变优于其本身的系统模型，因为整个社会关系都会经历变化。然而，这里需要在此区分一下给定系统的调节器，和能够转变给定系统使之成为另一系统的调节器（调节器需要决定这样的改变是必要的）。

人们想要生活在怎样的系统中，他们将要使用怎样的经济体系，最后但不是最不重要的，他们的社会目标是什么——因为同一个社会既可以发展太空探索，也可以追求生物的自主演化——因此，诉诸社会系统的机械调节可以是可以，但并非人人所愿。

当我们考虑到将这种调节用于解决单项任务（经济任务、行政任务等），用于在数码机器中建模社会进程或者建模其他复杂系统，以尽可能多地了解动态法则时，情况就是另外一回事儿了。使用控制论方法来研究社会现象从而改进后者，将统治权力授予控制论成果，两者之间是有差别的。我们需要的是控制论社会学，而不是如何设计和建造统治机器的理论。

我们应该如何实现控制论社会学这一课题呢？题目实在太宽泛了，哪怕我们在此开始打草稿也太宽泛了。但是，为了不让它成为一个空洞的概念，让我来陈述一下导论引语。

文明的内稳态是人类社会演化的产物。自古以来，历史上的所有社会都会采取各种调节手段，旨在维持社会系统的平衡。当然，人们丝毫没有意识到自己的集体行为，就像他们没有意识到自己的经济活动和生产活动催生并塑造了政治体系。拥有同等物质发展水平以及经济类型相同的社会可以看到不同的社会结构，出现在我们称之为"上层结构"的后生产生活领域中。我们可以说，给原始级别团体一定程度的合作，导致了语言（一种多样的语音交流系统）的发展，但是却无法确定会发展成哪种语言（来自芬兰-乌尔戈语族或者其他语族的语言），以此类推，给出一定程度生产方式的发展，就会导致社会阶级的发展，但无法确定阶级中人们如何建立联系纽带。

某一个给定类型的语言，就像给定类型的社会纽带一样，会随机发展（以概率方式）。对于来自不同文化的观察者，社会纽带、义务、规则和禁忌最不理性的一面就是在现实中永远针对同一目标：减少个体的行动自主性和多样性，因为这是干扰社会平衡的潜在诱因。人类学家首先感兴趣于社会和宗教语用学中的信仰内容：初始过程，给定社会中的家庭关系属性，性别之间的关系，代际关系，等等。社会学家-控制论专家需要在很大程度上无视这些仪式、规范、行为法则内容，转而寻找结构中的关键方面，因为后者组织起反馈机制，换言之，调节系统的属性决定个体的自由程度，同时也决定作为动态系统的整体稳定程度。

现在，我们能从分析阶段转向评估阶段，因为，得益于其属性的可塑性，一个人能够习惯不同文化模型中的功能。但是，我们倾向于拒绝大部分这样的模型，因为它们的调节结构和我们所提出的相对。当然，这样的相对完全理性，可作为某种客观评估标准，不仅仅基于吸引我们成为特定文化成员的因素。实际上，社会稳定并不要求减少行动多样性和思想多样性，因此也不限制长久以来形成的个人自由。我们可以说，大部分调节系统，尤其是在原始社会中，表现出过分限制的特征。家庭、社会、个人或者两性生活的过度限制，和没有一样，令人厌恶。对于一个给定社会，必须存在最优的规则和禁忌的调节阶段。

我们在此简要概述了社会学家-控制论专家探讨的许多主题之一。他们的领域涉及历史体系研究，提出理论解释如何构建社会内稳态最优模型，最优指的是自由选择的参数。由于关键因素数量庞大，因此不可能创建出一套数学驱动的"社会终极公式"。我们只能越来越接近这个问题，通过研究越来越复杂的模型。因此，我们回到"黑箱"结论："黑箱"不是未来的"电子万能统治者"，或者超凡入圣，超越人类命运的裁决，而只是科学家的实验培训基地，是一种工具，助人类一臂之力，寻找仅凭人类无法解决的复杂问题的答案。但是，决策和行动计划，应该永远掌握在人类手中。

信仰和信息

千百年来，哲学家一直试图从逻辑上证明归纳法的有效性：归纳法是一种推理形式，以过去经验为基础，推理出未来形式。但是至今无人成功。他们失败的原因是归纳法最初的源头藏在阿米巴变形虫条件性反应中，试图将不完整的信息转变成完整信息。因此，归纳法构建的超越过程有悖于信息理论，而信息理论的说法是在一个孤立系统中，信息会减少或者维持现有的价值，但价值不会增加。

但是，归纳法是所有生物都会应用的，包括人类，打个比方，可以把它看作一条狗的条件反应形式（一条狗"相信"每次铃响过后，就会有食物吃，因为情况一直如此，通过流口水传递出自己的"信任"），或者把它看作科学假设的形式。以不完整的信息作为行动基础，通过"猜想"或者"推测"让信息趋于完整，这是一种生物必然性。

因此，内稳态调节器表现出"信仰"并不是某种异常的结果。真实情况恰恰相反：每一个内稳态调节器，也就是平衡器——其目标是保证它的重要变量都能维持在一定的参数范围内，一旦超出这个范围，就会威胁到它的生存——都必须表现出"信仰"，或者说是在根据不完整且不确定的信息展开行动时表现得就像它们既完整又确定似的。

每一次行动都开始于包含这种缺陷的信息立场。鉴于这样的不确定性，要么不采取行动，要么冒风险采取行动。按兵不动意味着停止生命过程。"信仰"意味着我们希望发生的事情将会发生，我们希望世界是什么样的，世界就是什么样的，精神头脑中出现的图像和外部情况一致。"信仰"只能被复杂的内稳态调节器呈现，因为这些机器系统积极响应环境变化，完全不像没有生命的物体。这些物体不会"期待"，也不预判任何事物，在自然内稳态系统中，这样的预判远早于思想的出现。这种反应以未

技术大全

来的状态为目标，已经深植于生命物质的每一个细胞中，若非出于对其有效性的一点点"信仰"，生物演化根本就不会发生。我们将会陈述内稳态调节器呈现出的一系列"信仰"连续谱系，从原生动物一直到人类，包括人类的科学理论和形而上系统。被某一实验证实过很多次的某一信仰会变得越来越可信，因此，转变成知识。归纳法无疑提供确定性，但是它要被证实，因为有了大量的实证案例，所以戴上了成功的"桂冠"。这是世界的本质决定的，因为世界受制于各种法则，这些法则可以用归纳法来检测，但是有些时候，通过归纳推理得出的结论也会是错误的。在这种情况下，内稳态调节器制造的模型有悖于现实，获得的信息是错误的，这也就意味着基于此的信仰（这样的世界）也是错误的。

信仰因此是一种瞬时状态，直到被经验所验证。如果它太过独立于验证，它就会转变成形而上结构。这种信仰的特质根植于采取现实行动以实现非现实目标，也就是说，目标要么能实现，要么不能实现，但不是通过采取的行动。实现现实目标可以通过经验验证，而实现非现实目标只能在内部与外部状态符合教理的情况下，通过推理来验证。所以，我们可以通过实验来检验我们构建的机器能否运行，但是无法检验一个人是否会被救赎。实现救赎的行动是现实性的（特殊行为、禁食、做好事等等),但其目标本身却是非现实的（因为目标是为了"来世"）。有时候，目标也是为了"现世"，比如人们祈祷能够避免自然灾害。地震停止了，于是目标看似实现了，但是祈祷者和避免灾害之间的关系并不存在于我们经验观测的自然界中，而是一种推理结果：祈祷者的祈祷状态和某一特定时刻地球的状态相匹配。因此，信仰导致归纳法的过度使用，因为归纳法得出的结论要么直接指向"来世"（即经验无法触及的"不存在之地"），要么在自然内建立原本不存在的联系。比如，每天我一开始炒鸡蛋，星星就出现在天空上，于是就得出结论：我准备晚餐和天上出现星星之间存在某种联系。这其实是一种错误的归纳，但它也会成为一种信仰。

就和其他科学一样，控制论无法确定超验关系。但是对这种实体和关系的信仰在世界上却是完全真实的现象。因为，信仰是一种信息形式，有时真（比如我相信，太阳的中心是存在的，即使我从未亲眼所见），有时假。由此，我们一直试图表明，在某一特定环境中采取直接行为得到的虚假信息常常导致失败。但是，同样的虚假信息在内稳态调节器内能够实现其他重要功能。信仰在心理层面上相当有用，有助于实现精神平衡状态（因为它在所有形而上立场上展现出有用性），同时在身体现象层面也很有益处。采取干预措施，改变大脑的物质状态（通过血液将某些特定物质输入大脑）或者其功能状态（祈祷、冥想练习）有助于激发主观意识状态，这一现象一直以来为宗教所熟知。人们可以自由解释这样的意识状态，但是一些解释随后固定下来，成为某些形而上系统中的教条法则。例如，我们听到过"超意识"或者"宇宙意识"这种术语，听到过在宇宙内出现个体的"我"，听到过这种个体"我"的消失，或者天赐恩典。在经验感知中，这些状态是真实现象，因为它们具有可重复性，能够通过某一实践活动被反复激发。精神病学术语则剥除了这些状态的神秘特性，当然，这不会改变下列事实：对于正在经历这些状态的人们来说，情绪内容比其他任何经历都有价值。对于他们，科学不会去质疑状态的存在和意义，科学只是宣称，有悖于形而上理论，这样的状态不能视作认知行为，因为认知就意味着关于世界的信息量的增加，在经历状态的过程中，并没有增加出现。

同样重要的是，大脑是非常复杂的系统，能够适应任何可能性状态。发生概率相对低的状态是指在大脑综合性活动过程中，类似于"能量等于物质质量乘以光速平方"的陈述，会基于大脑已经掌握的知识，在大脑中形成。这条公式随后能被验证，并可能得出大量结果，最终产生航空学，建造能够生成人造引力场的设备，以此类推。

"超意识"状态也是大脑综合性活动的结果。即使经历这样的状态能够唤起最崇高的精神感觉，它们的信息价值始终为零。认知过程涉及人类知识储备的增长。神秘状态的信息价值为零，这显而易见，因为这种状态的内容无法被传送出来，无论如何都无法增加我们对世界的认识（所以能够被应用，我们之前的例子中已经讲过了）。

之前讨论的反对观点并非为了支持无神论的胜利，我们对此并不关心。对我们来说，唯一重要的事情就是，先前提及的状态伴随着感知某种终极真理而出现，这种状态如此强烈，压倒一切，一旦经历过，人们就会鄙视或者怜悯经验主义者，因为后者忙忙碌碌追逐着世界平庸的物质，真是可怜。因此，这里需要说明两点。第一点，"经验真理"和"科学真理"的分歧可能毫无关联，如果前者不宣称自己比后者优越。如果确实如此，那我们应该指出，有这些经历的人根本不会存在，因为它并非来自长久以前南方古猿和穴居人开始的低等经验主义。实际上，是经验主义，而不是任何"更高级的认知"，在千百年时间内构建了文明，让人在地球上占据统治地位。如果反过来说，原始人经历过某些更崇高状态之后，将会在生物竞争过程中被其他物种驱逐干净。

第二点，我们可以通过摄取各种化学物质，来唤起先前提及的状态，比如裸盖菇素（提炼自某些蘑菇）。被观察者虽然意识到自己的状态由非神秘方式唤起，但是却经历着一种从未有过的异常强烈的情绪和感官体验，在这种体验中即使是最普通的外部刺激都被接收为震撼人心的天启经验。在睡梦中，人们甚至不借助裸盖菇素就能经历这种状态，他们醒来之后会深信不疑，认为自己在梦中获知了存在的真相。但回过神来以后，他就会意识到那只是一句类似于"两足动物在松脂中会变白"的乱码。

所以，生理上正常的大脑只有严格遵循某一特定仪式的疗程之后，或者经历不常见的特殊情景，比如梦中，才会感受到被称作神秘的崇高体验。不一定要相信这种体验的超感特质，只要简单地"借助"裸盖菇素、仙人球膏或者酶斯卡灵，就能达到同样的状态。至今为止，这样的便利方式仅通过药品实现，但是，我们接下来会说明，我们能够借助神经控制论，为这一领域打开新的可能性。我要澄清一点，我们在此讨论的不是我们应该唤起这样的状态，我们想要说明的只是，即使没有"紧急神秘服务"，要唤起这样的状态也是完全可能的。

信仰对身体的影响不亚于对心理的影响。所谓的奇迹疗愈，治愈者疗法的有益疗效，以及没有任何神秘化证据的暗示性治愈力量，这些都是一种特定信仰的运作结果。不必需要什么基础性练习，就能产生特定效果，事情常常如此。举个例子，我们知道有一些这样的案例，医生给患者的皮肤疣涂上中性染料，并用权威身份向他们保证，这些疣就会立马消失，这种事情常常发生。这里的关键是，如果医生将这招用到自己身上，或者他同事身上，结果是无效的，因为这种操作的表征知识，对其疗愈特性的信仰的缺失，将会妨碍神经机制的激活，无法让滋养"信仰者"皮肤疣的血管萎缩，最终也无法消失。在某些情况下，虚假信息可以证明比真实信息更加有效，在此做一个重大保留。这些信息在生物极限处停止运作，显然不会发生在其体外。信仰能够治愈信仰者，但是它无法排山倒海，这与人们的说法相反。在拉达克山脉山顶，被选定的喇嘛们不停祈祷，试图为自己的国家带来雨水，他们的国家遭受着永久性旱灾。祈祷没有奏效，但是信徒们始终坚信，一些精神力量正在阻止喇嘛完成他们的任务。这正是形而上推理的美丽模型。我也能向你们保证，多亏了某种恶魔，我能够移开高山，但只是有另一个恶魔的影响，或者是反恶魔的存在，阻碍我移开这座特别的高山。

有时候，信仰行为本身就足够激发系统内想要达成的改变（比如，治愈疣症）。有时候，与神秘状态一样，需要一些事先培训来实现这样的结果。印度瑜伽便是最详尽、最广泛的系统训练形式。除了身体练习，它还包含精神练习。

事实证明，人们能够比正常情况下更高程度地掌控自己的身体。他能够调节抵达身体各个部位的血液供应量（实际上正是疣"消失"的核心原因），也能调节受某一自主系统支配的器官运作（心脏、直肠、泌尿系统和生殖系统），譬如减缓、加快，甚至改变内脏区域生理行为的运动方向（逆转直肠蠕动等）。但是，即便是这种将意愿渗透进生物自主行为的方式，也有令人意外的限制。大脑作为高等级的调节器，仅对从属于它的身体拥有部分控制权。比如说，它无法减缓衰老过程，或者器官疾病（动脉粥样硬化、癌症），或者影响发生在基因表型的生理过程（比如，基因突变）。它能够减少细胞变形，但只是在相当小范围的系数内。因此，像瑜伽师在地底下埋了很长一段时间之后还能活下来，这样的故事经过验证不是夸大其词，就是虚假故事，和冬眠动物（蝙蝠、狗熊）一样暂停生命功能并没有发生在瑜伽师身上。

生物技术极大地拓宽了调节人类生命体的范围：通过药理学和其他干预手段（比如，冷冻身体）早已经能实现低温状态，甚至接近临床死亡状态。得益于"改进的"生物技术方法，它无疑可能获得之前需要通过极端毅力、付出极大努力和牺牲才能达到的结果。因此，有可能实现瑜伽和其他非科学方法之外的状态（比如，逆转死亡）。

简而言之，在早先谈论过的两个领域内，技术显然能够成功地与信仰一较高下，作为精神平衡源头，或者干预手段反过来进入生物生命功能无法到达的领域，甚至激发"超意识状态"或者"宇宙奇迹"。

再回到信仰和信息的问题，我们现在做一下总结。进入内稳态调节器的信息的影响并不太取决于信息客观上的真或假，而是取决于以下两个方面：一方面，内稳态调节器多么倾向于将信息视作真实的；另一方面，内稳态调节器的调节特性是否会响应输入的信息。为此，两条假设需要同时满足。信仰能够治愈我，但它无法让我飞翔。因为，第一条存在于我生命调节的领域内（尽管在我的意识意愿领域内不总是如此），而第二条在其之外。

构成有机体的子系统相对自主性能让癌症患者相信自己正在经历的治疗会成功，从而在主观层面上好受些，尽管物理层面他的治疗还是失败了。但是，这是一种主观信仰，源于信仰无批判性和选择性运作（病患不会注意某些恶化的症状，比如，肿瘤明显的增长，要么就"搪塞"过去）。这不会持续长久，当身体的真实状态和想象状态之间的差距越来越大时，会导致身体的突然崩溃。

为什么真实信息有时候没有虚假信息那么有效，这点很有趣。为什么医师的医学知识（他们非常熟悉信仰诱导机制，比如血管萎缩导致疣症消失）无法与患者对病势的错误评估相提并论呢？虽然这种评估确实能够让他治愈。我们只能怀疑为何会如此。知道和经历之间有区别。我们知道什么是爱，但这不意味着基于这一知识我们将有能力经历爱。认知的神经机制与"情绪投入"机制的运作不尽相同。前者仅仅发挥传递信仰的作用,与后一种机制同时激活,打开信息渠道,随后导致皮肤内血管的"无意识"收缩。我们不知道这一现象的具体机制。因为我们对大脑的运作机制了解还不够深。大脑不仅是"认知机器",还是"信仰机器",心理学家、医生、神经控制论学家都不应该忘记的机器。

实验形而上学

根据形而上信息,我们认为信息是无法通过经验验证的,因为首先这样的验证不可能实现(我们无法从经验上验证炼狱或者涅槃的存在),其次这样的信息根据其本身属性挑战实验验证的标准(比如,根据日常认知,宗教信仰无法也不应该被经验验证)。

如果事实果真如此,那么"实验形而上学"这个词似乎是自相矛盾的,因为我们如何通过实验来分析某一事物,如果该事物根据其定义,不会在实验过程中复现,因而无法判断其基础呢?

这只是表面上看起来自相矛盾而已,我们给自己设定的任务其实相当简单。对于超验现象存在与否,科学无法得出结论。科学只能检验或者创造条件,在这些条件下对这类现象的信仰会自己浮现出来，这里我们就要展开讨论了。

内稳态调节器内出现的形而上信仰是一种状态，在这种状态下任何对其输入的进一步改变，无论与现存情况的既产模型多么相悖，都无法对状态造成干扰。祷告者的祈祷可能不会被上帝聆听到，轮回可能基于内部逻辑矛盾而被人摒弃，宗教著作可能包含一些明显的错误（从经验角度来说），然而，这些事实不会真正动摇信仰本身。当然，神学家会说，如果一个人一碰到这些事就放弃自己的信仰，首先，他的信仰太"弱小"了，因为真正的信仰意味着没有什么，也就是说没有任何未来的"输入"，能够说服他放弃信仰。在实际生活中，选择形式常常发生。形而上系统从来都不是真正一致的。拼命尝试用经验事实来证实，会导致接受任何看似证实信仰有效性的输入，将其认作附加验证——一个人祈祷另一人能被治愈，随后后者身体就好了；干旱时，人们献上祭品，然后天就下雨了。与此同时，人们会忽略那些与信仰始终相矛盾的输入，或者借助形而上系统在其历史发展过程中创造的大量论点来进行"各种解释"。

重要的是，经验可验证性是将科学命题与形而上学命题区分开来的唯一必要要求特征，但是命题属性并不由命题中未验证信息的存在来确定。因此，举个例子，爱因斯坦晚年致力研究的统一场论不承担任何实验手段测试的结果。场论中包含的信息因此还没有被验证，但它不是形而上学，因为只要我们能够从方程中得出结果，那么其尚未知晓的结果将是实验课题。爱因斯坦方程式中的信息因此在某种程度上也"悬而未决"，是"潜在"的，尚待验证。方程式本身也需要被视作陈述物质现象普遍法则的一种尝试，其真伪我们尚未确定。当然，表述某一坚信信念然后尝试其行为可能性，纯粹相信行为确实以这种方式发生，这两者之间是有差别的。科学家的命题可能是灵光一现的产物，在它成形的一瞬它与现实之间的验证性相当微弱。然而，真正决定性的正是科学家是否愿意对命题进行经验验证。因此，科学家与形而上学家的区别不在于他们个人掌握的信息量，而在于他们个人对信息的态度或者立场。

某一既定社会的劳动分工是伴随我们称之为"信息分化"的现象而出现的。这不仅仅表示我们自己不再事事亲力亲为，还表明我们不用直接学习某一单个事物。在学校，我们学习天文，知道这个行星叫土星，我们相信土星的存在，即使我们没有亲眼见过。这种陈述实际上可以通过实验手段验证，虽然不总是能直接验证。我们可以看到土星，但我们不能即时经历拿破仑存在的时代，或者生物演化过程。然而，无法直接验证的科学命题具有逻辑关系，能够通过经验验证（拿破仑存在的历史后果，证明生命演化的事实，等等）。科学家应该采取经验立场。输入的每一个改变（一些新的事实），会与（理论）模型相矛盾，从而影响这一模型（根据建模的情况质疑其充分性）。这样的立场代表一种理想，而非现实。如今科学广泛接受的许多理论其实拥有纯粹的形而上学特征，比如，大部分精神分析理论。

在此我们不去讨论精神分析学，因为这偏离了我们的正轨，但我们仍然可以就此说上几句。无意识从各种理由来看不是一个形而上学术语，它更像一个称名概念，比如核轴。核轴既无法被看见，也无法直接测量：我们可以说，有关其存在的假设能够使我们将理论和经验事实匹配起来。同样地，大量的前提支持无意识的存在。两个概念之间有着巨大的差异，但是我们无法在此进行分析。我们只能说，无意识的存在能够通过经验方法被观测到；但是我们无法确定，婴儿出生时是否真的感到害怕？婴儿的啼哭是因为从产道出生的旅程让他焦虑，还是因为好奇想看到外面的光明世界？梦中符号的解析同样也相当随意。根据弗洛伊德的泛性论，这些符号往往代表着各种交配以及所需的性器官；荣格的学生运用的则是另外一套"梦中符号词汇手册"。真正鼓舞人心的是，弗洛伊德的病人根据弗洛伊德理论原则做梦，而荣格的病人依循荣格的解释去做梦。这种解释性偏执症，正是那本《梦的解析》，将精神分析学其他有价值的方面转变成最胡编乱造的思想荒漠中沉着冷静的绿洲。

我们不应该惊讶的是，大部人会从经验立场"转移"到形而上学立场，有时候甚至是科学家，其职业本能要求他们，违背科学立场时，应该要对经验原则忠贞不贰。根据我们的定义，各种迷信、老巫婆的故事，所有毫无根据的信念，都是形而上学；但这种形而上学只是属于一小部分团体，或者寥寥数人。分布于社会中的形而上体系以宗教形式出现，它们尤为重要。因为每一种宗教，无论这样的趋势在其出现过程中是否发挥作用，都是一种解释社会关系的调节器。自然地，它不是一种排他性的调节器，因为其他调节器（比如经济属性和系统属性的调节器）更加占据主导位置，但是，每一种宗教都致力于执行同一功能。当宗教与其社会影响后果（有时是无意的）相比时，宗教对个人的实用价值，宗教创造出精神平衡状态的能力，这一状态成为保持人类存在的有力工具，以上种种，都退居幕后，成为背景了。

宗教在社会精神文化中的统治地位在过去相当强大。这也就是为什么我们有时候通过特定的宗教识别出某些特定文化。古老神秘的魔法，形而上系统的魅力鼓励人们建造最宏伟的庙宇，创造出跨越时间的艺术作品，美丽的神话传说由系统衍生而出，又巩固了系统，试图影响哪怕是最理性的学者。因此，举个例子，列维-斯特劳斯，他个人立场非常接近马克思主义，在自己的作品中认为所有的文明或多或少都不相上下（或者无法比较）。他相信亚洲古文明的价值，这些文明在经济和商业上几乎处于完全停滞状态，在资本主义帝国入侵他们的大陆之前，和我们西方文明价值、技术的加速发展同等重要。

有时候能够在其他西方学者那里发现同样的观点，比如佛教对纯粹物质价值的蔑视，对经验主义的忽视。列维-斯特劳斯解释说，任何这方面的判断都必须是相对的，因为人在判断的过程中无法摆脱自身的文化传统，因此，他最后得出"好"还是"坏"的结论，在很大程度上都与培养他的文明息息相关。

我们在此讨论这个问题，是因为在亚洲，尤其是在印度，宗教在很长一段时间内代表着科学或者技术进步的任何观点。将这样的思维方式一步步植入每一代人的大脑中，毫无疑问，成功阻止了这个国家内可能出现的任何行动与思想自主变革。

如果不是古希腊人和古巴比伦人发现了演绎法，从而朝着经验主义转变，尤其是在欧洲文艺复兴时期，如今的科学形式无疑不会被发展出来。与此同时，逻辑思维（排中律、同一律和等同原则等）与技术经验主义完全被东方神秘的宗教教条所排斥。这里我们要陈述的观点不是彼此争论，为科学讨一句"对不起"，只是为了表明，这些事实状态不可否认的结果。无论科学产生怎样邪恶的恶果，唯有感谢科学，世界上大部分人摆脱了饥饿困苦的生存环境。只有当代的工业技术和生物技术有能力解决大众文明的问题，而亚洲宗教教条的基础则是傲慢冷漠地对待不断增长的人口所面临的大众性问题。我们只要快速看一下这些宗教思想家今天说的话就足够了，看看他们的谆谆教导有多么不合时宜和令人发指。人们相信，个人在自己的生活中努力实践最美好的道德条律，这种道德源自最为和谐的宗教，从而扩大至整个社会，甚至全体人类，会自动达到平衡状态，听上去有多么诱人心动，就有多么荒谬可笑。必须要把社会理解为人类集合体和物理系统的综合体。只将社会看作个体集合体是错误的，就好像只把生命看作一堆分子团一样。不同事物对人类有益，因此不同事物对社会整体有益，这就是为什么我们在此需要找到基于并贯穿复杂知识的综合性解决方案。否则，如果人人想干什么就做什么，最终结果很容易变得相当可怕。印度维诺巴 [10] 宗教和慈善运动的失败（如今显而易见）在某些程度上被维诺巴本人惊人的勇气和灵性美好所掩盖。他一个人踏上朝圣之途，敲开每个人的心门，试图募集五千万公顷的土地捐赠，送给无家可归、饥肠辘辘的可怜人，他就是想通过这样的方式从根本上解决燃眉的社会问题。重点不在于他最后没有能募集到自己需要的土地数量，而是在于，即便他成功实现目标，这只能解近渴，因为人口增长的速度很快就会颠覆一时的生活条件改善。

人们坚信，西方文明以大众文化为标准，不断给生活带来机械化便利，从而消灭了潜在的精神财富，这样的文明应该是我们存在的核心价值，通常会引导各种人，其中甚至有西方科学家，转向古代亚洲，尤其是印度宗教的怀抱，希望佛教能够是解决技术统治之下灵魂枯竭的灵丹妙药。这是一种极端错误的观点。也许，个体能够因此获得"拯救"，那些寻求慰藉的人可以在佛教寺院内获得一时的平静，但是这不过是逃避而已，一种逃跑行为，甚至是思想上的逃兵。宗教救不了人类，因为它不是经验知识。它确实减少了个体"存在主义式的痛苦"，但与此同时，面对社会问题，它无能为力，反而增加了影响整个人口的不幸总量。因此，就算是从实用的角度来看，宗教也不是有效的工具，因为在面对世界基本问题时，它毫无贡献，是错误的工具。

西方宗教逐渐从社会角度转向了个人私生活领域。但是形而上学的匮乏仍然严重，因为它的出现不仅仅是社会现象的结果。形而上系统，无论是东方模棱两可、说不清道不明的宗教，还是西方逻辑学，比如经院哲学，都相对简单，至少与世界的现实复杂性相比较而言。正是得益于它们的简单性，以及其解释（或者回避）的最终确定性，它们才如此吸引人。每一个这样的系统（尽管每个系统都不太一样）都会立刻告诉我们：世界如何出现，谁创造了世界，以及人的命运是什么。

犹太教-基督教体系的逻辑构建源自其"机械决断论"。该体系宣称，每个人的灵魂都不朽，每一种罪孽都将受到惩罚，等等。神学的目标不是在方法论层面上通过引入"两个世界"的非决断论关系类型来创造。祈祷者得不到回应的事实在这种"概率性"形而上学中，并不代表任何意义，因为它只受到概率论支配：灵魂将会不朽，但并不是所有的灵魂；罪孽将受到惩罚，但并不总是如此。然而，宗教倾向于在往世、现世和来世之间建立一种记账式关系，而不是模仿自然中存在的关系模式。

我们只能公平地承认，与佛教及其丰富的分支流派相比，欧洲宗教，基督教的所有分支教派，都是理性构建、逻辑相干的系统模型。自从欧洲接触涅 一词后，宗教研究专家一直为其正确的翻译争论不休。它既不是我们听到的"虚无"，也不是"存在"。在神圣的典籍中，我们听到了各种寓言故事、警世格言、佛陀教诲和深刻的思想陈述。死亡是存在的终结，但不是最终的终点，等等。甚至是那些满脑中世纪经院哲学教条的神学家遇到这些话语时，也感到备受折磨。神秘的内容包藏在自相矛盾的逻辑悖论中。这样的联想也出现在基督教中，但是它的作用则不相同。

我刚刚惊恐地意识到我们已经偏离主题很远了。我们预想是讨论实验形而上学，却几乎一直在谈论宗教研究。为了减轻良心负担，我要补充一句：我无意中伤佛教，我知道它是世界上最美的宗教之一。我的批判仅仅来自以下事实：我正在寻找的是没有真正存在其中的东西，也就是我在寻找一个答案，而这个答案的问题从未在系统内被提出过。我们必须清楚我们的目标。如果人类未来和我们完全无关，如果我们想要改变的不是世界，而是我们自己，并且唯一的改变方式将允许我们改变自身，以最佳的可能方式适应现在——在前头等待着我们的是相当短暂生存时限，佛教才有可能不是一个糟糕的选择。但是，如果我们将边沁"为最多人的最大利益"置于一切之上，那么无论宗教的伦理方面，还是美学方面，都无法隐藏它是改善世界、至臻完美的过时工具这一事实，它为通向无价值铺平道路，就如曾经的口号"回归自然"那样……

我们应该好好解释一下边沁的"利益"到底代表什么，但是我们会避免此举，我们声明，最重要的事情就是让每一个人生活下去，保障满足我们的需求不是皇帝和科学家头脑中必须要解决的问题。没有饥饿、贫穷、疾病、焦虑和不确定性，这是非常中规中矩的"利益"，但是这种好处在我们设计并非完美的世界中并不足够。

接下来，让我们回到实验形而上学中……我们不会忙着把形而上模型的语言翻译成其对应的控制论术语，因为这样一来，我们又要走很远，即使最后我们能做到。作为一名信徒，试图将自己的信仰翻译成信息理论语言，说愚蠢还算是好的，说严重点，简直是亵渎神灵了。当然，我们能够展示，在到达平衡的过程中，每一种内稳态是如何在实践中经历"短路"，结果就是系统最终获得永恒的平衡，尽管这得益于无法验证或者虚假信息。从这点来看，信仰将填补内稳态所呈现的所有智性论和存在主义弱点，最终胜利地被允许存在于系统中。你问，这里是不是不公平？任何事物都将在"那里"得到补偿。那么"这里"有很多事物我们无法接受吗？"那里"我们将抓住一切，然后，我们就会接受它，以此类推。但这一整套解释无处安置，因为揭示信仰的补偿性成因并不会废除其所有主张。即使我们能够证明，借助信息论的数学工具，证明内稳态调节器如何创建浅薄的形而上存在模型，证明神学如何在其中发展，这一论点无法解决这些术语代表的真实存在（比如上帝、永恒的生命、天意）。既然我们在寻找印度的时候成功发现了美洲，在渴求炼金术士的黄金时发现了中国，我们为什么不能在寻找科学提供的解释时发现上帝，而非验证我们的自身存在呢？接下来，控制论专家要做什么？只剩下一件事了：构建非人类的内稳态调节器，有能力同时"创造"出形而上学。我们在这里指的是实验形而上学，就是建模一种动态过程，在这种过程中信仰自发出现在自组织系统内。（我们大脑中所想的是，其自发性出现，而不是事先编程好的，是基于那些潜在的内稳态调节器，其目标是以最佳状态适应地球生活条件。）

一想到我们无法从经验角度证明信仰代表的存在，作为普遍信息来源的适应性价值就不容置疑。因为我们已经发现，信息的适应性价值不总是取决于信息的真假。我们可以期待不同的内稳态调节器制造出不同类型的信仰。只有这样的比较型控制论形而上学才是我们这里要关注的。

电子大脑的信仰

我们的未来研究目标是构建能够创造形而上系统的内稳态结构，也就是"信仰机器"，这个想法可不是闹着玩的。我们并不是想要半嘲讽地在机器内部重新创造先验概念之起源。这项任务的目标是协助我们发现那些统治世界形而上模型成形方式的普遍原理。我们能够想象（现在纯粹只是想象）一组胶状体、电化学，或者其他内稳态状态，它们受到驱动，在自身演化过程中发展出某些信仰。那些信仰之所以出现，不是因为内稳态被刻意编程所致。这种类型的实验将毫无意义。内稳态能够自我编程，也就是说，它们将拥有各种不同的目标，相当于控制论范围内的"自由意志"。就好像人类由一系列子系统组成，按层级与大脑"相连接"，内稳态也将拥有各种不同的接受型子系统（输入，"感知"）和执行型子系统（输出，效应器，比如隐藏的运动系统），还有独特的"大脑"（我们不会以任何方式将其事先确定或者限制）。我们不会引入任何行动指南到系统中（除了适应环境的重要倾向，这一倾向在内稳态系统中会自发出现）。在其活动的早期阶段，内稳态首先空无一物，就好像一块白板。通过各种"感知"，它开始观察周围环境，同时得益于效应器，还能够影响环境。我们将会介绍一些加诸效应器的限制条件（执行型子系统，比如它的"身体"或者"躯体"），查明这样的"肉身存在"在多大程度上能够影响"大脑"创造的形而上学。我们将如何理解呢？在了解了其局限，即"不完美的平凡生活"，内稳态毫无疑问会创造出"永恒的完美"，作为前者的补充和扩展形式，结果就是能够实现最优内稳态，通俗地讲，就是接受事件的当前状态。然而，除了补偿性原因之外，还存在其他形而上"生成器"。除了均衡之外，"利己"因素、"认知"因素和"遗传"因素都将发生作用。内稳态将会意识到，它的知识只会无限接近完美，但永不完美。自然驱动获得完全综合知识将让它成为"形而上模型"，使得它自己相信它"已经知晓一切"。然而，因为这样的经验知识不可能获得，内稳态将获取这种知识的可能性提升，以至超越其自身的物质存在。换言之，它将确信，它拥有"灵魂"，而且最有可能是那种不朽的灵魂。

"遗传"因素，反过来，表现为寻找自身和周围世界存在的"原因"。这种任务在此显得尤为有趣，因为控制论模型让我们考虑的不仅是创造内稳态，而是为它们"创造世界"。内部发生两个相互交叉又独立过程的数码机器（要比我们目前拥有的更加复杂的机器）是最简单的例子。我们可以称之为"过程"和"反过程"。"过程"代表系统自我调控，然后，过了一段时间，系统就和活体生物一样。而"反过程"则是其"环境"，即它所处的"世界"。当然，在这些条件下，"智慧生物"和它们的"世界"都不是和我们日常生活条件一样的物质环境，而是一系列发生在机器内部的庞杂（电子和原子）过程。我们如何展现这样的事件状态呢？我们可以将其与睡梦中的人类大脑相比较。一个人在梦中到过的所有空地、花园和宫殿只存在于他的头脑中，他在梦中遇到的所有人也是如此。

因此，他的大脑等同于或者近似于"机器世界"，因为多亏有了（生物化学、电子）过程，来自两处的现象将分化为"环境"和生活在"环境"中的"生物"。唯一的差别就是梦境是一个人的私人产物，而机器内发生的事情能够被任何专家所控制和检验。

于是，我们有了"过程"和"反过程"。我们的任务是保证"生物"要适应"环境"。现在我们能自由改变"生物"的设计原理，还有"世界"的设计原理。举个例子，这个世界可以是严格的决断论世界，或者是相对静止的世界。最终，它可能是介于两者之间的世界，因为它跨越了两种现象。结果，"机器"世界将会非常类似我们的世界。我们能够拥有一个会发生违反观测法则的"奇迹"世界。我们也能够拥有一个没有"奇迹"的世界。我们能够拥有一个"可还原简化的"世界，彻底的"数学"世界，和一个"绝对不可认知的"世界。而且，这样的世界能够展现不同形式的秩序。我们将对这个问题特别感兴趣，因为以物理世界中秩序存在为基础，得出关于**设计者**的结论是科学家所宣称的形而上学关键特征之一（**创造者**存在论相当典型，比如金斯和爱丁顿的讨论[11]）。

存在于那些世界中的内稳态调节器也非常有可能制造经验知识。其中一些无疑会变成"唯物主义者""不可知论者"，或者"无神论者"。而"精神派"类型将会经历各种分裂。一种分裂主义代表假定先验性公理内核的转变。在任何情况下，最重要的是通过将特定修改引入内稳态调节器的子系统，也就是限制其物质能力（但永不限制其精神能力，或者执行各种精神操作的自由），就有可能产生各种形而上系统。通过改变"世界"特征，比较获得的结果，就有可能发现特定"世界"是否会偏好于产生形而上信仰的给定结构，同时确定哪些类型的世界会表现出这种偏好。显然，我认为，会采用"形而上模型"的不是从其内稳态调节器中产生的思考型内稳态调节器（同时仍然是"调节器"，因此也是一种形式的"机器人"），而是从人类，尤其是其中的有信者中产生的内稳态调节器。这会导致一些相当不寻常的冲突，因为内稳态调节器会要求享有它们所认同的宗教人士同等的权利。"形而上模型转变"成一个个体，这个个体来自他出生并生活的社会团体，这相当常见，从而出现前文所提到的推断。但是，和宗教人士享有同等的"形而上权利"的要求会让神学家，而不是经验研究人员，更感兴趣（前者需要确认立场来回应要求）。

前文表述的讨论可通过各种方式扩展出去。因此，比如说，在由"更高级别"内稳态调节器（即心理更发达的）和"更低级别"内稳态调节器组成的社会团体内，会出现下面一种情况：领导层"形而上式的团结"不会延伸至

"低级别"内稳态调节器。思考型机器对它们相对不那么复杂的同类的态度，完全对应于人类和其他生物世界的关系。我们经常听到支持形而上学的争论，将其作用还原，赋予我们无数脆弱、苦难和折磨等意义，因为所有这些都缺乏世俗回报。这种团结不会延伸到人类之外的其他生物身上（无论是在基督教中，还是在其他类似宗教中）。对于生物学家来说，这种观点既可笑又可怖，因为他熟知有如无底深渊般的痛苦正是地球生命史的一部分。因此，所有物种数十亿年的历史早已超越了我们神话形成的忠诚信仰极限。这种忠诚信仰如今只适用于所有物种的微观层面，也适用于数千年来灵长动物的分支，因为我们就代表这其中一分支。

另一种有趣的可能性就是内稳态调节器不知道自身存在的局限性。这将会减少形而上学发展的概率，但不会将其完全消灭。内稳态理论存在两种类型：有限型（唯一能被人或者自然实现的），无限型（所谓的宇宙图灵机）。当然，无限机器，也就是能毫无限制地从一种状态转换另一种状态，只是一种抽象存在（它要求物质的永恒性和无限数量）。然而，我们世界的内稳态调节器已经能活得足够长久，这也就是为什么它们自身的永恒存在对它们来说看似真实可信。每一种此类内稳态调节器"通过自身局限性摆脱了形而上学的认知条件"，因为它能够表达在自身永恒存在中学习"万事万物"的愿望。然而，鉴于这样做只是消除了形而上学的认知原因，而非补充原因，这样的内稳态调节器能得出这样一个结论：它自己的无限存在恰是阻碍它进入"更好世界"的障碍，自杀是唯一的解决途径。

机器中的"幽灵"

"机器中的幽灵"是一些哲学家（比如赖尔[12]）口中宣称的信仰：人是"二元"生命体，由"物质"和"灵魂"组成。

意识不算是技术问题，因为工程师对于机器是否有感觉并不感兴趣，他们唯一感兴趣的就是机器是否运转。因此，"意识技术"只是偶然出现，即当某一级别的控制论机器装备了具有心理经验的主观世界之后。

但是，我们如何发现机器存在意识呢？这个问题并非只在抽象的哲学层面才有意义，因为相信一个终将被扔进垃圾场（因为翻新的成本太高了）的机器已经具有了意识，将会使得这一决定的性质发生改变：从销毁物体（比如留声机）转变为消灭人格或者意识体。如果有谁能给留声机装个开关和录音设备，那启动设备的时候，我们就能听到它的哭喊声："哦，请救救我！"我们如何能将确定没有灵魂的机器和智能机器区分开来呢？只有通过和它交流。在英国数学家阿兰·图灵 1950 年的《计算机和智能》（*Computing Machinery and Intelligence*）这篇论文中，作者给出了**模仿游戏**这一概念作为决定性判断标准，在这场游戏中，某一对象会被问到一些随机的问题。在收集到答案的基础上，我们要决定提问对象到底是人类还是机器。如果我们无法分辨出机器和人类，那么我们应该得出结论：这台机器的行为和人类一样，也就是说，它具有意识。

我们应该补充一下，这个游戏能够进一步复杂化：也就是说，我们应该考虑到两种此类型的机器。第一种是"调节型"数码机器，它和人类大脑一样复杂。我们可以和它下象棋，讨论书籍、世界、所有的事物。如果我们打开机器，我们将会看到和人类大脑内部一样数不清的反馈神经回路，我们将看到它的记忆块等等。

另一种机器则完全不同。它是一个**留声机**，尺寸放大到和行星（或者宇宙）一样巨大。它包含着许多许多，大概一百万亿种记录下来的答案，来回答所有可能的问题。因此，当我们提问时，机器其实根本没有"理解"问题，它只是记录下问题的形式，我们声音的振动顺序，然后开始播放事先录好的答案。让我们现在不要担心技术细节。显然，这样的机器毫无效率，没有人会建造这种机器，因为首先，这实际上并不可能，但更主要的原因是没有必要。

但是，我们对问题的理论方面感兴趣。考虑到确定机器是否具有意识的标准是其行为而不是内部设计，那么我们是不是能够跳到下一个结论："宇宙留声机"确实具有意识，只是在胡说八道（或者说假话）呢？

然而，我们真的能够事先将所有可能的问题编写入机器中吗？毫无疑问，一个普通人一生无法回答一万亿个问题。但以防万一，我们可以多次记录。要怎么做？我们必须使用正确的策略来玩这个游戏。我们问机器（或者对方，我们不知道我们对话的对象是什么，因为对话是通过电话完成的），它是否喜欢听笑话。机器回答喜欢，它确实喜欢听好笑的笑话。我们就给它讲一个笑话。机器听完笑了（接收器的另一端发出了笑声）。要么这个笑话已经提前记录到机器里，让机器能够做出正确的反应，也就是笑起来，要么这个机器真的具备智能（或者是人类，因为我们不知道对方的身份）。和机器聊了一会儿天之后，我们突然问它，是否还记得刚才我们讲的笑话。如果它真的具备智能，应该会记得。它就会说，它还记得那个笑话。我们就要求它用自己的话重复一遍那个笑话。现在，要提前编写好这点非常非常难，因为这意味着，**宇宙留声机**的**设计者**不仅要提前录好可能问题的特定答案，还要录好接下来所有可能发生的对话。当然，这需要记忆内存，录音机或者磁带，大到可能整个太阳系都装不下。让我们假设，这次机器无法重复我们的笑话。我们因此确定，这是留声机。**设计者**自尊心受创之后，他开始完善机器，添加记忆类型，能够让机器重复说过的话。因此，他踏出了从留声机转向智能机器的第一步。因为没有灵魂的机器无法识别拥有类似内容的相同问题，这些问题只是形式上做出了微小的改动，比如"昨天外面天气好吗？""昨天天气好吗？""我想知道，今天的前一天天气好吗？"等等，对毫无灵魂的机器来说，这些问题看上去都不一样，但是对于智能机器来说，这些都是同一个问题。对于经常面对这种情况的机器，设计者需要一直改进。最终，经过长时间的重新设计之后，他将会在机器中引入演绎法和归纳法，将事实联系起来的能力，抓住不同表达但内容相似的匹配"形式"，一直到他设计出简单的"调节型"智能机器。

我们这里遇到的是一个有趣的问题：意识到底是在什么时候出现在机器里的？让我们假设一下，设计者没有在同一个机器上做调整，而是把每一个机器带到博物馆，然后随机抓取，拼凑成新机器。在博物馆中有一万个机器，逐一展示机器的改进过程。从"毫无灵魂的机器"，比如自动点唱机，到"思考机器"，事实上是一个流动的过程。那拥有意识的究竟是编号 7852 的机器呢，还是编号 9973 的机器？这两台机器之间的区别就是前一台机器无法解释为什么听到笑话它会笑起来，但只会说笑话很好笑，而后一台机器则能够给出解释。但是，有些人会听到笑话笑起来，即使他们也无法解释为什么好笑，因为我们都知道，幽默理论非常硬核，很难砸开。可以说这样的人没有意识吗？显然不能，他们可能不是非常聪明，不是那么智慧，但是他们的大脑没有受过培训，来分析性地思考问题。然而，我们不会问，这台机器是聪明还是愚蠢，我们只会问它是否具有意识。

我们似乎必须确定，1号机器完全没有意识，而10000号机器具有完全的意识，而首尾之间所有机器的意识是逐渐增强的。这一说法证明，试图精确从哪一台机器开始有意识是毫无意义的举动。如果我们分离出单独的元素（神经元），这只会导致意识微乎其微的程度变化（或者"减弱"），这就跟疾病的发生或者外科医生开刀过程一样。这一问题与建造"智能"设备所使用的物质材料或者大小尺寸毫无关系。思考型电子机器由单个模块构成，就和大脑的褶皱一样。让我们把所有的模块拆分下来，放在世界各地，这样，一块在莫斯科，一块在巴黎，还有一块在墨尔本、横滨等等。这些模块四分五裂时，都处于"心理死亡"的状态，但连接起来以后（比如，通过电话线），它们就会形成一个完整的"人格"，一个"智能内稳态调节器"。这种机器的意识，当然，既不在莫斯科、巴黎，或者横滨，但从某种程度上，在所有这些城市内，同时又不在任何地方。我们无法说，就像维斯瓦河，从塔特拉山脉一直蜿蜒至波罗的海 [13]。事实上，人类大脑也表现出同样的问题，尽管和前文所述不太一样，因为血管、蛋白分子和连接性组织都包含在大脑内部，却不在意识内部，但是，我们不能说，意识就在颅顶正下方，或者再往下点儿的耳朵上方，或者在脑袋两边。意识在整个内稳态调节器内部"漫步"，穿梭在其活动网络中。如果我们想要保持明智和谨慎，我们应该就此打住，无须多谈了。

信息带来的麻烦

本章的讨论已接近尾声了，我们谈论了涉及控制论不同方面的话题，这些话题其实距离理论的核心内容相当遥远。控制论最具变革意义的一方面是它构建了调控信息转变的法则，因此，第一次在科学中，架起了连接传统人类学科（比如逻辑学）和热动力学（物理学的分支学科）的桥梁。我们早已讨论过信息理论在各方面的应用，但是可以理解的是，我们必须用非常普遍的方式，有时候甚至模棱两可的方式来处理，因为很遗憾本书没能包含任何数学等式和方程式。让我们现在来看一下，信息到底是什么，它在世界上发挥怎样的作用。

目前，信息伴随出现在与物理学（属于信息的产物）相去甚远的学科中，比如诗歌或者绘画。我们从一开始就应该明确指出，这一伴随从某种程度上说超越了这些学科现有的状态，尽管不一定会超越其未来可能状态。我们经常听到人们指出大量信息，甚至在我们开始测量之前就指出了，因此，非常值得检验一个更加基本的问题：信息的独一无二性，作为一种物质现象，既不属于物质，也不属于能量。

如果整个宇宙中没有一个生命个体，星星和石头仍然存在。但是信息会存在吗？《哈姆雷特》会存在吗？有一种方式可以让它们存在，那便是作为一沓印满小点点的东西，也就是书籍而存在。这是否意味着这本书复印多少次，就会有多少个哈姆雷特存在？并非如此。天上星星还是那么多，无论有没有人见证它们的存在。谈到这么多的星星，我们不能说其实只有一颗星星，其他的都是这个星星自我复制多次的结果，即使这些星星相互之间非常相似。一百万本名叫《哈姆雷特》的书是一百万个物理客体，但是只包含着一个哈姆雷特，不过是重复一百万遍而已。这就是一个符号，或者一点信息和其物质载体之间的差异。《哈姆雷特》的存在作为一系列承载信息的物理客体并不依赖于任何智慧生命的存在。但是，作为信息的哈姆雷特，如要确认其存在，就必须要有人具有阅读和理解书本的能力。这就推导出下列意外惊人的结论：哈姆雷特并不是物质世界的一部分，至少不是作为信息存在的。

我们可以说，就算没有智能生命，信息依然存在。难道一颗蜥蜴的受精卵就不包含信息吗？它包含的信息可要比《哈姆雷特》中包含的信息多了去了，区别在于一本名为《哈姆雷特》的书本身属于静态结构，只有在发生阅读行为的时候，才会变成动态结构，也就是说，得益于人类大脑的活动，而一颗受精卵本身就是动态结构，因为它"自我读取"，也就是说，它自己启动发育机制，成长为成熟的生命体。作为一本书，《哈姆雷特》是静态结构。但它能够"变成动态结构"。让我们想象一下，一位星际工程师通过编码设备，将《哈姆雷特》的文本传输给一颗巨型恒星，在这之后，这位工程师离世了，而整个宇宙的智慧生命都灭绝了。这个设备一直在"读取"《哈姆雷特》，也就是一个字母接着一个字母地将文本转化成脉冲信号，从而严格决定了那颗恒星的变化。恒星爆发此起彼伏，收缩又膨胀，现在，恒星通过火花四溅的脉冲将《哈姆雷特》"传遍"星球。从某种意义上来说，《哈姆雷特》变成了它的"染色体机制"，因为它控制着恒星的转变，就好像卵子内的染色体控制着胚胎的发育一样。

那我们还能说《哈姆雷特》是物质世界中的一部分吗？是的，我们可以。我们已经创造了一个大型信息传播机—— 一颗恒星，以及传播渠道——整个宇宙。但是，我们还没有信息接收方。想象一下，恒星发射的无线电束在"传播"波洛涅斯谋杀事件的过程中导致了邻近恒星的爆发。再想象一下，爆发的结果是在恒星周围形成了大量的行星。等到哈姆雷特死亡时，那些行星上已经出现了第一批细菌生命。这出戏剧的最后几幕，以非常强烈的无线电形式，其"文本被一颗恒星传播出去"，将会增强有机体内原生质的突变频率，从而及时导致猿类祖先的出现。毫无疑问，这是一连串非常有趣的事件，但是，这和《哈姆雷特》的内容有什么关系呢？毫无关系。也许，这仅涉及语义内容？信息理论对此毫不感兴趣。好吧，《哈姆雷特》中包含很多信息，对吧？信息数量与抵达交流通道另一头正在等待的接收方的概率程度成正比。但谁又是这个接收方呢？传播通道的尽头又在哪里？在仙女座星云中？还是在梅西叶星表中？让我们想象一下，我们选择一颗接近"承担传播"任务的恒星作为接收方。我们现在如何计算概率呢？反向逆转熵值？当然不是，熵只不过是一种信息度量方式，适用于我们测量的系统本身处在热动力平衡状态时。但是，如果不是这么回事儿呢？那么，一切将取决于参考框架。但是，这个框架在哪里？它存在于莎士比亚的头脑中，以他的大脑结构为条件，存在于莎士比亚构建的整个文明体系。但这种文明已不复存在，其他文明也消亡了，只剩下一颗不断脉动的恒星，通过"翻译"设备与一本名为《哈姆雷特》的书"连接"在一起。这颗恒星其实只是一个放大器，放大的信息包含在一本书中。这一切说明什么呢？

语言是一套符号系统，指涉语言之外的情景。这也就是为什么我们可以说，我们有波兰语，同时还有遗传语言（染色体语言）。人类语言是一套人工创造的信息代码，由生物演化构建。两者都有自己的接收方和意义。蜥蜴卵内的一个特定基因代表着生物的特定性状（它目前既是这一性状的象征符号，也是它在胚胎发育中潜在的构建者）。如果一颗卵"意味着"一条蜥蜴（也就是包含长成蜥蜴的设计配方），就像打印出来的纸张"意味着"《哈姆雷特》（也就是包含这部剧演出的设计配方），那我们也许能走得更远些，可以说一片星云"意味着"一颗未来从其中演化出来的恒星（即包含对建构恒星的一系列必要条件的描述）。

但如果真是如此，那么一颗掉落的炸弹将是一场爆炸的符号，一道闪电一是雷电滚滚的符号，而一次胃疼则是腹泻的符号。这种方法不可取。符号可以是一个事物，但是它指涉的并不是这一事物，而是其他的事物。当运货人从仓库中取出象牙，一个黑人将白色的卵石堆放到一边。卵石是具体物体，但这里指的是其他事物：在这里，它指的是象牙的数值。符号不是现象发展的早期阶段，至少在人类信息技术领域不是如此。分配某一符号指代某一事物，这其实是一个任意行为（但也不意味着纯粹的随机性，只是表示，不在符号和指涉物之间创造出因果关系）。实际上，基因不算符号，因为它代表一种独特的情况，信息载体同时也是其未来"意义"的早期阶段。当然，我们能判断它们是符号：这是定义的问题，不是经验主义，因为没有经验研究会去证明，基因是蓝眼睛的"符号"，还只是"有关蓝眼睛信息的载体"。然而，这并不方便，因为基因这个词就会成为符号的符号，在我们的理解范围内，符号不能自发转变（化学方程式中的字母不会相互反应）。这也就是为什么我们更应该将基因描述为一个承载信息的信号（具有自发转变的能力）。信号因此是一种更加通用的术语。

信号假设信息的存在（它是代码的一部分），而只有存在接收方时，信息才存在。我们知道《哈姆雷特》的接收方是谁，也知道星云并没有接收方，但是，包含在蜥蜴卵中的染色体信息的接收方又是谁？肯定不是成熟的有机体，因为它是信息传播的"下一阶段"。那个有机体也有自己的接收方，但是在哪里？蜥蜴无法在月球或者撒哈拉沙漠生活，只能生活在河畔泥泞的河流中，河水给它们提供营养，它们能在河边找到配偶，繁衍后代。因此，蜥蜴遗传信息的接收方正是环境本身，以及其物种和其他生物的全部种群，或吞噬其他生物，或被吞噬。换句话说，个体的生物地理环境是遗传信息的接收方。其他蜥蜴诞生于其中，这样遗传信息往复循环，成为维持演化过程的一部分。同样地，人类大脑也是促使《哈姆雷特》存在的"环境"。

但如果情况确实如此，那为什么我们不可以说，星系是星云信息的接收方呢？如果不是星系，那也许从星云中诞生的恒星有一天会成为接收方呢？生命会在其他行星上繁衍发展，它会以理性的形式抵达发展最后阶段。也许，这种"理性"就是星云信息的接收方呢？

根据热力学，我们知道封闭系统中的信息量（也就是熵）不会增加。我们本身来自恒星尘埃，宇宙是一个封闭系统（因为宇宙外面空无一物），这两个事实清楚表明，《哈姆雷特》和人类创造出来的、想出来的，或者编造出来的一切事物都早已存在于诞生星系、星际系统、行星、我们本身以及本书的最原始星云信息中。因此，我们很高兴，一切都能简化成荒谬虚无。

并不存在所谓的"通用信息"。它没有接收方。信息只存在于人们能够做出选择的给定集合的环境中。这一选择能产生蜥蜴（自然选择），也能产生戏剧（莎士比亚大脑中的选择）。

警察试图逮捕一名罪犯，他们只知道他的名字叫史密斯，他住在某一城镇，知道他名字取得的信息量取决于这座城里居住着多少个史密斯。如果只有一个史密斯，那就别无选择，信息量等于零。如果城里所有的人都叫史密斯，犯人名叫史密斯这一线索在这个特定集合中的信息量也为零。顺带一提，有人声称，存在一种负面信息：在我们的例子中，负面信息包括向警察告发犯人的名字叫布朗。[14]

因此，对信息的测量是相对的，取决于对所有可能事件（状态）集合的原始假设，但根据预先选定的这一现象可能状态的集合，现象可以是一个符号，也就是一个信息载体，但如果我们改变这个集合，也就是这个参考框架，那它也可以不是一个符号。事实上，自然很少会一劳永逸地预选出所有可能状态的集合。无论有没有充分的自觉，人类都是根据自己设定的目标来选择参照系的。这就是为什么获得的信息反映的不是事物（世界）的真实状态，而是这一状态的函数——这个函数的值既取决于自然（也就是要考察的部分），也取决于人类提供的参照系。[15]

质疑与矛盾

控制论创造者勾勒出的大胆"完整计划"近年来遭

遇了严厉的批判，人们将其视作乌托邦，甚至一种神话，正如莫蒂默·陶伯在《思维机器的神话》（*The Myth of Thinking Machines*）一书中所写到的：

> 附带一提，我们可以发现所有伟大的机器头脑、翻译机器、学习机器、象棋机器、感知机器等等，这些内容充斥在新闻媒体中，它们的"真实性"让人们无法使用虚拟语气来描述。"游戏"是这么开始的：首先，肯定了除了琐碎的工程细节之外，用于机器的程序就等同于机器。程序流程图就等同于程序。最终，为不存在的机器编写的不存在的程序通过程序流程图书写下来，成为一份陈述报告，从而确立了机器的存在。就是通过这种方式，厄特利的"条件反射机器"，罗森布拉特的"感知机"，西蒙、肖和内维尔的"通用问题解决机"，以及许多其他不存在的机器设备在文献中一一点名引用，就好像它们真正存在过一样。[16]

随后，更进一步，他说"人类"和"机器"的关系早已"镜像呈现在经典的恶性循环中"。

（1）机器被设计并建造出来，模仿人类大脑尚未被描述的功能。

（2）机器的特征被详细描述，然后与人类大脑特征一一对照。

（3）然后人们"发现"机器的行为表现和大脑一样。循环性包括"发现"已经被提出的问题。[17]

鉴于设计领域的进步已经破坏了陶伯的一些前提假设，现在讨论他这本出版于1961年的书籍已经显得多余。不仅仅是因为感知机存在，还出现了高效的象棋软件，我们承认，软件的下棋水平只限于棋手的平均水平，但是我们为什么就不应该承认机器会下象棋呢？我们最后一个无敌的世界冠军被数码机器将了军，而大部分人甚至玩不到平均水平（这很不幸地包括写下这些话的作者，即便如此也无法构成证明）。

陶伯在自己颇有争议甚至在当时看来带有虚无主义色彩的书中，提出了一些重要的保留意见，其方式就属于某一特别思想流派的典型学者一样。他从两个不同角度再一次提出了经典的两难论"机器是否能思考"：语义行为角度和直觉行为角度。处理过程在形式上似乎确实存在限制，这是哥德尔证明演绎系统不完备性的结果，通过纯算法我们不可能成功将一种自然语言完全翻译成另一种，因为两种语言之间并没有明确的一一对应关系。我们稍后会详细讨论这个问题。在我们思考相当模糊的直觉概念之前，让我们补充一下，陶伯指出，人类采取行动导致的结果和机器采取行动导致的结果能够完全一致，但是导致结果的过程仍然有差别，这点他是对的。由此我的结论，同时也是警告，那就是在研究那些编程用来解决人类心理特定任务的设备时，我们不应该随随便便就推导出大量观测结论。还有很多这样的比较方法，因为不同人完全不同的大脑活动倾向于导致同样的结果。最后一点，同一个人在不同时间，处理在算法水平上属于同一类型的任务（比如已知解决算法的任务类型），有时候能通过不同方法完成任务。对于所有想建模模拟大脑运作过程的人来说，人类行为的非统一性让他们的日子相当不好过。

谈及直觉，将其自动化的可能性，也就是在大脑之外模拟直觉的发生，似乎并不像陶伯认为的那样让人绝望。已经展开一些有趣的研究来比较人类的启发式行为和机器的启发式行为，以国际象棋为例。由于象棋不带有语义意义，因此游戏中解决问题的过程在很大程度上独立于"意义"问题，因为意义问题倾向于掩盖问题，并且将混乱引入心理操作领域。但是，我们首先应该确立探索到底意味着什么。俄罗斯学者季霍米洛夫展开过先前的实验[18]，通过实验他理解了一些人类在解决既定任务时使用的通用法则，而用系统方法则无法检验所有的潜在替代方法

（以象棋为例，可能移动的步数为1099步）。人们多次尝试分析过去棋手的启发行为，坚持认为他在整盘游戏过程中"大声思考"。然而，结果发现，大部分"追踪"操作（即聚焦于找到最优解决方案的操作）发生在亚语言层面，甚至棋手本人也没有意识到。季霍米洛夫因此记录下棋手的眼球运动。随后发现，追踪棋手的启发行为，至少眼球运动反映出来的部分行为，拥有相当复杂的结构。视线集中区域的范围，也就是棋盘和放置其上的棋子，是棋手感知最活跃的地方，通过跟踪眼球转动得到的信号表明，他会在脑中做出"尝试性"棋步，会常常扩展出去（构成棋局的"内在化"元素，也就是思考中的一系列操作步骤的内在模型），因此，上述范围会发生动态变化。当他的对手下一步走法迎合了棋手的内在预期，也就是他预测对了，那么这个范围会缩小到最小，而如果对方下了出其不意的一步，这个意外走法就会让棋手继续扩大视线集中的范围，面对当下情况，尽可能范围广地检验各种替代方案。尤其有趣的是，特定的"灵感启发"形式，"灵光一现"的战略技巧，类似于经典"创造性灵感"故事中最后发出"我找到了！"这样的呐喊，在发生之前会出现一系列快速眼动，此时的棋手完全没有意识到接下来"脑中会出现什么"。由此得出一个结论：人们常常宣称全新的思想突然出现，"无中生有"，会伴随一种称为"启示"

或者"启蒙"的主观感觉,这其实只是一种幻觉或者错觉,源于有限的内省的自我认知。事实上,每一种这样的思想观点出现之前,都是经历最快速度的信息收集(在棋局中,来自棋盘信息),而思想的突然出现则是信息抵达我们意识,信息整合从低水平转变至最高水平,那时最有效行动的计划最终在我们头脑中形成。

当然,我们仍然不知道大脑动态运作的最低水平层面到底发生了什么。然而,那些实验确认,大脑处理接收到信号的传播过程呈现出多层面结构。假设根据算法的运算过程讨论出正确的算法,那么在解决任务时,许多类似算法同时运行,有时候在某一程度上会相互关联,有时候则独立运行。大脑由亚单元系统组成,这些单元独立运作。因此,我们称为"意识"的东西,打个比方来说,会往某一个方向"拉",与此同时,某人就会产生一种模糊的感觉,好像有个"东西"拉着他远离他自己有意选定的方向,即使他本人意识中还没有出现什么特定的动作。隐晦地讲,我们可以说,我们仍然无法将信息处理的最后结果传达给意识,无意识领域也许是通过情绪张力"通道",将信息"不知怎的"告知意识,最后作为"惊喜"表现出来,是这样吗?但是我们必须尽快放弃这种说法,因为这么说只会让有意建模直觉式启发的设计者发疯。其实,哪怕使用内省的最精密语言,他都将无法在自己的工作室内实现上述模型,因为这种语言有限制，只会汇报事物以及情绪化反应。

会下象棋的机器（编入下棋程序的机器）会实践这种启发式行为，因为是其内置的软件（具备学习能力）预先设定好的。我们现在能够毫不夸张地说，这还取决于程序员的天赋有多少（因为编程毫无疑问也是一种天赋）。一台机器在单个单位内能进行无限次的操作，远超人类所能（机器要比人类速度快上一百万倍），但是人类仍然能够打败机器，因为人类具备动态整合这一独一无二的能力。如果他擅长下棋，他将每一次棋局的分布视作相干系统，其特征拥有明显的发展趋势，然后分化，演化出各个分支。机器使用策略，这也就是为什么机器下一步是为后续的几步做准备，它还能使用占先策略，等等，但是每一次它必须"量化"棋盘状况。当然，它并非提前预测出好几步走法，因为从物理角度来说，哪怕机器也无法做到。人类棋手的启发式行为使得他能够走机器走不了的捷径。出于情感和形式特征，棋盘被人感知为个体整体。只是整合程度让棋盘从拥有类似棋子分布的局面变成完全不同的分布，从而使得冠军棋手能够同时下好几盘棋。

就目前而言，我们的理解必须止步于仅仅承认这种非凡技能，至少从"机器"的角度来看，这种技能是非凡的。在任何情况下，人类的启发式行为是所有生物"启发式行为"的衍生物，因为从很早开始，生物就必须在信息不完整、不精确的情况下采取行动，以接近恒常和模糊的发现为基础。建立在纯粹逻辑前提基础上运作的机器设备，做出的判断非黑即白，不会是理想模型，至少在早期阶段如此，而根据"或多或少""大概如此"或者"接近如此"原理工作的机器将是更好的模型。既然不同生物层面的演化都首先会制造出后者般的"机器设备"，因此，制造后者要比制造纯粹使用逻辑的机器容易多了。每一个人，甚至是幼童，都是"偶然性"地使用逻辑（包括无意识的语言规则），而认认真真地学习逻辑需要大量脑力活动。单个神经细胞能够被分析为最小的逻辑元素，但这一事实并不能改变情况。我们应该补充一下，即使所有大脑中大量这样的元素或多或少都相似，它们之间还是有显著的差异，足以让一个人成为伟大的算术家的同时，却是一个糟糕的数学家，而另一个人成了完美的数学家，但却在算术计算方面一塌糊涂，第三个人成为作曲家，但是只掌握最基本的数学知识，最后第四个人既没有创造能力，也没有语言天赋。我们对于功能各异的大脑之间的共同点知之甚少，同时我们对于产生如此高程度多样性的物质材料原因更是一无所知。这样反过来让我们面对的问题更加复杂了。在任何情况下，控制论专家乐意欢迎能力平平的机器，至少在基本水平上，在某些类型的分化操作上，都表现平平，即使不存在这种分化的通用形式理论。我们这里先考虑一下感知机吧。

感知机是配备了"视觉接收器"（大概类似于人眼视网膜的东西）和以偶然随机方式连接起来的伪神经元素的系统。它们能够识别图像（简单的平面图形：数字或者字母），这得益于相对简单算法调控下的学习过程。感知机目前的构造还相当原始，无法识别，比如人脸，它们当然也没有"阅读文本"的能力。但它们向前迈出了重要一步，引领我们建造出能够阅读文本的机器。如果我们能够将所有要解决的任务信息输入数码机器中，这将会极大简化所有的初始过程。如今，任何这样的任务都不得不"翻译"成机器语言：这种活动还没有自动化，花费了机器操作员大量的时间。因此，建造越来越复杂、越来越高效的感知机的可能性相当大。这并不意味着它们提供的大脑模型要比数码机器提供的更加"精确"（感知机的运作也可以在数码机器上建模出来），还很难说感知机比数码机器"更像"大脑。这些机器模型中的每一个都以非常碎片化的方式模仿大脑功能的基本方面，就是这样。未来的感知机也许能让我们更进一步理解"直觉"。我们应该补充一点，相关主题文献中有一些术语混淆，或者概念上缺乏明晰性，因为一些地方将"启发式行为"指代为"非算法性"，这样的结论取决于我们如何看待算法，究竟是一种最终确定的指令，在自我运行过程中不会改变，还是在运行重构过程中根据反馈不断经历"自我"改变，最终成为和最初指令完全不同形式的指令。在某些情况下，我们面临"自我编程"的问题，常见的困惑在于"自我编程"也会涉及事物的各种状态。在经典的数码机器中，程序明确分离于从属的操作系统，而在大脑中，这样泾渭分明的区分并不总是存在。只要复杂系统的功能变得"可塑化"，换言之，受条件和概率作用影响，而不是"一根筋"地执行固定"法则"，那么算法概念就不再适用于这种直接源自演绎法则的形式。能够想象一种行为，在某种程度上是受决定论控制的，在经历一定数量的操作步骤之后，系统接到"通知"说从现在起，它要开始在一整套各种替代操作中"自由探寻"下一步操作。因此，系统开始"试错"，直到它找到"最优"值，比如说，将某一功能最小化或者最大化，此时"刚性强制"指令会再次运行一段时间。但是，整个算法也有可能具有"统一"的概率性，这表明它未来的每一步不会"无缘无故"出现，只在可允许的范围内，选择操作要么不同类型的算法（局部确定算法），要么针对"发现相似性"的"对比"操作（比如："识别图像"或者"图形"，或者只是寻找表征相似性）。因此，已经"先验性确定的"控制操作，"搜寻"操作，"对比"操作，以及感应操作，都能够相互交织在一起。我们是否仍然在处理"算法"，还是已经是基于"直觉"的"启发式"决策，这将会在某种程度上具有任意性，就好像看到病毒的结晶形式，就判断其死亡，但注入细菌细胞内的结晶病毒却是"活的"，这两种判断就有任意性。

那么我们如何回答下列问题："机器思考"的产物是否能够超越人类智能极限呢？

或许我们应该列出所有可能的答案版本，但我们不知道这样是否包含所有的可能性，或者其中哪些答案是对的。

1. 机器思考无法超越"人类智能极限"，基本原因有以下几点：比如，没有一个系统能够比人类更加"智能"。我们自己抵达了极限，但我们却不知道。此外，只有一种方法能够实现"人类"思考模式的系统，那就是自然演化，如果我们将整个星球看作实验基地的话，只有不断"重复"才能实现。另一个理由就是非蛋白质系统（比如信息转变器）在智力上始终"弱于"蛋白质系统,等等。

尽管暂时我们无法低估，但是所有的过程听上去非常不可能。我这么说的时候，借用了启发式行为的方法，表明人类实际上是智力相当平庸的生物，因为人类是在约一百万年前通过删除相对小数量的参数过程而逐渐形成的，比人类更加智慧的生物实际上是可能"存在"的，自然过程能够被模仿，最后，可以采用不同途径达到自然通过一系列其他状态已经达到的状态。遍历理论的未来发展应该能够向我们解释许多这一领域内的现象。

2. 机器思考能够超越"人类智能极限"，就像数学老师比他的学生更加"智慧"一样。但因为一个人能够理解他自己做不到的事情（儿童理解欧几里得几何，即使他们凭自己的能力无法想出来），他也不会有失去对机器"认知策略"控制的风险，因为他会一直理解机器在干什么，为什么要这么做。不过我无法接受这一立场。

我们说"机器思考能够超越'人类智能极限'"，这到底是什么意思呢？如果这和师生之间的关系是一个意思的话，那就是一个很差劲的例子，因为不是老师发明了几何学。我们这里指的是科学家和其他人之间的关系，就好比是"人类"和"机器"之间的关系。因此，机器有能力创造理论，也就是检测经典常数，范围比人类所能及的要广。艾什比最初提出的智能放大器不会取代科学家，因为它是信息选择器，而科学家的工作不能简单地归结为做出选择。艾什比的机器实际上能够将大量替代性选择方案转变为需要做出选择的情景中的元素，数量要远多于人类。这样的系统可能且有用，但只有当我们面临困境情景，必须选择下一步途径时才有用，而不是我们首先必须要猜测存在这样的途径（比如"量化过程"的途径）。这种放大器因此甚至无法成为第一种近似于自主展开科学家创造性研究的机器。我们仍然无法简单扼要地勾勒出它，但至少我们或多或少知道知识机器应该是什么样的。如果我们要创造一套复杂系统理论，这套理论必须涵盖大量参数，当代科学的算法目前还无法处理。人们可以分离出物理学中不同层面（原子物理学、核物理学、固体物理学、力学等）的现象。在社会学中却不可能，因为不同层面（单个，也就是个体；多个，也就是大众）可能最终在选择系统的动态发展路径上发挥主导作用，也就是一种替代性的决定作用。这一难点出现在必须考虑的变量数量中。如果一台"知识机器"能够创造出一套"社会体系理论"，这套理论将必须考虑到大量变量——这就将其与我们所知的物理形式主义区别开来。而且，在"知识创造机"的输出端，我们得到了一套编码好的理论，也就是方程式系统。那么，人类就能用这些方程式做任何事了吗？

如果我们举一个生物学的例子，也许我们就会更加理解上述情况。如果一个卵细胞的信息容量等于一本百科全书的信息量，那么只有读者熟悉物理、化学、生物、胚胎发育理论、自组织系统理论等，他才能读懂这本基因型经过"翻译"而成的百科全书。换言之，读者要知道它用到的语言和规则。在机器"生成"理论的例子中，读者无法提前知道它的语言和规则：他仍然要去学习。由此引出最终问题：读者能学会吗？

此刻，时间因素进入了我们的思考之中，因为我们明显需要更多的时间来读取细胞中包含的所有信息，以及氨基酸或者核苷酸语言中编码的所有信息，远超过细胞分裂所需的时间。在一次阅读"形式化和转码的细菌"文本过程中，我们用"双眼和大脑"来展开阅读工作，而与此同时，细菌已经分裂了上百次，因为它在一系列分裂过程中"自我读取"，速度之快让我们无法赶超。在"社会理论"的例子中，或者任何极端复杂系统中，阅读时间会跟前面一样，因为读者无法理解阅读内容的唯一理由就是他无法在思维层面上处理方程式的元素：它们过于庞大，会逃脱他的注意力，超越他的记忆极限。这确实是一种西西弗式的任务。然后，就会出现下面的问题：由机器制造出来的理论能够还原简化为足够简单的方程式，让人们掌握吗？恐怕不可能。就是说，还原简化是可能的，只是理论简化后出现的每一个后续阶段对人类来说仍然会过于复杂，即使和最初的原始理论相比，简化理论已经毫无创造性可言，因为它已经丢失了一些元素。

在简化的过程中，机器做的事情和物理学家的工作一样，借助中学级别的数学知识向普通听众解释引力波理论。或者像童话故事里的贤者那样，他用骆驼队装着一个图书馆的书，给渴求知识的国王讲学，然后，变成用骡子装上百册的书，最后，变成一个奴隶背几本大书就可以了，然而这种"简化"对国王来说还是"太复杂"了。

我们因此不需要考虑下面第三种可能答案：机器能够超越"人类智能极限"，不仅在人类能掌握的范围内，还包括人类无法掌握的范围。因为只有在证明了第二个答案无效之后，这种可能性才会成立。

当人们在自己能搞清楚状况的情况下，我们不会需要一台拥有除像奴隶一样无其他能力的机器，这台奴隶型机器可以代替人类承担烦琐的细碎劳动（比如计数、传递所需的信息，因此作为"弥补性记忆""辅助步骤性操作"）。而当人们无法自己处理问题的时候，机器将会向人们提供现成的现象模型，即现成理论。因此，我们面对这样一个自相矛盾的问题："我们如何控制无法控制的事物？"也许我们应该创造出可以彼此控制的"对抗型"机器（比如，控制它们行为的结果）呢？但是，如果两台机器输出了相互矛盾的结果，我们又该怎么办呢？因为这取决于我们，毕竟是我们要去处理机器生成的理论：在矛盾对抗的情况中，它们将毫无用处。至于统治型机器，那又是另外一回事儿了，也就是说，这才是艾什比的放大器最有可能的真正现实化身。我们不大可能会去制造出具备准人类个性的机器人，除非是为了实现弗利茨·莱伯在自己 1961 年的小说《银蛋头》（*The Silver Egghead*）中想象出来的目的。甚至还有一些雇用电子女性的有趣妓院，她们"工作"的时候会哼唱巴赫的作品，或者拥有像奇美拉一样的尾巴。但是，会陆续出现并发展出机器控制中心，这些中心会管理生产和货物交换、配送以及研究（包括协调科学家的研究力量，"象征性地"支持辅助机器的早期阶段）。这样的地方协调器将需要更加高级别的机器，至少是国家级别，乃至大陆级别。那此时有可能发生冲突吗？绝对可能。在决策层面就会发生冲突，这些决策涉及投资、研究和能源方面，因为彼时由于相互交织的因素繁多复杂，就要决定采取不同行动和步骤的先后顺序。这样的冲突必须要被解决掉。当然，我们会快速响应，这就轮到人类发挥作用了。到此为止，一切顺利。但是，做出的决策要考虑极端复杂性问题。面对眼前的数学深渊，为了找到出路，作为**协调器**的控制者的人类就必须求助于其他机器，那些能够优化决策的机器。所有这一切都关乎全球经济：经济也要进行协调。**星球协调器**也是一台机器，和"人类顾问团"一起，后者由人类组成，检查不同大陆上的"控制型机器系统"的地方性决策。他们又会怎么做呢？他们有自己的决策优化机器。因此，他们的机器（以控制为目的，复制大陆机器的劳动）有没有可能产生不同的结果呢？这完全有可能，因为为解决任务而做出一系列既定步骤时（通过后续近似法，因为可用变量的数量庞大），每一台机器都成为整体的一个部分，或者用英文哲学术语来说就是 biased（偏重性）[19]。我们知道，一个人不可能完全没有偏重性，但是为什么机器也要有偏重性呢？偏重性不必源于情绪性偏好，它源于对替代方案中冲突性元素的不同权重分配。那是否可以通过几台独立又同时运作的机器来"评估"这些元素呢？可以，因为这些称为概率系统的机器不是以同样的方式运作。从算法的角度来说，管理过程就像一棵树，或者像"决策树"系统，必须要调和相互冲突的需求、不同类型的供应、要求和利益。事先为所有可能的冲突情况设定"代价表"，这也是不可能的，只有在使用其物品和物品价值的基础上，人们每次试图解决管理问题时，才会真正获得同样的结果，尽管他们使用的也是概率方法。当然，结果多样化的程度取决于问题解决的复杂性。如果我们意识到问题可以用博弈理论的语言来表达，情况可能会更加清晰。机器就像是在与"联盟"对抗的玩家，"联盟"中包含大量不同制造和市场机构、运输和服务机构等等。具体说来，它的任务是确保"联盟"保持最优平衡状态，其中的"成员"没有一个相较于其他成员处于劣势或者有所牺牲。从这个角度来看，"联盟"代表的就是整个星球经济，需要平衡发展，但同时也要保持"公平和公正"。"对抗联盟的机器博弈游戏"代表在保持平衡的动态经济发展过程中进行系统维护，使得各方都能够获利，或者如果损失无法避免，至少减到最低。现在，如果由多个不同机器伙伴开始与我们的"联盟"展开同样的对抗"游戏"（也就是说，从一开始每一台机器就都会面临"联盟"内同样的情况），那么无论从他们的行动或者最终结果来看，非常有可能所有的游戏都不会一模一样。这样建议就好像期望与同一棋手下棋的所有人都以一模一样的方式下棋，纯粹因为他们的对手是同一个人。因此，我们如何处理机器的矛盾性"评估"呢？因为机器被设定来支持人类，它的任务是解决地方**协调器**之间的争议。无限倒退是不可能的，必须要做些什么。但是做什么呢？情况如下：要么电子协调器无法考虑比人类能想到的更多变量，这也就表明没有建造这种机器的必要；要么它们能做到，这表明人类自身无法在所有结果中"找到方法"，换言之，他无法独立于机器，只依靠"自己对情况的认识"做出决策。**协调器**能够完美处理任务，但是人类"控制者"不能真正控制一切，他只是这么认为而已。这不明显吗？在某种程度上，帮助人类控制者的机器是**协调器**的两倍。此时，人类成为中间人，在两者之间传送信息。如果两台机器给出了不一样的结果，那么人类唯一能做的事情就是扔个硬币来做出选择：他从"最高协调员"变成了随机选择机。因此，即使是最简单的管理机器，我们面临的情况就是它们会变得比人类"更聪明"。但我们似乎能够阻止它们变聪明，比如说，建立以下法令："禁止建造使用信息传输潜力可能会损害人类控制者客观评估其活动结果的协调型机器。"虽然这纯属幻想，因为当调控过程的客观经济动态要求进一步增加**协调器**的数量时，就会触到人类能力极限，此时，我们会再次面临另一矛盾。

有人可能会问我是不是在将问题神秘化。当然，我们管理当今的世界而不借助任何机器辅助。正是如此，但我们如今生活的社会与未来的社会相比，还是相当简单的。我们的文明相当原始，这样的文明与高度复杂的未来文明之间的差异类似于经典机器和生物机器之间的差异。经典机器和"简单"文明表现出各种类型的自激振荡，参数不受控制的波动，从而导致某一地区的经济危机，另一地区的饥荒，在第三个地区发生沙利度胺中毒事件。为了理解复杂机器的功能机制，我们应该考虑到，我们移动、行走、交谈和活着的原因在于每一毫秒，大量的血液在血管中流动，与此同时，在身体的各个部位，血液携带大量氧气，控制微粒的连续布朗运动，涌向类似无政府主义的恒温混沌。这样的过程必须一直控制在非常狭隘的参数范围内，而过程数量相当庞大，如果情况不是这样，那么系统动态就会立刻崩溃。系统越复杂，就越需要全面调控，而参数的局域振荡程度就要控制到最小。我们的大脑调控我们全身吗？毫无疑问，是的。我们每个人都能够控制住我们的身体吗？只有在极小范围的参数内，剩余部分则是无比智慧的**自然**"赋予"我们的。我们的发展逐渐引领我们进入一种危险境地，维纳早已讲过，在这种情况下，我们将必须要求某种"智能电子强化"。一旦我们开始失去对全局的掌控，就无法使文明停止，就像我们无法使钟表停下：它会继续"走动"。

但是，它会继续"自行"走动吗？就像它一直以来的做法那样？不一定。从内稳态角度来说，这些就是进步的消极方面。变形虫对自己大脑中的暂时缺氧状态并没有太敏锐的感知。中世纪的城邦只需要水和食物，而现代城市一旦失去电力支撑，人人陷入噩梦，就像几年前曼哈顿大停电，导致大楼中的电梯和地铁突然停止。因为内稳态拥有两方面：它对外来扰动，即"自然"干扰，越来越麻木，同时它对内部扰动，即系统（有机体）内部的干扰，越来越敏感。它身处环境的人工程度越高，一旦技术失败，如果技术会失败，我们越容易陷入险境。我们可以从两个角度探讨个体的抗干扰性：作为孤立的元素，以及作为社会结构中的元素。鲁滨孙·克鲁索表现出的所有"抗干扰性"都是他在流落荒岛，成为"孤立元素"之前，通过文明社会，将信息"预编程"入大脑中的结果。同样地，新生婴儿接受注射，给他的一生提供了一定程度的保护，从纯粹个人角度，让婴儿作为孤立元素增加了"抗干扰性"。然而，在干预重复出现的所有这些方面，社会反馈必须完美发挥作用，也就是说，当一个人突发心梗，将神经刺激装置植入其皮肤下，从而将其从死亡的阴影下解救出来，这时他体内的装置就必须保持稳定的能源供应（电池）。因此，一方面，文明从死神手中救下了此人的性命，但另一方面，他变得过度依赖于文明完美无瑕的功能。在地球上，人类器官自主调节骨骼中的钙与血液中的钙含量比率，但是在太空中，由于零重力，骨骼中的钙全部流入血液中，由此可见，调节干预作用其实源于自然，而非我们本身。从历史上我们知道，系统形成过程中，针对内稳态存在一定数量的突然扰动，由外部干扰（疾病、自然灾害）和内部干扰同时引发，历史编年史提供的纯粹表意目录。系统结构对于上述干扰表现出各种抗性。将稳定领域之外的整个系统带入不可逆转的转变领域中，通过变革性转变其中的一些结构会发生完全性的结构变化。但是人类总是和其他人类进入社会关系，他们或掌控他人，或受控于他人，被他人剥削。这一切的发生是一系列人类行为的结果。千真万确，一些行为已经影响个人，遍及社会群体，成为更强大的力量。类似的材料形式——信息反馈也以不同形式发挥作用。与此同时，系统稳定化过程中的外围支持形式，比如最古老的家庭形式，也在积极运作中。随着技术的发展，调控过程的复杂性与日俱增，因此必须要使用比人类大脑变化程度更高的调控器。这实际上是元系统问题，因为具有多种系统的国家只要发现自身处于足够高水平的技术演化层次，就已经经历了上述必要性。"非人类"调控器将比人类更好地管理任务，因此技术发展带来的改善效果将非常明显。但在心理层面，情况将会完全改变，因为知道人类必须相互进入的社会关系产生统计和动态规律，有时候会对个人、团体或者整个阶级利益产生不利影响，知道我们失去对我们命运的掌控，将命运交到"电子思想者"手中，上述两种认识之间有所区别。于是我们面临着独一无二的情况，在生物层面，对应的是人们将知道他的一生不由他自己、他的大脑、他的内在系统法则控制，而是外在于他的调控中心，早已提前规划好他体内所有细胞、酶、神经纤维和所有分子的最优行为。尽管这种调控可能会比"身体的肉体智慧"实施的调控更加成功，尽管外在调控可提供力量、健康和长寿，每个人可能也会承认，对我们来说，这种调控是"非自然的"，与我们人类的自然相对应。当我们将这一图景应用到描述"社会"及其"智能电子协调器"之间的关系时，我们可能说出同样的话。文明内部结构的复杂性越是发展，我们将允许这种调控器进行全面控制和干预以维持内稳态的程度越高（需要应用的领域越多）。然而，从主观上来讲，这一过程似乎体现了这些机器的

"贪婪"——如它们所愿，一个接一个，征服曾经纯属于人类存在的各个领域。因此我们面对的不是"电子上帝"或者像上帝一样的统治者，而是一个个系统，它们最初被用来监察被挑选出来的过程，和异常重要或者复杂的过程，但渐渐地在自身演化的过程中，实际上取代掌控了整个社会动态发展。那些系统不会在任何拟人化意义上尝试"统治人类"，因为，它们不是人类，它们不会表现出自私或者渴望权力的迹象，这些迹象只对"人类"有意义。但人类在智能电子时代新神话的基础上，赋予这些机器人格，让它们拥有不存在的意图和感觉。我并不试图妖魔化那些非人格调控者，我只是在陈述一种出人意料的情况：就像波吕斐摩斯的山洞，没人对我们采取行动——但这次是为了我们自己的利益。最终决定权永远保留在人类手中，但行使这种自由的尝试将向我们表明，机器做出的替代性决策（如果确实有替代性）将更加有益，因为它们从更加综合性的角度做出决策。经过数次惨痛教训之后，人类将变成乖巧的孩子，随时准备好倾听（并没有人给出的）良好建议。在这个版本中，**调控者**比统治者版本弱势多了，因为它永远不会强迫任何事情，它只提供建议，但这种弱势是否会变成我们的力量呢？

注释

1　原文如此，今天我们通常认为工业革命发生于十八世纪。——中译者注

2　如 de Solla Price（德瑞克·约翰·德索拉·普莱斯），*Science since Babylon*（《巴比伦以来的科学》）.——作者注

3　指数级增长的问题将在很大程度上决定文明的未来，远超于今天认为的程度。智能生命数量，或者（技术和科学）信息和能量数量有可能呈指数级增长，只要所有生命数量保持稳定就会发生。每个文明都尽可能尝试把科学和技术信息的增长速度最大化，可能还包括可获得能量来源的增长速度。我们想不到任何理由要移除这一过程背后的动力。一个进入星际阶段的文明对能量异常"贪婪"。这是因为星系航班（在它自己的星系之外）需要可与部分太阳能比肩的能量，如果接近光速而产生的相对论效应能够在一代人（即"船员"的寿命终结之前）的时间范围内实现往返飞行（行星—恒星—行星）的话。因此，即使我们要限制星球上的人口数量，文明对能量的需求还是会迅速增加。

　　至于信息获取量，即使跨越信息增长的阻碍，也没有办法开放人们期望的人口自由增长。今天，许多专家其实注意到了人口过量扩张的未来后果（即生命数量的增加）。但他们首先注意到的是指数级增加的星球人口吃穿用度等物质层面上的困境（衣食住行等等）。同时，文明社会文化发展的相关问题也在呈指数级增加，而这据我所知，还没人透彻研究过。但在长期看来，只要控制出生率的需求存在，即使可能通过技术革新为几十亿人类提供居所和食物，后者可能还会是决定性因素。

　　戴森的例子，这位天文物理学家提出要建造"戴森球"，一个用从大行星上采集来的材料建成的、放置于离太阳一个天文单位的空心球，这看起来很经典。他宣称在文明存在几千年后，每个文明都受一些客观因素（首先是人口增长）影响，被迫环绕自己的太阳建造一系列这样的薄壁球状体。这些球能吸收太阳辐射出的所有能量，并且制造出广大的空间来安置那个文明的居民。既然壳的内部表面要转向太阳，那么该表面会比地球表面大约十亿倍，它安置的人口数量也将是地球能力的十亿倍。因此，将有三万亿到八万亿人同时生活在"戴森球"中。

　　戴森如此确信建造"环太阳球"的必然性，由此建议我们在宇宙中寻找它们，因为这样一个球体会持续辐射，温度保持在 300 开尔文左右（假设它把太阳辐射能量转化为各种工业用途需要的能量，那么后一种能量最终会作为热辐射离开球体）。

　　这是我知道的最惊人的"正统演化论"推理。戴森计算出的能量不少于我们太阳系所有行星中包含的质量和太阳辐射等等，于是得出

结论，证明这种星级工程项目可以实现（因为质量总量足够建造球体，太阳辐射的所有能量都可以如此使用）。但这无疑是不可能的。因为这一论点默认：首先，人口需要增长到兆级别；其次，这在社会文化层面上也要是可能的（虽然我们已经假设这在技术层面上是可能的）。

所有的生命，包括智能生命，都被生物演化赋予了生殖倾向，保证持续增长的生育率超过死亡率。人能够呈指数级地增加自己的数量，但这并不意味着他们就应该这么做。

我们应该指出，即使是戴森球也没法无限期地满足指数级增长。当上面生活的生物超过了几十兆，要么停止进一步增长，要么寻找其他地方（例如附近的星系）进行空间殖民。我们因此可以归纳道，首先，一个戴森球只能缓解生育率调节的问题，但没法解决它。其次，我们必须意识到，每一个社会都是自组织系统。尽管我们对这类系统可能的最大规模一无所知，但它们不能无限期增长是肯定的。我们已知的最拥挤系统就是人脑：大脑由大约一百二十亿个组件（神经元）组成。由一百万亿个元素组成的系统是有可能存在的，但是，存在多个此类同质系统又是相当可疑的。在超过某个特定的阈值后，会发生降解、分离，结果就是不可避免的社会文化解体。这不是在天真地寻求生活在戴森球内表面的数兆个生命将会做什么这一问题的答案，或者试图为他们找到"任务和工作"（尽管这些生物的未来看起来相当糟糕：球体表面每个单元所需材料的计算预估表明了，球体表面肯定相对单薄且统一，因此，我们就要忘记山川、森林等各种"地理景观"）。重点是，共同生活在戴森球内表面的数兆个生物不可能共享一种文化、一种社会分化传统，哪怕我们熟悉的人类史上那种也没有。戴森球截断了繁星天空；它还牵涉行星清除，也就意味着放弃了行星上面的条件。它是人造物，就像一座城市，被放大数十亿倍后，围绕着其系统核心，也就是它自己的恒星。几次简单的计算就很容易证明，只有上面的居民一生都始终居住在其出生地附近，才有可能实现限制内的相对秩序，提供他们生存必需的物品供给。

这些生物因为纯粹物理原因无法旅行（让我们想象戴森球包含一些"胜地"，这些胜地将不是像今天一样被几百万游客参观，而是被几千万游客参观）。而且因为技术文明意味着每个生活单元所需的机械和技术装置数量增加，戴森球的表面不像城市，更像面积人过地球表面十亿倍的工厂大堂或机械公园。委婉地说，只要我们愿意，我们可以继续罗列各种这样兆倍尺寸的"不方便"。当我们将其理解为个人自由的增加而非减少，我们就把整个进步的想法变成了荒谬的事了。所以，我们将获得的"无限制繁殖的自由"（这反正只会是表面的，正如之前说明的那样），如果我们必须将其他自由放到祭台之上，这将是一种特别的自由。

文明并不意味着增加所有可能的自由。食人族的烹饪自由、自我伤害的自由和其他许多自由早已被从经历技术发展的社会的《自由大宪章》中划掉了。实际上很难理解为什么生殖自由还完好无损，明明它已经导致了个人禁锢、破坏了文化传统，字面意思上还让我们放弃了地球和天空的美丽。"戴森球"作为宇宙中所有智能生物的主要发展方向和冯·赫尔纳自我消亡灵生代的想法一样可怕。此外，一个经历指数级增长的文明其实不可能有，因为在短短几万年内，人口将会充斥整个可见的宇宙，直至最遥远的超星系星簇。因此，如果戴森球能够推迟几千年对生育率的调控，那我们就要说这是一个为不愿根据正确时间的常识行动而付出的可怕代价。

我总结了戴森的想法，主要是为了表明它的荒谬性，而不是因为它能引起任何真实的兴趣。"戴森球"如天文学家 W. D. 达维多夫 (*Priroda*, no.11, 1963) 所言，是不可能建造的。无论是作为薄壁球体，还是环形带或者穹顶状系统都是不可能的，因为即使在极短时间内，这种动态耐用的建筑结构都是不可能的。——作者注

4　见 Ashby, *An Introduction to Cybernetics*.——作者注

5　见 Pask, "A Proposed Evolutionary Model." ——作者注

6　莱姆这里指的是波兰著名童谣《蜈蚣》("Centipede")，作者为波兰作家 Jan Brzechwa。

7　The Tarpeian morality，指的是古罗马的塔尔皮亚岩（Tarpeian rock）。它曾作为处刑地，绞死过罪犯和神志不清、身体残疾的人。

8　比尔其实是英国人。

9　见 Wiener（N. 维纳），*Cybernetics*（《控制论》).——作者注

10　维诺巴·巴维（Vinoba Bhave，1895—1982）是印度宗教领袖和社会改革家，被认为是甘地的精神追随者，宣扬非暴力与人权。

11　亚瑟·爱丁顿（Arthur Eddington）和詹姆斯·金斯（James Jeans）是两个研究星体模型的英国天文学家，他们卷入了一场关于如何"正确地"研究科学的讨论。

12　英国哲学家吉尔伯特·赖尔（Gilbert Ryle，1900—1976），在其代表作 *The Concept of the Mind* (Chicago: University of Chicago Press, 1949) 中对笛卡尔的身心二元论（赖尔称之为 "机器中的灵魂教条"）提出了批判。

13　维斯瓦河是波兰的主要河流，从南（塔特拉山脉）到北（波罗的海）贯穿整个国家。

14　见 Charkiewicz, "O cennosti informacii." ——作者注

15　J. Chodakov 教授 (*Priroda*, no. 6, 1963, published by the Russian Academy of Sciences) 对现在化学中的"地球中心论"有一些有趣的评论。他指出元素的属性是相对的，因为这些属性表现出一个元素和另一些的关系。因此，例如，易燃性就是个相对的说法：我们认为氢气易燃，那是因为在氧气环境中如此。如果地球大气像大行星一样，由甲烷组成，那么氢气就不是易燃气体，氧气反而是易燃的。酸碱性也是一样，如果我们把水换成别的溶剂，那么环境中的酸性物质就会变成碱性物质，弱酸会变成强酸，等等。即使是元素的"金属性"，也就是它多大程度上会展现出金属特性，由这种元素和氧气的反应关系体现出来。氧气，正如贝采利乌斯观察到的那样，是我们化学的核心元素。而且在地球上氧气占据了特别的地位，不仅仅在于和其他元素的关系。正是氧气在地球上数量这么多的事实决定了我们现有的"地球中心主义"化学的发展结果。如果地球地壳是由不同元素组成，其低洼处又是充满着其他液体而不是水，我们对元素的分类就大不相同了，对它们化学性质的评估也会不同。在木星这样的星球上，氮气作为带负电荷的元素替代了氧气的作用。氧气在这样的星球上无法扮演重要角色，因为它太过稀少。在这种星体上，水被氨代替，而氨是由氢气和氮气化合而成；石灰岩被氰胺石灰岩代替，石英被硅和铝的氮化合物代替，等等。"氮气"星球的气象学肯定也不同，而所有这些关系毫无疑问决定了自组织（或生物演化）在这种环境中的进程——这可能会导致（目前）假想的非蛋白质有机体的出现。——作者注

16　Taube, *Computers and Common Sense*, 59–60.——作者注

17　同上，69。——作者注

18　见 *Woprosy Filozofji*, no. 4, 1966.——作者注

19　原文为英文。

第五章　全知全能的绪论

混沌之前

我们先前讨论了能够导致"内稳态形而上学"出现的设计因素。在这个过程中，我们采用了一个相当简化的方法，对"形而上态度"进行分类。这可能会给人这么一个印象，那就是通过参考控制论类比，我们试图仅花寥寥数页，就解决那些贯穿历史的艰涩问题，诸如存在的意义、个人生活的界限和超越的可能性等等。

针对任何这类"肤浅"指控，我要为我自己辩护一下。我不是想撤回我说的话；但是之前的那些讨论，还有以后要进行的讨论，它们甚至会更大胆，都是最原始的基础讨论，只要我们将其视作近似初始的讨论。

如果我们确实位于所有创造的巅峰，如果我们的存在是某一超自然行为的结果，因此，作为智慧生命，如果我们是一切存在的唯一顶点，那未来我们对物质的控制能力一定会增强。这就不会改变我们对之前问题所秉持的态度，因为它们只能通过形而上学来做出回答。

反过来，如果我们认为自己仍然处在非常早期的发展阶段，即五十万年前我们这种物种出现，而我们的文明也不过只有两千多年的发展，而且如果我们假设我们的发展会持续几百万年（尽管并不一定会），那么我们目前无知绝不意味着未来仍会如此无知。但这并不意味着我们能够找到这类问题的所有答案。相反，我们相信我们会抛弃那些没有答案的问题，不是因为我们找不到这些答案，而是问题提得不好。只要我们只能推测我们如何出现，什么塑造了现在的我们，只要在生命和非生命世界内**自然**行动处处显示奇迹，给我们提出无法匹配的范例，其解决方案的领域就其完美性和复杂性超越了我们能够自己想出的一切方案，那么未知的数量必然大于我们的知识量。只有当我们最终在创造层面上和自然不相上下，当我们学会模仿自然，发现自然作为**设计者**的局限，我们才会进入自由领域，能够制定服务于我们目标的创造策略。正如我之前说的，处理技术的唯一方法就是借助另一技术。让我们扩充一下这个观点。**自然能做到的事情永不枯竭**（控制论者会说它蕴藏的信息数量接近无穷）。因此我们不能给自然制定目录，我们的有限存在也是原因之一。但我们可以逆转自然的无限性，也就是说，作为技术专家，可以对不可数的集合展开工作，这类似于数学家的集合论。我们可以消弭"人工"和"自然"之间的区别，一旦"人工"开始与"自然"难以分辨，随后超越自然时，这种情况就会发生。我们后面将会谈到这将怎么发生。到那时我们该怎么理解"超越"自然的瞬间？它意味着借助自然的帮助达成它自己做不到的事。

好，那么有人会说，所有这些崇高的段落只是想抬举人造物，所有自然没有创造出来的机器。

一切都取决于我们通过"机器"如何理解事物。当然，它可能仅指代我们目前学会建造的东西。但如果使用"机器"我们理解了呈现出规律性的东西，那情况就会变化。从这种广泛的角度，"机器"是否由现存的物质所构成，譬如物理学发现的一百余种元素，或者空气簇射，甚至重力场，这都不再重要。一个"机器"是否以及如何使用，甚至"创造"能量，也不重要了。当然，建造一个由智能生命和他们所处的、热力学无法使用的环境组成的系统，也是有可能的。有些人会反驳说，这类系统将是"人工的"，我们一定悄悄地从外部为它提供能量，不让其居民注意到。但我们尚不知道，总星系是不是也有这类外部能量来源，从总星系外部与这个系统"相连"。也许有，也许能量的永恒补给源于宇宙无限性。如果真是如此，是不是意味着总星系是"人造"的？我们可以看到，一切都取决于所讨论的现象的尺度。一个机器因此总是呈现某种行为规律性的系统：统计学的、概率论的或者决定论的。由此看来，一个原子，一棵苹果树，一个恒星系统或者一个超自然世界都是机器。我们建造的一切，以特定方式活动的一切，都是机器：任何事物都有内部状态和外部状态，且两者的关系服从特定法则。

追问超自然世界在哪里和追问人类出现之前缝纫机在哪里，这两个问题是一样的。虽然哪儿都不在，但还是有可能构建出来。

毫无疑问，构造缝纫机比构建世界简单。但我们将试图证明，并不存在禁止创建死后世界的禁令。

跟随艾什比，我们应该注意，存在两种类型的机器。简单机器[1]就是指它的内部状态和环境状态决定了其未来状态的系统。当变量保持连续时，这样的机器可以用常微分方程组表示，其中时间是独立变量。仰赖数学符号语言来描述这类机器在物理中很常用，比如天文学。至于像钟摆、重力场中掉落的固体，或者沿轨道绕行的行星等这样的系统（或者"机器"），其方程式能以足够的精确度近似描述现象的实际轨迹。

至于复杂机器，比如活体有机体、大脑或者社会，这种表征（"符号模型"）在实践中并不适用。当然，一切取决于我们想在多大程度上了解这类系统。这种需求由我们的目标和情况而定。如果一个吊起来的人是这样一套系统，如果我们把他当作摆锤来确定其未来状态，那只考虑两个变量（摆锤的角度和速率）就足够了。如果这个系统是一个鲜活的生命，我们想要预测他的行为，我们需要考虑的重要变量将会数不胜数，而我们的预测只能是未来状态的一个说法，考虑到的变量越多，预测成真的概率越高。但这个概率永远不可能是1（实际上能达到0.9999999就足够了）。当变量的数量使得标准分析方法不可用时，存在很多探寻近似解决方案的数学方法，例如所谓的蒙特卡罗法。但我们不会忙于讲述这类问题，因为我们不是在搞数学。不管怎样，我们可以预期数学方法被其他方法取代。

伴随"复杂机器"出现的现象现在正是许多新学科的研究对象，比如信息论、操作分析、实验计划理论、线性编程理论、管理理论和组群进程动力学。似乎所有的学科，包括一些我们没提到的，都将会融合成一套普遍系统理论。这种一般理论可能有两个发展方向。一方面，我们将其视为物理系统理论，正如自然提供的系统。另一方面，还会是数学系统理论，其任务将不是研究实际存在的关系，而是确保系统不受内在矛盾的干扰。这一二分法尚不明显。尽管如此，我们还是能大胆预测一下，这两个分支何时会重新融合。这昭示着创造有任何特征的系统的可能性——不管是不是存在于真实世界中。我们在此还是有所保留。在所有无限关系中，**自然被某些特定禁令束缚**（例如，能量不能"无中生有"，不能超越光速，不能同时测量电子的动量和位置）。只要我们的世界很大程度上和**自然**世界相似，我们的技术活动只是略微地做出"改动"，只要我们自己是独一无二，或者几乎是自然过程中独一无二的结果（比方说生物演化），**自然**之限制也会限制住我们。这就是说，有一天我们有可能复制出拿破仑，但不可能是原版的忠实复制，可能是一个挥挥手臂就能飞走的拿破仑。这在我们熟知的世界中是不可能的。为了让拿破仑飞，我们还需要为他创造一个"一想就能飞"的合理环境。换句话说，我们需要创造一个人造世界，这个世界和自然相互分离。我们创造的世界越是成功地和自然世界分隔开来，人工世界的法则和自然世界的法则就越是不同。我们的反对者会说这是作弊，因为我们必须用狡猾的方法把诸如扇动手臂就能飞的愿望"嵌入"这个人造世界，这个本应与**自然**世界隔绝的世界。是的，确实如此。但因为我们认为**自然**就是一个设计者，在我们看来，是**自然**把脊椎、肌肉、肾脏、心脏、大脑和一整套其他器官嵌入我们的对手体内。这意味着他自己就是个"骗子"，尽管他完全是一个普通人，或者说正因如此他才是骗子。认为人类活动结果比自然活动更不完美，我们要改掉这个习惯性想法，这种习惯在发展的现阶段是可以理解的，

技术大全

但如果我们要讨论遥远未来发生的事，就要摒弃它。我们将在所有层面上和自然竞争：我们的创造完美无瑕，永恒存在，创造行动具有普遍性、潜在的规律性，以及内稳态范围等等。我们都将分别讨论。

现在，我们将继续介绍"全能创造学"（pantocreatics），这是描述达成一切可能目标的实用名称，还包括自然没能做到的事。这一能力将根植于物理和数学系统的一般理论。

混沌与秩序

作为潜在的创造者，我们首先要面对混沌。混沌是什么？如果在 A 中发生了 x 事件，且在 B 中可能发生任何事件，如果二者发生的独立性普遍存在，那么我们就在面对混沌。但如果在 A 中发生的 x 事件以某种方式限定了 B 中发生的事件，那么 A 与 B 之间就有联系。如果 A 中的 x 清楚明白地限定了 B（比如，我们按下一个开关，灯就亮了），A 和 B 之间的关系就是一种决定论。如果 A 中的 x 限定 B 的方式如下：A 中发生 x 事件后，y 事件或 z 事件就可以在 B 中发生，而一百次事件中，y 事件发生四十次，而 z 事件发生六十次，那么 A 与 B 的关系就是概率性。

让我们现在考虑下是否可能有另一"种"混沌，它允许完全可变的关系（例如既非决定论也非概率型，因为我们知道这两种都表明某种秩序）。比如说，在 A 中发生 x 事件，随后在 B 中可以发生 y 或 u 事件，或者在 V 地发生 j 事件，等等。在这种情况下，任何规律性的缺失让我们无法发现任何关系的存在。这就是说可变的关系和没有关系是一回事儿，也就意味着只可能有一种混沌。让我们现在再考量一下如何模仿混沌。假设我们有一台装有许多按键和灯的机器，如果按下一个按键，一个灯就会亮，那么即使是在一个完全决定论系统中，该行动的观察者也许会得出他在面对混沌的结论。这是因为，如果按下第一个按键，导致 T 灯亮，再按一下同一个键，这时 W 灯亮了，第三次按键，D 灯亮，第四次是 Q 灯亮，如果这个序列非常长，要到第一百万次，T 灯才会再亮，之后序列会重复进行，那么观察者没法等待足够长的时间，来看到第一轮序列的结束，他只能得出机器在以混沌的方式运行的结论。因此，只要是同一原因导致看似随机结果的一轮序列持续得足够久，超过观测时长，一个预先确定的系统也能模仿混沌。幸运的是，自然不是这么运作的。

我们做上面的讨论不是为了模拟混沌，而是为了表明，不是每种秩序、每种关系的存在都能够被科学实验发现。

如果 A 中发生的事件 x 限定了 B 中可能发生的事件，我们可以说 A 与 B 之间存在关系。既然 A 中发生的事件 x 某种程度上决定了 B 中发生的事，这种关系就可以用来传递信息。这也标志着将 A 和 B 组织成一个"系统"的存在。

自然中有无数种关系。然而，并不是所有关系决定了系统的行为，或者相同程度上决定其组成部分。不然，我们需要处理的变量可就太多了，使得科学变得不可能。关系的非均匀特性表明一个系统跟宇宙的其他部分或多或少有所隔绝。在实践中，我们往往尽量多地忽视关系（我们称之为不重要的变量）。

A 和 B 的关系限定了 B 的可能状态，这被理解为限制。那是对什么的限制呢？对"无穷可能性"的限制？不，它们的数量是无穷的。这是对 B 可能状态集合内的限制。但是我们怎么知道哪些状态是可能的？基于现有的知识。但什么是知识？知识意味着在某个事件发生后，期待另外一些特定事件的发生。一无所知的人可以期待一切。有所知的人知道并非一切都会发生，但只有特定事件，而其他事件是不可能发生的。知识因此是对多样性的限制；在期待某件事发生时，一个人的不确定感越少，知识就越多。

让我们想象史密斯先生，一个银行职员，和他的清教徒阿姨住在一起，阿姨还有一个女房客，他们的房子有好几层，而房子的前墙是一片玻璃。结果，知道此事的观察者可以从街对面看到里面发生的一切。我们假设房子内部代表我们要观测的"宇宙"。这个宇宙内部可以辨认出的"系统"数量实际上是无穷的。比方说，我们可以从原子层面逼近它。于是，我们就会看到一组组来自椅子、桌子和三个人的身体的组成分子。人移动时，我们就希望预测他们的未来状态。既然每个身体由大约 10^{25} 个分子组成，我们就必须勾勒出 3×10^{25} 个分子的移动轨迹，也就是它们的时空路径。这不是最好的办法，因为等我们建立完史密斯先生、女房客和阿姨的初始分子状态，一百五十亿年就过去了，这些人早就入土为安了，而我们甚至还没有分析出他们的早饭表征。需要考虑的变量数量取决于我们真正想检验的东西。当阿姨想要下楼到房间里拿点蔬菜时，史密斯先生亲了房客。理论上，单纯通过分析分子行为，我们应该就能知道谁亲了谁，但实际上如前所述，在分析出来之前太阳都毁灭了。我们太过勤奋，其实并无必要，因为只要把我们的宇宙当成有三个实体的系统就足够了。在第三个实体下楼时，两个实体周期性地结合。托勒密是第一个出现在我们宇宙中的人。他可以看到第三个实体离开时，另两个实体就会结合。于是，他得出一个纯描述性的理论：他画了一些轮环和本轮，我们就能提前知道，当楼下的实体处在最低位置时，楼上的两个实体会处在哪个位置。而他的每个圆圈中部正好都是厨房水槽，他宣布那就是宇宙的中心，是重中之重的位置，一切都围绕着水槽。

天文学发展缓慢。哥白尼来了，他证伪了水槽中心理论。随后，开普勒绘制出了比托勒密模型更简洁的三体运动轨迹，然后，牛顿来了。他宣称实体的行为取决于相互之间的吸引力，也就是引力。史密斯先生被女房客吸引，她也被他吸引。当阿姨在附近时，他们都围绕她，因为阿姨的引力相对较强。我们现在终于能很好地预测一切了。但是我们宇宙中的爱因斯坦突然出现，并批驳了牛顿的理论。他声称，假设任何力的存在毫无必要。他创立了相对论。在这个理论中，系统的行为由四维空间的几何学决定。"性吸引"消失了，正如相对论自身中引力的消失一样。它被物体质量（在我们的例子中是情色质量）周围的空间曲率所代替。于是，史密斯先生和房客的轨迹重合由特殊曲线决定，也就是性曲线。阿姨的存在导致性曲线变形，结果就是史密斯先生和房客之间的轨迹不再重合。新理论更简洁，它不假设任何"力"的概念。一切都化作空间几何。它的总方程式非常优美（接吻能量等于情色质量乘以音速的平方，毕竟，只要阿姨身后的门大声关上，并且声音传到史密斯先生和房客的耳中，他们就互相拥抱）。

然而一批新的物理学家又出现了——比如海森堡。他们总结说：当爱因斯坦正确预测了系统的动态状态（接吻和非接吻状态等等）时，通过大型光学仪器，更细微地观测能让我们看到个人手臂、腿和头的影子中一些可能被情色相对论忽视的特定变量。这些物理学家并不质疑情色引力的存在，但在观察构成星际天体（比如手臂、腿和头）的微小因子时，他们注意到它们行为的不确定性。比如，在亲吻状态，史密斯先生手臂所处的位置并不一定。由此，新的学科出现了，也就是史密斯先生、房客和阿姨的微观力学。这是一种统计学和概率论相结合的理论。系统的大部分遵从决定论（在门关上后立刻接触，阿姨、史密斯先生和房客等等），然而这是非决定论的规律相叠加的结果。这时，真正的困难来袭，因为我们无法将海森堡的微观力学和爱因斯坦的宏观力学联系起来。身体作为固定的完整实体，遵从决定论，但情色行为展开的方式多种多样。情色引力不能解释一切。为什么史密斯有时捧住姑娘的脸颊，而有时又不捧？越来越多的数据由此产生。这时，又有一颗雷炸了：手臂和腿并不是固定的完整实体；它们能被分解为肩膀、前臂、大腿、小腿、手指、手掌等等。"基本粒子"的数量在惊人地增长。没有统一理论能解释它们所有的行为了。在情色广义相对论和微观量子力学（爱抚的量子被发现了）之间有着不可逾越的鸿沟。

确实，企图统一引力理论和量子理论（适用于真实宇宙而非我们列举的这桩逸事中的宇宙），目前看来是不可能的。总而言之，每个系统都可以被重新定义，拆分成任何组成数量来进行，由此转变成找寻这些部分之间的关系。如果我们只是想预测某些总体状态，我们只需要包含少量变量的理论就能做到。如果我们检验从属于原始系统的子系统，事情就复杂多了。自然把恒星们隔离开，但我们得自己分隔单个原子粒子：这只是许多问题中的一个。我们必须选择出的表征类型能将最少的变量和尽可能精确的预言统一起来。我们上面的故事只是个玩笑，毕竟这三个人的行为不能通过决定论来表征。他们缺少必要的行为规律性。尽管如此，当系统表现出极强的规律性，又极大程度地与外界隔绝时，这一方法还是可行的。这种情况适用于遥远的星际，但不适用于公寓。但是当变量的数量增加时，即使是天文学也难以运用微分方程。我们试图描绘三个引力体的运动轨迹已困难重重，当出现六个引力体时，这些方程则完全无用。

科学之所以存在，是因为它创造了复杂现象的简化模型，忽略掉其中不那么重要的变量（比方说假定系统中较小物体的质量接近于零），并且科学还寻求常量。光速就是这样一种常量。在真实宇宙中找到变量比在阿姨的公寓里更简单。即使是事实，但如果我们不愿把亲吻当作像重力一样普遍的现象，那要想知道史密斯先生为什么那么爱接吻时，我们会茫然。尽管有着限制，数学原理仍然如此普遍，我们能依此计算几千几百万年后天体的位置。但我们该如何计算史密斯先生大脑脉冲的轨迹，来预测何时他和房客的"嘴部会偶遇"，或者不那么学术气地说，接吻呢？即使可能，大脑后续状态的符号表征（即神经网络中脉冲的传递）将会比现象自身更复杂。在这种情况下，一个喷嚏的神经表征就跟书本一样厚，甚至连封面都需要起重机才能吊起。在实践中，早在我们真正着手解决问题之前，数学工具就卡在了复杂性的瓶颈中了。那我们还剩下什么？现象本身就是其最完美的表征，用创造性活动替代分析工作。换句话说，就是模拟型实践。

前有斯库拉巨岩，后有卡律布狄斯旋涡：进退两难

讨论至此，我们已经陷入了最危险的地方[2]。我们的问题越来越多，但是迟迟没有做出回答；我们的承诺成倍增长——我们现在有了个大胆的新名字，比如"全能造物论"；我们对混沌说这说那；我们得出了"模拟学"的起源，这趟思维列车不可避免地将给我们带来新问题。这些问题就是数学及其与真实世界的关系，世界语言和语义学问题，各种"存在"形式的问题。换句话说，我们逐渐接近无限哲学实体的领域，在那里我们所有的设计中心乐观主义将消失得无影无踪。并不是说这些现象非常复杂，

要讲清楚每种现象，就算不需要整个图书馆，至少也需要一册巨卷；也不是说我们缺少综合性知识，其实是我们的知识将没什么用处，因为我们处理的议题有争议。

让我来进一步解释吧。普及知识现状的书籍，比如说物理学书籍，就做得很好，但也陈述了目前存在的两种冥想分割的领域：科学一劳永逸解决的问题，和尚未完全明晰的问题。于是，就好比我们被招待参观一座宏伟建筑，它从头到脚装饰精美。我们踏进里面的各间公寓，看到各处的桌子上散落着没有解开的谜题。我们怀着信念离开这栋建筑，大厦整体的宏伟加强了我们的信念，相信这些谜题早晚会被解决掉。我们从来没想到，解决这些问题的代价是拆毁一半的大厦。我们在阅读数学、物理或信息论教科书时遇到了同样的情况。首先，我们看到了迷人的结构，而问题模模糊糊地隐藏在视线之外，甚至多于隐藏在大众演讲中的问题。这是因为科普作家（也是科学家）知道，把**秘密**揭开会带来什么奇妙的影响。然而，教科书的作者（比如说为大学生设计的教科书）更关注提纲的均一性和一致性。因此就会抛弃所有的特效，并认为没必要把多层结构转换成日常语言，反而更倾向于避免有争议的解释。一个专家毫无疑问地知道量子方程式象征性的物理和物质意义可以有多种解读方式，这个或那个方程式隐藏着不同层级的矛盾观点。他也知道其他理论家撰写的书会和他面前的这本千差万别。

所有的这些既可以理解也是必要的，因为不可能同时科普和教育，还要兼顾把现有的争论核心介绍给观众。大众读物的读者反正不会参与它们的解决过程，而一个特定理论学科的专家必须首先了解它的武器和战场构成，学会点兵和战略，而后才能参加科学会战。但我们的目标既不是科普已经达成的东西，也不是获得某种程度的专业知识，而是展望未来。

我们如果过分期望，并希望在科学梯队中一飞冲天，那是荒唐的，参与这种导论的不是导言或教科书的作者，而应该是教授和传播理论的创造者，而我们竟胆敢加入这一思辨，这当然是个错误。抛开荒唐，我们究竟该做什么？假若我们理解信息论者、数学家和物理学家支持这个或那个互相矛盾的观点时所说的一切。空间量子化理论没办法和经典量子力学调和。基本粒子的"隐藏参数"要么存在要么不存在。如果接受微观宇宙的进程以无限速度散播，那就和光速有限矛盾。"智能电子工程师"说，用二进制（离散）元素建构大脑模型是可能的。"肉体主义者"则认为这不可能。两方都有出色的专家，合作领导了后来科学的转折。我们应该兼收并蓄，将两种理论统一起来吗？这会是致命的，科学进步不是在妥协中达成的。我们要承认一方攻击另一方论点的正确性吗？但如果是玻尔和爱因斯坦争论，或者是布劳威尔与希尔伯特相争，我们该怎么确立选择标注呢？也许我们应该转向哲学来确立新标准？但是，哲学不仅有各种流派，而且关于数学和物理基础的每一个解释都有争议！

此外，所有的这些不仅仅是学术问题，它们不是对某些细节意义的探讨，而是对构成知识的根本性假设的争论：无限问题、测量、原子粒子关系以及宇宙结构、现象的可逆性和不可逆性，以及时间流逝，更别提宇宙学和星源学等问题了。

因此，我们的斯库拉巨岩如此呈现在眼前：作为深渊，我们正在鲁莽地逼近其极限，仰望着千年后的未来。基本粒子有区别吗？我们真的能假设"反世界"的存在吗？系统复杂性有极限点吗？接近无限小的值，接近无穷大数量，都有极限吗？还是它们以某种无法理解的方式首尾衔接圆环？我们能够赋予粒子无限大的能量吗？所有这些对我们有什么好处？所有这些意味着什么？如果所谓的"全能造物"不是一个空洞的词语，它确实包罗万象，而不只是对着孩童或者愚者毫无意义地吹嘘。就算我们以某种神秘的方式具象化地球上最杰出专家的知识，也不能有所裨益：并不是说今天我们没法拥有共同普遍的知识，而是说如果要遇到这样一个人，我们得决定他属于哪个阵营。物质具有粒子属性，还是波动属性，取决于我们的观测方式。长度是不是也这样？长度和颜色是不是也一样？是某种表面显现，而非现实所有层面都发生的现象特征？被问到这个问题时，即使是最杰出的专家也会说，他能说的唯一的答案也不过是个人观点，即使答案基于坚实的理论结构，对其他同样杰出的专家也可能无法接受。

我不想给人留下印象，说现代物理或控制论是充满各种矛盾和问题的汪洋。并非如此。科学成就卓绝非凡，但其光辉不能掩盖其黑暗面。科学史中有几个时期，理论大厦似乎快建好了，未来的世代似乎只需要完成一些细枝末节就行了。这种乐观主义盛行于十九世纪，这是一个原子"不可分割论"的时代。但也有像现在这样的时期，不存在任何神圣不可侵犯的科学教条，也就是任何专家都不可能驳倒的科学命题。此时，著名物理学家诙谐地评论说，新理论还不够疯狂，人们还不会将其奉为真理，实际上说这话的时候物理学家可是相当一本正经，同时，科学家们将最基本、最神圣的真理奉上祭台献祭，迎接新兴理论——关于在空间固定位置存在微型粒子的理论，关于物质从无到有产生的理论（霍尔提出的假设），以及关于原子内部长度概念不再适用。[3]

然而，所谓"肤浅"的卡律布狄斯旋涡的危险程度不遑多让：玩弄全能之力，这一宇宙饶舌旋风直接来自科幻小说，在这个宇宙里，一切都不用负责，所以说什么都可以。它是一个一切都被肤浅对待的地方，在那里逻辑思考的鸿沟和碎片隐藏在伪控制论的言辞中，"像莎士比亚一样作诗的机器"这样庸俗的话，以及外星文明交流并不比和围栏另一边邻居交谈难之类的陈词滥调不绝于耳。

身处两个旋涡，很难找到方向。我怀疑这甚至不可能。但即使我们的航行会以悲剧收场，航行是必须的（navigare necesse est），因为如果我们不出发，肯定哪儿也到不了。所以，我们需要一些限制——但在什么层面上？设计层面上。因为我们只想了解我们能够改进的世界层面。如果我们无法成功，那宁可困在斯库拉巨岩，也不要溺死在卡律布狄斯旋涡。

设计者的沉默

我说过，设计层面上的限制可以作为我们的指南针，让我们在知识的深渊和愚蠢的峡谷之间找到方向。这种限制指的是相信行动有效的可能性，还相信需要放弃某些事物。它意味着首先不再提出"定义性"问题。这不是某个人装聋作哑式的沉默，而是主动的沉默。我们比起知晓事情如何发生，更深知能够有所作为。设计者不是狭隘的实用主义者，不是那种不管砖头从哪儿来，是什么材料，只要能建好房子就可以的建筑工人。设计者对他的砖块了如指掌，除了没人看时砖头的模样。他知道性质特征视情况而定，而不在于事物本身。可能对一些人来说，这种化学物质毫无气味，对另一些人，却带有苦味。对于遗传了先祖特定基因的人来说，它是苦的。不是所有人都有这种基因。对于设计者来说，这个物质是否"真的"苦没有任何意义。如果某个人尝到了这种物质的苦味，对他来讲就是苦的。我们可以检验这两种人的区别，仅此而已。有些人声称，除却某个情境中特有的性质（比如苦味或者长度），这些性质也是可变的，还有一些常量，而科学的任务就是找寻这些常量，比如光速。这也是**设计者**的立场。他完全确定，世界在他离去后会继续存在，否则他就是在为他绝不会看到的未来而努力。别人告诉他，世界在最后一个生物死去后也会继续存在，那将是一个物理世界，而非感官世界。在这个世界中，原子和电子仍然存在，但没有声音、气味和颜色。**设计者**于是询问，这个世界代表了什么样的物理世界：十九世纪的物理世界有球状原子；现代物理有波粒二象性；以及未来物理，可能结合了原子和星系的性质？他问这个问题的原因不是因为他不相信世界的真实：他把这点当作基础前提。然而他发现物理发现的实体性质也不过是处在某个情境中的特质，这正是物理知识的现状。我们可以说即使没有人存在，汪洋大海也存在，但没人能够问它是什么样。如果它有特定的样子，那就意味着有人在看。如果设计者爱上了一个任性的女人，有时与他情感互动，有时又对他置之不理，他可能对她就有矛盾的想法，但这些都不能颠覆女人客观存在这一事实。他可以检验女人的行为，写下她的话语，记录下她的脑电波；他可以分析作为由原子和分子集合构成的有机体的她，最后也可以把她当成时空局域弯曲而做研究，但这不意味着这些女人的数量和可能的研究方法数量相同。他不确定是否能够把这么多种方法浓缩成一个，通过原子碰撞来揭示爱情。但他采取行动，似乎笃信如此。他因此实践了一种哲学，尽管他避免卷入纷争。他相信存在一种现实，它可以用无数种方式解读。有些解释可以为他达成目标。他于是把它们当作工具。因此，他确实是个实用主义者，"真实"对他来说和"有用"是一个意思。

设计者在回应中似乎暗示，提出问题的人也该加入他，一起观察人类行为。不管人们做什么，他们心中都有特定的目标。这样的目标肯定有着层次分明的复杂结构。有些人的行动看起来好像漫无目的。但前面那个句子早已表明他们在追求某种目标：假装没有目标。有些人坚信自己的目标在死后才能达成。似乎许多人的目标并不是他们所追求的。无论如何，这些都不是无目的的行为。

科学的目标是什么？是知晓现象的"自然属性"吗？人们如何发现他早已掌握了呢？这样的属性究竟是现象

的全部"属性",还是其中的部分属性呢?所以也许目标就是解释现象吗?但解释又是由什么组成?比较事物?我们能够把地球和苹果进行比较,把生物演化和技术演化做比较,但我们拿什么和从电子方程式得出的薛定谔波函数做比较?我们拿什么和粒子的"奇异性"做比较?

根据设计者的说法,科学包含预测。许多哲学家也持有这种观点,新实证主义者尤甚。他们宣称,科学哲学广义上就是科学理论,他们还宣称知道科学如何创造、证实和证伪每种新理论。理论是对观测现象的总结。基于这些理论,我们可以预测未来状态。当预言成真,并开始预知当时还未知的现象时,理论就被视作真理。通常情况是如此,但实际上更复杂。之前所说的哲学家们表现得就像是个老太太,对着报纸愤怒不已。并不是她的建议毫无用处,当然不是。它们有时非常明智,但没有应用价值。老太太有许多生活经验,会根据她的"情爱统计学"建议女孩甩掉那个愣头小子。哲学家通晓科学史,建议物理学家放弃他们的理论,因为这些理论"背叛"了他们,它没能预测许多现象。给出这种明智的建议不难。女孩相信她有办法让男孩变得更好,物理学家对他们的理论也有着同样的想法。无论如何,女孩可以有好几个喜欢的男孩——物理学家也可以。他们总得为某一个理论放弃这样或那样的立场。如果他们放弃只研究某一粒子,他们会获得一种预言方法，但也会失去另一种。如果他们开始量子化空间，并引入变化以无限速度分布的观点，他们自然就能预测确定存在的亚原子粒子的存在，但同时，这个基于物理学大厦基础做出的决定最终会从根本上动摇大厦的每一层。科学中没有任何理论能包含"一切"，预测"一切"。但大多数情况下，可以接受这种说法，因为忽略的事物对当时要进行的科学预言关系不大。然而，在物理学中却有一戏剧性状况：我们并不知道哪些方面关系不大，而哪些又是可以抛弃的。身处快速下坠的热气球内，我们很容易决定要丢掉什么，或者是沙袋，或者是我们的同伴。但设想一种情形，你不知道哪些是压重的物品，哪些又是有价值的！相同的量子力学方程式既可以代表"压重之物"，即空无一物，也可以代表特定形式的姿态，甚至可能具有客观的物理重要性。

事后分析时，上面两人提出的观点已经成为两人私人经历的一部分，或者科学历史的一部分，老太太或者哲学家才能最终确认他们的想法是正确的。当然，坠入爱河的完美男孩总好过鲁莽的无用之人，一个能预测一切，且不会被任何数学方法推翻的理论要好过修改到最后一分钟的理论，但那种王子或理论要去哪儿找呢？

老太太和哲学家是好心的观察者。**设计者**已经投入到了行动中——物理学家也是一样。这就是为什么他意识到实用性可以有多种理解方式：从吸毒者的角度理解，或是从牛顿的角度理解。因此他并不会让自己卷入他认为无意义的讨论中。如果大脑是由原子组成的，那这表明原子存在"通灵"潜质吗？如果一个浪头把三根树枝抛上海岸，那可以拼成个三角形，也可以捡起来打人的头，那就表明这些树枝有"潜在的"几何或打人特性吗？设计者表示，一切都应该通过实验手段来解决，如果实验表明不可能，而且将来也不可能，那这个问题对他而言就不存在。他会撇下下列这种问题：为什么数学存在？为什么世界存在？这些问题都没有答案——不是因为他刻意忽视，而是因为他知道考虑这些问题的结果。他只关心他能对数学和这个世界做些什么，其他的都不重要。

方法论的疯狂

让我们设想有一个疯裁缝，他会做各种衣服。但他对人、鸟儿或植物都一无所知。他对世界也不感兴趣，他不审视世界。他缝制衣服，但不知道给谁缝制。他想都不会去想。他的衣服有些是球形的，没有留给头或脚的开口，另一些衣服缝上了管道，他称之为"袖子"或"裤腿"，且数量随机。衣服由多种元素组成。裁缝只关心一件事：他想保持一致。他的衣服有的对称，有的不对称；

有的大，有的小；有的可拉伸，有的尺寸固定。当他开始做新东西，他做特定的假设，这些假设并不相同。但他遵从他做出的假设，并希望最终不会有矛盾。如果他在腿上缝制，他不会把它们剪掉；他也不会剪开已经缝好的东西；它们总是变成衣服，而不是一堆随机缝起来的布条。他把做好的衣服拿到大仓库中。如果我们进去，会发现有的衣服可以给章鱼穿，另一些适合给树、蝴蝶或者人穿。我们也会发现适合人马、独角兽等想象中的生物的衣服。当然，他的衣服绝大多数没法用。大家都承认，这位西西弗似的裁缝不辞辛劳，完全是疯子。

数学也是如此。它建造它自己都不清楚是什么的结构。这些是完美（比如完美的精度）的模型，但数学家不知道它们是什么模型。他不感兴趣。他之所以这么做只是因为这样的行为是可行的。当然，数学家使用的语言是我们熟悉的日常用语，尤其写下最初的假设时，比如，他们提到球体、直线，或者点。但他真正表达的意思和我们的理解不太一样。他构想的球体表面没有厚度，他提出的点没有大小。他建构的空间不是我们的空间，因为他的空间有无限维度。一个数学家不仅知道无限和超限这些概念，还知道负概率。如果某件事肯定会发生，那事件的发生概率为 1。如果肯定不会发生，则其发生概率接近 0，但似乎还有些事可能比不会发生的概率更低。

数学家清楚知道他们并不知道自己在干什么。伯特兰·罗素，一个能力非凡的人物，他就说过："数学可能被定义为我们永远不知道自己在说什么，也不知道自己说得对不对的学科。"

数学是"全能造物"的例子，一切尽在纸上。这就是为什么我们要聊数学：它很有可能在未来开启其他世界的"全能创造者"。我们离题了，一部分数学总会保持"纯粹"，或者说，虚无，就像我们那位疯狂裁缝仓库里的衣服一样虚无。

语言是符号系统，它让我们能沟通，这些符号对应于外部世界现象（暴风雨、狗），或者反映内部世界（悲伤、甜）。如果不存在真正的雷暴或者真实的悲伤，也就不会有这些词语。日常语言是暧昧的，毕竟它们指代事物的极限不甚明了。总体来说，伴随着社会和文化的改变，它整体上也在演化。因为语言不是自主的结构，语言的创造指涉的是语言之外的情况。在某些特定情况下，语言又具有高度自主性，比如在诗歌中（是滑菱鲆在缓慢滑动／时而翻转时而平衡 [4]），这要归功于创造性的遣词，或者说经过精密加工的逻辑语言。尽管如此，我们总是可以发现语言与现实的根源联系。然而，数学语言符号却不指代任何外部东西。象棋和数学系统略有类似：它是一个拥有自己的法则和规则的封闭系统。我们没法质问象棋的真假，就像我们不能质疑纯数学的真实性。我们只能提问给定的数学系统，或者一盘象棋，是不是按规则正确进行。象棋没有任何实际应用，但数学却有。有个理论非常简单地解释了它的实用性。它说自然本身就是数学。金斯和爱丁顿也是这么想的，我认为爱因斯坦也不完全反对这一点。从"上帝复杂精密，但不残忍不公"这句话可见一斑。我认为这句话意味着自然的复杂性可以通过（数学）方程式揭示。如果自然确实残忍不公，非数学性的，它就将是一个恶棍骗子，因为它不讲逻辑、自相矛盾，或者至少对发生的事很困惑，因此没法理解。如我们所知，终其一生，爱因斯坦拒绝接受量子的非决定论，并且在他诸多的思想实验中，试图把现象归纳入决定论法则中。

自十六世纪以来，物理学家就一直在数学创造的"虚无服装"仓库里探索。矩阵向量求导曾是"虚无的结构"，直到海森堡发现了与之契合的"世界碎片"。物理学满是这种例子。

理论物理的发展步骤，因此也是应用数学的道路，如下所示：经验主义定理被数学定理取代（比如，特定的数学符号被赋予诸如"物质"和"能量"等物理意义）；数学表达根据数学法则以此经历转换（这纯粹是数学过程的纯粹演绎和正式部分），而最后结果则通过再次插入物质意义，最终转变为经验定理。新定理可以是对现象未来状态的预测，或者能够表达一些通用的方程式（例如，能量等于质量乘以光速的平方）或者物理法则。

物理因此被翻译为数学语言；我们用数学的方式对待数学；然后再将其结果翻译回物理语言，获得和现实的联系（当然，我们是以"好"的物理和数学为前提）。这当然是一种简化过程，因为现代物理被数学"过分拉扯"，以至于初始定理都包含了许多数学成分。

看起来，因为**自然**关系的普遍性，理论知识只能是"不完整、不精确和不确定"的，至少相比于纯数学是这样，后者"完整、精确且确定"。所以并不是被物理、化学用来解释世界的数学说得太少，或者世界"逃脱"出数学方程式，又或者这些方程式没能总体上把握世界。实际上，正好相反。关于世界数学(也就是尝试说)说得太多了，比可能说得还多，这给科学带来了许多问题。这些问题毫无疑问会被克服。也许有一天量子力学里矩阵向量求导会被另一种算法代替，后者会让我们做出更精确的预测。但到时候过时的只会是现代量子力学，而不会是矩阵向量求导。这是因为化学系统会失去效用，而数学系统永远不会。它们的虚无让自己永垂不朽。

自然的"非数学"特性到底意味着什么呢？有两种研究世界的方式：要么每个现实元素在物理学理论中有严格的对等物（数学的"双重"性），要么没有（也就是不能有）。如果对给定现象可能构建一套理论，不仅能预言现象的特定结果状态，还能预言所有的中间状态，同时每个数学的变换阶段都可以给出数学符号的现实对等物，那么我们就可以说理论和现实同构了。一个数学模型因此是双重现实。这个假设正是经典物理的特征，让人相信自然的"数学特性"。[5]

然而也有另一种截然不同的可能性。如果我们精准地射杀一只飞鸟，它坠落身亡，那么我们行动的最终结果符合我们一直以来的期望。但子弹的轨迹和鸟儿的并不同构。它们只在某一点上相交，我们称之为"最终交点"。相似地，理论能预言现象的最终阶段，尽管现实元素和数学符号没有明确的相互对应关系。我们的例子很粗略，但总比没有好。今天很少有物理学家相信世界和数学的"双重"关系。然而，正如我已经用射手的例子说明的那样，这并不是说成功预言的机会会消失。它只是强调了数学作为工具的属性。由此看来，数学不再是忠实的表征或现象的瞬时图像，变成了爬山的梯子而不是山。让我们继续登山的例子，使用恰当的衡量尺度，我们从图像中可以看出它的高度、斜坡角度等等。梯子放置的位置可以告诉我们山脉的很多情况。然而问山的哪部分对应梯子的哪一级台阶毫无意义。梯子的台阶是为了登顶。同样，我们不能问梯子是不是"真"的，只能说它作为实现目标的工具更好或更坏。

对图像也可以这样说，它看起来是山的忠实图示，但如果我们用更强大的放大镜仔细看，山坡的细节最终成为照片颗粒的黑点。这些点由银色溴化物分子组成。这些特定分子直接和山坡某处相对应吗？当然不。在原子核哪里"可以找到"长度的问题和显微镜下看图片时问山在哪儿的问题一样。图片作为整体是真实的，正如理论（比如量子论）一样，让我们更好地预测重子和轻子的出现，并告诉我们哪些粒子更可能是、哪些不是，在总体上是真的。

相似的论点会让我们得出自然是不可知的悲观结论。这是严重的误解。说这话的人暗地里希望，除了万物之外，介子和中子最终会和液滴，甚至是小乒乓球相似。它们于是会和台球的行为相似，即符合经典力学原则。我要承认，要是介子有"乒乓球性质"，要比发现它们和日常生活中的任何东西都不像更让我吃惊。打个比方，若尚不存在的核子理论能让我们调控星体变化，那我相信这将是这些核子"神秘性"的慷慨回报，而"神秘性"只说明我们没法把它们视觉化。

因此，我要结束关于**自然**的数学和非数学特性的推理，回到未来问题吧。纯数学现在变成了"虚无结构"的仓库，物理学家在里面一直寻找能够与**自然**"合身"的服装。其他东西则被扔到一旁。但情况可能会反转。数学一直是物理学的忠实奴仆，它只要能模拟世界就被赞扬。但数学可以开始命令物理学，不是对现代物理，而是在遥远的未来，对人造物理发号施令。只要它只存在于纸上，存在于数学家的头脑中，我们就可以说它是虚无的。但如果有一天我们能实现它们的构造呢？如果我们把数学系统当作建筑蓝图，创造"事先想象好"的世界，又会怎么样？它们会是机器吗？不，如果我们不认为原子是机器。是的，如果原子对我们来说就是机器，那数学就将是幻影生成器，创造出与我们熟知的现实迥异的世界。我们怎么面对这一切？这究竟可能吗？

我们还没充分准备好讨论这最新的技术变革，其实我们今天已经可以想象了。所以，再一次，我们又超越了自己。我们需要从全能创造论回到模拟学。但首先，我得对这些不存在的物体系统分类说几句。

新的林奈：关于系统分类学

先解释一下，我们要展望未来，因此我们必须承认，与下一个千年将会存在的知识相比，现在的知识相当有限。这个观点听起来很轻浮，漠视二十世纪的科学成就。其实并非如此。由于文明已经存在一万多年，而且因为我们想要有根有据地猜测距离现世遥远的未来，哪怕冒着全盘失败的风险，所以我们不把现在的任何成就视作文明巅峰。从我们必须攀登的高度看，控制论革命看起来只不过距离新石器时代一步之遥，正如同零的无名氏发明者和爱因斯坦也只差了一步。我说"我们必须"和"我们想要"，是为了强调如果我们在这场"思维探索"中不采用不同于此的立场，就不可能实现任何目标。这个观点尽管远远超越了未来和现在，但我们可以认为这是毫无根据的偷换概念，我完全理解采用这个观点的人。虽然我也这么想，但我得保持沉默。

我在此展开的讨论里还有一些具体困难。我将会把这些要同时讨论的事一一陈述。这么做是因为我不打算分类或列举一些"未来发明"，而是要展现一些宽泛的可能性，不做任何技术描述（这本身就是很空洞的说法）。宽泛但不是概括性的，因为它们以一种特殊的方式影响未来。我们不该说事物将会是某种方式，只能说它们可以是某种方式，因为本书不是科幻小说，而是集合了多种被证实的假说。它们组成了一个集合体，却不能同时描述。试图在教科书里囊括有机体运作知识的生理学家也面临着相同的困境。他一个接一个地谈论：呼吸、血液循环和基础代谢等等。既然人们写教科书的历史由来已久，情况还是相当乐观，所以分割话题尽管问题多多，但传统上被认可。然而，我不是在描述一切或几乎一切存在的事物，因此我没法参考关于未来的通用模型（当然有特例）或者教科书，因为我并不熟悉。我有义务做个粗略分类，由于存在这些困难，我会重申一些话题和问题两三次，甚至更多，有时我也会分别讨论一些应该和其他问题一起讨论的事，因为我没能力单独讨论后者。

解释完这些，我就要介绍"主题的系统分类"。从现在起，这将是我们的中心主题。我用的名称是暂时的；它们只是缩写，便于就问题中所涉及的学科进行概述，别无他用。这就是为什么我在"系统分类"这个词旁打了引号。"全能创造论"指代人或其他智慧生命能达成的一切。它指代收集信息并根据想到的具体目标使用它们。某种程度上，这种分法今天也存在，科学和技术的区分中就可见一斑。在未来情况会改变，信息收集将会自动化。信息收集系统不决定行动方向。它们就像做面粉的磨坊，但由面包师（也就是技术员）决定用面粉做什么。至于磨盘里放什么谷粒却由磨坊主而非面包师决定：科学就是这么个"磨坊主"。谷粒碾磨本身表示信息收集，我们分别讨论如何实现这一点。

全能创造论中涉及处理信息使用的部分，由物理和数学系统中的通用理论组合而成，可以分为两个领域。简而言之，并提供概述，我们管第一种叫**模拟学**（Imitology），第二种则是**幻影学**（Phantomology）。它们某种程度上相互重叠。当然，我们可以更精确地说，例如，模拟学是一种设计理论，基于**自然**中可被识别出来的数学和算法，而幻影学则是指在现实世界实现**自然**中没有对等物的数学结构。但这意味着已经预设**自然**本质上具备数学特性，我们并不想做这种预设。此外，这还表明我们接受了算法的普遍性，这点也很可疑。因此，将我们的定义保持部分开放，是明智的做法。

模拟学是全能创造论的早期阶段。它脱胎于科学理论、数码机器等对真实现象的建模过程，如今早已成为一种实践方法。模拟学包括启动可能的物质进程（恒星或火山爆发），以及不可能的进程（核聚变、文明）。一个完美的模拟学家能复现任何自然现象，或者**自然**能够创造的现象，甚至现象本身并不由**自然**自发性创造。我们稍后还会讲到我为什么会这么极端，把机器的建造也称作模仿活动。

模拟学和幻影学之间没有明确的边界。幻影学作为模拟学的高级阶段，包括从建造不太可能的进程，一直到不可能的进程，也就是任何情况下不可能发生的进程，因为这违反**自然**法则。这看起来是很空洞的分类，不能实现的进程无法被实现。我们来试着证明，尽管只能简洁甚至粗糙，这种"不可能性"并不绝对。现在，我们只能简短地表明，我们如何朝幻影学迈出第一步。原子模型理应能帮助我们了解最初的**自然**。这就是为什么我们建构原子模型。如果它不和**自然**相关，我们就认为它没有价值。这就是我们今天自身的处境，但我们可以改变策略。那个模型可以别有用途：把和真实原子完全不同的原子模型变成和真实物质不同的"另类物质"构建材料。

模型和现实

建造模型是对**自然**的模拟，但只会模拟其中的几个特征。为什么只有几个？是因为我们没法更进一步吗？不是，主要是因为我们要保护自己不要信息过载。这种过载其实标志着无法获取。一个画家画画，虽然他有嘴，我们也可以和他聊天，但我们也没办法靠聊天知道他是怎么画出一幅画的。他画画时自己也不知道大脑里发生着什么。信息包含在他的头颅中，但没法获取。在建造模型时人也得简化：一个画画很烂的机器比艺术家的"完美模型"更容易让我们了解绘画的物质基础，即大脑。建模实践涉及选择某些变量，忽略其他变量。如果两个过程完全相同，那么模型和原型之间就完美对应。但事实并非如此。模型发展的结果和实际发展大不相同。原因有三：模型相对于原型的简化、模型自身有原型没有的特征以及最后原型自身的不确定性。当我们用电子大脑模仿生物大脑，我们必须考虑到记忆等现象，也要顾及表征神经网络的电子网络。生物大脑并没有单独的记忆储存库。真实的神经元无处不在——记忆"散布"在大脑各处。我们的电子网络没有任何这种特征。因此，我们必须给电子大脑连接特殊的记忆库（比如铁磁库）。此外，真实的大脑展现出一定的"随机性"，行动无法计算，电子大脑却不是这样。控制论者该怎么办？他在模型里建造一个"随机生成器"，一旦启动就会向网络发送随机信号。这种随机性要事先准备好：这一附加装置使用随机数表等等。

我们因此似乎走到"不可计算"和"自由意志"的类比上来了。采取这些步骤后，神经和电子两个系统之间输出参数的相似度就增加了。但这种相似仅在"输入"和"输出"的对应关系处呈现增加趋势。如果我们考虑到两个系统整体结构，而不只看"输入-输出"的动态关系（比如说多看几个变量），那么相似性不增反减。尽管电子大脑现在有"意志力"和"记忆"，但真实的大脑既没有随机生成器，也没有单独的记忆库。这个模型越是在特定模拟变量范围内接近原型，在别的变量范围内就越远离它。如果我们还想考虑神经元的可变兴奋性，这受到其阈值极限的控制，而每个有机体通过生化转变达到这一状态，那么我们还得给每个电子大脑都装上开关元件（模拟神经元），还都要有独立的电子系统，如此种种，不胜枚举。[6] 然而，我们认为在模拟现象中表现不出来的变量不重要。这是信息收集一般模式的特例，这一特例认为存在初始选择。比方说，对一个打电话的人来说，噼啪声算"噪声"，而对检查通话线的通信工程师来说，这类噪声可以传递特定信息（这个例子是艾什比举的）。

因此，如果我们考虑到现象的所有变量（假设此时可能），想要为任何现象建立模型，我们必须建造出一个比原型更复杂的系统，毕竟它需要配备额外变量，这些变量为建模系统所独有，原型中并不具备。这就是为什么，只要变量少，电子模拟还可以顺利工作；随着数量的增加，这一方法会迅速到达它的应用极限。于是我们的建模方法也必须更新。

理论上，用另一个类似现象给一个现象建模更高效。但这可能吗？看起来为了模拟一个人，有必要造一个人；为了模拟生物演化，有必要在一个和地球一样的星球上复现演化过程。一个苹果最完美的模型是另一个苹果，宇宙的完美模型则是另一个宇宙。

这听起来是模拟实践的归谬法，但先别急着下结论。

关键问题如下：有没有一种东西，它并不是一个现象的忠实（模型）复现，但比原现象包含更多信息？绝对有：科学理论。它涵盖一整类现象；它讨论每一种现象，但同时也讨论所有现象。当然，科学理论并没有考量给定现象的许多变量，根据设定目标，那些变量并不重要。

这里我们面临着新的困境。我们该追问，一个理论是否只包含我们自己引入的信息（根据观测到的事实和其他一些理论创造的，例如测量理论），或者它能否包含更多信息。你说后者不可能？但正是在物理真空理论的基础上，量子力场理论预言了许多现象。伴随着 β 衰变理论一起出现的还有超流体（液氦）理论和固态理论的结果。如果一个理论在很大程度上能够预言现象 x，然后事实证明由此推导而出的其他一些现象——在发生之前我们根本不知道它的存在——也发生了，那么这些"额外"的信息究竟是从哪儿来的？

总而言之，它的出处源于世界中转变的连续性这一事实。它来自它们的反馈。我们"猜中"了一件事，而这件事后来又"引发"了其他事。

这听起来可信，但这种信息平衡如何运作？我们往一个理论里键入 x 比特的信息，然后获得 x+n 比特？这是否意味着足够复杂的系统（就像大脑那样）在不接受外部额外信息的情况下，能创造额外信息，比前一时刻拥有更广泛的信息？这完全是真正的信息永动机！

不幸的是，基于目前的信息论，这个问题无法解决。信息量越高，获得特定信号的可能性越低。这意味着，如果要收到"恒星是瑞士多孔干酪做的"这一信息，那所接收到的信息量将会是天文数字，因为接收到这种信号的可能性非常低。但一个专家这里会指责我们，他自有其道理，他会说，我们混淆了两种不同信息：第一种是选择性的信息，也就是能从一系列可能信号中提取的信息（恒星由氢气、活力、波罗戈夫鸟和奶酪组成等等），这和有关某一现象信息的正确性、适合性无关；第二种是结构化信息，也就表征状况的信息。因此恒星由奶酪组成这一惊人消息包含许多选择性信息，却没有结构化信息，因为这不是真的。完美。让我们看看物理真空理论。它表明 β 衰变以这样或那样的方式发生（这是真的），同时它还说电子电荷无限大（这不是真的）。然而，第一个结论对物理学家如此宝贵，他不惜为第二个错误付出代价来弥补第一个结论。但信息论不关心物理学家的选择，因为该理论并不考虑信息的价值，即使是结构状态中的信息价值。此外，没有理论"独自"存在，没有理论是"完全自主"的：它部分脱胎于其他理论，部分又与它们融合。因此其包含的信息量很难测量，毕竟，就像著名方程式 $E=mc^2$，其中包含的信息是从很多其他公式和理论中"引入"的。

但也许只是现在我们还需要现象理论和模型？也许，被问到这样一个问题，来自另一个星球的智者会默默地从地上捡起旧鞋底的碎片，用这种方式交流，是因为从这一部分物质可以解读出整个宇宙的真相呢？

　　让我们再花点时间在这个旧鞋底上。这个故事可以有许多好笑的结果。让我们看看下面这个方程式：4+x=7。一个迟钝的学生不知道怎么算出 x 值，尽管方程式里已经"给定"了，但它隐藏在他迷惑的眼睛中，只有在进行基础变换后才会"展现自身"。让我们来问一下，作为一个公正的异教首领，**自然**是不是也这样。物质所有的转变潜力（比如建造恒星、量子飞机、缝纫机、玫瑰、蚕和彗星的可能性）是不是早已"铭刻"入物质中了呢？那么，凭借自然建筑元素，也就是氢原子，我们可以由它"推理"出所有这些可能性（从合成一百种元素到建造比人类精神力强兆倍的系统）。我们也能推导出其不能实现的东西（厨房甜盐氯化钠、直径亿兆英里的星体等）。从这个角度看，物质内部总是蕴藏着这些基础假设，包括所有可能与不可能（或者禁止）；我们只是无法解"密"。物质因此变成某种数学问题，我们和之前提到的笨学生一样，没法获得它所有的信息，尽管它早已将一切包含其中。我们上面所说的不过是同义反复本体论。

抄袭和创造

　　我们刚刚敢提到的恐惧有何意味？它意味着实际上

有可能"看"到原子的"宇宙潜力""演化潜力""文明潜力"，总而言之，任何其他潜力。当然，我们不完全是认真的。目前，我们还没法从钠原子和氯原子分别推导出厨房用盐的特性。我们可以推演出某些性质，但是听起来聪明极了的"同义反复本体论"最多能让我们创造出一个不同于我们世界的项目，因为在我们这个世界中，我们没办法从物质的基础构建元素推断出"一切"。下面提到的方法看起来更现实：我们不通过完全抄袭自然的做法，只是从"边上"插入自然进程，这样做也许能获得自然进程的最终结果呢？因此，从完全不同位置出发，而不是与自然一起开始，历经数个阶段后，我们可以获得和自然一样的结果。

这里有个比较粗糙的例子。需要在地球表面来一场地震冲击。不同于自然"构建"火山的方式，我们可以用TNT爆炸造成冲击。我们于是也能获得需要的冲击，因为一个或一系列现象的最终结果并不完全由因果链决定。

再来个不那么粗糙的例子。青霉菌可以产生青霉素。但想要青霉素不用培养青霉菌来提取，我们可以用一些简单的物质人工合成。

再让我们看看一个快能实现的例子。通过湮灭反应，也就是正反物质的结合过程，可以获得最多的能量。据我们所知，我们的总星系中不存在反物质。我们可以人工制造一些。如果我们能在工业规模上生产，保存在"磁力瓶"

中的反物质（以防突然发生湮灭反应）将是星际交通工具最高效的燃料。有趣的是，我们还能制造出不存在于**自然**的物质。

最后，让我们考虑一个现在绝不可能实现的例子。在精子头部，也就三千分之一毫米处，我们可以找到人脑的设计方案，用化学分子语言"编码"，这一设计方案在精卵结合后就会付诸实践。这个方案显然是由"生产规则"和"行动方向"组成的。在显微空间，存在要做什么和该怎么做的信息，最后还有实现这一切的机制。让我们假定，我们能够模拟精子或者卵子来实现胚胎生成（从信息量来看这无关紧要；受精有利于维持人口的杂合特性，这也是为什么在演化过程中出现了性别，但同时也可能根据卵子孤雌生殖进行模拟）。一开始，整个胎儿在发育，但在发育的某个特定点，我们可以移除和我们目标"无关"，但只和大脑发育相关的部分。我们于是把如此获得的"神经元制备品"变成了营养溶液，然后和其他"制备品"或者大脑部件结合，结果由自然组织造就的"人工大脑"就此产生。

我们预期这里会碰到一些伦理问题。为了避免这些问题，我们不从建构完整人类卵子开始，而是复制所有信息，即它包含的所有基因配方。我们今天至少在原则上知道如何做这些。某种程度上，这个过程类似于做复印件，或者从负片影印照片。胶卷或纸的角色由 RNA 系统替代（并非有机体产生的）；一颗卵子只提供关于如何组合这些核糖核酸分子的"指令"。因此我们建构了卵子染色体的"模子"，就像制作雕像的塑料模具那样。这只不过是"人造"染色体，作为发育过程的起点。这里也该有所保留，我们要采取更曲折的方式。我们要把卵子中包含的染色体信息写在纸上，用化学符号语言表示，以此为基础合成染色体；然后这样获得的"实验室卵子"进入胚胎遗传"生产"。我们可以看到，我们的行为模糊了"人造"和"自然"的边界。建造模型于是让我们能够跨越抄袭和创造的边界，因为对"基因密码"的综合了解显然使我们能做许多调整。我们不仅能够自由编码孩子眼睛的颜色，还能基于此往大脑里写入特定的"天赋"，我们甚至能大量生产"天赋母体"，并往任何卵子基因表型里"植入"父母选择的特质（肌肉天赋、数学天赋等等）。

显然，我们制造一个人类并不需要熟悉整条自然演化之路。我们不需要知道北京猿人、莫斯特洞穴文化或者奥瑞纳文明的特定发展阶段，这里面蕴藏着百万比特以上的信息。通过匹配原型的精子或卵子制造"模型"，我们能够得到比原型更完美的基因表型（得益于积累了有价值的基因性状），借此我们能够打开一扇"侧门"，为我们自己制造人类有机体。受此激励，我们将会制造出更好的模型，直到取得完全平衡的染色体设计（不管是肉体还是精神层面），模型将不携带有致病功能性或器官性倾向的基因。通过可控突变（也就是改变**自然**赋予的基因密码，改变特定基因的化学结构），我们最终会成功制造人类目前没有的性状（能让我们在水下呼吸的鳃，扩大大脑，等等）。

这里我们不打算分析人类的"自动演化"。我们要展示的是它的未来前景，同时在本书最后一部分概述对演化方案的批判。这里我们只想证明模拟学运作的可能性，它同时也是**自然**的竞争者。

关于模拟学

长期以来，人类喜欢构建互相排斥的理论。在生物学中，预成论对抗后成论；在物理学中，决定论对抗非决定论。这些理论在很"低"层面上互相牵制，也就是说，它们默认其中有一个是"终极理论"。但最后往往是其中一个理论更接近现实，却只是迈向正确道路的一步，别无其他。

在高级模拟学阶段，这些都算作科学前史。只要我们有办法掌控演化论，改变生物再生潜力的速度和范围，并且协调胎儿的遗传性状，"更好的"理论就会出现。可以说，在我们获得能力人工制造细胞核中的染色体机制之前，以上这些早就都能实现。所有的科学都建构理论，但不同分支对这些理论的态度各有不同。天文学研究的系统之间相互隔离，差距不小，从而天文学理论有了显著的完善。一旦隔离情况消散，正如几个天体互相影响那样，就难以找到解决方法。被观察的现象尺度相比于现象本身（宇宙学、生物起源、星球起源）可忽略时，一个理论的"试错"属性尤为显眼。但似乎在热力学或者染色体理论中，比起让我们的猜想直面自然，以及那些几乎包含"最纯粹"真理的理论，似乎需要赌上更多东西。

我无法说模拟学是否能消除这种差异。说到底，宇宙的现状可能来源于"任何方向"；也就是说，我们观测的东西可以有许多种不同的形成方式。不过还是有许多学科等着我们探索，所以我们不应该承担额外的风险来预言未来单个科学的发展。

如我们所知，模拟学并不是指"完美模拟"，除非有人如此要求。我们知道嵌入模型的变量数量会改变，这取决于建模生产所服务的目的。鉴于存在事先设定好的目标，达到这一目的会有最优信息量，这不能和最大信息量画等号。

根据模拟学，人做的一切都是建模。听起来没什么道理。我们说建模现象包括模仿星体和有机体，这话没错，但"模拟"电池、电磁炉和火箭又算什么？

让我们试着列举一个精简的"建模活动"分类。

1. 对现有现象建模。我们想要下雨。我们就模拟气候、大气以及其他这类现象。然后我们找到下雨的"起点"在哪儿。当我们（在自然界）实现该起点，雨就下起来了。有时，虽然很罕见，雨有颜色：比如说，火山爆发，一些多彩的矿土尘埃喷洒入空中，它们给雨水染色。我们也能创造类似的雨，只要我们能"编织"出一个系统，把合适的染料掺入云团或者冷凝水中，把它们编进造成雨的因果链"绳结"中去。这样，我们就增加了给定自然现象的发生概率，本来这一现象很罕见。但是自然情况下经常下雨，所以我们对提高下雨概率的贡献就不大了。有颜色的雨却很罕见。这样，我们作为"低概率状态放大器"的行动就到达比较高的层次了。

2. 对"不存在"现象建模。自然不会实现所有可能的行为过程，但比一般认为的还是要多。不是每个工程师都知道一些海洋生物身上有背鳍，反冲原理、回声定位在演化中被自然使用，给鱼类装上了能帮它们判断自身所处水深的"压力计"，等等。一般来说，自然几十亿年前就"想出"了将更可能发生的过程（熵增或解体）和不怎么可能发生的过程（生命的出现）结合在一起的"主意"，这个"主意"使得组织有序度增加而熵减少。类似的，它制造控制杆、化学动力学和化学电子机器，把太阳能转化为化学能的机器（脊椎动物的骨骼、它们的细胞和光合作用植物）；它还创造了泵（心脏），调控和渗透的装置（肾脏），"显影"摄像机（视觉器官），等等。在生物演化的领域内，它没有碰核能，因为辐射会破坏遗传信息和生命进程。但在星体中，这种能量被自然所"应用"。

因此，总的来说，自然将许多过程相互结合在一起。我们能模仿它的这一方面，而且我们也确实这么做了。我们把随处可见随时发生的过程联结起来：水车和水、熔化矿石、铸铁、制造机械工具，种棉花和用它做衣服。结果，熵增总是在某处发生，并且导致局部熵减（马达、炉子、电池和文明）。

电子在电场中有特定行为。把这个过程和其他过程结合，我们就得到了电视，或者铁磁存储器，或者量子增强过程（微波和激光）。

我们总在模仿自然。然而，这要正确地去理解。一群大象和长颈鹿用力地踩在黏土上，从而产生"车底片"；附近的火山喷射出熔化的磁铁矿，矿石落下时形成某种造型，由此出现一辆车或者类似的东西。

当然这样的概率很小。但从热力学角度来看，也并非不可能。模拟学的结果可以简化为增加很难"自然"发生，但仍有可能发生的现象发生的概率。理论上，木轮子、碗、门把手或车的"自发"出现是可能的。此外,这种"合成"的发生概率大大高于自发形成有机体的概率,前者只要铁、铜、铝等原子的突然融合,而后者却需要原子融合后"移动"到正确位置来形成阿米巴变形虫或者我们的朋友史密斯先生。一辆车最多由几十个到几千个部件组成,而一只阿米巴变形虫有上百万个组成元素。此外,汽车内部特定原子和固体的位置、力矩以及结晶化对其功能影响不大。但"形成"阿米巴虫的分子位置和性质对其存在影响巨大。那为什么阿米巴虫出现了,而汽车没有?因为一开始就有自组织能力的系统自发出现的概率更高,还因为地球的"初始条件"允许这一点。

我们将提出一个普遍原则。自然设计活动的概率分布完全不同于人类设计活动的概率分布,不过,后者当然根植于前者。自然典型的概率正常分布(贝尔曲线)使得锅或计算器在整个宇宙中几乎不可能自然发生。找遍死亡的星球和燃尽的矮行星,也许我们能找到几个"意外产生的勺子",甚至一个自发结晶的锡罐,但要碰到里面装有牛肉或者任何部分可食用的东西,等到永远也不会有。这些现象"不可能"发生并不是因为被自然(或者法则,毕竟作为事物必须以某种方式存在的规则,这些法则排除一系列不符合它们的存在)禁止。因此,我们的设计活动是自然设计活动概率领域中的特例,此外,它还发生在概率值突然开始降低并变得极微小的情况下。如此，我们得到了一些非常不可能的热力学状态，诸如火箭或电视机。当自然成为设计者的"要素"时，而我们此时最弱小无力：我们（仍然）没法在自然能做的规模上开启自组织进程，我们也不能和自然的技艺一较高下。而且，如果自然都做不到，这本书的读者和作者都将不复存在了。目前，人类只对"自然的生产谱系"中很窄的一段感兴趣，而还有许多其他设计层面上能做的。我们还没有尝试制造彗星、陨石或者超新星（感谢氢弹，我们走上了正确的道路）。难道我们就不能超越自然设计的极限吗？当然，有可能发明出不同于我们现有的宇宙和自然。那这该怎么实现？

我们现在先放一放这个话题，很快就回来。

注释

1 事实上，不存在所谓的"简单系统"。所有系统都是复杂的。但在实践中，这一复杂性可以被忽略，因为它对我们关注的事没有影响。在普通钟表内，有表盘、主发条、细弹簧和棘轮，会发生结晶化、材料疲劳、腐蚀、电荷交换、缩水和部件膨胀等过程。这些过程实际上对时钟简单机械性地测量时间没有影响。同样，我们可以忽略每台机器每个物体中分离出的参数，但当然只能忽略到一定程度，因为这些参数（确实存在，尽管我们暂不考虑它们）到了一定时刻会改变很大，最终让机器停止工作。

　　科学要识别出有意义的变量，同时忽略不太重要的。而一台复杂机器里面许多参数都不能被忽略，因为它们实质上对机器的运作都有贡献。大脑就是如此。这不意味着这种机器，如果作为调控器，比如大脑，就一定要考虑所有变量。实际上我们可以罗列的变量无穷无尽。如果大脑要一一考虑在内，它就什么也做不了了。大脑"并不需要"考虑构成它的单个原子、质子和电子等参数。大脑，以及任何调控器，或者，再推而广之，任何机器都不是什么优势，而是一种必要的"恶"。它响应着其建造者——"演化"的部分要求，对生物生存的自然环境复杂性的响应，因为只有调控器具有很大的可变性，才能应对非常复杂的环境。控制论就是调节真实系统状态和动态的学科，尽管它们很复杂。——作者注

2 在希腊神话中，斯库拉和卡律布狄斯是两头怪兽，分别驻守在意大利和西西里岛之间的墨西拿海峡两侧。前者被认为有六个头，而后者被想象成一个旋涡。对于要穿越海峡的水手们来说，它们都是要面临的巨大危险。这个神话孕育出一句短语"在斯库拉巨岩和卡律布狄斯旋涡之间"，描述了一个人进退两难的情况。

3 见 See Shapiro, "O kwantowanii prostranstwa."——作者注

4 在这里，我将一句波兰诗歌替换成刘易斯·卡罗尔《无意义的话》，以更好地表达莱姆的论点。

5 见 Bohm（戴维·玻姆），*Quantum Theory*（《量子理论》），1951.——作者注

6 见 Parin and Bajewski, *Kibernetika w miedicinie i fizjologii.*

第六章　幻影学

幻影术的基础

我们面临着如下问题：我们要如何创造出可以让智能生物生存于其中的现实实体呢？这些实体与标准实体毫无差别，但又遵循不同的法则。在引言中，我们将从一个较简单的任务开始讲起。我们要问，有没有可能创造出一种人造现实，这种现实和与其类似的真实情景难分伯仲呢？第一个话题集中在创造世界，第二个话题则是创造幻觉。但我们讨论的是完美幻觉。我甚至不知道将它们称为幻觉是否公允。请列位自行判断。

我们将要分析的分支学说称作幻影术（phantomatics）：该学说为真正的工程创造性设计提供了基石。我们将从一个实验开始，我先声明，这个实验本身不属于幻影术。

一个人坐在走廊里，望向花园，同时闻着手中拿的玫瑰花。我们正记录（比如用磁带或盘式磁带）下他神经中游走的一系列脉冲信号。

在同一时刻，需要完成成百上千的记录，因为我们必须记录下在他感官神经（浅层和深层感知）和脑神经（比如，来自皮肤感知受体、肌肉自感受器，以及味觉、嗅觉、听觉、视觉和平衡气管内的所有信号）内发生的一切变化。

一旦我们记录好所有的信号，我们就把同一个人关进完全孤立的环境中，比如让他进入一间暗室，躺在装有温水的浴缸中，随后，我们将电极贴在他的眼球上、插入耳中、贴在皮肤上等。总而言之，我们将这个人的所有神经连接到我们的记录器上，按下"开始"，将先前记录的内容输入其神经中。

这没听上去那么简单，一切取决于神经躯干内脉冲信号的拓扑定位重要性，连接某些类型的神经要比其他神经容易得多。视神经尤其困难。至少在人类身上，主要的嗅觉区域几乎没有维度：如果我们同时闻到三股味道，我们很难确定这些味道来自何处。但是视野范围内的定位质量极高：脉冲信号的最初组织过程早已发生在视网膜中，视神经就像多脉电缆，每一条静脉引导一束针对初级视觉皮层的脉冲信号。"定位"神经内记录下的脉冲信号难度很大（记录过程本身也不容易）。听觉神经也是如此，但难度相对较小。我们能够想出几种技术方法来克服这个难题。最简单的方法似乎是通过大脑皮层，从脑袋后面引入脉冲信号，直接进入视觉皮层。由于我们无法通过外科手术来展示大脑皮层，因为不可能穿透皮肤和骨骼精准定位进行刺激，因此有必要将电脉冲信号转化为其他信号（比如，微波激射器产生的辐射束，其超短波直径不超过我们的神经元）。只要它们足够集中，微弱，这样的波能够刺激大脑组织且不伤害大脑。这仍然不能让人满意，因为无法完全保证结果。

还有一种可能：建造一种专门的"眼球附加器"，由一种"反眼睛"构成，这是一套视觉平衡系统，与肉眼通过瞳孔"连接起来"（当然不是直接连接：在瞳孔前面的是眼前房和视网膜，两者都是透明的）。眼睛和"反眼睛"共同组成统一的系统，其中"反眼睛"是发送器，而眼睛则是接收器。现在，当我们的主人公不是直接用自己的双眼，而是用"反眼睛"看（在正常情况中）的时候，他能正常看到一切事物，唯一的区别只是他戴着这副（精心制作的）"眼镜"。这副"眼镜"不仅仅插到了他的眼睛和传播光线的世界之间，还是一种"指向性"装置，将感知到的图像分解成像素，数量等于视网膜中棒形像素和锥形像素的数量。"反眼睛"视野所见的像素与一套记录设备连接起来（比如通过线缆）。如此一来，我们能够巧妙收集到视网膜看到的同样信息，不是让我们坐到眼球后面，直接进入视神经，而是在视网膜之前，进入"信息收集附加器"。接下来如果想要逆转反应，我们便可以将那副"眼镜"再戴到主人公头上，但这次是在黑暗中。我们将设备中的记录内容通过设备——"反眼睛"——眼睛——视神经一路发送到他的大脑中。这不是最佳方案，但至少技术上是可行的。我们应该补充一下，这个方案不是在瞳孔前放台摄像机，将电影或者某种微型影片投影到眼睛里面。电影或者其他这种类型的记录有预先确定的焦点，这就是为什么我们无法转动视线，无法从焦点内的前方看向焦点外的后方。电影提前决定了要看清什么，哪里细节较少，哪怕 3D（立体）电影也是如此。但是肌肉收缩的力量会让晶状体变平或者膨胀，尽管程度小于双眼视觉，会为大脑提供便于判断距离这样的另一信息来源。这也就是为什么我们若要实现完美模拟的目标，就必须让眼睛自由调节，更不用提从"人眼角度来看"电影画面在视觉上并不完美。因为这是我们非常初步的想法，所以这种内容充实的悄悄话不足以提供具体的解决方案，但是一方面是我强调了实现问题面临的困难，另一方面突出了这么做的最终可能性。

于是，当我们的主人公身处黑暗中时，一系列脉冲信号沿着他的神经进入大脑中，这些信号和他坐在走廊上闻玫瑰花时出现的信号一模一样，他将主观地发现自己再一次身临其境。他将会看到天空，手中的玫瑰花，走廊后的花园背景，草地，玩耍的儿童，等等。一个有些类似的实验早已在狗身上展开了。首先，实验狗跑动时，研究人员记录下游走于其运动神经内的脉冲信号，之后，实验狗的脊髓被切除。它的后腿因此瘫痪。当电子记录插入瘫痪后腿的神经内时，原本瘫痪的部分"起死回生"，做出了和正常狗跑步时同样的动作。改变信号传输的速度会改变运动的速度。我们思想实验和这个实验的差别在于下列事实：真实实验中，实验狗的脉冲信号是通过离中神经输入（其运动神经内）的，而我们的实验则是将信号输入向中神经。然而，如果我们实验的主人公想要起身走入花园，那会发生什么？当然，他没法这么做。因为我们向其神经输入的脉冲信号是记录下来的、固定不变的。如果他尝试起身，就会出现奇怪的混乱感，试着去抓一米外的楼梯扶手时，他只会抓到空气。他的感觉会产生分歧，他感觉到的、观察到的和他正在做的有分歧。这种分歧正是他目前的运动行为与之前我们记录下的感知活动产生分歧的结果。

现实生活中发生过类似的情况吗？这常常发生在第一次去剧院的人身上，他们会大声向演员提出建议（比如，罗密欧不要自杀），然后很意外，演员并没有听取他们的建议。演员不做出反应那是因为任何艺术，戏剧、电影、文学，就是"事先编排好的"，一旦写定就不再改变，不会有干预情节改变事件走向的情况出现。艺术，是信息的单向传送。我们只是接收方，只能观看电影屏幕或者戏剧演出，接受其中的信息。我们只是被动的旁观者，不参与情节发展。而文学和戏剧不同，不会给出同样的幻觉，因为读者可以立刻翻到书的结尾，看看早已确定的结局。然而，戏剧中下一幕的发展只是记录在演员的记忆中（至少对没有读过剧本的观众如此）。阅读科幻小说时，我们有时会读到有关未来娱乐项目的情节，其中包括类似于我们实验所描述的活动：主人公在自己的头上插入需要的电极，一瞬间，他就发现自己身处撒哈拉腹地，或者火星表面。写下如此描述的作者没有意识到，这种"新"的艺术和现代艺术的唯一区别在于，将两者与事先确定好的固定内容"连接"在一起的方式（其本身意义微乎其微）。即使不用电极，我们在立体的"环幕影院"中也能获得同样的幻觉，也许只需要再佩戴一个"外置嗅觉通道"以及立体声。视野则和在天然环境中一样，也就是三百六十度，每个人看到的都是三维的，颜色自然，嗅觉装置同时创造出"沙漠"和"火星"微风。因此，只要我们有恰当的投资，我们不需要等到2000年，今天就能全部实现。决定佩戴电极意义不大，除非这些电极本身要承担三十世纪文明的重担。

因此，在"传统"艺术中，在信息内容和接收者大脑之间，我们发现了后者的感觉器官，而在科幻小说的"新"艺术中，这些器官消失了，因为信息内容可直接插入神经中。在两种情况下，连接的单向特性保持相同。这就是为什么我们展示的实验或者"新"艺术都不属于幻影术。此外，幻影术致力于在"人造现实"和其接收方中创建双向连接。换言之，幻影术是反馈的艺术。当然，某人可以仅雇用一些演员，让他们穿上十七世纪的服装，而自己穿上法国国王的戏服，还有其他奇装异服的人，在一个合适的地点（比如租用一处古堡），来演绎他的"路易王朝"。这样的活动连基本的幻影术都算不上，就举最简单的一点吧，因为其中任何一个参与者都可以随时摆脱这一"现实"。

幻影术的意义在于创造出没有"出口"的情境，让人无法离开虚构世界，回到真实世界。现在，让我们来一一探索实现幻影术的各种手段，以及这样一个有趣的问题：是否存在一种可信的方式，可以让幻影术中的人坚信他的经历只是幻觉，自己只是被幻影暂时地从失落的现实中分隔开了。

幻影机器

人连接到幻影生成器之后能够经历什么呢？一切。

他能够攀登阿尔卑斯山，或者在月球漫步，不需要穿宇航服或者戴氧气面罩，也可以身着闪耀的盔甲，带领军队征服北极的中世纪城镇。他可以作为马拉松冠军接受众人的欢呼，或者成为伟大的诗人，从瑞典国王手中接过诺贝尔奖牌，还可以爱上蓬帕杜夫人，也被她所深爱。他可以与伊阿古决斗，为奥赛罗报仇雪恨，也可能被黑手党杀手刺伤。他还能经历背后长出鹰翼的过程，腾空飞翔，然后再变成一条鱼，一生畅游珊瑚礁，抑或变成一条鲨鱼，张开血盆大口，追逐猎物，他甚至还能抓住海中的游泳者，大快朵颐，然后游回水下洞穴，安静地消化掉腹中美食。他可以变成六尺四寸的黑人，法老阿蒙霍特普，强盗阿提拉，或者反过来，变成一个圣人。他可以是预言家，他的所有预言保证百分之百会实现，还可以在死后一次又一次地复活。

我们如何实现上述种种经历呢？当然，不会那么直接。这个人的大脑将会与一台机器连接起来，这台机器将一股股嗅觉、视觉、触觉或其他刺激输入大脑。于是，他将会站在金字塔顶端，或者躺在2500年环球小姐的臂弯中，又或者挥舞利剑斩杀身披铠甲的敌人。大脑响应收到的脉冲信号，产生自己的脉冲信号，而机器则把后者发送到自己的子系统中，它必须在一秒之内完成。多亏了子系统中的正反馈游戏，以及组织好设计巧妙的自组织系统发出的脉冲信号流，环球小姐会回应他的话语，并亲吻他，他采摘的花朵茎秆会柔软地弯曲起来，敌人的胸口被他刺中后会喷出血液。请大家原谅我这种夸张的叙事风格。但是，无须浪费太多时间和空间，我会概述作为"反馈艺术"的幻影术的工作原理。在这个领域内，接收方会变成积极的参与方，一个英雄，置身于事先编排好的事件中。也许我们最好使用这种歌剧风格的语言，而不是技术术语，印务技术术语不仅会让叙述变得极端枯燥乏味，还会显得极其烦琐，因为目前并不存在相应的幻影机器，或者任何合适的程序。

我们无法赋予机器能够预测其主人公所有可能行为的程序。这并不可能实现。尽管如此，机器的复杂程度无须等同于其所有代理对象（仇敌、朝臣、环球小姐等等）的复杂程度总和。例如，我们熟睡时，常常发现自己置身于各种陌生外景，遇见不同的人，有时候很独一无二，有时候古怪反常，人们跟我们说话时，往往让我们大吃一惊，即使所有这些各式各样的场景，包括我们梦境中的其他参与者，都只不过是一个正在做梦的大脑的产物。因此，幻影机的幻想程序可能只是类型的大概草稿，"第十一王朝时期的埃及"，或者"地中海盆地中的海洋生命"。在另一方面，机器记忆库必须包含与给定主题密切相关的完整数据范围，在必要时刻，数据激活，以图像形式传输这些早已记录下来的事实单元。当然，必要时刻取决于处于幻影世界中的主人公的特定"行为"，例如，他转过头，看向自己身后的法老墓室。他的背部和颈部肌肉脉冲被传送至大脑，必须毫无延迟地应对这些"脉冲"，为此，光学显示的中心投射发生改变，"背后的墓室场景"将进入他的视觉范围内。因为幻影机器必须瞬时做出充分反应，应对人类大脑输入刺激流动中的每一个变化，无论变化有多细微。当然，可以这么说，以上这些不过是字母表中最开头的几个字母。生理光学法则、引力等等必须得到如实表征（除非违背了所选择的幻想主题，比如，某人伸展双臂，想要摆脱地心引力飞翔起来）。但是，除了已经提到的决定性的因果链，幻想还必须包含以相对自由为特征的过程。意思很简单，就是其内部人物，主人公在幻影机器中的同伴，应该展现人类特征，包括根据主人公的行为和语言做出（相对）自主的语言和行为，他们不可以只是木偶，除非在"表演"之前进入幻影世界的主人公如此要求。当然，所使用的装置的复杂程度各不相同。模拟环球小姐要比模拟爱因斯坦简单许多，因为模拟后者，机器将必须展现的复杂性，以及智慧性，要等同于天才的大脑。我们只能希望想要与环球小姐交流的人要远多于要见见相对论创造者的人。让我们再补充一点，为了让我们的思虑完整，这种"插入式设备"，即我们本章开头提到的"反眼睛",对于全功率运转并且提供幻影自由的幻影机器没有多大用处,因此需要更加完美的解决方案。但原理是一样的:我们有人与环境连接起来,幻影机器通过两个信息通道模拟出环境,一个传入通道和一个传出通道。因此,机器可以模拟一切除了一样东西:它不直接命令接收方的大脑处理过程,它只是给进入大脑的事实下指令,于是我们不能要求幻影机器创造出人格分裂的人或者精神分裂症患者剧烈发作的经历。但这句话说得有点过早了。到目前为止,我们已经讨论了"外围幻影术",源于身体的"外围器官",因为脉冲信号的游戏和对抗游戏发生在神经中,没有直接干预大脑处理过程。

因此,关于如何了解幻象虚构性的问题,乍看之下,就类似于做梦的人提出的问题。诚然,在有些梦中,所经历的一切真实感极其强烈。但我们应该记住,做梦时的大脑永远无法像清醒时的大脑一样,呈现出全面的指令、意识和智能。在正常情况下,梦境可以被误认作现实,但反之则不成立(即把现实认作梦境),除非我们置身于非常特殊的情景中(比如刚刚醒过来、生病,或者精神疲劳)。在这些情况中,我们的意识容易"轻信",因为它变得"迟钝"了。

不同于梦中所见,幻象发生在人清醒时。这次不是大脑创造出"另外的世界"和"其他人",而是由机器制造的。就传递的信息质量和内容而言，进入幻影世界的人变成了机器的奴隶：他无法接受其他外部信息。但与此同时，他能够自由使用那些信息：解读信息，分析信息，想用什么方式就用什么方式，只要他足够聪明和好奇。这是不是意味着一个牢牢掌握自我心智能力的人能够识破幻影术的"骗局"呢？

我们对此的回答是：如果幻影机器变成类似于现代电影院一样的东西，那么对于走入电影院、购买电影票，以及其他任何预先准备活动的记忆都会保留在观影人的整个观影过程中（比如说他知道自己在现实生活中的身份），这些事实会让他不那么严肃地看待自己的经历。然而，事物总有两面性：一方面，意识到所经历的行为的任意性，人们就会放任自己，比现实走得更远，就像在梦中一样（结果，他的暴力性、社会观或者性取向都和他日常行为规范很不一致），这一方面在主观层面上相当愉悦，因为它释放了行为自由；但与此同时，意识到在幻影世界中无论是表演行为还是演出的人物都不是具体存在的，也就是说是不真实的，因此，即使是最高级的表演，看完之后也无法满足人们对真实性的追求。

当然，这有可能发生，如果幻影术确实成为娱乐或者艺术的一种形式，它就会发生。假想幻影机的管理对于掩盖上述经历的虚构属性并不感兴趣，例如，这些经历是否会让顾客神经崩溃。此外，鉴于相关立法规范，一些特殊意愿，比如那些具备虐待属性的意愿，可能无法实现。

但我们感兴趣的不是用户或者管理问题，而是完全不同的方面：生成论相关问题。毫无疑问，"进入"幻象的过程可以被完美掩盖。有人使用幻影机，预订了去落基山脉的旅行。整个行程愉快又美好，此人"醒来"之后，也就是，幻象之旅结束之后，助理摘下顾客身上的电极，礼貌地和他挥手告别。顾客出门走上街头，突然发现自己置身于一场可怕的灾难之中：房屋倒塌，地动山摇，满载火星人的"飞碟"从天而降。发生什么事了？"醒来"，移除电极，离开幻影机，这些也统统是幻象的一部分，对此一无所知的旅客的观光之旅才刚刚开始。

即使没有人真的搞过这样的"恶作剧"，精神科医生仍然会在候诊室里看到许多精神病患者，他们得了一种新型的恐惧症：害怕自己所经历的一切都不是真实的，害怕自己被"囚禁"在"幻影世界"中。我提到这点，是因为它清晰地指出：技术不仅能塑造正常的思维意识，还能使得它们患上一系列的疾病和失调。

我们只列举了掩盖经历的"幻影性"的许多可能方式中的一种。我们还可以列出许多其他同样有效的方式，更不用说下列事实：幻象可以包含任意数量的"层次"——就像在梦里一样，当我们梦到自己已经醒来时，其实是在做嵌在前一个梦里的另一个梦。

突然，"地震"结束，"飞碟"消失，之前说到的那位顾客发现他仍然坐在那张扶椅上，头上插满电线，和设备连接在一起。一位礼貌的技术人员面带微笑地解释说，这是一种更高级别的程序。于是顾客离开，回家睡觉。第二天他去上班，发现他的办公室不见了：被上次大战中遗留下来的一枚炸弹炸平了。

当然，这有可能还是幻象的延续。但我们又上哪儿去知道呢？

首先，有一种非常简单的方法。如前所述，机器是外界信息的唯一来源，这点是毫无疑问的。但它不是关于有机体本身状态的唯一信息来源。通过代替身体的神经机制来提供本人手臂、双腿、头部位置以及眼球运动等信息，它只能发挥这一作用。但是，有机体的生物化学信息并不服从于这种控制手段，至少就目前我们所讨论的幻影机器而言是这样的。因此，做上一百来个深蹲就够了：如果我们出汗了，有点喘不上气了，或是感到心跳加速、肌肉疲劳，那我们就是在现实生活中，而不是在幻象中，因为肌肉疲劳是由肌肉中乳酸的累积所导致的。而机器无法影响血液中的糖分水平、二氧化碳含量，或是肌肉中的乳酸浓度。在幻象中，你就算是做上一千个深蹲都不会有丝毫疲惫。然而，如果有人想要进一步发展幻影术，这也不是什么不能解决的问题。首先，可以给幻影中的人一定的移动自由，他只需用一种特定的方式来行使这种自由（比如，使用自己的肌肉）。当身在幻影中的人伸手去拿一柄剑，那只有伸手这个动作是真实的，因为在外部观察者眼中，他的手里握的不是一柄剑，而是空气。然后，这个相当原始的方法可以被更加精细的方法取代。生物的化学信息通过不同方式传输给大脑，或者是神经（一条疲劳的肌肉"拒绝运动"，因此传输的脉冲不会让肌肉动起来，或者我们感到肌肉疼痛，这也是神经末端受到刺激的结果，当然，这些都能以幻影形式模拟出来），或者是直接方式：血液中过多的二氧化碳刺激了呼吸中心的髓质，从而加深并加快了呼吸。但是，机器也能简单地增加我们呼吸的空气中二氧化碳的含量，当氧气含量降至一定水平，血液中二氧化碳和氧气的比例就会发生改变，就和我们从事重体力劳动时一样。于是，高级的幻影机器就此扫除了"生物化学和生理检验法"的障碍。

那就只能"与机器玩智能游戏"了。区别幻影和现实的可能性取决于该设备的"幻影潜力"。让我们想象一下，我们置身于某个环境中，并试图辨别它是否是真实的。比如，假如我们认识某个著名的哲学家或者心理学家，然后去拜访他，和他交谈。这可能是幻觉，但要让一台机器模拟一场与智者对话的场景，一定要比创造类似火星飞碟登陆地球的"肥皂剧"式场景要复杂得多。事实上，"旅游型"幻影机和"制造人类"幻影机是两种不同类型的设备。显然，建造第二种机器要比第一种要难得多。

其次，还有另一种方法可以发现真相：人人都有自己的秘密。这些秘密可能无足轻重，但它们只属于我们自己。机器无法"读懂我们的思想"（它不可能做到这一点：记忆的神经"编码"是每个人的个体属性，"破解"一个人的代码无法让我们得知其他人的代码）。因此，无论是机器还是其他人都无法知道我们自己家书桌的哪个抽屉卡住了。我们只要赶回家看一下就知道了。如果抽屉是卡住的，那我们身处的世界很可能就是现实世界。要是幻象的创造者要在我们去找他之前就成功地探测到，并在他的磁带上记录下种种诸如"抽屉卡住了"的琐事，那他可得好好跟踪我们才行。揭穿一个幻象的最容易的方法就是通过这种细节。然而，机器也总能诉诸技术性的策略。抽屉并没有卡住，我们发现自己仍然在"幻象"中。但这时候，我们的妻子出现了，我们告诉她，她只不过是我们的"幻觉"。我们向她挥舞刚刚拉出来的抽屉，来证明这一点。妻子怜悯地笑了，说今天早上她就叫来木匠把抽屉给修好了。于是，我们又搞不清楚了：这到底是真实的世界，还是机器的狡猾把戏完美匹配了我们的行动。和机器玩"策略游戏"无疑假定了它对我们的日常生活非常熟悉。但我们也不应夸大其词：在幻影世界，每一个异常现象都会唤起我们的怀疑之心，表明这是机器制造的幻影，尽管在现实生活中，确实有旧炸弹会爆炸，妻子有时也会叫来木匠。因此，我们能确定的只是：认为自己身处现实世界而非幻影世界这一陈述，永远只是一个可能性的问题，有时可能性非常高，但从来都不是绝对的。和机器玩游戏就像下国际象棋：当代的电子机器会输给顶尖选手，但能打败普通人；在未来，它将打败每一个人。同样的说法也适用于幻影机器。所有这些试图发现事件真实状态的努力，其主要弱点在于，如果一个人对自己生存于其间的世界的真实性产生了怀疑，就必须自己行动起来。因为任何向他人求助的行为，实际上都是一种向机器提供具有战略价值的信息的行为。如果这确实是一个幻影，那么告诉我们的好朋友事关存在不确定性的秘密，我们就将额外的信息透露给了机器——而它就会利用这些信息来强化我们的信念，让我们相信自己正在经历的就是现实。这就是为什么人在体验过程中无法信任任何人，除了他自己——这样一来，他的选择范围就大大缩小了。他的行为在一定程度上是防御性的，因为他是被全面包围。这也意味着，幻影世界是一个完全孤立的世界，任何时候其中都不可能有一个以上的人，就像两个真实的人不可能同时处于同一梦境中。

没有一个文明能够"完全幻影化"。如果从某个点开始，一个文明的所有成员都进入了幻象，那么该文明所处的真实世界就将陷入停滞，并最终消亡。因为即使最美味的幻影美食都无法延续真正的生命（虽然可以通过将特定的脉冲信号传导入神经来产生饱腹感！），人在幻影世界中待的时间足够长以后总要摄入真正的食物。当然，我们也可以想象某种可以覆盖整个星球的"超级幻影机"，该星球上的居民"永远"——也就是说，只要他们还活着——与机器相连，而他们的身体则像植物人一样，由自动设备来维持生命（比如，将营养物质输送到血液中）。自然，这种文明看起来就像是一场噩梦。但是，决定这种文明能否存在的并不是它看起来像不像噩梦，而是其他的因素。这种文明只能存在于一代人之内——与"超级幻影机"相连接的那一代。因此，这将是安乐死的一种特殊形式，一种文明在愉悦中自杀的行为。出于这个原因，我们认为这种应用并不可能实现。

外围和核心幻影术

幻影术可以被置于下一系列序列中，使用外围刺激（"外围预备幻影术"）或者发挥核心作用（"核心幻影术"）多多少少影响我们在历史中得知的大脑，从而组成一定序列。

第一组序列包括仪式，主要在古代文明中得到发展，通过运动刺激（比如，舞蹈仪式）、听觉刺激（通过有韵律的脉冲信号，"摇滚"般影响情绪的过程，因为从演化角度来看，旋律比节奏韵律历史更短）、视觉刺激等等，诱导人们进入一种狂喜的特殊状态。它们有助于诱导一群人进入恍惚出神的状态，这样他们的个体意识变得模糊，或者受到束缚，总是伴随着非常强烈的情绪。如今，这种集体高潮兴奋总是和"无拘无束的集体狂欢行为"相关，但在古代社会中，这曾是一种半神秘半魔性的状态，在群体兴奋状态中混合着个人经历，其中性元素并不占据主导地位。恰恰相反，这种仪式相当有吸引力，因其神秘性，能够让人们释放出日常生活中未知的力量。

第二组序列包括摄入诸如酶斯卡灵（迷幻药）、裸盖菇素（迷幻药）、印度大麻、酒精、毒蝇伞提取物（迷幻药）等物质。通过影响大脑化学物质，它们激发主观上飘飘然又愉悦的体验，能够唤醒灵魂的审美或者情感方面体验。这两种方式实际上通常结合使用,试图达到感官高潮。这些活动和幻影术之间的联系在于：信息主动输入大脑会唤起大脑的理想状态，不是因为这种状态可以作为合适的环境调控器,而是因为它提供了愉悦或者震撼（宣泄性）的感觉，简单来说就是强烈又深刻的体验。这些古老习俗表现出集体虐待狂或者受虐狂倾向吗？抑或它们是宗教生活的体现？又或者也许它们正是"大众艺术"的早期开端？"大众艺术"不区分作者和观众，人人都参与"艺术品"的创作。这和我们又有什么关系？这个话题和幻影术的分类有些许联系。

精神分析方法倾向于将所有的人类活动简化至基本驱动力。他们喜欢给清教徒的禁欲主义和最极端的放荡不羁分别贴上"受虐狂"和"施虐狂"的标签。问题不在于这些陈述不符事实，而是这一事实过于琐碎，不足以被科学使用。泛泛而谈毫无意义，就好像在讨论一次性行为是否代表了一次太阳活动。当然后一说法有可能是对的：因为生命来自太阳辐射，因此，借助因果长链，从我们的恒星太阳可以一路推导到地球地壳，然后通过演化发展周期进一步深入，就又可能证明植物中辐射量子的能量衰退，反而成为动物（人类便是其中之一）的营养来源，最终，到了某一特定时刻，此时距离能量来源已经很遥远了，影响到了性行为，这要归功于整个过程实际上连续发生(因为没有繁殖能力,所有的生物都会灭绝)。同样地，我们可以说性欲已经成为艺术作品的一部分。谁都知道这种说法只不过是隐喻而不是真相，至少不是科学真理。不是什么事都包含科学真理：包含不重要变量的海洋要比愚蠢海洋大许多，这已经说明了一些东西。

当因果链足够长的时候，任何试图联系非常遥远阶段的尝试都变成了隐喻，而不是科学命题。这点尤其适用于复杂系统，比如神经网络，由于无数的内部连接和反馈回路，很难确定什么是果什么是因。在诸如人类大脑等复杂网络中寻找"第一原因"就是纯粹的先验论。即使心理医生-精神分析学家否认这点，他们的论点表明，严格的教练和开膛手杰克两人之间的巨大差异就好比两辆车，第一辆车比第二辆车有更好的刹车装置，这就是为什么第一辆车没有撞毁。数百年前，艺术、魔术、宗教和娱乐活动不像如今一样泾渭分明。我们将"幻影术"称作"娱乐活动"是因为它与当代技术之间有着一脉相承的联系，但这并不妨碍它的未来也许有着更加普遍的用途。

在我们的分类系统中，外围幻影术是一种间接作用于大脑的方法，也就是说，幻影刺激仅仅提供类似于现实的事实信息。它决定的永远只是外部状态，而非内部状态，因为同样的感官观测（比如有一场暴风雨，或是我们正坐在金字塔的顶端），无论是人工生成的还是自然生成的，在不同的人身上唤起的感受、情绪和反应也都是不同的。

核心幻影术，则是直接刺激相应的大脑中枢区域，使人产生愉快或狂喜的感觉。这些核心区域位于中脑和脑干。愤怒和焦虑核心（即攻击和防御反应的核心）与中枢区域位置相当接近。奥尔兹和米尔纳的文章[1]如今已经尽人皆知。一只动物（一只老鼠）被放在笼子中；它的大脑

（间脑）中被永久植入电极，它的脚下有一个踏板，踩下踏板会释放电流，刺激间脑，而松开踏板就会关闭电路。一些动物在二十四小时之内一直电击自己，频率达到每小时八千次，也就是一秒两次。如果电极的插入再深一点，那么只要被电击过一次，动物们就不会第二次踩下踏板。H. W. 马古恩指出，我们能够想象，在大脑的这部分区域存有两组相对的神经中枢：一组与"奖励"连接，而另一组与"惩罚"相关。他于是问道："在这些研究中，动物的大脑中存在天堂和地狱吗？"[2]

贾斯伯和雅各布森已经识别出人类大脑的相似关系，取决于受到刺激的位置，接受刺激的人们会经历焦虑和恐惧，就像癫痫症发作之前那样，或者某种愉悦的感觉。基于这些解剖和生理数据，"核心幻影术"因此成为"核心手淫"形式，即使海马刺激过程中经历的感受并不等同于性高潮。我们自然倾向于谴责这种电击产生的"幸福冲击"，就像我们谴责任何简单的自我取悦行为一样。控制论专家，比如之前提过的斯塔福德·比尔，其实已经注意到需要将惩罚和奖励机制引入复杂的内稳态调节器中。简单的内稳态调节器（比如由艾什比提出的四元素构建的机器）不一定需要这种子系统，只有非常复杂的系统才要求这种"欣快痛觉控制"，拥有许多平衡状态和自编程行为与目标。

鉴于到目前为止，人们还没停止嗑药，甚至包括有毒的（生物碱类、酒精等等），这些药物会让人产生"愉悦感"，因此我们不能排除将来会出现"核心幻影术"，仅仅因为它会作为"狂喜的技术"而触犯道德众怒。这种幻影形式无论如何都不能视作"艺术"，就像嗑药酗酒不是艺术一样。而外围幻影术则是另外一回事儿，在某些情况下，它能够成为一门艺术，但这一领域也有可能超越艺术的范围。

幻影术的限制

外围幻影术让人类进入了无法探测其真实性的体验世界中。我们已经讲过，没有一种文明能够完全"幻影化"，因为这无异于自杀。但同样的归谬法也适用于电视。一个文明能够将生存其中的人分为两类：传播节目的人和收看电视节目的人，这样的文明也是存在的。因此，幻影术只有作为娱乐技术，才有可能存在，而不是那种一旦追随就会将社会与真实世界切断，并被前文所讨论的手段所"包围"的技术。

幻影术似乎是集合当代各种娱乐手段的巅峰之作。它们包括"游乐园""电影院""幽灵城堡"，以及迪士尼乐园——它实际上就是一个最原始的大型伪幻影。除了这些官方认可的技术，还存在一些非法技术（比如，让·热内在《阳台》中描述的那些活动，在一家妓院里发生的"伪幻影化"）。幻影术具有一定的潜力成为一种艺术。至少，已经有了开始的苗头。因此，它也可能会产生一种分化，就像电影或其他艺术领域发生的那样，分为有艺术价值的产品和毫无价值的垃圾。

然而，幻影术的威胁明显要比电影——其中那些堕落的，有时甚至是违背公序良俗的电影形式（比如色情片）——所能带来的威胁要大得多。这是由幻影术独有的特点所决定的：它提供的体验是极为"私密"的，只有梦境才能与之媲美。这是一种肤浅的愿望实现技术，很容易被违背公序良俗的行为滥用。有人可能会说，这种潜在的"幻影放荡"不会造成社会危害，不过是一种"释放"形式。只在幻象中"对邻居干坏事"并不会伤害任何人。有什么人曾为自己最恐怖的梦中的内容而背负过任何责任吗？如果一个人只是在幻影机中攻击，甚至杀死自己的敌人，而不是真的在现实生活中动手，那不是很好吗？或者如果他只是"垂涎邻居的妻子"，难道这会给这对幸福夫妇带来什么灾难吗？换言之，难道幻影机就不能只是吸收潜藏在人们内心深处的黑暗力量，却又不让它伤害任何人吗？

这种观点可能会遭到这样的反驳。批评者会说，在幻象中犯下的罪行实际上会鼓励他们在现实生活中也做出同样的行为。众所周知，人最渴望的就是他们无法拥有的东西。这种"任性"随处可见，没有任何理性支撑。当一位艺术爱好者准备为一幅凡·高的真迹——只有出动一队专家才能将其与完美的复制品区分开来——而倾其所有时，是什么在驱使他？是对"真实性"的探求。因此，幻影体验的不真实性不仅不具备"缓冲"价值，反而会成为社会所禁止的活动的学校或训练场，而不是"吸收器"。如果幻象变得真假难辨，就会产生不可预测的后果。比如说，一个罪犯杀了人，之后此人将会辩称，他当时深信这"只不过是幻象"。许多人会被困在这种现实和虚构无从分辨的生活中，困在这个真实和幻觉无法主观分割的世界里，永远无法找到迷宫的出口。这种情况会成为强大的挫败感和精神崩溃"生成器"。

因此，有充分的理由表明，幻影术不应该成为一个行为全然自由的世界，就像做梦一样，在这里，能够约束这种虚无放荡的疯狂行为的只有一个人的想象力，而不是他的良心。非法的幻影机当然也能够造出来。但这属于治安问题，而不是控制论问题。控制论专家可能会被要求在设备中设置一种"审查机制"（类似弗洛伊德的"梦境审查"），一旦幻象中的人开始表现出某种攻击性或者有施虐倾向的行为，机器就会立刻停下来。

这看似是一个纯粹的技术问题。对那些有能力建造幻影机的人来说，引入这种控制并不是什么难事。但如此一来，我们就会碰到两种完全意想不到的后果，让我们先来介绍简单的。绝大多数艺术作品都是不可能幻影化的：它们会发现自己超出了许可的限制。如果我们幻象中的主人公想要成为波德比平塔[3]，那就无法避免伤害的发生，因为作为波德比平塔，他将会一剑斩杀三个土耳其人，而作为哈姆雷特，他将会刺死波洛涅斯，认为后者不过是只耗子。

而且——请原谅我举了这个特别的例子——如果他想要体验宗教殉道，这也会变得有些棘手。倒不是说几乎没有哪部作品里没人被杀或者受到伤害（就连儿童故事也不例外——想想真实的格林童话有多残酷吧！），而是说，对刺激的调控范围，也就是幻影机的审查机制，事实上并没有延伸到幻影术中人的实际经验领域。他想要被鞭打，或许是想要为宗教殉道，但也可能他就是个受虐狂呢？我们能控制的只有输入到他大脑中的刺激，但无法控制他大脑的实际运作和他的实际体验。这种体验的背景始终不在我们的控制范围之内（在这种情况下，这似乎是一个缺点，但作为通用法则，我们可以说这是相当幸运的）。通过刺激人脑的不同区域（在外科手术中）获得的有限实验材料早已证明，同样或者类似的输入在每个大脑中的记录方式都是不同的。在所有人类的大脑中，神经元用来和大脑交流的语言实际上都是一模一样的，但用来形成记忆与联想图谱的语言，更确切地说是编码方法，却是高度个性化的。这一点很容易验证，因为每个人记忆的特定组织方式都只适用于他自己。因此，举个例子，对某些人来说，疼痛是和加剧的折磨或者对不端行为的惩罚联系在一起的，而对另外一些人来说，可能是一种不正当快乐的源泉。于是，我们触碰到了幻影术的极限，因为它无法被用来直接确定态度、意见、信仰或感觉。可以塑造体验的伪物质环境，但无法塑造伴随着它的观点、思想、感觉或联想。这就是为什么我们将幻影术称作"外围"技术。就像在现实生活中，对于两种一模一样（在情感和思想上，而非科学上）的体验，两个人能够得出完全不同，甚至相互矛盾的结论。因为，众所周知，一切知识来源于感觉经验[4]（或者说，在幻影术中，来源于神经刺激），但神经刺激与情绪或者智力状态之间没有明确的决定关系。用控制论专家的话说就是"输入""输出"的状态与二者的映射之间不存在明确的决定关系。

有人就会问，既然我们已经说过了，幻影术可以让人们体验到"一切"，甚至能变成鳄鱼或者鲨鱼，那怎么又不能确定了呢？

做一条鳄鱼或者鲨鱼，当然可以，但却是以一种"假装"的方式，而且是在双重意义上：首先，众所周知，我们只是在处理一种幻象；其次，要想成为一条真正的鳄鱼，我们得有一颗鳄鱼的大脑，而不是人类的才行。归根到底，人只能是他自己。但我们应该正确理解这一点。如果一名国家银行的职员的梦想是成为一名投资银行的职员，那他的愿望可以完美实现。但如果有人想要做上几个小时的拿破仑·波拿巴，他就只能（在幻影中）很浮浅地成为拿破仑：照镜子的时候，他能看到拿破仑的脸，身边会有拿破仑的"老近卫军"——他忠诚的元帅们，但如果他本人不懂法语，便无法和他们用法语交流。在这种拿破仑式的情境中，他还会展现出他自己的性格特征，而不是我们从历史上了解到的拿破仑的。最多是他努力扮演拿破仑，也就是在某种程度上把自己假装成拿破仑。鳄鱼的情况也是如此……

　　幻影术可以让一个文学爱好者获得诺贝尔奖，让整个世界为之臣服。每个人都会因他的伟大诗歌而崇拜他——然而，除非有人能把诗歌呈送到他的桌上，否则他无法在幻象中自己创作出这些诗歌。

　　简而言之，一个人想要扮演的角色和他本人的性格特征与历史背景差异越大，他的行为及整个幻象就会越虚假、幼稚，甚至粗糙。因为，要想加冕为王或是接待教皇的使者，他得熟悉所有的宫廷礼仪才行。幻影机创造出的人物可以假装没有看到身着貂皮的国家银行职员的愚蠢行为，所以他感到的乐趣并不会因为自己犯下的错误而减少，但我们能清楚看到整个情景都完全沉浸在琐碎和滑稽的气氛中。这就是为什么幻影术很难发展成一种成熟的戏剧形式。第一，它不可能有写好的剧本，只能有一些粗略的情景大纲。第二，戏剧需要人物：戏剧中的角色都是提前分配好的，但幻影机的顾客拥有自己的个性，也无法按照剧本来扮演角色，因为他不是职业演员。这就是为什么幻影术主要还是一种娱乐形式。它可以变成可能或不可能实现的太空旅行界的"托马斯·库克旅行集团"，还可以有一系列非常有用的广泛应用——但这些应用既与艺术无关，也与娱乐无关。

幻影术可以帮助我们创造最高水平的培训和教育环境。它可以用来培训任何职业的人：医务人员、飞行员、工程师。而不会有飞机坠毁、手术事故，或是因建筑项目计算失误而造成的灾难的威胁。此外，幻影术也允许我们研究心理反应：在挑选宇航员培训生的时候尤其有用。伪装幻象的可能性有助于创造这样一个环境，让接受检验的人不知道自己是真的在飞往月球，还是一切只是幻觉。这样的伪装是必要的，因为我们需要了解他在面对真正的崩溃时的真实反应，而不是假装出来的，因为任何人都可以轻易地表现出一些"个人勇气"。

"幻影测试"可以帮助心理学家更好地了解人们的各

种反应，了解恐慌如何发展，等等。它还可以帮助人们快速选择大学课程和职位的候选人。对于那些长时间独自待在一个相对逼仄而封闭的地理空间（北极的科考站、太空飞船、太空基地，甚至是星际探索中）的人来说，幻影术将被证明是不可或缺的。有了幻影术，在抵达某一行星的旅行所必要的年限中，船员就可以进行各种各样的日常活动，就像在**地球**上时那样：跋山涉水的环球之旅、为期数年的学习研究（因为在幻象中，我们也能聆听知名教授的讲座）等等。对盲人（除非是那些彻底失明的人，也就是初级视皮层已经损坏的人）来说，幻影机将会是真正的福音，它将为他们——以及那些瘫痪或长年卧病在床的人，想要重活获青春的老人，总之是成百上千万人——打开完整的大千世界。换句话说，如前所述，娱乐可能反而是幻影机的一个相当边缘的功能，而更具社会意义的功能将成为主流。

毫无疑问，幻影机也会引起一些负面反应。它的坚定反对者，比如真实性爱好者将会出现，对幻影机只能很短暂地满足人的愿望嗤之以鼻。然而，我认为，一些明智的折中将会达成，因为任何文明实际上都是一种便利的生活，其发展在很大程度上可以被归结为这种便利范围的扩大。当然，幻影术也可能变成一种真正的威胁，一种社会瘟疫，但这种可能性适用于所有的技术产品，尽管它们的程度可能会有所不同。我们知道，滥用蒸汽和电力技术的后果远没有滥用原子技术的后果来得严重。但这是一个社会制度和现有政治关系的问题，和幻影术或者任何其他技术分支都毫不相关。

大脑改造术

有没有可能影响大脑思维过程，进而影响意识状态，同时还能避免正常的，或者说生物创造的通路呢？毫无疑问，是可能的：药物化学现存有大量的物质，会引发各种形式的兴奋，或者阻碍大脑活动，还有些物质能够以特殊方式引导大脑活动。许多致幻物质有自己独特的效果：有些只会引发"幻觉"，其他的只能引起混乱或者快乐的模糊状态。但有没有可能形成并塑造一些符合我们愿望的大脑过程？换言之，我们是否能够"改造"史密斯先生的大脑，让他暂时变成"真正的"拿破仑·波拿巴，或者让他表现出奇妙的音乐才能，又或者成为拜火教徒，相信火神的绝对真理吗？

就这点应该做一些明显的区分。首先，前文的"改造"可以表示很多不同的意思。它们都是改变大脑神经网络的动态结构，这就是为什么我们使用大脑改造术（Cerebromatics）这个合成术语来描述。幻影术给大脑提供"虚假"信息，大脑改造术则是作假，也就是"改造"大脑本身。其次，给某一特定人格添加某一性状，比如音乐才能（这无疑会改变个性，但我们承认这还是同一个人，只是稍微有了改变），和把史密斯先生变成拿破仑，两者之间有所区别。

人必须量体裁衣。这也就是说，切断大脑某些特定区域（比如额叶），会让成年人表现得像儿童一样，他的反应、智力和情绪稳定性都像小孩子一样。还可以消除顶叶的限制性活动，这将会释放人的攻击性（酒精就有这种功效，尤其是对那些本身就有攻击倾向的人来说）。换句话来讲，个体内神经网络的整体活动可以被改变、被限制在某些范围内。然而，却不可能给一个人"添加"，对，就是这个词的字面意思，他不存在的属性。成年人曾经是孩子，当时他的额叶包含无髓鞘纤维，就是这种物质让儿童在某种程度上表现得像前颞叶痴呆症患者。因此，可以让成年人"重返"儿童阶段，即使这个过程有所局限，因为他大脑的其他部分并非是儿童，儿童没有成年人那么多的记忆和经历。还有可能"去掉"某种特定驱动功能中的"刹车"，让一个正常人变成贪吃鬼、色情狂等等。因此，他的性格可能会偏离正常的平衡状态，也就是原有的轨道，但仅此而已。通过这种方法我们不会把史密斯先生变成拿破仑。

这里有必要再补充说明一下，虽然我们已经讲过，输入和输出状态并不会明确确定意识状态，可以举下列事实证明，在类似的环境中，会发展出不同的意识形态，因为同样的信息可以用不同方式阐释，这并不意味着意识完全独立于输入其中的内容。再举一个简单的例子，某人相信"人类都是善良的"，而我们却长期经常性地向他展示人类的邪恶和刻薄，或者通过幻象，或者通过合适的活动，这个人可能会放弃他对人类高贵属性的信念。因此，外围幻影术可以通过适当操作改变个人观点，甚至是根深蒂固的观点。一个人累积的生活经验越丰富，就越难实现这样的改变。而要破坏形而上信仰尤为困难，因为前面提到的倾向会阻断任何与这种信仰结构相悖的信息，我们在前文也讲过。

当我们讲到大脑改造术直接"锻造灵魂"，也就是绕过传入神经通路影响思维过程，即用不同方法改造它们的神经基础，这就是另外一回事儿了。

大脑不是统一或者不可分割的实体。它也拥有各种相互连接的"子系统"。这些连接在生理上形态多变，表明来自其他部位的刺激并不总是通过同样的"输入"位点，反之亦然。神经网络的普遍可塑性和建模动态精确表明：网络有潜能连接和断连，结果就是各种结合形成不同子系统的出现。如果有人会骑车，那么他就拥有一套"事先安排好的"连接，时刻警备，一旦他跨上自行车，就自动准备连接起来。要教会某人骑车，只是将合适的信息输入大脑，绕过正常的必要联系，哪怕仅在理论层面也不容易。

这里有两种可能的方法。第一种是"遗传"方法：会骑自行车（或者知道《古兰经》，或者跳蹦床）必须是"遗传"性状，也就是说，这早已被编程入卵子——个体及其大脑就是由此发育而成的——的基因表型中。这样一来，我们就能够做到无须学习任何东西，因为所有的理论和实践知识早在胚胎发育之前就被"植入"染色体内，结果就是知识成为可遗传的了。这就必须增加大量遗传型信息，将细胞核的结构复杂化，等等。也许基因型无法包含超过一定限度的过量信息。我们不知道，但我们应该也要考虑这种可能性。然后，在基因组中完善性状的过程中，我们必须限制我们的行为，如果不去完全改变替代，至少促进学习能力。如果我们设法让全人类的知识变成可遗传的，这样每个新生儿一出生，就会十几种语言，懂量子理论，这样毫无疑问听上去相当奇怪。这不一定意味着他会立刻"说出万国语言"，或者躺在摇篮里就能给人授课，讲述原子核自旋和四极子动能。随着他身体器官每日的成长，走向成熟，专业知识会随着时间的推移在他大脑中发展出来。

这反过来让人们联想到另一个幻影世界（有点类似

赫胥黎的"美丽新世界"），在这个世界中，儿童都是"事先设计好"的，这样他们的技能和遗传知识（或者说早被输入并保存在卵子染色体中的知识）伴随着一种亲和力，去做这种遗传性知识和那些技能允许他们做的事情。于是，各种滥用，企图"制造不同品质的人类类型"，也就是"高级"心智和"低级"心智，显然是可能的。他们是可能的，但是毒害整个地球的大气层，让生物圈在几个小时内被烧毁也是有可能的。众所周知，许多可能的事情不会被实现。在新技术转折的早期阶段，或者一旦"感知到"即将到来的改变，将技术的新颖性广为传播，并假定从此之后会彻底主导人类的所有活动，这种倾向很常见。先前的几个世纪，或者最近的原子论，也是同样的情况，当然人们都认为，短短数年，世界各地的电子工厂和烟囱堆都会让位于微型核聚变电池。这样的夸张又简化的预测往往不会成真。因此，遗传性编程也可以在实践中实现理性和适度：与生俱来的高等数学知识肯定不会有悖于人类尊严。

第二种是改造成熟大脑。我们先前就谈论过编程科学信息，而不是塑造人物性格。不言而喻，遗传性（从染色体方面）建模给定的人格类型要比建模知识形式更容易。因为如果我们要"设计"未来的史密斯先生，无论他会是胆汁质型，还是黏液质型，基因型信息量实际上不会有那么多的改变。当谈及大脑改造术，要将成熟人格改成一种新人格，同时通过神经网络层面的操作处理将缺失信息插入其中，这会非常困难。与想象中的情况相反，这种方法要比"遗传-胚胎"法更加困难。更容易的是提前规划发育计划，而不是对完全成型的系统进行重大改造。

这一困难可分为两个方面：技术困难和本体论困难。将关于如何骑自行车的知识插入神经网络中很难。对四十岁的史密斯先生来说，"突如其来的"数学"附加"才能更是难上加难。这需要牵涉一些外科手术方面和控制论方面的处理手段，打开神经回路，将一些生物、电子，或者其他"附器"插入其中。从技术上讲，这可能是最吃力不讨好的任务，包括重新安排数十亿的神经连接。根据洛伦特·德诺的说法，尽管大脑皮层脉冲循环的主要（大型）神经回路不超过一万条，但每条神经回路都是一个整体，拥有独特的意义（既是思考基质又是功能元素）。因此，打开回路并插入一个"附器"，就等于完全摧毁了主要的主观和客观意义——而不仅仅是一个"组织和信息的附录"。

但到此为止，细节说得够多了，因为面对这些处理行为产生的本体论问题，技术细节确实淡入背景中了。如果我们要把一台动力机器改造成离心泵，我们必须拆除许多部件，同时添加新部件，重新建造结构，进行整体改造，直到新建的泵不再是"前动力机器"，而只是一个泵，仅此而已。同样地，将史密斯先生"改造成"拿破仑或者牛顿，可能最后制造出一个全新人格，和过去的人几乎毫无关系，那我们的行为实际上可以称为谋杀。因为我们必须消灭一个人，在他的皮肤下创造出另一个人。除此之外，差异始终涌动，不可能在"谋杀式"的大脑改造术和"改变连续人各种特定性格"的大脑改造术之间划出一条严格的界线。像切除额叶这样的残酷手术会让一个人的性格、人格、动力和情感生活发生某些重大改变。结果，额叶切除术在许多国家（包括我的国家）被禁止实施。这样的行为特别危险，因为手术中的人通常在主观层面上不会意识到他内部会发生怎样的变化。然而，如果说点安慰的话，那就是我们的所有知识都建立在伤害性程序行为之上。

那还有可能创造出"附器"，作为"音乐才能"的载体"连接"到史密斯先生的大脑，改善他的个性，同时又不伤害他？我们不会武断、一劳永逸地解决问题。行动标准在此最为困难，因为许诺"小心谨慎"行事的大脑改造师就好像在草丛里拔草的人。每一次都有一点点差别，但过了一会儿，草丛就停止存在了，谁都说不清楚是何时发生的。这就是为什么想要一步步将史密斯"改造成"贝多芬的大脑改造师，和计划一步改造而成的改造师一样危险。

我们已经简化了前面讨论过的问题的技术层面，因为大脑的不同部分对人格发展做出不同的贡献。固定的中枢（负责皮层分析的中枢），比如视觉和听觉区域，对其构成的影响非常小。小神经节和丘脑结反而比大脑其他区域发挥更加重要的作用。但和我们的探讨结果没什么特别关系。让我们拒绝任何"灵魂改造"建议的原因，正是伦理问题，而不是"材料问题"，一个给定人格，即使有点儿愚蠢，要被改造成特别善良、特别有才的人，无论如何都将是不同的。"灵魂技术"，无论是目前的还是未来的形式，都会在此遭遇个体存在的主观独一无二性的问题。我并不是说后者是一种无法被解释的神秘现象，但是系统的动态通路。决定何时偏离这条通路必须被称为完全的人格改变，而哪种偏离只发挥"纠正"作用，不会干扰其连续存在，只能是一种纯粹任意的判断。换言之，"大脑改造术"能够不知不觉杀死一个人，并不是留给我们一具尸体，而是出现另一个不同的人，当然前者是无可辩驳的罪行证据。"谋杀"本身可以分为任何阶段，让检测和评估变得愈发困难。

我们因此解释了史密斯先生最好足够明智，不会要求被"改造成"卡萨诺瓦或者什么著名探险家，因为到最后，世界可能会获得一位伟人，但史密斯先生却失去了对他来说最珍贵的——也就是，他自己。[5]

可以说，人类的医生，从出生到成年，包括一系列人格的连续性"死亡"，比如两岁蹒跚学步的幼儿，六岁的顽皮，十二岁的青葱，一路至成年，我们的人格总会和以前有所不同。因此，如果有人希望通过精神改造，成为一个比现在对社会更有价值的人，我们为什么应该拒绝呢？

当然，想象允许执行一个大脑改造术的文明很容易，就好比想象一个罪犯都要强制进行人格大脑改造的文明。但我们必须清楚表明，这些是毁灭性过程：从一个人"切换"到另一个人作为可逆或者不可逆过程，都是不可能的，因为这样的变形被心理消灭区域片片分割，等同于停止一个人的存在。因此，一个人要么是他自己，要么谁都不是，两种情况，需要分开处理。[6]

遥感术和幻象术

在上一节末尾，我们斩钉截铁地说"一个人要么是他自己，要么谁都不是"，这并不是在否定幻影术的应用潜力。我们早已知道，在幻影机中过着尼尔森生活的史密斯先生只是在角色扮演，就是假装是这位著名的海员。只有极端的天真才会让他相信自己确实是那位大名鼎鼎的历史人物。如果他在幻影世界生活得足够长久，他作为海军上将，一声令下无人反驳的事实毫无疑问会在一段时间之后就影响他的思想。于是可能会引发恐惧，就是一旦回归自己的办公室，如果不出意外，纯属一时的心不在焉，他会下令将总检察长吊死在院子里。如果他进入幻影世界，变成一个小孩儿或者青少年，他就会对场景产生认同感，积累到一定程度，当返回现实生活之后，会给他带来巨大的适应困难。要证明甚至也不可能。一个婴儿从出生的第一周就生活在幻影术下的"洞穴幻影"中，无疑会长成一个野蛮人，到了那时，想着再把他文明化甚至不可能。我讲这些不是用悖论自娱自乐，或者讲俏皮话，而是要指出人格不是什么先天赋予的东西，而幻影术不等同于白日梦，只是略显生动、色彩斑斓。幻影中的人只有通过与现实生活比较，才能评估幻影术的表面性。当然，一刻不停地幻影化将会阻止一个人采取评估手段，会引起永久性的改变，这种改变在个体的真实生活中永远不会发生。这正是适应特定环境和时间的特殊案例。

我们在前文就提过，幻象缺乏真实性，它代表用生物技术手段实现对现实的逃避，这一事实是个大问题。控制论学者提出两种克服体验非真实性的方法。因为必须要命名，我们将其称为遥感术（teletaxy）和幻象术（phantoplication）。

遥感术并不意味着执行"短回路"，也就是人与假装现实的机器联系起来，同时与现实世界隔离开。而是将人与机器连接起来，但是机器只是作为连接个人与真实世界的桥梁。天文望远镜或者电视机可以算作"遥感器"的原型。但这些原型高度不完美。遥感术将人和随机选择出的现实片段连接起来，如果他真正地身处其中，结果就能体验这段现实。问题的技术方面可以用不同方式来解决。比如说，可以构建真实比例的人类模型，（视觉、听觉、嗅觉、平衡和感觉等方面的）模型接收器分别和他的感官通路连接起来。同样也可以用于他的运动神经。他的复制品，或者"遥感之我"与他的大脑直接相连，可以发现自己身处火山口、珠穆朗玛峰山顶、星际空间，或者和某人在伦敦聊天，但本人则始终身在华沙指挥复制品。通信限速，这里指的是无线电信号，毫无疑问会阻止"另一自我"距离指挥本体太过遥远。在月球表面的移动会发生明显的延迟反应，因为信号需要大约一秒钟抵达卫星，然后再需要一秒钟返回我们这儿。因此，在实践中，人为控制的"遥感之我"必须在距本人不超过一万千米的范围之内。月球上或者火山中的幻象将会十分完美，但它不会面临任何危险，因为任何消灭"遥感之我"的灾难，比如岩石滑坡，只会导致连接视觉的突然中断，但不会危及本人的生命。这种通信系统无疑对探索宇宙天体格外有用，但它也有可能派上与娱乐无关的用场。在太空探索过程中，"遥感之我"的外观与控制之人不一定要一模一样，实际上也是多余的，如果要形成完美幻觉，也只有在"遥感旅游"的特殊情况下才会如此。否则，本人确实会看到月球上闪耀的岩石，感觉到脚下的沙石，但抬起手放在眼前，他也当然会只看到"遥感之我"的手臂，而面对镜子，他看到的就不会是自己或一个人类，而是一台设备、一台机器。这可能会让许多人震惊不已，因为他们似乎觉得不是被传输到不同的情境中，而是失去了自己的身体，以及先前的位置。

从遥感术到幻象术只有短短的距离，这就意味着将一个人的神经通路与另一个人的连接起来。得益于这一操作，在专门设计的"幻象机"中，一千个人可以同时"参加"一场马拉松，看透彼此的眼睛，体验他的动作，就好像是自己的动作一样，换句话说，与他深入地感同身受。任何数量的人能够同一时间集体参与到一场幻象演出中（幻象术），名称来自这一事实。然而，这一方法只涉及信息的单向传递，因为这些与跑步者的"连接"无法指挥跑步者的动作。我们早已熟知这种操作原理。就像在宇航员身上各个部位放置单独的微型发射器，向地球的科学家传送他心脏、血液等信息。称为仿生学的科学新分支研究的就是类似的问题（比如通过技术手段模仿从有机体身上挑选出的部位的工作原理，或者直接将大脑或者神

　　　　　　　　　　　　　技术大全

经连接上执行设备，同时绕过某些自然连接器，比如手）。我们先前已经讲过，一个人不可能切换成另一个人。当然，无论是遥感术还是幻象术都和这没有关系，因为它们只是"连接大脑"和特定"信息容器"的不同方法。但我们更感兴趣的是让一个大脑和另一个大脑连接在一起的可能性，以及这一行为的可能后果，也就是从一个意识"切换"到另一个意识，"合并"两个或者多个意识，或者不会导致个体存在湮灭的个体意识蜕变。如果我们考虑，国家银行职员史密斯先生（我们已经知道此人身材矮小，有一些独特的个性特征，符合他大脑神经网络的独特动态特征）和另一个完全不同于他的人（个性不同，兴趣不同，才能不同，仍是史密斯先生，不过是经历了外科手术，在"大脑中插入"了一种"放大器"，可以放大某些不发达的心智特征）是两个不同的人，那么整个问题就土崩瓦解了。转世或者"精神切换"是不可能的，而新史密斯先生只是自以为他就是旧史密斯先生，银行职员，但这仅仅是幻觉。

那么反过来讲，如果我们听他讲述，相信他真正记得自己的早期生活，一路回忆到童年生活，还记得他做手术的最初决定，以及他能够比较他先前的人格特征（如今已经丧失）和新的特征，我们将会得出结论，这是同一个人。如此一来，问题结果就完全可以实现。这就是我们的第一个告诫：取决于最初采用的标准，我们要么接受两个史密斯先生（手术前的 T1 史密斯先生和手术后的 T2 史密斯）是同一个人，要么我们不接受。

遗憾的是，控制论有真正无限的能力。出现一个人，我们认定他是我们的朋友史密斯先生。我们和他聊了很久，相信他就是我们的那个老友，完全没有改变，他完美记得我们和他的生活。他一如既往，始终如一，此时，狡猾的控制论学者跳出来，告诉我们，这位所谓的史密斯先生"实际上"完全是另外一个人，他将其"转变成"史密斯，改造了他的身体和大脑，将史密斯先生的全部记忆灌输到后者大脑中。在整个过程中（也包括清点记忆的准备），史密斯先生很遗憾地去世了。出于研究目的，这位专家甚至愿意让我们接触死者的尸体。我们对这件事的犯罪问题和本体问题一样毫无兴趣。在第一个范例中，同一个人被"改造"成另外一个人，但是保留了原型过去的记忆。而在第二个范例中，一个全新的人从方方面面"模仿"史密斯先生，但就"不是他"，因为史密斯先生早已入土为安。

如果我们将个体存在的连续性作为连续存在的标准，那么无论做出何种改变（比如我们此处提到的"将一个婴儿从生理上改造成爱因斯坦"），那么我们第一个范例中的史密斯先生是真的史密斯。

如果我们以人格的不变性作为标准，那么第二个史密斯先生将会是真的史密斯。因为第一个人早已是"完全不同人格"的人了，他喜欢登山，种仙人掌，入读音乐学院，在牛津大学讲授自然演化论，而第二个史密斯先生仍然是银行职员，"各方面一点儿都没改变"。

换言之，个体同一或者不同一的问题变成了相对问题，取决于区分的接受标准。在控制论层面上保持原始的文明很幸运不会陷入如此矛盾之中。而充分掌握模拟学和幻影学的文明（我们今天能够宣称，这种文明包括外围和核心幻影术、幻象术和大脑改造术），早已满腔热情实践全能创造术，必须面对关于"人格相对论"的问题。解决方案不必是绝对的，因为没有绝对固定的标准。当人格改造可以实现，个体身份不再是一个需要调查的现象，而变成一个需要定义的现象。

人格和信息

诺伯特·维纳可能是第一个把"用电报传输"人作为不寻常通信形式理论可能性的人。这被视作控制技术的潜在应用之一。世界上，人类也好，材料物体也好，在编码成无线电或者电报信号时，不过是一定量的信息，能够发送至任何距离之外，不是吗？我们说一切都是信息，这句话没有错，一本书、一只泥壶，以及精神现象，都是如此，因为基于主体连续存在的记忆，构成了大脑中的信息记录。由于疾病或者意外事故消除这些记录会消除所有的记忆。模拟学通过抽取关键信息来模拟现象。我们不是说信息就是存在的一切。我们能够鉴别出泥壶，只要掌握了与泥壶相关的全部描述信息就可以了（比如化学成分、拓扑学、尺寸等）。这些描述信息要等同于泥壶，需要我们能够以此为基础复制出同样的泥壶，就可以了，如果我们有足够精确的设备（比如原子合成器），任何测试都不可能区分我们制造的"复制品"和原型。如果我们进行同样的操作，比如复制伦勃朗的画，那么"复制品"和"真品"之间常见的区别就模糊了，因为两者无法分辨真假。这一操作过程涉及编码泥壶、油画，或者其他物体的信息，然后在原子合成器内解码。其中间部分，就是原型泥壶不再存在（可能是打碎了），只有它的"原子描述"存在，当然，在物质层面上并不等同于原型。描述能够写在纸上，能够变成记录进数码机器中的一连串脉冲信号等等。自然，这样的信号系统和真正的泥壶或者油画之间没有物质上的相似点。与此同时，信息集中的所有信号和原型物体相互之间存在等价对应，从而能够细致地重构物件。

如果我们从原子开始合成了拿破仑（假设我们拥有他的"原子描述"），拿破仑就会复活。如果我们将任何人的相似描述放在一起，然后通过电线将其输入机器中，从而基于接收到的信息构建出这个人的身体和大脑，我们就会看到他从机器里诞生，健康生活。

面对不可预测的后果，实现这一操作的技术可行性问题就退居幕后了。如果我们向机器不止一次发送"原子描述"信息，会发生什么？接收设备会制造出两个一模一样的人。如果我们不是只往一个方向输入这一信息，而是通过无线电波将其发送出去，接收器位于全球一千处场所，以及大量行星和月球表面，"被电报传输的"人将会出现在所有上述地方。即使我们只传输一次史密斯先生的描述信息，他现在已经出现在接收设备的房间中，一百万个他遍布全球，全宇宙，在城市里，在山顶，在丛林中甚至月球陨石坑内。

当我们问史密斯先生现在身处何方，这看上去相当奇怪。电报之旅把他带到哪里去了？因为离开接收设备的人根据定义，都是完全一模一样的人，都叫作史密斯先生，显然甚至最周详的检查，最仔细的盘查都不会做出任何区分。从逻辑的角度来看，发生了下面两种可能性中的一种：要么这些人同时都是史密斯先生，要么一个都不是。但是，史密斯先生同一时间存在于上千万个不同的地方，这怎么可能呢？他的人格也被"复制"了吗？我们如何理解？一个人可以去不同的地方游玩，体验某种现实，但一次只能在一个地方。如果史密斯先生坐在书桌后，他就不能同时出现在厄拉多塞陨石坑内，金星上，大洋海底，或者面对尼罗河的鳄鱼。"用电报传输的"人是正常的普通人。因此不可能通过某种精神纽带将他们连接在一起，精神纽带能够让他们同时体验先前提过的事物。[7]

让我们想象一下，鳄鱼吃掉了其中一个史密斯先生，那个到达尼罗河的史密斯先生。谁死了？史密斯先生。但同时他又还活着，此时此刻在其他无数个地方，不是吗？连接所有史密斯先生的是一种独特的相似性，但并不构成任何生理或者心理纽带。比如，双胞胎长相相似，但他们情感上是独立的。每一个人都是自主完整的人格，每个人都有各自的生活。同样的道理可以用到上百万个"用电报传输的"史密斯身上。他们是上百万个不同的心理主题，相互之前完全独立。[8]

这一矛盾看似无法解决。我们也无法展开实验，确定"用电报传输的"史密斯的连续存在到底在哪里。让我们换个角度来看这个问题。存在一种精神病学界公认的现象："人格分裂"。然而，根据文献的各种描述，这种分裂从来都不是绝对的。但有可能通过脑部手术来进行分离，结果就是在同一大脑同时存在两种实际上独立的神经系统。我们知道，一个身体能够长出两只脑袋，因为这种怪物出生后还能生存一段时间（人类中也发生过），而且这种现象已经能通过人工手法实现了（比如，苏联的实验狗）。

在神经外科手术的帮助下，可以把大脑分为两个独立自主的功能区域，比如猴子实验。这需要切开胼胝体，这里是两半大脑的连接区域，要切得越深越好。让我们想象一下我们在史密斯先生身上做了这样的手术。大脑慢慢地逐渐一分为二，防止大脑功能的突然干扰，使得每一半脑都有时间充分重构完整，变成相互独立的部分，因为如此残忍的干预手段在之后无疑会形成冲击。过了一段时间，史密斯先生的头脑中，就会存在两个功能独立的大脑。这会导致我们熟悉的悖论产生。经历过同样手术的猴子接受了行为检验，好像它们拥有两个相对自主的大脑，一个永远处在主导地位，控制输入神经通路的子系统，因此，身体还是一个整体，或者说，它们都和那些通路"连接"起来，轮流控制身体。当然，我们不可能去询问那些猴子它们的主导状态如何。但史密斯先生又是另外一回事儿。让我们假设（显然违背了解剖真理，但是为了我们的论点），分开独立的两半大脑完全一模一样（在现实中，左半脑往往发挥主导作用）。每一半脑都和先前完整的大脑一样，拥有同样的记录，相同的人格大纲。那么，追问哪一半脑是史密斯的延续，或者哪一半脑是"真正的史密斯"，这就变得毫无意义。现在，我们拥有了同一身体，两个相似的史密斯。意识的动态路径，现在由于物理干预手段，产生了两种独立的人格，每一人格都有同样的权利，认为自己是最初人格的延续。复制行为由此确确实实地发生。当然，两个系统间的冲突也会出现，因为它们只有一具共享的身体，一套感官系统和一套执行（肌肉）系统。但如果我们现在通过其他操作，将这两个半脑（现在是完全独立自主的完整大脑）放入两具特制的身体，我们就会得到两个史密斯，他们在物理上完全分离。因此，即使我们无法想象，或者呈现，复制人格的可能性是真实存在的。从离开接收设备的人的角度来看，他才是"被电报传输的"本人最真实、最正常、最健康的延续体，并不是其他什么人，没有理由质疑这一说法。

因此，一个人可以同时被传往四面八方。这并不意味着他将作为所谓这些人中的一个而存在。只要存在他的原子复制品，就有许多个"他"存在。个体的多重连续体因此就变成了事实。

但这只是悖论的第一阶段，同时我们应该补充说，也是最原始的阶段。

于是，我们在此面对的是"存在相对性"的独特范例，类似于爱因斯坦理论中的测量相对性，测量结果取决于接受的参考框架。我们也早已知道，在走出接收设备的史密斯看来，其中每一个史密斯都是发报本体的延续体。然而，在发报本体史密斯看来，没有一个人是延续体。

"电报发送"的真实过程是如何发生的呢？史密斯先

生进入设备间，在那里通过硬辐射，他的"原子描述"信息已经准备好。由此获得的"原子大纲"接下来通过电报发送出去。稍过片刻，无数个史密斯就走出接收设备，遍布城镇农村。

那原型怎么办呢？如果走出我们进行原子"清点"的发送间，他显然无处可去，只能留在原来生活的地方。除此之外，即使接收设备内出现了一百万份复制品，史密斯原型的情况仍然保持原状：除非我们跟他透露了什么，否则他就直接回家，一点儿也不知道发生了什么事情。因此，"原型"似乎在进行"原子清点"之后就应该立刻被消灭了。于是，如果我们处在史密斯先生的情况中，我们可以看到他的电报发送之旅前景并非一片光明。其实，他知道他会死在发送间内，他被彻底消灭了，而从接收间出来的人不仅仅是和他相像，他们实际上就是他本人。一个人当下所处的每一个状态和他先前的状态之间存在明显的因果关系。我们在时刻 1（T1）感到甜味，那是因为在时刻 0（T0）有人在我舌头上放了块方糖。史密斯先生和他的原子描述信息之间也存在因果关系：描述信息之所以看上去如此，那时因为我们通过一种特定方式影响史密斯的身体，结果就是史密斯先生构成的全部信息得到转移。同样地，原子描述信息和接收器生成的"复制品"之间也存在着信息和因果关系，因为这些复制品是根据

"描述信息"提供的内容大纲而构成的。但这些传输体（史密斯作为活的生物，作为被传输的信息，而多重史密斯是基于这些信息产生的复制品）和史密斯先生的死亡有什么关系呢？他的死亡由我们的筹备工作所导致。

让我们明确一点：这两者之间没有关系。如果我们准备了一张伦勃朗原画的原子复制品挂在墙上，有人可能会说，我能够根据原画的位置认出原画。原画挂在墙上，因此放在画架上的那幅就是复制品。如果我们把原画烧掉，那没人能够找到它。我们将会毁灭掉让我们怀疑原子复制品真假的唯一物品。然而，因为这一行为，复制品没能变成原画，即成为几百年前知名荷兰画家用木头和帆布创作出的物品。从经验上看，复制品与原画无法区分，但是它不是原画，因为它背后的历史不同。

如果我们杀死史密斯，在同一时间也向他保证，他很快就会在上百个不同的地方醒过来，只会多不会少，这肯定是一场恶行，谋杀的痕迹会用控制论技巧给抹杀干净。一个人被谋杀了，但许多同样的人会出现，他们将会一模一样。

这种行为的谋杀性质不言而喻，因此如果我们想要"电报发送"一个人，仅仅传送他的原子描述信息明显不够，这个人还必须要死。为了让事情更加清晰，让我们想象一下，我们正在传输史密斯的描述信息，他个人的复制品早已开始出现在接收器出口处，但原型人物还活着，不知道发生了什么。我们能否期待他一直留在我们的公司里，直到我们手握利斧，接近他，在我们敲碎他脑袋的那一刻，突然以我们不知道的方法"变成"了其他某些或者所有"电报发送"人之一呢？如果信号传输本身没有成功，那么是什么把他传送到电线的另外一端呢？锤子敲击他后脑勺的那一下暴击？如我们所见，这种怀疑并不是悖论的信号，而是纯粹的荒诞。史密斯会死，永永远远，因此电报发送一个人仍然不清不楚。

困难不仅牵涉到以电报方式发送人物信息。比如，在未来，每个人都会有他本人身体的"原子基质"，储存在"人格银行"中。这些基质将会提供他本身原子结构的完美记录，该记录与人之间的关系对应于建筑蓝图和实际房屋之间的关系。如果那个人快要死了，比如说，发生了一场致命事故，他的家人能够去银行，把基质插入原子合成器中，之后，让大家开心的是，死于悲剧的人从设备中走了出来，投入他那些哀痛不已的亲人的怀抱。这确实可能，但我们现在知道了，这样的欢乐场景完全无法抵消"原型人物"的死亡。然而，在这样的条件下没有发生谋杀罪行，只是事故或者疾病的受害者被他的"原子复制品"成功取代，不存在道德约束，因此这种行为能够被某一给定文明所接受。

然而，使用相似的方法可以为某人创造出"生存储备"，以保证他的个体持续存在。不管怎样，无论我把我的"原子描述"信息放进抽屉里，或者保存在银行中，在插入合成器之后，才会变成我鲜活的复制体（顺便说一下，信息以软件形式存在）；还是在我活着的时候就已经拥有了鲜活的复制体，我自己的生命进程也不会受到任何影响。当然我坠入深渊，或者以其他方式死亡后，我的复制体毫无疑问会取代我，但我不再存活于世。原型与复制的暂时共存证明了这一点。两者之间的关系就和双胞胎的关系一样，但没有一个理智的人会声称，双胞胎中的一个人是另一个人的"生存储备"。

　　到目前为止，我们已经证明，杀死人类的并不是信息发送这一不可逆的行为，而是本人被复制后的消灭。后者应该是为了创造一种幻觉，即此人已经到达电线的另一头。因此，个体死亡的不可逆性源于存在持续性的中断。

　　自此我们进入了悖论的真正噩梦之中。众所周知，当代医学对冬眠技术寄予厚望，这是一个不断发展的领域。这种暂停的缓慢存在状态是某些哺乳动物（蝙蝠、狗熊）的生理现象，也能用在人类身上，尽管人类不冬眠（可以借助某些药物或者冷冻身体来实现）。冬眠程度也可以加深，直到好像真正的死亡一样。这是一种可逆的死亡状态，涉及的不仅是步步放缓，而是实际上停止所有的生命活动，这可以通过大幅度降低体温实现。迄今为止，已经在一些实验动物上成功实施了。在冷冻之后，原生动物（精子，包括人类精子，某种程度上都属于这一类）能够在相当漫长的时间内维持这一状态，也许甚至是永恒的。因此，用多年前早已死亡的男性精子让女性受孕是完全可能实现的。

冷冻复杂有机体比如人类（或者哺乳动物），将温度降低至冰点以下，难度相当大，因为含水分的组织有结晶成冰的倾向，这一反应会破坏重要的原生质结构。但这些困难并非无法克服。我们可以预计，这样的冷冻技术许诺未来在任何时候成功复苏的概率达到百分之百，终将会实现。相对于太空旅行和其他事物，人们对其尤其寄予厚望。然而，从目前讨论的思想实验情况来看，这项技术可能会引发一些质疑。我们这里真的是在解决不可逆转的死亡问题吗？难道就不可能是被冷冻的人真的死了，而复活的人只是他的复制体吗？他貌似是同一人。他的生命过程被停止，就像我们停止钟表走动一样。重启钟表就像复苏生命。在任何情况下，这些过程都不是完全处于静止状态。我们知道，这种现象的原理机制和由七色彩虹组成的转盘没什么差别。只要它保持静止或者缓慢复苏，我们就能看到单个色彩。加快旋转会出现闪烁现象，只要达到足够适合的速度，所有的颜色都集合在一起变成白色。类似的情况也发生在意识方面。意识的基础过程必须保持一定的速度，一旦超速就会产生意识模糊，然后在大脑中的生物化学反应还没真正停止之前意识就崩溃了。因此，意识的消失要比代谢过程早多了。后者可以有效停止，但其中一些过程实际上还会继续发生，即使速度非常非常缓慢。当然，当接近绝对零度时，它们的功能基本上走向停滞，而有机体也会停止衰老。无论何种方式，生命组织内的所有结构都会被保留下来。因此我们可以说我们摆脱了冷冻谋杀罪。

让我们再展开另一项思想实验。试想一下，我们刚好在绝对零度冷冻了史密斯先生。他的大脑和身体其他器官都形成了晶体结构。除了最低能级上原子呈现的微小振动之外，我们几乎无法通过电子显微镜看到任何运动。史密斯先生大脑的原子受困于冰霜，动不了，因此更容易获取，我们能够从他的头骨中一个个取出大脑原子，然后放入合适的容器中。为了保证正确的顺序，我们分别放置每一种特殊元素的原子。我们将它们储藏在极冷的液态氦中，确保没有问题，到了合适的时候，我们再一一取出，放回它们原来的归属位置。接下来，我们通过复苏技术，成功将始终冰冻的大脑与身体拼合在一起。解冻后的史密斯先生坐了起来，穿上衣服回家。我们丝毫不怀疑这就是他本人。突然，我们发现，我们的助手把所有的试管都打碎了，这些试管每一支都以细微粉末的形式，装载着碳原子、硫原子、磷原子和其他组成史密斯先生大脑的元素。我们把这些冷冻库中的试管放在了桌上。助手不小心推翻了桌子，看到自己闯的祸，他快速清理干净，抹去了一切痕迹。他把撒了一地的元素胡乱放进新试管中，参照实验室日志中的笔记内容，补上了缺失的部分，我们在日记中以最精确的方式记录下所有元素，精确到单个原子，每支试管包含什么。听完这个消息，我们还没来得及回过神，就看到史密斯先生在院子里走来走去，挥动着拐杖，然后突然间，门开了，另一个史密斯走了进来。什么情况？试管从桌子上掉下来，全部摔碎了。助手急急忙忙只收集了地上一半的物质，而他的同事，想要帮忙，结果很细心地把地上剩余的元素全部收集起来。他也根据日志上的记载，补全了缺失的元素，随后他认真地解冻并复活了史密斯二号。

那么，两个史密斯，哪一个是冷冻原型的真正延续呢？第一个还是第二个？每个人身上都有着差不多一半的"原型"原子，这其实并不重要，因为原子缺乏个体性，在新陈代谢的过程被有机体相互交换。我们似乎经历了史密斯先生的双重复制。但原型又怎么办呢？他活在两个复制体的身体里吗？还是都不在？与切开连接大脑两瓣胼胝体的实验相反，这个问题无法回答，因为我们没有可参考的经验标准。当然，这一两难能够以一种随意的方式解决，比如，面对艰难的考验，我们决定两个史密斯都是我们朋友的延续。这很简单，也许在这个示例中甚至是必要的，但这种解决方案无疑会引发一些道德问题。史密斯先生信任我们，平静地走入冬眠舱，就像进入发报间一样，在那里我们扯了一下他的腿，随后给他来了一锤子，然后多个他出现在太阳系的行星上，我们才放心。在先前的示例中，我们已经表明，我们正在谋杀。但这个示例呢？没有尸体似乎对我们有利，甚至在后面的示例中我们已经将史密斯分解成原子云，然而这里的关键不是以一种无形的高度美学方式完成谋杀，而是根本就不存在谋杀行为。

事情开始混乱起来了。这是否意味着存在某种非物质的灵魂？它如笼中之鸟般，困困于大脑结构之中，但一旦笼子打开栅栏，原子结构分崩离析，它就逃离身体的束缚了呢？只有绝望驱使我们走向形而上学之假说，但它们什么都解决不了。胼胝体被切除后会发生什么？届时我们会不会将灵魂也一分为二？此外，我们不是有整整一大群史密斯，表现出正常的灵魂水平，走出接收设备吗？后一事实让我们得出一个明显的结论：如果灵魂确实存在，那么每一个原子合成器能够轻而易举将其重构。在任何情况下，问题都不是史密斯先生是否拥有非物质的灵魂。就让我们承认他有好了。问题在于每一个新的史密斯从各方面都绝对等同于原型史密斯，但它不是他，因为除了使用原子描述信息和电报机，我们还要用到锤子！本段陈述的内容因此对我们来说毫无用处。

也许悖论的根源在于，我们的思想实验和无限速度或者利用永动机实现想象之旅一样，脱离了现实世界的实际能力。但即使如此都无法帮助我们。自然不是用相似的双胞胎给我们提供了人类有机体极端精确的复制品了吗？我们承认，双胞胎在原子结构层面并不是绝对相同的。但这也是演化技术，即选择的成果，从不刻意创造绝对相似的结构，因为后者从生物角度来说无足轻重或者多余冗杂。既然同等复杂的系统之间不知怎的可以如此随意偶然达到极其相似的程度（因为随机元素在创造双胞胎的过程中发挥重要作用，尤其在受精卵分裂初期），那么味蕾生物技术，结合控制论，将可能达成此等成就，这一自然界的偶然馈赠。

为了让我们的论点更加完整，我们还应该考虑另外一种情况，正是构建原子描述信息的行为摧毁了鲜活的生命。这种情况将会消除某些悖论（比如，涉及原型和其"延续体"可能共存的悖论）。还可能成为某些说法的基础：事情就要这样发展，也就是这种共存只能想想，无法实现。这就是为什么我们多花了点时间来讨论这个问题。让我们想象一下，我们有两台设备来发送人类信息：设备 O 和设备 N。设备 O 保留了要被发送出去的人。换言之，等他的原子结构信息被收集之后，此人仍然身体健康。而设备 N，在收集信息的过程就会毁掉检测之人的原子结构，也就是为什么结束之后我们有一具死尸，或者他已分解成原子残骸，还有他结构信息的全部记录。同时，在两种情况下，我们获取的信息量是相同的，也就是说，完整充足，在他被发送至接收设备之后，足够重建此人。

设备 O 作为留人性命的设备将会更加精妙，更加复杂。从历史角度来说，它无疑会出现得更晚，比起制造具有毁灭性质的设备 N 的技术，这种技术更为先进。但我们要先考量设备 O。它的运作基于位置矢量，类似于电视机中的图像晶体管。来自设备的射线扫过被检验之人的身体。每次它碰到一个原子或者一个电子，都会记录进设备的存储器中，结果就是射线"游遍"每个物质颗粒。记录下它们的位置之后，对于特定射线，身体外层的原子会变得透明。自然地，为了实现这些，射线不能是物质的（微粒的）。可以说，这不是射线，而是电磁场的压力核心。我们能够控制那些电磁场，这样它们可以相互叠加。于是，当它们遭遇真空时，设备的探针头会静止不动。但是，这取决于位于电磁场中原子的质量，发生的相互作用会改变电磁场值，让探针移动。然后，这就会记录在"存储"系统中。设备同时还记录下读取内容的时间和空间位置，它们的先后顺序，等等。经过 10^{20} 次单个读取之后，每秒达到上百万次，我们早已拥有了身体内原子位置的完整信息记录，也就是这具身体的物质构型。设备足以灵敏，来分别应对离子化的原子与非离子化的原子，它还能分别应对蛋白质链内特定位置的原子，因为反应取决于分子电子层的厚度。这些传播的电磁场，用来记录信息，一定会通过相互作用让身体内的原子略微偏离它们先前的状态。但那些偏离非常微小，身体能够适应，不会对自己造成伤害。一旦我们拥有了完整记录，我们就通过电波将其传送出去。收到这些信息之后，接收器会开始运作，然后在设备的另一头，一个复制人就此产生。这个新的个体和原型个体几乎一模一样，但是原型并不知晓。他可以离开发送设备，回家休息，一点儿都不知道，在同一时刻，他的复制品已经在另外一处被创造出来，或者创造出一堆了。这就是第一项实验。

现在，我们开始看一下第二台设备。它的操作原理更加残忍，因为位置矢量是物质的，也就是说发射出的颗粒会挨个击中身体内的原子，从最外层开始越来越深入。一次撞击，就是一场事故，时时刻刻在发生着。从发射颗粒的偏差，我们知道它的动量，然后就能读出被轰击颗粒（即身体原子）的位置和质量。我们获得了和第一台设备一模一样的第二次读取信息，但通过这次的操作，我们分解了生命体本身，我们的行为让它变成不可见的云。

请注意在两个示例中，我们获得了完全等量的信息，除了在第二个示例中，我们在读取的时候摧毁了原型生命。由于毁灭仅仅由设备的残酷性导致，而这本身并不会增加获得的信息量，因此毁灭事件不过是信息传输行为的附带事件，它绝不是固有属性，也不是原子合成出现在设备另一头的副本。

在两个示例中，信息传输和合成的实现方式完全相同。因此，很清楚，原型的命运和设备另一端发生的事情毫无因果关系。换句话说，在另一头的接收器内，都会出现相同的个体。但既然我们已经在第一个示例中表明，出现的人不可能是原型的延续体，同样的情况也适用于第二个示例。因此，我们证明了，在合成器中创造出的人永远只是模拟产物、复制品，不是"通过设备送达的原型"，这反过来表明，生物存在因果链的"插入"，在信息记录和传递过程中所创造出来的，实际上不仅仅是一个插入，而是特定之人连续生命线两个部分之间的休止符：它只创造"模拟产物"的行为，就像类似原型个体的双胞胎，无论前者是生是死。原型个体的生死与复制品没有关系，而原型恰恰相反，通过他的存在，驳斥了他应该已经被"发送往"远处的观念。而第二个示例中他的灭亡结果，原型留下了他确实"通过电报旅行"往别处的印象（我们已经证明，是虚假的印象）。

为了结束讨论，我们现在要陈述基于上述实验的无须创造原子基质或者使用原子合成器的另一个方案。如今尚未实现，但在这方面我们已经取得了长足的进展。我们在这里指的就是在体外培养人类受精卵。这颗受精卵需要一分为二。我们冷冻一个，让另一个以正常方式发育。让我们想象一下，受精卵发育成人，但他在二十岁就死亡了。然后我们解冻另外一颗受精卵，二十年后，我们有了"另外一个双胞胎"，借用合成器创造原子复制体的同样解释方式，我们可以描述其为死去之人的生命延续。我们必须等待二十年才会出现"生命的延续"，这一事实不代表什么，因为很有可能，合成器也需要运行二十多年，才会制造出原子复制品。如果我们接下来把这位"双胞胎"视作死去之人生命的延续，而不是和他长相极其相似的复制品，同样的说法也适用于创造原子复制品的问题。然而，在后面一种情况中，任何一个普通的双胞胎，即使发育因冬眠而延迟，他都是他兄弟的"延续"。因为冬眠时间可以随意缩短，最终，双胞胎中的每一个都是另一个的延续，当然，这是纯粹的荒唐。双胞胎中的一个确实是"原型"的完美分子复制品。但同一个人两种状态之间的相似性，比如八岁的他和八十岁的他，毫无疑问要比两个双胞胎之间的相似性要小得多。尽管如此，任何人都会承认那个孩子和老人是同一个人，我们不能说他们是俩兄弟。因此,决定存在延续的并不是类似的遗传信息量,而是即使在人的一生中大脑结构经历巨大变化仍然保有的遗传上的相似性。

注释

1 见 Olds and Milner, "Positive Reinforcement." (《正向增强》)——作者注

2 见 Magoun, *Waking Brain*, 63.——作者注

3 Podbipięta，龙金骑士，是 1884 年波兰作家亨利克·显克维奇所著的历史小说《火与剑》中的人物，故事设定在十七世纪的波兰，鞑靼侵袭时期。

4 Nihil est in intellectu, quod prius non fuerit in sensu. "一切知识来源于感觉经验"是经验论的基本主张。但在讨论幻影术时，莱姆用"神经刺激"替代了"感觉经验"。

5 经验上无法证明在一给定过程中，一个彻底的"人格抹杀"在 T1 时刻发生，然后新人格从 T2 时刻起开始替代它。原因就是此中牵涉到大脑改造过程中连续的"路径变化"。因为不可能及时发现先前人格的抹杀，我们需要禁止这类程序。小的"修正"不太可能消灭人格，但就像秃头悖论一样，我们无法判定从什么时候开始，无关紧要的修改就会转变成犯罪行为。——作者注

6 把所有的经验和记忆从早期人格"转移"到未来人工制造的人格上，这是可能的。在表面上，它保证了存在的连续性，但这些经验和记忆统统只是回忆，并不"适合"新的人格。我知道我在这个问题上采取的明确立场注定会有争议。——作者注

7 见 Shields, *Monozygotic Twins.*——作者注

8 同上。——作者注

第七章　创造世界

我们似乎迎来了一个时代的终结。我指的不是蒸汽或电力时代的终结，然后人类进入了控制论和太空科学的时代。这类术语意味着臣服于众多技术手段——它们将会变得过于强大，让我们难以应对其自主性。人类文明就像一艘在没有任何设计图的情况下建造出来的船。建造过程却非常成功。这也导致船只内部巨大螺旋桨的出现，引发了内部发展的失衡——但这还是可以补救的。然而，这艘船却没有舵。文明缺少从各种已知的可能路径中有意识地选择一条，以免在发现的浪潮中随波逐流的知识。那些有助于建造文明这艘大船的发现，很多时候依然是偶然的。虽然我们仍在盲目地向着银河系边缘移动，这一事实也不会有所改变。只有一件事是确定的：我们已经实现了那些可能实现的事。科学在和自然博弈，尽管科学每次都赢，但它允许自己被卷入这场胜利的结果中，并进一步探索，其结果就是，它没有发展出策略，而只是在不断地练习博弈策略。因此，矛盾就出现了：这种成功或胜利越多，未来的情况就越艰难，毕竟，事实证明，我们并不总是能够利用已经征服的一切。财富的窘境，认知上的贪婪导致的信息泛滥，都需要被驯服。我们也要学着去调控科学进程，否则，任何未来发展的随机性都会只增不减。胜利，也就是一些新鲜精彩玩意儿的突然出现，会从四面八方彻底吞噬我们，让我们无法注意到其他的机遇——那些长远看来更有价值的机遇。

对于发展中的文明来说，重要的是获得策略性操控的自由，从而能够控制他们的道路。今天的世界还有其他的大问题。比如说分配，世界无法同时满足数百万人民的需求——但万一这些需求最终被满足了呢？如果商品生产自动化实现了会怎么样？西方能存活吗？这是一幅怪异图景：无人工厂，通过与我们文明"连接"起来的恒星能量，生产着数十亿计的物品、机器和营养元素。那颗星会不会完全被"末世"占领？

别想着财产权了。如果我说一个时代终结了，我压根不会去想旧系统的消亡。满足人类的基本需求是一项必要任务，为最终考验做准备，它是成熟时代的开始而非终结。

科学从技术发展而来。一经创立，它便渐渐接管了局面。要谈论未来，尤其是遥远的未来，需要谈论科学的转变。我们将谈论的也许永远不会实现。绝对肯定会发生的事是已经在发生的事，而非我们能想象的事。我不知道泰勒斯和德谟克利特若身处今天，他们的思想是不是比我们的还大胆。也许不，毕竟他们抓不住事实的谜团，几百年来，我们不得不穿越假说的密林，从中找出一条路。科学的整体历史其实是一个充斥着败北痕迹的残酷区域，那里失败比成功多得多。到处充斥着被弃若敝屣的旧系统、像打火石般的过时的理论，以及曾广为尊重的残破真理。我们今天可以看到，科学长达几个世纪的内部斗争表面上看来纯属徒劳，因为其讨论关注的词语和概念随着时间都已失去意义。亚里士多德的思想遗产就是这样，他之后的几百年，生物学中先成论和后成论的争辩也是如此。我说"表面上"，是因为我们也可以说，所有那些已灭绝的生物，那些在人类出现之前的动物化石，也都是表面上的，或者是多余的。这些动物为人类出现铺平道路，这种说法在我看来并非偶然：这标志着过度自私的人类中心主义。也许我们只能说，这些创造的矿物，正如那些旧理论，形成了一个链条，这一链条由并不总是必要和不可避免的联系构成，它们有时成本过高，有时被误导，但总体上它们形成了向上通道。总而言之，这不是承认它们个体价值的问题。

　　把灭绝的生物描述为原始生物，把错误理论的创造者当成傻瓜，这很容易。在写这本书时，我的桌上有一本科学期刊，里面记载着一项实验，该实验结果挑战了物理的基本真理：爱因斯坦关于光速的论文。也许这个法则还在为自己辩护。但另有一个重要事实：没有不能被挑战的科学权威。它的失误和错误并不荒唐，因为那都是意识到风险的结果。这一意识允许我们构建假说，即使它们很快就会崩塌，失败也会在正确的道路上发生。在人类发展早期，已经走上了这场旅途——即使他还没意识到这一点。

信息种植

许多控制论者现在正在研究自动形成假说的可能性。机器制造的"理论"是一种信息结构，可成功编码与环境里现象特定分类中有关的有限数量信息。这样，这一信息之后可以成功用来正确预测那类现象。分类的机器理论代表着机器语言中一个特定的常量，为其中所有元素所共享。机器从环境中接受信息并创造出特定"构型"或者假说，而它们又互相竞争，直到要么变成冗余处理，要么在"认知过程"所代表的"演化"中固定下来。[1]

最大的困境来自机器中的原始常量如何产生，这决定了假说形成的所有后续过程；机器存储器的容量，以及获取其中信息的速度；还有如何调控关联树的生长，关联树指的是不断生长的可替代性工作方法。此外，最初考虑的变量数量（如果我们要观察的现象是钟摆，那这里指的就是为预测其未来状态我们需要考虑到的变量的数量）稍有增长就会导致整个项目崩溃。在涉及五个变量的情况下，一台大型数码机器以每秒一百万次运算的速度工作，那么两小时内便可以检验完所有的值。如果有六个变量，执行同样的过程就需要三万台同样的机器，马力全开计算几十年。这意味着，如果是随机变量（至少对我们来说是随机变量，只要我们看不出它们之间的联系），没有任何系统，不管是人造的还是天然的，能够处理超过几十个变量，即使它跟总星系一样大也没用。

打个比方，如果有人想要建造一台可模拟社会构成的机器，而自南方古猿以来存在的每个人都需要分配一定数量的变量，那么这项任务无论现在还是未来都不可能完成。幸运的是，这没有必要。确实，如果自然一定要在调控层面上考虑到每个单独电子的动量、自旋和力矩，那永远也造不出鲜活的生命体。它在原子层面上也不会这么做（没有哪个机体只由几百万个原子组成），因为它没法控制量子涨落和布朗运动。独立变量的数量在那个层面上太多了。生物细胞结构的起源并不完全作为原生动物基础系统而出现，更多是源于一种要求，其根基更加深入物质的基本属性。层级设计意味着各层级的相对自主性，又受主调控器的影响，但也意味着不可避免地放弃控制所有系统里发生的改变。

我们的模拟学大树结下的假想果实也一定要分级。我们花点时间更细致地检验一下这个问题。现在，先从模拟学的尺度上看看。

让我们回顾一下目前为止得出的结论。

到了一定的复杂程度后，建造拥有表面上重要变量的动态耦合模型成本很高。知晓模型的应用范围很重要，也就是说，多大程度上代表着实际现象行为。重要变量的选择不意味着要放弃准确度。恰恰相反，在保护我们免受无关信息侵扰的同时，选择变量能够让我们更快探测与检视现象类似的整类现象，换言之，更快地探测理论的建造。

特定情况可以决定什么算作模型，什么算作"原始"现象。如果链式反应中的神经元和食物中细菌的增长速度一样快，那么，作为指数级增长的参数，一个现象可以作为另一现象的模型。毕竟这样更方便研究细菌，我们把细菌培养当作模型。然而，当模型变得更复杂，我们要么找寻另一种类型的模型，要么绘制一个"等价"模型（我们用另一个人来"建模"一个人，通过在胎儿形成过程中加个"侧门"，正如之前讨论的那样）。

初始知识越多，我们想要的模型就越精确。模型的教育价值与此无关。重要的只是我们要能"提出关于它的问题",并获得答案。我们应该注意到科学家和技术员模拟的方式不同。面对实现"在生命体中合成"的可能目标,技术员只要获得"最终产品"就满意了。而科学家,至少是传统认知中的科学家,还希望细致了解"有机体合成理论"。一名科学家想要一种算法,而技术员更像是想种树、采苹果的园丁,且他并不关心"苹果树是怎么长出苹果的"。科学家认为这是一种狭隘、功利、实用主义的罪孽,违背了**全知法则**。这种态度在未来看来会改变。

模型更接近理论,忽略现象中被认定不重要的一定数量的变量。但是,模型考虑的变量越多,它就变成现象本身的复现,而非"理论"表征。人脑模型是一种动态结构,考虑所有人脑内的重要变量,但史密斯先生的大脑对其他大脑"重要性"越低,与史密斯先生大脑所有进程的"动态接触表面"就越多。因此,最终这一模型同时考虑到两个事实:史密斯先生数学很差,以及他昨天见了他阿姨。当然我们不需要这么忠实的模型,某种程度上是现象(卡佩拉星,史密斯先生的小狗雷克斯,以及史密斯先生本人)"一模一样"的复现。我们可以看到,一台机器如果能够精确到极致地复制每种物质现象,那么这种机器不过是彻头彻尾的剽窃机器。它完全考虑到了现象的所有变量,某种程度上切断了任何创造性活动的可能性,因为创造活动必须包括选择,拒绝一些变量而选择特定变量,从而找到一类现象，共享这些变量的动态轨迹。这类行为特性我们称之为理论。

理论能够存在，是因为单个现象中变量的数量远多于这一现象与其他现象共享的变量数量，因此可以在科学领域中忽略前者。这就是为什么可以忽略单个分子的历史，正如前一天史密斯先生见过阿姨等上百万个其他变量。

事实上，物理学和生物学研究现象的方式大相径庭。原子相互之间可以替换，有机体却不行。在当代物理学中，单个原子的历史无关紧要，除了某些假说认为原子发射的光子红移。这一原子可能来自太阳，或者地窖里的一堆煤炭，但这不会改变其性质。但如果阿姨告诉史密斯先生，她要和他断绝关系，然后他绝望地发疯了，变量就变得非常重要了。事实上，我们某种程度上可以理解史密斯先生，因为我们和他很像。原子就是另外一回事儿了。如果我们建立一种核力理论，并询问这些假纯数耦合"真的"算什么，这个问题完全没有意义。我们对算法中的代数起一些名字，就不能要求它们除了和其他算法变换有关系之外还有什么意义。最多可以说："如果你在纸上做这样那样的变换，接着再用这个替代那个，就会获得 2.5 作为结果，然后，如果你在实验室这样做或者那样做，设备指针会停在二和三之间。"实验确认了理论结果，这就是为什么我们要采用假纯数耦合和其他术语。

因此，对立的光子等是我们爬向顶端的梯子中的横木。顶端可能有一些珍贵的东西，比如新的原子能，但是我们不必询问梯子"本身"的"意义"。梯子只是我们为了登顶制造出来的人造环境的一部分，对立的光子就是在纸上演算，来预测未来状态的一部分，别无其他。我这么说是为了避免留下模拟学要向我们"解释一切"的这种印象。解释需要通过在熟悉的东西中寻找相似性，把未知的性质和行为转变为已知的东西，如果未知的东西和弹珠、球体、椅子或奶酪没有相似性，那么为了不绝望，我们要转向数学。

科技专家了解世界的方法很可能会改变。他将通过模拟学与世界连接。模拟学自身不概述任何行动目标，这些目标是文明在特定发展阶段得出的。模拟学就像望远镜，指向哪儿就看到什么。如果我们注意到有趣的事，我们能放大（也就是把信息收集装置转向那个方向）。感谢无数模拟现实各种方面的进程，模拟学将为我们展示各种"理论"，现象的各种联系和性质。没有完全孤立的东西，但世界倾向于对我们展示有利的一面，即相对独立确实存在（在现实的不同层级：原子、分子等等）。

有许多系统（机械）理论。生物演化理论就是一个关于系统的系统理论，而文明理论就是关于系统的系统的系统理论。幸运的是，量子过程在原生动物层面上几乎了无踪迹。要不然我们早就沉溺在多样性的汪洋中，没有任何调控的希望。后者一开始基于生物内稳态（感谢大部分没有智能的植物存在，大气中的氧气含量维持稳定，并且它们还调节其数量），然后，一旦智能出现，它会在利用理论知识产物而形成内稳态的基础上发展。

"终极建模"因此不仅不可能，也没有必要。忽略一定数量的变量导致"模糊"表征，使得一个理论具有普遍性。相似地，一张模糊的照片让我们没法判断这是史密斯先生还是布朗先生，但是我们可以判断这肯定是个人。对想了解人类长什么样的火星人来说，一张模糊的照片比史密斯先生的肖像更有价值；否则，他就会认为所有人类都长这种圆胖鼻子、豁口牙，右眼底下有淤青了。总而言之，所有信息假定存在信息接收方。所以不存在"普遍的信息"。一个文明及其科学家是"模拟学机器"的接收方。今天他们自己要通过淘汰法，丰富信息"矿藏"。未来，他们将会获得信息的本质，并且将基于其他理论而非事实构建他们的理论。（这种事某种程度上已经在发生了：不存在完全独立于其他理论的理论。）

读者毫无疑问期盼着一场我们很早就提到的关于"信息种植"的讨论。但相反，我们却在处理科学理论的属性。似乎我在用尽一切方法阻止他继续阅读。但让我们简要地考虑一下我们实际上想达成的东西。我们本应一路走向科学自动化。这是一项可怕的任务。在我们开始之前，我们需要完全理解科学究竟在做什么。我们之前说的只是初级的近似比喻。然而，比喻需要翻译为科学语言。我为此十分抱歉，但这是事实，所以……

我们将要发明一种信息收集装置，像科学家那样归纳总结，然后把结果展示给专家们。这个装置收集事实、归纳，并且通过将其应用于一系列新事实来检验归纳的有效性。通过"品控"后，"最终产品"离开"工厂"。

于是，我们的装置生产理论。在科学哲学中，理论是由符号组成的系统。它是实际现象的结构等价物，而它可以通过与这一现象无关的规则进行转变，从而使现象轨迹的后续部分（即时间中的连续状态）在该理论考虑的变量层面对应于理论推导出的变量。[2]

一种理论并不适用于单个现象，而适用于一类现象。这一类的元素在空间中可以共存（桌上的台球），或者在时间中相继出现（时间上台球的先后位置）。这一类别包含的数量越多，这种理论就"更好"，或者说更具普遍适用性。

理论并不需要有任何可验证的结果（爱因斯坦的大统一场论）。在我们能够从它推出结果之前，它就是无用的，不仅是作为实际行动的工具，也作为认知工具，都没有用。为了保持有用，理论必须有"输入"和"输出"："输入"理论归纳的事实并"输出"理论预测的事实（从而证实理论）。如果它只有"输入"，它就和"输入""输出"两者缺一一样，属于形而上学。现实没有那么优美，也就是没那么简单。一些理论的"输入"同时也是其他理论的"输出"。有一些理论或多或少具有普遍性，但从发展的角度看，它们都需要构建一套分级实体，比如说像有机体。生物演化理论和那些发源自化学、地理学、动物学和植物学的理论"有关联"，这些理论都从属于生物演化理论，而其自身又作为一个特例从属于自组织系统理论。

现在有两种理论方法：互补法和还原法。互补法意味着同一现象或同一类现象可以被两种不同的理论"解释"，而选择哪一种要出于实用主义考量。互补法应用在诸如微观物理学等领域中（电子作为波和粒子）。但一些人认为事件的这种状态是暂时的，我们要时刻采用还原法。相对于用一个理论补充另一个，有必要构建一套能够统一两者的理论，把第一个理论还原入另一个，或者把两个都还原为更普遍的理论（这就是"还原"法）。因此认为，像生命这种现象可以被还原为物理化学过程。不过这种观点还有待商榷。

一种理论结果成真得越多，理论就越可信，一种理论可以完全可信，但毫无用处（比如平凡之事，像"人都会死"）。

没有理论能考虑到一个现象的所有变量。这不意味着我们能列举每个案例中的这些变量，而是说我们不了解这一现象的所有状态。

但一个理论可以预言一些已经发现的变量的新值。但它并不总是特意说明，新发现的变量是什么，在哪里可以找到。那些新变量的"征兆"隐藏在它的算法中，只有真正的专家才能找到隐藏的宝藏。走到这里，我们正在接近一些迷雾重重的领域，神秘玄妙的概念，比如"直觉"。这是因为理论是信息的结构化部分，有可能是从许多和自然没有联系的思考结构中甄选而出，而在打败无穷的竞争对手后才会发生选择过程（"天体间的吸力与直径的立方有关，或是与距离的平方与引力常量的乘积有关"等）。但事实上，并没有这种事发生。科学家不是盲目地用试错法工作，而是依赖猜测和直觉。

这个问题属于所谓的完形心理学范畴。我没法让你根据我的描述立刻认出我的朋友。但我能立刻认出他。从感官感知的心理学角度，他的脸代表着特定的"形式"。有时一个人在我们看来很像另一个人，但又说不出具体哪里像：不是哪个单独的身体部位或脸像，而是整体上，通过系统、通过他所有特征和行动的和谐，也就是通过其"形式"相像。这种感知的归纳并不只适用于视觉领域。

它也适用于所有感官。一段旋律不管是指哨吹出、乐队演奏或是单手指在钢琴上弹奏出，都维持其"形式"。每个人都体验过这种认出形状和声音等"形式"的经历。如果一名理论科学家有点本事，他就会将用尽一生精通的各种理论的抽象形式和符号感知为特定"形式"。自然，这类形式不是任何脸、性质或声音；它们只是他意识中的抽象构建。但他可以发现两个不相关理论中"形式"的相似性，或者通过把它们放在一起，可以感受到它们是特殊情况，尚未被归纳总结，需要构建。

这里说得当然非常粗浅。让我们回到主题吧，或者，我们准备好开始谈论"信息种植"时，它会再次出现。

让我们现在玩个游戏。我们有两位数学家，其中一位是**科学家**，另一位是**自然**。从之前的假设看，**自然**衍生出一套复杂的数学系统，而**科学家**也可以推理出来，就是再创造。这件事发生的方式是**自然**坐在一个房间里，然后时不时通过窗户给**科学家**展示一张写着几个数字的纸。这些数字和**自然**创造的系统中特定阶段出现的转变有关。我们可以想象，**自然**是布满繁星的天空，而**科学家**是全世界第一个宇航员。最初，**科学家**一无所知，也就是说，他没有注意到数字之间的任何联系（"星体移动之间的联系"），然而在一段时间后，他想到了一些事。他决定最后尝试一下，这意味着他自己将创建某种数学系统。于是他等着看自然透过窗户给他看的数字是不是符合他的预期。结果，**自然**展示的数字不一样。**科学家**再一次尝试，如果他是一个优秀的数学家，经过一段时间后，他将会找到正确的道路，并构建出与**自然**使用的一模一样的数学系统。

在这种情况下，我们可以说这是两个如出一辙的系统，也就是，**自然**用到的数学类似于**科学家**的数学。于是，我们重复游戏，但改变其中一些规则。**自然**持续展示数字（比如说成对的数字）给**科学家**看，但它们并不来自数学系统。相反，每一次我们给自然提供五十种可能的操作清单，挑选出其中一种操作，然后创造出这些数字。**自然**可以随机改变头两个数字，但不可以改变之后的数字。它随机挑选清单中的一个转换规则，然后进行乘除幂等等；它把结果给**科学家**看，然后选择另一个规则，转变（之前的）结果；再把结果给**科学家**看，如此往复。有一些操作要求抛弃所有转变。也有的操作要求，如果**自然**的左耳痒，就要减去某些东西；若是不痒，就要开某次方。此外，有两种操作一直在运用。每次自然都需要给求得的两个结果排序，第一个数字要比第二个小；同时，奇数位旁边的数字中一定要有一个是零。

尽管听上去很奇怪，这种方式产生的数字序列会展现出自己的规律。**科学家**能发现这些规律，也就是说，一段时间后，他能预测，但只是粗略地预测，接下来会出现什么数字。然而，因为他越是努力预测——不仅仅要预测最近的阶段，还要预测整个阶段——那么预测每一连续数字对的准确概率就越会急剧下降，他就得创造几个预测系统。他预测零会在奇数后出现肯定会应验：它们出现在每一对数字中，尽管在不同的位置。而且第一个数字总比第二个小也是确定的。其他所有的变化都服从于各种概率分布。因此，自然展现出某种"秩序"，但不是一种单个类型的"秩序"。可以检测出其中不同的规律，这在很大程度上取决于游戏持续多久。自然似乎表明存在某种"常量"，不服从任何变换时间上不太遥远的未来状态可以通过特定程度的概率预测，但不可能预测很久以后的状态。

在这种情况下，科学家可以假定，自然确实使用某一系统，但它有太多的变量运算，使得科学家无法复现。然而，他更倾向于假定自然的行为具有概率性。因此，科学家会使用合适的方法，也就是所谓的蒙特卡罗法，来发现一些近似的解决方法。最有趣的是科学家或许会假定，存在某种"自然层面的分级"（数字之上是对数字的操作，再往上是排序和归零的超操作）。我们因此有两个不同层面和"限制"（第一个数字不能比第二个大），也就是"自然法则"，但这整套数字演变系统不是作为形式结构的数学统一系统。然而，这只是问题的一部分。如果游戏持续很长时间，**科学家**终归会意识到，比起某些操作，**自然**更常使用另一些特定操作（这个原因是"自然"其实是人类，因此对特定操作有偏好；确实，一个人不能完全混乱或"随机"地行动）。遵从游戏的规则，**科学家**只观察数字，并不知道它们产生于自然过程、机器活动或个人。然而，他开始怀疑某种高于转换操作的因素存在——一个决定要执行什么操作的因素。这一因素（一个假装是**自然**的人）拥有有限的行动范围，但慢慢地，他的偏好系统将会在他选择的数字序列中展现出来（比如他使用第四号操作比第十七号更频繁等等）。换句话说，他将会展现出他性格中的动态特征。但还有另一个因素，一个相对独立的因素，因为不管**自然**偏爱哪种操作，时不时的，当一个结果取决于耳朵痒的操作时，他会以特定的方式行动。这一发痒和他的意识动态不再相关，而与他皮肤的外周受体分子过程有关。在最后一种情况中，**科学家**因此不仅研究大脑过程，也研究假装是"自然"的那个人皮肤特定部位发生的事。

　　当然，他可能会赋予"自然"一些它并不具有的属性。他可能思考，比方说，"自然"喜欢在奇数旁边放个零，事实上它必须创造出这样的结果，因为它被命令这样做。这是一个粗浅的例子，但它表明，**科学家**可以用许多方式解释他观察到的"数字现实"。他可以将其视为特定数量的反馈系统。不管他构建什么样的现象数学模型，他的"自然理论"中所有的元素，或者每个符号都不可能在墙的另一面有一个准确的等价物。即使他在一年后学会了所有的转变规则，他也绝对无法创造出"耳朵痒的算法"。但只有在后一种情况下，我们才能说**自然**和**数学**等同或同构。

自然的数学表征概率并不因此在任何情况下都表明其"数学性质"。这个假说是否真实并不重要，因为完全是表面假说。

在讨论了认知过程的两面性后（"我们的"属于理论，"另一个"属于**自然**），我们终于开始自动化认知过程。最简单的事看来就是创造一个"人造科学家"，以某种"电子超级脑"的形式，通过感官或者"感知机"，连接到外部世界。这种想法似乎显而易见，因为关于思维过程的电子模拟，以及今天数码机器执行的活动优点和速度，人们讨论太多了。但我不认为我们应该通过"电子超人"来实现这个目标。我们都着迷于人脑的复杂和力量，这也是为什么我们没法构想出一种不同于神经系统的信息机器。大脑毫无疑问是自然的伟大产物。但现在我要带着敬意说，我要补充说大脑这套系统处理不同问题时展现了不同的效率。

一个滑雪者滑雪下坡时，他的大脑"处理"的信息量，远远大于同一时期一名杰出数学家"处理"的信息量。"信息量"这个词，我理解为特指滑雪者大脑调控或者"控制"

的变量数目。他掌控的变量数目远高于数学家大脑中"选择领域"的变量数目。这是因为大部分滑雪者大脑中的调节干预是自动化的；它们发生在他意识领域之外，而数学家的形式化思考没办法达到那种程度的自动化（即使一名优秀数学家有时在某种程度上能做到）。整个数学形式主义就像一排栅栏，让盲人能扶着它大胆前进。为什么在推理方法中我们需要这种"栅栏"？大脑，作为一个调节器，展现出的"逻辑深度"极为有限。这一数学推理的"逻辑深度"（连续操作的后续阶段数量），要比大脑的"逻辑深度"大得多，因为大脑的运作方式不是抽象思维，而是根据其生物学基础，发挥身体控制装置的功能（比如在滑下坡时会绕过障碍物的滑雪者）。

恰恰相反，第一种"深度"并不值得骄傲。它源于以下事实：大脑无法成功地调节非常复杂的现象，除非那些现象是它的身体的过程。其理由是，作为身体调节器，大脑控制大量变量：成百上千。但有人会说，每个动物都有一个能成功控制身体的大脑。除了这个任务，人脑还能处理无数其他任务。不管怎样，比较猴脑和人脑大小，至少是粗略地，就能知道人脑质量有多大的部分"指向于"解决智力任务！

事实上，讨论人的智慧高过猴子没有意义。人脑毫无疑问更复杂，但其复杂性很大一部分在解决理论问题时"没什么用"，这是因为大脑控制身体进程：这是设计它的初衷。因此，问题看起来是这样的：大脑比较不复杂的部分（大脑神经系统中组成智力活动基础的部分）试图获得更复杂部分（整个大脑）的信息。这不是不可能，但相当困难。不管怎样，不可能是间接的（一个人甚至没法构造一个问题）。认知过程具有社会性：许多人类大脑在研究同一问题时，其"智能"的复杂性存在某种"叠加"。但这一"叠加"要打上引号，因为所有单个大脑并不是连接在一起，形成一个系统，我们还没有解决自己的问题。

为什么单个大脑没有连起来构成一个系统？科学不就是这样一种高级系统吗？它是，但只是比喻。如果我理解了什么东西的话，我将其作为整体理解"这件事"，从头到尾。个体大脑联合起来，创造出某种"高级智能领域"，这是不可能的，这样一来，其中形成的真理形式无法被任何一个个体的大脑所全部包含。科学家当然合作，但在最后一种情况下，一个人必须构建出设立的问题的解决方法，因为"科学家大合唱"办不到。

但这是真的吗？会不会是另外一种情况，首先，伽利略构建了某些东西，然后牛顿捡起来发展了下去，然后其他几个人又加进了什么，接下来洛伦兹做了改变，然后考虑到这一切，爱因斯坦整合了所有数据最终创造出相对论？当然是这样，但这没有相关性。所有的理论使用很小数量的变量。更普遍的理论并不包含更多的变量：它们只是适用于很多情况。相对论就是个很好的例子。

但我们说的是别的情况。大脑可以完美地调节其"连接"于身体中的大量变量。这自动或半自动地发生（当我们想站起来且没想别的时，也就是说，这个"命令"启动整套运动学效应）。然而，在思维层面上，也就是作为调节大脑领域外的现象的机器，大脑并不是非常高效的装置，更重要的是，它没法处理要同时考虑大量变量的情况。这就是为什么它没法正确调节，比如说，生物或社会现象（在将两者算法化的基础上）。事实上，即使是不怎么复杂的过程（诸如气候或大气现象）也超出了它们的调节能力（这里只将其理解为准确地基于早期状态预测未来状态的能力）。[3]

最后但不是最不重要的，在其最"抽象"的活动领域内，身体（由于反馈是双向的，身体既是主人也是仆从）对大脑的影响比我们通常以为的要大得多。相反，"通过这具身体"与周围世界相连接之后，通过与身体经验相关的现象，大脑开始表达出这个世界的所有特性（因此会寻找肩上扛起**地球**、把石头"吸引"到**地球**上的人）。

在身体现象中，大脑作为信息通道的传输能力保持在最高的水平。但从外部涌进来的过量信息，比如说文本阅读，每秒接受的信息量一旦达到一定的比特／秒，就会发生堵塞现象。

作为人类实践的第一批学科之一，天文学始终没有给出"多天体问题"（也就是互相影响的引力质量）的解决方案。但有人能解决这个问题。自然"不用数学"就解决了，纯粹是靠这些天体的活动。这就引出一个问题：能不能用类似的方法解决"信息危机"。这当然是不可能的，你会说："这个想法没有意义。"所有科学的数学化都在增加，而不是减少。没了数学我们什么都干不了。

同意，但先让我们确定我们在谈论的是何种"数学"——是以方程或不等式那种语言写在一张纸上，或者编码进大型电子机器的二进制元素，还是不需要以上任何形式却能孵化受精卵的那种？如果我们说的是第一种，那就要面对信息危机了。然而，如果我们为实现自己的目的启用第二种，那情况就大不相同了。

胎儿发育是一篇"化学交响曲"，它从精卵细胞融合开始。设想我们能跟踪这一发育过程，在分子层面上从受精到成熟器官的形成，我们现在想用化学的形式化语言表达——就像我们用来表达诸如 $2H+O=H_2O$ 的简单反应式的那种。那"胚胎形成的成分"看起来会是什么样？首先我们得一个一个写下来，从"开始"就出现的所有化合物化学式。然后我们要枚举所有的相关转变。鉴于成熟的生命体在分子层面包含大约 10^{25} 比特的信息，那么我们必须写下的方程式数量将达到千兆级别，覆盖所有的海洋和陆地都铺不下。这是一项彻底无望的任务。

让我们别担心化学胚胎学是否会要处理类似的问题。我认为生物化学的语言将经历剧烈的改变。也许我们最后会形成某种物理-化学-数学形式。但这不是我们所关心的，因为如果有人"需要"特定的鲜活有机体，这些书写活动毫无必要。只要精卵结合，过一会儿它就会"自己"变成"需要的解决方案"。

我们能否在科学信息领域做类似的事，这值得深思。我们难道不能开始"信息种植"，让信息互相杂交，然后启动"生长"，最终获得科学理论形式的"成熟有机体"吗？

相比于人脑，我们想把另一个演化产物——人类基因型作为我们的试验模型。大脑每立方厘米包含的信息量远小于精子（我说的是精子而非卵子，因为前者的"信息密度"更高）。当然，我们需要不同的精子和不同的基因发育法则，不同于演化所创造出来的法则。这只是一个起点，同时也是我们唯一能依靠的物质系统。

信息需要从信息发展而来，正如有机体来源于有机体。它的比特也应该孕育另一个，它们可以杂交，经历"变异"，也就是微小的变化，以及遗传中不会出现的根本性转变。也许这会在某种容器中发生，在那里"信息携带分子"——其中特定信息将会以和有机体相同的方式编码——会不会在原生质中互相反应？也许这会启动一种独特的"信息酵素发酵"？

然而我们的热情相当幼稚，我们跑得太远了。既然我们应该向演化学习，那我们要看看它怎么收集信息。

这些信息需要被稳定下来，并且具有可塑性。为了实现稳定，也就是信息最优转移，需要满足以下条件：发送器没有干扰、通道噪声水平低、信号的持续性、将信息连接成相关统一单元中的可能性，以及最后，但也是重要的，信息零余（过载）。连接允许我们检测错误并将其影响最小化，否则会破坏信息传输。信息过载也是同样道理。基因型使用的方法正如通信工程师所用的。一份以打印或手写文本形式传递的信息也以相同方式运作。它应该要清晰（没有干扰），不可被破坏（即使是印刷褪色也算是破坏），特定的字母需要连接成模块（词语），接下来又要组成更高级的单元（句子）。书写中包含的信息也要过载，证据就是部分损毁的文本仍然可以解读。

有机体通过生殖细胞隔离以有效保护存储的信息免受干扰，通过染色体分离机制实现信息传输。随后，信息在基因中聚集成模块，又在更高级的单元——染色体中（遗传文本的句子）再次形成模块。最后，每个基因型都包含过量的信息，我们能从受损的受精卵仍然可以发育成没有损伤的生命体中看出，当然这是有一定限度的。[4] 在其发育过程中，基因信息转变为表型信息。表型是系统的最终形态（也就是形态学性状、生理学性状和功能性状），作为（基因型）遗传因素活动和外部环境影响的结果出现。

使用视觉表征，我们把基因型描述为一只空瘪的橡皮气球。如果我们把它放在带尖角的盘子里，本来"基因型倾向"会变成球形的气球将会适应盘子，变成适合盘子的形状。这是因为可塑性，也就是"调节缓冲"运作的结果，在基因型指令和环境要求中进行"平摊插入"，这是有机体发育的重要特征。简单来说，我们能够说有机体可以在非常恶劣的条件下生存，也就是低于平均基因型编程预期的条件。低地植物可以在高山中生长，但它在形态上开始与山地植物相似。这就是说它的表型会改变但基因型不会，因为只要移植回低地，它的种子就会再次孕育出原来样子的植物。

信息的演化流如何实现？

它是循环发生的。它的系统由两个通道组成。第一个通道传输的信息源出现在成熟有机体的生殖活动中。然而，因为并不是所有生物都能以同样的方式生殖，只有那些适应得最好于是取得了优势的那些才可以，它们的适应性性状，包括表型性状，才能参与到"传播者的选择"中。

这就是为什么并不是会繁殖的有机体自身被视为信息来源，而是整个生物地理群落，或者说生物圈，即有机体和周围环境的总和（以及生活于其中的其他有机体，因为正是由于它们的存在，我们适应了环境）。最终，信息从生物地理群落通过胎儿发育传输到下一代成熟有机体。这就是胚胎生成通道发生的事，传输基因型信息。第二种通道是反向通道，把来自成熟有机体的信息传输到生物地理群落，但这种信息已经是基因型信息，因为它在整个个体"层面上"传输，而非再生细胞"层面上"。基因型信息仅仅代表有机体的完整生命活动（它们吃什么，怎么吃，如何适应生物地理群落，如何在生存过程中改变，自然选择如何发生，等等）。[5]

因此，在分子水平上，编码在染色体中的信息通过第一通道传输，而在适应、生存斗争和自然选择中表现出的宏观表型信息则通过反向通道传输。（成熟有机体的）表型比基因型包含更多信息，因为环境影响组成了外部信息来源。因为信息循环不只在一个层面上发生，它必须经历一场转变，在某种情况下要允许它的"代码"被"翻译"为另一种。这发生在胚胎发育过程中，是将分子语言变为生物语言的"翻译器"。这就是微观信息转变为宏观信息的方式。

在之前描述的循环过程中没有发生基因型改变，这意味着演化缺席这一过程。演化归功于基因型传输时自发产生的"过失"得以发展。基因变异没有方向、盲目又随机。只有环境选择在接下来几代有机体内挑选，或者固定增加环境适应能力的基因——即生存机会。选择过程的负熵活动，也就是秩序增长的累积，可以在数码机器中模拟出来。但是因为我们没有这么一台机器，就得玩"演化游戏"。

我们把一群孩子分成人数均等的几组。第一组代表有机体的第一代。"演化"从第一组内每一个孩子接收到"基因包"的瞬间开始。"基因包"里包含一件斗篷和一系列指令。如果我们想要真正做到精准，我们可以说，这件斗篷代表卵子的材料层（质膜），而一系列指令代表细胞核中的染色体。"有机体"通过指令知道"它要如何发育"。这包括每个小孩要披上斗篷，跑过一边开着窗户的走廊。外面有个神枪手，手持玩具枪，枪里装满了豆子子弹。被击中的小孩就相当于是"死于生存斗争"，因此没法"繁殖"。而毫发无损跑完全程的孩子把斗篷和系列指令放回"基因包"里，并把这组"基因型指令"传给"下一代"人。斗篷的颜色呈深浅不一的灰色，从很浅的灰色到近乎黑色，而走廊的墙被漆成深灰色。小孩跑动的身影越是在背景中突出，神枪手就越容易射中他。那些颜色与走廊墙壁颜色越接近的人，他们的存活概率也越高。环境在这里作为过滤器，淘汰了那些最不能适应的人。

"模仿"于是出现，即一个人的颜色开始与环境色越来越相似。最初大范围的个人色彩在同一时间缩小了范围。

但不是所有个体的生存概率都完全取决于孩子给定的"基因型"，即斗篷的颜色。通过观察跑在他前面的人的行为，或者单纯地把握正在发生的事，他学会了一些行为模式（快跑、跑步时压低身段等等），也会让神枪手更难击中他，因此增加他"生存"的概率。如此一来，多亏了环境，个体获得了非基因型信息，也就是原始指令组中不包含的信息。这就是表型信息，由个体自身获得。然而表型信息属于非遗传信息，因为一个有机体只能把"繁殖细胞"传给"下一代"，也就是装着斗篷和系列指令的包裹。在与环境发生的一定数量"交叉作用"后，只有那些基因型和表型（斗篷颜色和行为）提供最大生存机会的个体才能真正"存活下来"。起初丰富多变的分组变得越来越统一。只有最快、最敏捷、斗篷有保护色的人才能存活。然而，后续"世代"只接受基因型信息：它们得自己创造表型信息。

让我们想象一下，由于工厂失误，出现了一些有斑点的斗篷。这种"噪声"的效果代表基因型变异。斑点斗篷在背景的衬托下清晰可见，这就是为什么"变异者"的"生存"机会很小。它们因此很快被神枪手用玩具枪"消灭"，此时后者可以被认为是捕食者。但如果我们在走廊墙上铺上带斑点的墙纸（环境改变），情况就会剧变：现在只有变异者能生存，这种新的"遗传"信息会快速在全部人口中替代旧信息。

正如我们所说，穿上斗篷和阅读指令的行为，相当于胚胎生成，其功能与有机体的整体形态同时发育。所有这些活动包括胚胎遗传信息通过第一信息通道进行传输（从生物地理群落到成熟个体）。学习跑过环境的最佳方案代表着获得表型信息。每个成功到达终点的个体已经携带这两种信息了：遗传性基因型信息和非遗传性表型信息。后者在演化过程中随着个体的消失会永远消失。基因型信息通过"过滤"从一双手传给另一双，这就构成了反向传输（通过第二通道）。

因此，也是在我们的模型中，信息也在"微观"层面上从生物地理群落传输到有机体（打开收到的包裹，熟悉指令，等等），同时还在宏观层面上从有机体传送到生物地理群落（因为包裹本身也就是基因型不会跨越环境，整个个体，也就是其载体，必须这么做）。

在这场游戏中，生物地理群落指代整条走廊和跑动的孩子（给定人口的生存环境）。

一些生物学家诸如施马尔豪森宣称，尽管信息如之前所述进行循环流通，成熟有机体并不比基因型包含更多信息。这意味着信息量的增加由个体与环境的互动反馈造成，这只出现在他的生活中，并只得益于基因型信息，是调节活动对有机体产生的部分机制的结果。这些反应的可塑性给人的印象是：有机体中包含的信息量发生了增加。

提到基因型信息，直到变异发生，大部分信息都没有改变。然而，表型信息量大过基因型信息；相反的观点和信息论而非生物理论矛盾。我们需要区别这两个问题。如果我们决定了参照系框架，那么信息量将会由现象轨迹决定。因此，我们没法从现象中减去任何信息，因为我们认为它太"肤浅"。无论这种信息作为调节活动的结果出现，或者以其他任何方式出现，都没有差别——只要我们根据给定参照系框架，研究它在物质体诸如有机体中的数量。

这不是某种学术讨论：它对我们是很重要的。之前引用的观点暗示环境"噪声"只能耗尽表型信息（如施马尔豪森宣称的）。但噪声同时也是信息来源。确实，变异就是这种"噪声"的范例。如我们所知，信息量取决于其概率程度。"Boron（硼）是一种化学元素"这句话包含一定数量的信息。但如果一只苍蝇在第一个字母上留下污迹，那么科学家就会读成"Moron（白痴）是一种化学元素"，于是，一方面，我们见证了信息传输中噪声造成的干扰，以及信息量的减少；但另一方面，我们也见证了信息量的增加，因为第二个句子的可能性比第一个更小！

我们在这里展示的是选择性信息增加和结构性信息减少，两者同时发生。第一类信息指的是一系列可能的句子（"x 是一种化学元素"之类），而第二类指的是实际情况，句子只是其表征。在第二种情况下，代表真实情况的句子集合由包括诸如"氮是一种化学元素""氧是一种化学元素"等句子组成。这一集合中句子的数量符合化学元素的真实数量，大概有一百多种。这就是为什么，如果我们只知道我们的句子要从哪里选出，那么选中特定句子的概率大约是百分之一。

第二个集合包含给定语言中可以替换"x 是个元素"中 x 的所有词语（"一把雨伞或者一条腿是种元素"等等）。因此，它包含的句子数量和语言中的词语数量一样多，也就是说，好几千。信息是概率的否命题，这表明每种这样的句子不可能成立的概率超过几千倍，换言之，包含着更多信息（不是几千倍之多，因为信息是对数，不过这里没有确切的指代）。

如我们所见，一个人应该谨慎地使用信息的概念。类似地，我们也可以同时把变异理解为（结构）信息的减少和（选择性）信息的增加。"感知"到变异的方式取决于生物地理环境。在普通情况下，它代表与真实世界相关的结构化信息的减少，结果就是生物越不适应环境，越是容易灭绝，尽管选择性信息增加了也是如此。如果条件改变了，关于变异的相同信息也会同时导致结构信息和选择性信息的增加。

顺带一提，噪声只有在某些极为特殊的情况下，才可以作为信息来源：这类信息是所有元素都具有的高度组织化（复杂性）特征的集合中的一个元素。噪声把硼变成笨，这就是一种组织变成另一种，而"硼"这个词变成一团墨迹就是消除任何的组织形式。变异还牵涉到一种组织转变成另一种组织——除非我们说的是致命的基因变异，即在发展过程中杀死了有机体。

一个句子可以有真假，而基因型信息可以适应也可以不适应。不管怎样，我们在谈论的是结构测量。然而，作为选择性信息，一个句子只能代表更多或更少的可能性，这取决于它所处的集合。相似地，作为选择性信息，一种变异也只能代表或多或少的可能性（这意味着有或多或少的这种信息）。

表型信息通常是结构化的，因为它作为环境影响的结果出现，而有机体通过适应性反应回应了这些影响。于是我们添加表型、结构和外源的信息到基因型结构信息中，从而获得成熟个体拥有的完整结构信息。当然，这和遗传无关：只有基因型信息是遗传的。

实践中，决定信息的平衡对生物学家来说非常困难，由于调节机制的存在，明确划分基因型和表现型只在理论层面上才是可能的。如果经历分裂的卵子没有受到外部影响，那么其发育可以被描述为"演绎性"发育，因为基因型信息经历转变，但信息量没有增长。一个数学系统，起初通过其基础前提（"公理核心"）和转换法则表征，它也以类似的方式"发展"。这两件事可以合称为"数学系统的基因型"。然而，胚胎在这种假想隔离的状态下发育是不可能的，因为卵子总会受到某种影响——例如，引力。我们知道，它对（比如说植物）的生长发育有多么重要的影响。

在我们最终要开始合理设计一个"自我诊断"或者"控制论诊断"机器之前，在我们讨论的最后部分，我想提一下存在多种调节。有持续性调节，即持续观测受控参数的值，还有非连续调节（装弹式调节），这在受控参数达到特定的阈值才会生效。有机体两种都采用。比如说，体温是最常见的持续性调节，而血糖是非持续性调节。大脑可以被认为是两种方法都使用的调节器。但这些问题已经被艾什比在他的《大脑设计》（*Design for a Brain*）一书中全面讨论了，这里不做赘述。

个体发育牵涉两种信息的对峙：内部和外部。这就是一个有机体表型形成的方式。然而，有机体理应为自己和演化服务，亦即，它要存在并维持物种的存在。农场上的信息"系统"应为我们服务。因此我们要在农场上把生物演化法则即"适者生存"的法则替换为如下新法则:"能够最充分表达环境的生存。"

我们已经知道"表达环境"是什么意思了。它包括收集结构信息而非选择性信息。重复无疑是没有必要且肤浅的,让我再说一次。通信工程师用以下方式检验信息达到概率:对他来说,一句包含一百个字母的句子总是有相同的信息量,不管该句子是取自报纸,还是来自爱因斯坦的理论。这是信息传输中最重要的部分。然而,我们也可以这样谈论信息量,一个句子描述(代表)一个或多或少可能的特定情况。这样,句子的信息内容不取决于给定语言中字母出现的概率,或者它们的总数,而仅仅取决于给定情况本身表现出来的概率程度。

句子和真实世界的联系无关通信通道的传输,但当测量其包含的信息量时又至关重要,比如科学法则。我们应该要以"种植"第二种信息即结构信息为己任。

"通常"的化学分子不表达任何东西,或者说它们"只表达它们自己",这是一回事儿。我们需要的分子既要表达它们自己,又要表征外于它们的东西(模型)。这是可能的,因为染色体的设计片段不只"表达"它们"自己",也就是 DNA 分子,也表达有机体从中发育出的性状,比如说蓝眼睛。然而,它只将这一事实表达为总体组织基因型中的一个元素。

但说假想的"生物-理论""表达环境"是什么意思呢？存在的一切，也就是世界整体，是科学研究的环境，但不是同时研究一切。信息收集包括辨别世界中的系统，然后研究其行为。特定的现象，例如恒星、植物和人类，都有使它们成为系统的特别特征；其他的（一朵云、闪电）只是表面上拥有这种和周遭环境分离的自主权。我们现在要表明，我们并不是要从零开始"信息演化"，也就是说，我们并不打算创造一种首先需要"凭自身"达到人类知识水平，并只有达到这一点才能发展的东西。我不知道这是否可能，也许不可能。不管怎样，这种"从零开始"的演化需要大量的时间（可能和生物演化耗费的时间相当）。但这完全没必要。我们要利用我们的知识，当然还有分类，从头便是如此（关于如何构建值得研究和不值得研究的系统的知识）。我们预期到了某个时候，我们将可能不再有任何惊人的发现，只有我们的"农场"建造完成后它们会自己冒出来。我们也许通过许多近似方法可以得出这么一种解决方案。这样的农场可以有多种设计方式。一个砾石河床——作为"多样性生成器"和对探测"规律"敏感的"选择器"——可以作为它的早期模型。如果选择器由一系列有圆洞的围栏组成，那么最后我们将只有圆石头，因为其他的过不了"过滤器"。我们于是从混乱（砾石河床的"噪声"）中获得了某种秩序，但圆石头除了它们自身不表达任何东西。信息却是一种表征。因此,选择器不能基于"固有特征"而运行,而要基于外在于它的东西运行。它一头要连接"噪声"生成器作为过滤器,而另一头要连接外部世界的特定部分。

艾什比"智能放大器"的构想基于"多样性生成器"的概念。艾什比声称,任何科学法则、数学公式等等,都能被完全随机运行的系统生成。因此,比如二项式定理就可以以莫尔斯码的形式,通过蝴蝶扇动翅膀来"传播"。此外,无须等多久,这些反常事件就会发生。因为每一份信息,这里还以二项式定理为例,都可以通过使用一打左右的符号用二进制码传输,在每一立方厘米的空气中,这些符号在其随机运动中每秒可以传输几万次。这绝对正确:艾什比给出了一整套计算证明这点。因此我们得出一个结论:当我在写这些的时候,我房间里的空气包含着分子构型,用二进制码表达无数无价公式,以及比我讨论的更精确易懂的陈述。这与整个地球大气比又是小巫见大巫了!五千年来伟大科学的真相;还没出生的莎士比亚写的诗歌、戏剧和歌曲,以及外太空系统的秘密,还有许多其他事,都在半秒内出现又消失。

这意味着什么?不幸的是,什么也不是,因为那个"珍贵的"第十亿次原子碰撞结果混杂在几十亿个其他碰撞中,完全没有意义。艾什比说新理论没有意义是因为它们可以大量通过"噪声"产生，与气体中原子碰撞一样随机，而唯一重要的就是淘汰和选择。艾什比想以此证明"智能放大器"能够作为通过任何噪声过程类型提出的想法的选择器。我们此处的立场和他不同。我引用艾什比是为了表明，用不同路径达到相似目标是可能的（尽管不是同一个，"放大器"不同于"农场"）。艾什比认为一个人应该从多样性最大化开始，然后慢慢"过滤"。我们则相反，要从很丰富但不大的多样性开始——自组织过程（比如卵子受精）代表的那种多样性，然后确保这一过程"发育"为科学理论。其复杂性要么增加要么减少，但对我们来说，这不是最重要的。

事实上，艾什比假设的"多样性生成器"已经存在了。

我们可以说数学持续生成无穷的"空虚"结构，而世界、物理学家和其他科学家持续在那个多样性仓库（亦即不同的形式化系统）中梳理，时不时地遇到实践层面上有用，并且"适合"特定物质现象的东西。布尔的代数在我们对控制论一无所知时就发展起来了，结果发现人脑使用了这种代数中的一些元素，现在它奠定了数码机器运行的基石。凯利发明矩阵演算比海森堡发现它可以用于量子力学早了几十年。阿达玛讲述了一个故事：他作为数学家，对于工作中用到的特定的"空虚"形式化系统，认为其不会跟现实有任何关系，结果后来用到了经验研究中。数学家因此是这样一种多样性生成器，而经验主义者是艾什比假设的选择器。

自然，数学不是噪声生成器。它是秩序、许多"内部秩序"生成器。它创造的秩序，或多或少与真实世界部分相对应。这一不完整的对应关系驱动着科学与技术，乃至文明的进步。

有人说数学相比于现实，是一个"过载"的秩序，现实没有数学那么有序。但事实并不是这样。尽管数学伟大、永恒、必要且简洁，但它在我们这个世纪第一次被撼动[6]，这是它的基石出现裂痕的结果，二十世纪三十年代，库尔特·哥德尔证明数学的基本构想——一致性和内部完备性[7]——不能同时满足。如果一个系统是一致的，那它就不完备，反之亦然。数学看起来和任何人类活动一样不完美。在我看来，它没有错，没有什么能让它降级。但别管数学了，既然我们根本不想要它。认知过程的数学化难道不能被避免吗？不是那种抛弃一切符号和形式主义，以及统治染色体法则和恒星进程的数学化，而是通过使用符号装置和自主变换法则，通过对其操作，逻辑深度不断膨胀，以致在自然中没有对应物的数学化。难道我们注定困在它的结构中吗？让我们作为暖场首先说明，尽管它听起来没什么前途，建立一个"数学系统农场"很简单。不言而喻，要这么做得基于"公理定理"的"演绎发展"，在公理中"基因型"记录了所有可能的变换。如此我们就获得了各种能想到的"数学有机体"，例如，以复杂的晶体结构等形式存在。以此，我们做的事恰恰成了科学的反面。科学以前用现象的物质内容填满数学系统内的空虚，而我们现在不是要把现象翻译为数学，而是把数学翻译为物质现象。

我们因此可以进行许多计算，甚至可以将初始数据（比如要建造的机器的工作参数）引入"基因型"中，来设计各种装置，这样一来，经过发育，装置会给我们生成"有机体"——问题的终极解决方法或者机器的设计方案。当然，既然我们能在"基因型"的分子语言中编码特定的参数值，我们对"数学有机体"也能做一样的事，因此把这个晶体或者其他"演绎发育"得来的结构翻译回数字、设计方案等的语言。解决方案总是在正进行的反应中"自己出现"，我们不用关心这一过程的具体阶段。唯一重要的是最终结果。发展过程受内部反馈控制，一旦给定参数突破特定值，整个"胚胎发育"就会终止，这很重要。

建立"培育经验主义信息的农场"相当于把生物演化树"倒过来"。演化从一个统一的系统（原始细胞）开始，创造上百万的门、目、种等分支。一个"农场"从具体现象开始，由它们的物质等价物表征，然后目标在于"把事情简化为常分母"，于是我们最后获得了一个统一理论，通过分子语言编码入伪有机体的恒常结构。

也许现在我们应该放弃这些比喻了。我们从给定类别中的特定现象建模开始。我们自己收集初始信息,用"经典"方法。现在我们要把它转化为信息携带底物,这需要合成化学手段。

我们的任务是通过另一系统的动态轨迹表征一个系统的轨迹(现象过程)。我们需要用其他过程表征一些过程,而不是用形式化符号。一颗受精卵和它在纸上勾画出来的"原子描述"是同构的,或者与由象征原子的圆球模型也是同构关系。但它不是一个等力模型,因为一个用球体做的模型显然不会经历任何发展,而包含信息和卵子一样多的模型却会,但在两种情况中它的信息载体不同。这就是为什么卵子能够发育,而纸上的载体却不行。我们需要能够进一步发展的模型。无疑,如果一张纸上罗列的等式中的符号能和另一个互动,我们并不需要整个"信息农场"。但这当然是不可能的。与此相反的是,建立农场极其困难,从现在开始要花费很长时间才能实现,但我希望它并非彻底的荒诞之谈。

我们"信息载体"的建筑材料可以是,比如合成聚合物大分子。它们经历发展、生长,通过与"载体"周围媒介中漂浮的"食物"分子连接,将自己的结构复杂化。载体相互匹配,这样它们的发展和后续转变与外部世界给定系统（现象）的转变在等力层面上相对应。每个这种分子是一个"基因型"，它的发展和其表征的情况一致。

第一，我们引入数量可观（几兆）的分子，关于这些分子，我们知道它们初始转化阶段往正确的方向上走。"胚胎生成"开始了，它代表着载体发育轨迹和真实现象的动态轨迹相符合。发展过程还在掌控中，因为它符合偶联。偶联是选择性的（也就是说，"没有正确发展"的淘汰正在进行）。所有的模型共同构成了"信息群体"，这个群体慢慢从一个容器移向另一个。每个容器都是选择发生的地方，让我们暂时简称为"筛"。

"筛"是一个连接（比如说通过自动操控者、感知机等等）到真实现象的装置。关于现象状态的结构信息用"筛"编码为分子语言，这同时也创造了某种类似微粒的东西，每个都提供了"现象状态记录"，也就是其动态轨迹的实际部分。然后两个微粒波撞到了一起。第一类的微粒，作为正在发展的自组织信息载体，通过它们刚刚达到的状态来"预测"真实现象的状态。第二个波包含"筛"中产生的微粒，它们承载着现象真实状态的信息。

这和血清学中抗原让抗体产生沉淀反应相似。但不同的是，正是"真"和"假"之间的差异构成了沉淀法则。这里，所有成功预言了现象的微粒都沉淀下来，是因为其分子结构"匹配""筛"发出的微粒抓取分子结构。沉淀载体，正如那些"成功预言"现象状态的微粒，前往下一个选择阶段，在那里这一进程会再次重复（它们再一次撞击携带着现象后续状态信息的微粒，然后那些准确地"预言"这一状态的沉淀下来，等等）。最终我们获得了一定数量的微粒，它们共同构成了一个整体现象精挑细选后的等力发展模型。既然我们熟悉了它们的原始化学组成，我们已经知道了哪个分子可以作为我们研究的系统发展动态模型。

这是关于信息演化的介绍。我们获得了特定数量的信息"基因型"，它们准确地预言了现象 x 的发展。同时，一个相似的微粒"农场"也开始运行，微粒们建模现象 x、y 和 z，它们又属于被研究的一整类现象。我们可以说，我们终于获得了所有那一类中七千万基本现象的载体。现在我们需要的是一个"那一类理论"，这意味着找到它的常量或者整个类别内共有的参数。于是，我们需要淘汰所有的无关参数。

接下来，我们开始种植载体的"下一代"，这些载体不再模拟原始现象的发展，而是模拟第一代载体的发展。既然现象有无数个可探测的变量，有必要初筛重要变量。有许多这样的变量，但当然不是所有的变量。这个初筛，之前也提到过，通过"传统"方式进行，也就是由学者们进行筛选。

载体的下一代现在并不模拟第一世代的发展变量，但这次重要变量的选择自动发生（通过催化沉淀）。在它们的发展过程中，第二代载体的不同个体会排除第一代载体表现出的不同变量。它们中一些会去除重要变量，因为它们的动态轨迹不再是"真实预测"的结果。它们将持续被后续的"筛"淘汰。最后，"预测"整个最初发展轨迹的第二代载体被选出来，尽管留下了一定量的变量。如果达到第二轮"终点线"的载体结构实际上保持一致，这意味着我们获得了，或者说是"结晶化"了一个"受检验的一类理论"。如果载体中还有（化学、拓扑学）多样性，那么选择过程就得持续重复，以淘汰不重要的变量。

"结晶化理论"，或者说"第二代理论有机体"，开始"竞争"来表征另一类现象"理论"的相似微粒。我们目标是如此发展出"各种类别的类别理论"。只要我们想，这个过程可以一直进行，来获得不同程度的"理论概括"。可以想象但无法实现的是某些"认知宝石"，一个处在我们想达到的演化金字塔顶端的"理论化超有机体"，一个关于"一切存在的理论"。无疑这不可能实现，我们在这里提出只是想更直接地视觉表征"倒转的演化树"。

我们刚刚讨论的构想，其解释听起来相当无聊，且非常原始。我们可以想着改善一下。比如说，可以在"种植"过程中植入某种"具体的拉马克主义"。众所周知，拉马克关于传递遗传性状的理论与生物学中实际发生的并不吻合。传承"获得性性状"可以用到信息演化中，来加速"理论概括"的形成。我们已经谈过了"结晶化信息"，但同样肯定是那些"携带理论"的微粒构成不同的物质（聚合物）。也可能最后它们和有机体在某些方面将非常相似。我们也许不该从微粒开始，而应该从相对大的集合体甚至是"伪有机体"，也就是"表型"（这提供了真实现象的信息记录）开始，并且努力让表型发展其自身的"概括"，"理论化概述"或者"基因型理论"——再讲一次，这和生物学中实际发生的情况相反。

不过，别管这些想法了，因为反正它们也没法证实。我们只需指出，每个"微粒理论"是一个信息源，被概括为系统或法则，并可以编码成我们能够理解的语言。这些微粒免受形式化数学系统的限制：它们能够模拟三个、五个或者六个受引力吸引的天体的行为——这在数学层面上没法完成，至少严格来说是不行的。通过开始"五体理论"载体的发展，我们将获得真实实体的位置数据。为了做到这些，我们必须在特定装置中"让它们循环起来"，使它们的发展轨迹和被研究的系统轨迹一致，这归功于反馈循环。这当然预设了这些载体自调控和自组织机制的存在。我们于是可以说我们就像支离益，他教授屠龙技巧——而他的学生唯一的问题就是找不到龙。[8]同样地，我们不知道如何构造一个"信息载体",或者去哪儿找建筑材料。无论如何,我已经简单地解释了我们如何构想"生物技术"的遥远未来。如你所见,它潜力巨大。既然敢于说了这些,结果就是,我将再展现另一个生物技术的可能性。

　　"携带信息的精子"将造就一个独立的类别,其任务不是研究现象或装置,而是生产它们。各种需要的物体(机器、有机体等)都会由这种"精子"或"卵子"生成。当然,这种"生产用精子"需要同时具备编码信息和执行装置(正如生物学意义上的精子)来供其支配。一个生殖细胞包含了关于其最终目标(有机体)的信息和带领它实现这一目标的轨迹(胚胎生成)的信息,但它已经拥有(在卵子中)"建造胎儿"所需的材料。我们可以设想这种"生产用精子"——除了它需要构建什么样的物体,以及如何构建的信息之外,该精子还拥有一些诸如如何将环境(比如说,在另一个星球)中的材料转化为必要的建筑材料的额外信息。如果它还包括合适的程序,那么当这种"精子"种到沙子里后,会产生硅能造就的任何东西。它也许只需要一些额外的材料,当然还有能量源(比如原子能)。然而,我们应该停止这种泛生物技术论了。[9]

语言学工程

实体在材料、能量和信息层面上互相影响。影响导致状态改变。如果因为听到某个人喊"卧倒！"，我就躺倒在地，那么我的状况改变是信息到来导致的；如果我因为一本百科全书砸到我身上而摔到地上，这一改变是一个物理行为导致的。在第一种情况下，我没必要卧倒；在第二种情况下，我只能摔倒。物质和能量驱动的行为具有决定性，而信息驱动的行为只会导致概率分布的改变。

这是问题粗略看起来的样子。信息驱动的行为在一定范围内能改变能量和物质决定的概率分布。如果某个人对我大喊"飞！"，我即使想也没法飞。信息可以被传播，但没法实现。它能改变我的大脑状态，却动不了我的身体。我会理解对我说了什么，但我无法实现。因此，语言有随机和理解方面。我们从这个前提出发。通过语言，我们将理解从"所有可能状态"中分离出的一系列状态，也就是前者的亚类，其中根据"特定判断标准"（标准 x）进行的选择会发生。对一种给定的语言，x 是一个变量，在特定范围内采用不同的值。我们在谈论何种"亚类状态"？我们举例说明会简单很多。另一种这样的亚类，这次不是语言，它包含太阳系内星体所有可能的运动轨迹。很容易看出即使轨迹数量无穷无尽，它们也不是任意的（比如说，方形轨迹就不可能）。星体的运动就好像被施加了特定限制。根据爱因斯坦的说法，在星体分布条件下的空间矩阵会给星体运动强加限制。所有旋转星体的可能轨迹，以及可以随时被引入系统的星体，不是一回事儿，因为空间有限制能力。相似地，语言学在表达（"轨迹"）和语言（某种语言"场"）之间做了区分。我们继续这种类比。正如引力场限制星体的运动，"语言场"也限制了表达的"轨迹"。同样地，一方面，正如每个运动轨迹通过场的计量被指定好；另一方面，也受到星体本身的条件限制（初始速度和运动方向），表达的塑造受语言"场"影响，诸如句法和语义法则，讲话个体的历时性和共时性提出的"本地条件限制"。正如星体的轨迹不是引力场，表达也不是一门语言，尽管如此，如果天体系统中所有物质消失，所有讲波兰语的人都死掉了，相关的句法和语义法则，也就是我们的语言"场"，也会消失。

那么问题来了，"场"——语言学和引力的场如何真实存在。这是个相当困难的问题，因为它考虑被研究现象的"本体论状态"。天体运动和语言学发音毫无疑问是存在的，但它们真的和引力与语言的存在方式一样吗？在两种情况下，我们可以回答说，用特定描述方式来解释现实状态，并能让我们做出预测（语言中只有概率性的预言，不过现在我们不需要为此烦恼）。但我们并没有义务把这种描述视作终极描述，因为我们不知道爱因斯坦的发音和研究这些问题（引力和语言）的语言学家能否算是最后一批，且永远正确、无法撼动。然而，这些状况却不会给制造星际火箭，或会说话的机器的人带来任何困扰，至少在本体论层面上不会，因为面对这两种情况，这都只是技术问题。我们现在可以在双极尺度上提出"所有可能语言"的模型分布。我们可以把一极称为"因果"，另一极称为"理解"。在这个尺度上，自然语言离"理解"较近，而物理语言在中间，遗传语言离"因果"较近。

信息和物质的"随意性"唯一的区别是纯物质起因的效果与任何东西都无关，也就是说，当一个特定物质现象在"信息"因素可以被忽略的情况下发生时，这一现象是"真"是"假"，"合适"还是"不合适"是无法判定的：它就是那么发生的，句号。

每次语言表达都可以被认为是一种控制程序形式，也就是一个变换矩阵。所有实现的变换的结果都可以是纯信息性的，或者，同时也是物质性的。控制可以在系统内部发生，当其中一部分（卵子细胞核）包含一个程序，而其他部分实现被指派的变换。我们也可以有系统间控制——比如说，当两个人用说或写的方式交流时。只有现在我们才能再次确定，我们面对的是两个反馈系统，还是一个（这本身是一个重要的话题，但现在对我们来说不是最重要的）。一次特定的话语表达，比如说，一本书，控制着读者的大脑进程。然而，当遗传语言中的控制程序巨细无遗时，自然语言中的话语表达却是充满间隙的程序。受精卵对控制其转化的染色体不采用任何特定策略（尽管它可以，整体性地，通过抵抗其中的扰动，向环境采取）。接收器只有在正在执行的程序没有规范施加的行为时，才能选择策略，例如当提到的程序充满间隙。于是，它需要填充，一个取决于间隙大小以及接收器的"解释潜力"的程序，后者又取决于其系统结构和预编程。小说读者没有被决定性的方式控制，他们以某种方式被迫做多层面上的策略决定（该参考关于个人使用什么句子，整个描述的场景，场景构成的系统，等等）。这样的策略有时可以被简化为信息最大化和控制最优化（我们想要尽量找出尽可能多的，最一致的总体方法）。文本接受作为要求在可接受的解释振荡范围内填充的程序，只是一系列复杂分级进程中的一个元素，因为我们阅读不是为了实践某个相关或命令策略，而是为了学习一些东西。信息量的增加是我们在接收信息的正确结果。作为一个总体法则，传输激活解释性决定和所有其他潜意识里句法和语义上的控制活动，也就是说，"精神填充碎片化程序"只以无法企及的内省方式进行。意识只接受做决定程序的最终结果，早已是信息形式了，就是以绝对没有中间方式的形式传输文本。只有当文本非常艰深时，自动化活动才会部分"升级"到意识层面上，并作为高级解释性权威加入进程。对不同个体这以不同的方式发生，因为文本的"艰深程度"没法对所有人设定统一标准。无论如何，很难通过内省获得多层级大脑活动的全部知识，这一不可获取性是众多理论语言学的诅咒之一。当传输效果很好时，换言之，尽管文本作为"信息重建"程序充满间隙，但文本常数仍在传输，就可以用发送者和接收者的大脑成为同态系统这一事实来解释，这些系统的功能高度平行，特别是如果它们在同一文化中受控于类似的预编程。

语言表达的形式化目的在于最大程度地减少解释自由。一种形式化的语言不会容许多种解释并存——至少应该有理想的限制。在现实中，这种限制并不等于零，这就是为什么对数学家来说很确切的表达，对数码机器就没那么确切。一种形式化的语言如果以无法理解的方式表达（或者至少"没必要去理解"的方式表达），那么这种语言就是纯粹的信息因果效应，因为它是一种没有间隙的语言，其所有元素和所有变换法则都要从一开始就直接给出（接受者没有"猜测"空间，这一事实用来防止采取任何解释性策略）。形式化的话语表达是一步一步构建只有内部联系而没有外部联系的系统结构（也就是说，它们和外部世界没有关联）。它们并不接受外部的检验测试:在纯数学中,真理相当于有可能进行（不矛盾）建构。

遗传语言在信息层面和物质层面上都是随意的。这是一种特殊的语言,因为其中生成的"话语表达"在一段时间后要就其"生物适应性"接受"检测",通过发生在生物天然生态环境中的"自然适应性测试"。因此,这种语言"表达"会遇到实用主义的"真实"标准:"因果关系"的效用在行动中被证实或证伪,"真实"意味着生存,而"虚假"意味着"死亡"。和抽象逻辑极端相对应的是可能的因式分解的真正广泛连续图谱,因为受扰于"内部矛盾,包含致命基因"的"基因句子",甚至无法完成其起因的最初胚胎形成阶段,而其他词句只会在一定时间后被"揭露真实面目",比如说,一代人或几代人的寿命之内。用语言个体"词句"来研究语言本身,而不考虑环境给出的"适应性标准",让我们没法判断可实现的因果关系是否被编程进卵子细胞核中,又编进了多少。

因果关系的语言不包含任何"心智""情感"或"意志"概念,也不包含任何通用术语。尽管如此,这样的语言能够表现出相当大的普遍性,当我们考虑到,尽管染色体语言完全是非人语言,且是"不可理解"的语言,因为它不是任何人的思想产物,但它也确实,在其控制的转换链条尽头,生成了可以理解的生物语言。然而,首先,这种"衍生性"可理解语言的出现,只会发生在所有人类个体层面（单个人不会创造语言）；其次，后者并不决定理解性语言的出现，只能概率性地允许它发生。

一个纯粹的理解性语言在现实中并不存在，但它可以人工生成。要做到这点，有必要创造某些孤立系统，就像莱布尼茨的"单子"的改造体，在经历时间变化时展现一些决定性状态。一些名字缩写将用来描述那些状态。"交流"涉及一个单子把其内部状态传输给另一个的过程。一个单子理解另一个单子，因为它"从其内部经验"知道它的所有同伴告知它的状态。这里与内省的主观有一个很明显的类比，人们在其中交流自己的情感状态、意志状态（我想开心）和精神状态（我梦想幸福）。如我们所知，与环境相关的"生物适应性"是基于染色体语言中选择哪个"话语表达"发生的"X"。我们的单子中"X"是什么？选择发生的基础在于和它们内部状态名字是否适合，别无其他；一种纯粹理解性语言无法在我们说的因果关系中发挥任何作用。因此，毫无疑问，并不存在"纯精神"形式。但动物中确实存在某些基本形式，但由于它们的术语有限，缺乏句法，因此没资格将这些形式称为"语言"。这是因为它在生物上有用，当一只动物（比如狗）知道另一只动物的"内部状态"，同时，因为某些可观察行为的特性形式与这些状态相关，动物便能够与同类交流这些内部状态（恐惧，攻击性），用它们的"行为密码"进行

（并且通过比我们更广阔的感应通道进行，比如狗能够闻到其他狗的恐惧、攻击性或者交配意愿）。

一个扩展的纯粹理解性语言，比如我们的"单子"语言，也将能够产生逻辑与数学，因为多种类型的操作（添加、提取、排除等等）都可以在内部基本状态中施行，只要它们不只是一时的体验，事后也能回想起来。请注意，这种"单子"不可能出现在自然演化过程中。但只要某人造出它们，因为和外部世界没有直接联系，制造数学和逻辑的可能性自然就会显现。（我们要假定，这些单子没有感觉，并且只和自己互相连接，比如说通过电线中传输和接收者的"理解性语言"的话语表达。）

自然人类语言一部分是理解性的，一部分是因果性的。可以说"我腿疼"，为了理解这句话，一个人必须经历过疼痛，也得有条腿；也可以说"失败伤人"，因为这样一种语言充满了可以将其内部状态投射到外部世界的衍生含义（"春天的到来""灰暗的地貌"）。在其中创造数学和逻辑是可能的，同时也可以实现各种经验性的因果关系。基因的因果性语言和自然语言有个有趣的联系。遗传语言可以在人类理解性语言中被表达，就算不能完全表达，那也至少可以表达部分。每个基因都可以用特定方式标记，比如说用数字标记（自然语言暗示着数学以及集合理论）。然而，自然语言没办法直接在染色体语言中被表征。如我们所说，遗传语言不包含任何通用指称或者任何精神状态的名字。如果这只是不寻常的，也就没必要提了。但关于这点有些很有启迪的事。一个特定的染色体话语表达导致了勒贝格、庞加莱和阿贝尔的出现。我们知道数学天赋在染色体话语表达中被表达，尽管没有任何可以分离或用数字表示的"数学天赋基因"。数学天赋被整个基因组中未知的结构性和功能化部分表现出来。我们没法预见它在何种程度上能在生殖细胞中发现，又在何种程度上"包含"在社会环境中。

毫无疑问，环境才是天赋的"表达者"而非创造者。因果性语言，其词汇中没有任何通用指称，因此可以实现那些指称自己展现出来的状态。于是"特定"的变为"通用"的，或者从低层次的复杂发展为高层次。这并不表示基因的因果性语言是一个不够普遍的工具，它的检验对设计者没多少用，因为这种"语言"制造的每种"话语表达"都"只"是特定物种根据特定配方自我实现的复制品，别无其他。遗传语言在其普遍性中出人意料地"多余"。这种语言是系统构建工具，能够管理它们的设计者（亦即这门语言）无法处理的任务，因为它缺乏合适的语义和句法装置。

因此，我们已经证明，我们的遗传语言展示的因果有效性远远超出了形式和数学探索的边界。一颗卵子的发展既不是"同义反复"过程，也不是细胞核中"公理和转换法则集合"的"演绎"结果。

我们的形式化行为总是处于规则的最高水平，因为只有通过这种操作我们才能持续肯定我们发现的确定性，而演化的方式与我们的完全相反。染色体预测式的"计算"没法负担规则的"奢侈性"，因为它不在纸上展开，而是在现实生活中实现。这就是为什么物质通过信号控制产生因果作用的所有状态必须要被它全部考虑到。因此可以说，一个有机体借助其繁殖细胞先验地传递合成判断，因为大部分这种判断是真的（至少在实用主义层面上是的，如我们之前提出的一样）。

这种"真理"或者至少是合适性的判断标准多少是可变的，这解释了演化论和物种演化的可能性。对我们来说最重要的是在因果性语言领域中，与它的物质载体密不可分，不存在评估"真相"的判断标准，或者至少是判断话语表达的"能力"。拥有理解能力的人也好，因果性语言也好，除非被超语言学限制或引导，否则都不会发展或行动。语言真相、正确性和效力的判断标准要在外部寻找，在自然的物质领域。没有这种判断标准，理解性语言可以像因果性语言一样产生虚无的怪物，写作的历史以及物种的自然历史就是证据。

我们已经暗示要把语言划分为因果性语言和理解性语言。在纯粹的因果性语言中，词语字字都化为血肉。这样一种语言不"解释"任何东西，而只通过编程特定的行动序列，把它话语表达的"内容"物质化。比较这两种语言会很有趣，因为因果性语言从分子层面开始，然后超越该层面达到多细胞有机体的宏观层面，而自然语言从宏观层面（我们的身体）发展，然后超越了"这两个层面"，也就是原子和星系。我们能够探测它们使用的不同"词语"的"内涵意思"和"字面意思"，甚至是它们的"语义"，如果我们要承认"大脑环境"中自然语言的组织过程与那种语言的意思相对应，而组织过程又在自然环境中"证明"，有机体中基因决定的性状的存在和遗传语言的"意思"相对应。然而这么一来,因果性语言的语义明显有限，因为对于生态环境外基因决定的性状特定功能没有进一步的检测"申诉"（基因型的给定片段决定了肢体的发育，这"表示"运动，而另一个片段决定了眼睛的发育，而这又"表示"视觉，别无其他），而自然语言的"大脑环境"只是"中间测试站"，因为其他的这种站存在于自然和文明中，外在于大脑。

因果性语言所缺乏的通用术语的问题又是另一个问题了。这就是为什么因果性语言是有限的，如前所述，而自然语言因为有这些术语的存在，具有多重聚合终结性（连续的）。用最简单的话来讲，我们可以说产生通用术语的需求源于真实世界的概率属性，在它最常见的随机"版本"中便是如此。我们这里指的是现象两个自发方面的不可分割性：它们可在某些方面相似，而在其他方面有区分。每张桌子某种程度上都是"独一无二的"，但它也是"桌子"集合中的元素。通用术语"固定"相似性，最小化差异，若事物和现象都是独一无二的，那么通用术语就不必存在，也无法存在。在现实中，不存在像语言一样提出如此高的秩序：作为对现象的描述，语言通常比现象更有秩序。随机过程，在陆地环境非常常见，它包含同一种现象（人类行为、动物、社会、机器和复杂非线性系统；气象学和气候变化等等）中随机特征（"混乱的组成部件"）和有序特征（"秩序的组成部件"）共存。在科学史中，决定性框架先于非决定性出现，因为语言本身几乎是自动地，因而也是立即地将我们引向前者。语言忽略了随机现象的任意性方面，又或者，它以一种非分析性的方式，把这些方面挤压进通用术语的束缚中。从功能角度来看，因果性语言也取得了类似的成果，这要得益于"保守"的（因而也是"神学"的）反应的分子链所创造的初始发展梯度。这对设计者来说非常重要，因为事实证明，通过不同技术手段，就能够实现与不变性相关的同样结果。在分子层面上，"混沌"与"热"，也就是分子的热运动相互重叠，达到了惊人的程度。保守的反应，正因为它们的发展梯度，加强了随机过程中出现的规律性元素，这就是为什么最终结果和通用术语的使用是相似的，不过只在功能层面上：在这两种情况中，现象的秩序被应用，而其随机性则保持"沉默"。

语言属性作为可量化控制序列如果不考虑产生它们的系统物理方面就无法完全把握。生命在决定性方式中属于热力学不可能状态；它在一个可观甚至最大程度上，独立于持久内稳态。一个系统因此持续摒弃秩序，换句话说，也就是从一开始就注定经历调控的持续流失，那么这种系统又是如何不仅仅获得稳定性，同时还抵达了更高水平的组织，比如胚胎生成的呢？它能这么做是因为在每一层级都有"适合于"层级本身的循环过程，从分子层级开始，首先必须及时把一切过程都要组织好，这和防止弹跳着的皮球永不丧失其弹跳节奏一样。生命的热动力学理论中没有数学工具。因为这一缺失，古德温在他生命有机体的形式理论中使用了统计数学这一传统工具，第一个近似的用法已经表明，作为和谐耦合分子振动的细胞，它的时间性组织（生命现象是如此）在生命过程中发挥主要作用。细胞是各种振荡器的同步系统；这个设计方案通过持续调节强调了其循环的周期性规律，还由输入材料决定。分析告诉我们，这样一种过程没法用非振动方式稳定下来：物理，或者建筑材料的性质不允许。胚胎生成、新陈代谢和形态生成是暂时聚合的（也就是调整到共时状态的）分子振荡器之间合作的产物。这导致胎儿发育阶段指数级的会聚；在成熟阶段达到伪稳定状态；最后同期律中的平衡丧失，也就是衰老和死亡。于是振荡现象由系统内的矫枉过正导致，又总是被控制论者视为负反馈，如我们所见，代表着生命过程的基本动态结构。这解释了语言学的话语表达作为控制和调控程序的暂时组织性，也就是说，作为秩序的集中载体，需要时时注入系统又不断持续失去。如此看来，自然语言的"可能性"已经假定在生命过程的基础中了，正如原生动物的基础反应是大脑发育背后的"前提"。如此，只要演化过程足够长久，它们都会不可避免地实现为罕见却持久的随机链条概率性。

尽管这听起来很矛盾，对于所谓的自然语言解释力量，我们并不真的知道多少。我们要避免就"解释的本质"展开危险的讨论，而只限于以下观点。在不到七十五万年前，我们这一物种从类人猿主干中分离出来，受到的正是自然选择的影响，自然选择偏爱系统参数的某一特定组合，而选择的标准并不包含构建量子理论或空间火箭。尽管如此，人类大脑中信息转换的"过载"还是在自然选择的过程中出现了，并且事实证明，信息过载足以取得上古猿类遥不可及的成就。同时，我们的头脑能够建立并接受一系列秩序，认定其确实是"理解事物本质"的深度感知，并且与整个宇宙中探测到的所有可能秩序精确匹配，如果事实证明确实和这种说法一致，那么情况真的就太不同寻常了。

我们应该承认，这不是不可能，但看起来太不可能了。这种思考方式，对我们能力的评估如此谦逊，鉴于我们知识的欠缺，可能是唯一适宜的方法，因为我们不知道我们的极限，这也是为何接受它们存在的可能性比过度乐观更谨慎。确实，乐观主义使我们盲目，而预设这些限制，并且通过限制开始寻找，将会让我们最终遇到限制。这就是为什么我们在预测一种仍然遥远的状态，由于野心勃勃的项目中会出现庞大数量的变量和参数集合，那么控制现象要比理解实现这种控制的所有条件容易多了。人类的言语功能是一个奇妙的融合机制，但自然语言的因果性和理解性最终会分道扬镳的未来，对我们来说似乎是真实的，如果我们能够将有限机器产生的算法和从自组织梯度监督下的现象中涌现出的非算法性信息流结合起来，因果性语言就会变得不可理解，而科学就将产生不带"解释性"的预测，而不是解释本身。理解性语言将继续作为由认知机器运行产生的信息语言，胜利果实的接受者，无法与任何人交换的经验传播者，此外同样重要的是，理解性语言也可以作为价值观点生成器。我们甚至不要想如此一来，这样的机器会在精神层面上控制我们这种突然的革命性结果。因果性生成器的发展将会加速我们今天正在经历的变化，因为科学家和信息机器的共生关系发生得越来越频繁。我们必须承认，人类手中掌握多大程度的控制取决于这一观点。人会游泳不代表他能不坐船游过大洋，更别提这一背景下的喷气式飞机和空间火箭了！相似的演化正在以一种平行的方式在信息的宇宙中开始发生。人能够指导认知机器解决一个他自己（或者他的子孙后代）大概也能解决的问题，但在过程中，机器可能让人们开阔眼界，发现他们从未意识到存在的问题。这样一来，到底谁才是主导者？很难同时想象，甚至模糊地想象也很难，"人类-机器认知串联"能表征多大程度的共性同一，而在这种条件下运行的人类大脑有多大程度的自由。我们应该强调，这指的只不过是语言学"二分法"的早期阶段。今天很难确切地说它的未来阶段。

但哲学家对这一方案会说什么？设计者徒劳地把他的劳动果实展现给哲学家，指出传统哲学问题的答案多大程度上取决于技术建造的有限条件（是不是"没有任何智慧是可以不经由感觉而获得的"[10]也取决于大脑中染色体预编程的具体特征，以使预编程的特定过载可以使其获得"先验的合成知识"）。对哲学家来说，认知机器设计者的成功将代表诸如实践思想的失败，因为这样一来，它自己把自己赶出了工具真理的创造过程。设计者的曾曾祖父对帆船绝望的同时又造了蒸汽机，他也有和哲学家一样的担忧，但没有保留想法。

哲学家仍会对设计者的观点充耳不闻，因为他鄙视自发、非人类和外部化的思考，他想要思索一切存在的本身，通过制造正确的系统或有意义的结构来实现。但那些程度上或多或少有差异的系统之间的关系又是什么？每个人都可以任意决定与其他系统相对应，每个系统都占据单独有效，独一无二的"元"位置。于是，我们发现自己陷入了一系列循环过程。尽管这样的逻辑很迷人，但如果最后只要不存在内部矛盾，每个观点都可以辩护，它对我们就没有好处。思想想要抵达确定性的天堂，在任何地方都能定位到这样的天堂，而表明这些位置的地图，也就是哲学史，则基于语言在哲学领域之外进行搜索，如果这种天堂存在的话。还有一种观点认为，形而上系统是低意识的产物，在潜意识中被创造，用语言在意识中显现出来。这里，形而上学成了我们梦想中最有逻辑性、最持久的一类。哲学家将会通过强烈贬低精神分析来批驳这种观点，从精神分析的观点来看，这很尴尬，因为这把哲学家的劳动变成了梦幻泡影。这很有趣，对于发展一些新的文化框架有点徒劳，但又有益处；它由系统内部的变换组成，其中一个观点的任意变化包含了评估和认知方面的双重变化。无法渗透我们内心，促使因果（或者评估）行为的思考模型是无力的。古典形而上系统中永恒的内容从根植于语言语义松散性的根系中获取养分，在历时普遍性中把各种文化结合起来、消除了会促进适应性和延展性的模糊界限，同时给出了基础坚固的印象。这是因为人不只能从中汲取建立意义，也可以通过本该是发现实际却非常随意的行为向其注入新的意义，这种随意性越无目的，就越危险。因此，这种哲学化是一个增强无底性的方式，因为语言材料中被增强的"底部"是不需要的：每一个都可以被穿透，然后继续"前进"；每一个都可以被质疑。这种行进方式的凶狠性是从哪儿来的？没必要引入新的存在来解释：正如既不开启也不支持生命的活动一样，这是纯粹的堕落。但这是比其他堕落更高贵的一种，其中语言扮演了一个愿意做任何事的搭档的角色，逻辑扮演着《爱经》的角色，绝对性则扮演着性愉悦的角色，但更加复杂，因为它无法繁殖。毫无疑问，我们不能离开哲学存活，而"先吃饭，再进行哲学思考"[11] 也不真实，因为看似简单的进食行为就显示出一大堆方向，从经验主义再到实用主义。哲学极简主义和语言的蒸馏与浸渍是有区别的，前者指的是每个系统内部一致并向外部发展，而语言蒸发到只给我们留下满足学习热情的确定性。将自己持续绝对地隔绝在语言中是不可能的。有两条出路：一条是通向真实行动世界的路，另一条是通向存在世界的路，后一条路语言无法产生，只能被它发现。现象学家警告我们，放弃逻辑与数学世界的主权将把人类逼向动物般的随机性，然而我们并不需要在它们提供的假定坚不可摧的替代部分中做选择，也就是"随机存在的人"和"理性存在的人"，因为这两种状态同时发生。如我们所知，脱离语言建造东西是不可能的，即使是非人类建造者也没法做到。因此，如果规则是句法和逻辑的分子传输，在胚胎生成话语中甚至要求氨基酸和核苷酸都遵从于它们，语言是不是就不太可能，作为陆地适应现象，因此也是随机现象，同时在星级尺度上也是普遍性现象？这么说的原因是星球环境的相似性导致出现其中的负熵系统必须制造这些环境的近似代表，这样语言、逻辑和数学结果就会是自然自身的遥远衍生物，否则，不可能遇见摧毁任何秩序的自然波动。生物演化创造的因果性语言，作为它的第一个衍生物，神经系统语言，单个控制的神经密码（在"有机体-有机体"和"有机体-环境"关系），并且自然语言作为其第二个衍生物，归功于神经密码的符号外部化，使用任意数量的特异适应感受通道（口语、视觉或战术性话语）。逻辑因此不仅和人类这一物种有关，还和物质宇宙相关，这里可以存在一整个系列如果不是功能上就是结构上相似的逻辑——其良好的运作得益于它们在演化过程中被选择出来。这种比较语言学，当在整个宇宙中延伸时，就得出一个结论：所有语言——染色体、神经和自然的——都是被介导的，也就是"本体论上非自动化"的，因为它们是用于构建结构的系统，通过选择和组织只能被真实世界证实或证伪的元素和结构。不同的只是介导程度或者证伪普遍性。结果就是，话语表达的范围在自然语言中是最广的，正确发挥功用的判断标准在胚胎生成或神经调节语言中比在自然话语中更强。换句话说，所有语言都是"经验上可颠覆的"，但伴随着经验和逻辑"生存"的判断标准，自然语言也有文化判断标准，这就是为什么生物怪兽不能生存，不像语言胡话或者文化幻觉的怪兽。残疾或死亡是对生物语言糟糕设计的惩罚。形而上学者犯下类似的罪行却不用付出那么高的代价，因为人类意识的环境对白吃干饭（或忏悔）的意义远比自然环境对有生命的有机体更宽宏大量。

我们只能把这么一个不可避免的总体规划留给后世子孙。一开始展现出的这些慎思明辨的尺度需要封入循环中。语言形成的过程开启了遗传信息的出现。其因果性的语言，一开始是非物理性层面的，它是在"渗透"过程中获得的知识累积起来的结果，这一过程通过试错，通过在较小温度和能量范围内给定元素的物理（包括量子物理）和聚合物与胶体化学之间的领域。在几十亿年后，它将会在社会中产生自然语言——部分为理解性，部分为因果性。在实现每个设计者需要的精确目标过程中，为了克服它所面临的限制，这一语言在信息层面上自动化工具的帮助下，通过设置在大脑外部的材料系统，应该要发展出"下一代类型"的因果性语言，这种语言几乎出于偶然性，将会跨越"理解"或者"可理解性"的阈值。这将是达到创造普遍性层面的代价。这一层面首先要高于染色体层面，后者开始了所有的信息改变。这一新语言会在语义和句法上比前辈更丰富，正如自然语言比遗传语言更丰富一样。这整个演化是复杂系统从简单系统中出现的过程的信息方面。我们对于这种过程的系统法则一无所知，因为当面对以负熵增长为特征的现象时，物理学和热动力学目前保持着一种"不情愿的中立态度"。因为对如此模糊的领域发表任何看法是不明智的，我们现在还是保持沉默吧。

超越性工程

我们之前提到，除了"信息种植"，还存在另一种解决信息泛滥的可能性。我们现在来揭晓吧。我们会举一个独特，甚至属于本体论的例子来说明。这样，我们会向读者展示未来各种可能的真正核心。这不意味着我们将要展示的计划是值得实现的。但它值得展示，即使只是为了展示可能存在的泛创造性活动的广阔领域。

技术大全

人们经常说，当下的现实从如今非常常见的超越性中独立出来是有害无益的，因为这样就破坏了宇宙的固定价值。因为地球上的生命是唯一存在的东西，因为只有在生命中我们才能找到满足感，这种提供给我们的唯一幸福纯粹是肉体上的。天堂没有给我们任何启示，没有迹象标明我们需要投身于某种更崇高的非物质目标。我们给我们的生活创造了前所未有的舒适环境，我们建造了愈发美丽的建筑，我们发明了越来越短暂的潮流、舞蹈、季度明星，我们自我享乐。从十九世纪游乐园衍生出的娱乐现在变成了技术至臻完美的产业。我们不断赞美机器崇拜，它们在工厂、厨房和工地上替代了我们，就仿佛我们一直追寻皇家宫廷的理想氛围（弄臣们熙熙攘攘却又无所事事），并且希望能普及全世界。五十年里，或者最多一百年内，将有四五十亿人成为这种弄臣。同时，一种空洞、肤浅和虚假的感觉出现了，这是摆脱了大多数基本生存难题，诸如饥饿和贫穷的文明背后特别盛行的问题。水下照明环绕的游泳池以及铬合金和塑料表面，我们突然想到了那最后一个乞丐，愉快地接受了自己的命运，并把它变成美学活动，他要比起今天满脑子只有电视里的胡话、满肚子里塞的只有异国风味美食的人富裕得多。乞丐相信永恒的幸福，在眼泪山谷的短暂逗留中，他等待着它的来临，就好像要进入眼前那庞大的超验性世界一样。

自由时间的填充现在变成了一种需要，但它其实是真空，因为梦想可以划分为能立即实现（因而很快就不再是梦想）的梦想和无论如何都无法实现的梦想。我们的身体和青春是愈发空虚的祭坛上仅存的神明，没有其他神明需要尊崇和侍奉了。除非有些改变，众多的西方思想家说，人们将会沉溺于消费享乐主义。如果还有深度的快乐伴随就好了！但没有：沉浸于这被奴役的舒适，人愈发无聊和空虚。通过惯性，我们仍然迷恋于积累金钱和亮闪闪的东西，尽管那些文明的奇观最后一无用处。没有东西告诉他该做什么，定什么目标，梦想什么，希望什么。人们还剩下什么？对古老时代的恐惧、疾病和恢复精神平衡的药物，对，他正在失去平衡，因为他离超验性越来越远，无法回头。

无法回头？但超验性当然可以被创造。不，不是隐喻意义上的可以，不是像人们因为健康晨练一样实践某些信仰那样。信仰必须是真实的：让我们为其创造一些不可撼动的根基。让我们创造不朽和永恒的正义，有了它就开始有奖惩分明。我们在哪儿建造这些呢？在下一个世界，当然。

我没在开玩笑。建造"下一个世界"是可能的。如何？在控制论的帮助下。

想象一个大过星球的高度复杂系统。我们只能粗略地规划一下。感谢正在进行的演化，它应该能够建造出比我们现在更美妙的地形和海洋以及智慧生命。当然，在系统内部，它们都应该有一个可供支配的环境。我们之前已经谈过这个过程的起源了：划分为两个部分的机器过程，一部分由有机体组成，另一部分由它们的环境构成。

新机器是庞然大物。它还有一个额外的第三个部分：**下一个世界**。当一个个体，一个智慧生命死亡之时，当他在地球上的存在终止之时，当他的身体腐败之时，他的人格就通过特殊通道进入这第三个部分：那里的统治者是正义，那里有着奖赏和惩罚；那里有**天堂**，同时那里的某处也有一个高深莫测的**万物创造者**。这里有另一条路。这第三个部分并不需要和任何尘世的宗教完全相同。无论如何，可能性是无穷的。我们想要和**就在那里**的那些"离开我们的亲爱之人"联系吗？没问题。启蒙永恒存在领域里的精神，并增强个体认知和经验的能力？没有比这更简单的了：前往"**下一个世界**"的人格将会发展出相关的"情感和智能亚系统"。也许我们更喜欢涅槃？死后所有的人格整合为一个**整体意识生命**？这也能做到。我们可以创造出许多这样的世界。这些各种各样的世界都能建造成，然后检验一下，哪个世界的"幸福总和"最大。"幸福指数"将成为我们的设计指南，也可以为任何造物建构出任何等着它们的控制论天堂、炼狱和地狱。合适的"选择者"某种程度上扮演着圣彼得的角色，他会直接站在"下一个世界"的入口审判罪人，祝福有福的人。构建**最终审判**也是可能的。一句话总结：一切皆可能。

好，我们可以说，让我们承认这么一个疯狂的实验确实能实施，但对我们又有什么好处？而且为什么这是我们首要之事呢？

不过这只是一个预备阶段……

想象一下，有一代和我们相似的智慧生命能够在一千或一万年后制造出这么一台机器。不管怎样，我保留"机器"这个说词，因为没有别的词可用。摩天大楼对穴居人是什么？地下山洞？一座山？想象一座人造公园。所有的树都是真的，只不过都是从远处移植来的。要么想象一片人造海或者一颗卫星。它们都是金属做的。但如果某些东西跟月球的材质一样，大小也一样，我们怎么辨认它是不是"人造的"？我们说"人造"时，经常指的是"不完美"。但这只是现在的情况。也许称之为"被创造物"好过说"机器"。这会是一个完整的世界，有自己的法则，并且因为其**设计者**技艺精湛，将与"真实"世界别无二致。无论如何，提到**创造**的技术方面时，我想让读者参考下一部分（"**宇宙创生工程**"）。

那个世界的创造者于是就会对自己说，生活在那里的被创造物对我们一无所知，对我们脆弱的肉体一无所知，我们的肉体很快就会不可逆转地终结，他们比我们快乐多了！他们相信超验，这个信仰又被完全证实。他们相信死后的世界，这也是对的！他们还相信下**一个世界**、**奖赏与惩罚**、**无限慈悲和仁爱的全能存在**。而在他们死后，他们和不相信的人都会发现这些都是真的……不幸的是，我们的孩子没有机会活在这样一个世界里。尽管……等一下！难道我们不能直接把他们传送过去吗？谁才是真的孩子呢？他们是与我们相像的生物，外貌、意识和情感都像。他们是怎么出现的？我们给他们"编程"的方式和**演化**交到我们手上的方式一样，通过性交手段。这是概率性编程，符合孟德尔遗传和人口遗传学法则。我们已经很熟悉人类基因型了。相比于像我们以往一样孕育孩子，我们不妨把我们作为潜在父母已经在卵子和精子细胞中编码好的相同特征移植到"被创造物"的核心中，该核心是我们为此特地设计出来的。这将是**应许之地**，我们的行为就类似于伟大的《出埃及记》。如此一来，未来世代的人们会征服下**一个世界**、超验的世界，几个世纪以来梦寐以求的一切……而所有的这些都会成真，不再是梦；在我们死后会真正地等着我们前往，而不是某种程度上弥补我们生物缺陷的神话！

这真的可能吗？我认为是的，至少原则上是可能的。我们称之为"被创造"的，那个永恒层面上的超验世界，从此会是人类的快乐居所。

但这是欺骗，我们说。你怎么能通过欺骗让某人快乐？**设计者**被这个指控逗笑了。这为什么是"欺骗"？难道是因为这个世界和我们的法则不同，也就是说，相比于我们的世界，它充满着完全被实现的超越性？

不，我们回答，它是欺骗是因为这个世界不是真的。你创造了它。确实如此。但谁又创造了你们的"真实"世界？如果它确实有一个创造者，难道这不意味着同样的"欺骗"吗？不是吗？那区别在哪里？我们都创造了一个文明，难道这意味着它也是一场骗局？最终，作为生物有机体，我们都是自然过程的产物，百万场机会的博弈塑造了我们。我们想把这个过程掌握在自己手里，为什么变成了一件坏事呢？

但这不是重点，我们说。这些生物将会被封印，困在你的世界中，在那个完全满足的水晶宫殿里，除此之外无法找到。

但这是一个矛盾，他们回答。确实，我们在那个世界里建造了"完全的满足"，这就是为什么它比"自然"世界更丰富而不是更贫苦。它不假装，它不模仿其他任何东西：它就是它自己。生和死在那里和在我们这个世界是一样的，有一点除外，在那里，死亡不是终结。"封印？"你知道它有多大吗？也许它和总星系一样大呢？你难道从没认为自己被困住了吗，你才是周围群星的囚徒？

但这个世界不是真实的！我们大喊道。

什么是真实？他们回答。可以被证明就是真实。而且在那里比这里可以证实更多东西，因为在这里一切都在经验主义的限制下，会终结并随之崩解，而那里甚至信仰都成了真实！

好的，我们来回答，我们有最后一个问题。在必死这点上，那个世界和我们的等价，不是吗？是的。那么最终，它和我们也没有分别吗！在你的世界，同样可能质疑，并发展为一种信念，认为一切创造都是无意义的，正如在原来这个世界里一样。怀疑在死后消散的事实没有办法撼动必死本身。所以一个享乐主义、消费驱动的同样迷失文明也可以在你在旧世界创造的新乐园里出现……所以为什么你要创造这个世界？只是为了创造某种"愉悦的死后失望"？因为你当然明白在这个你的世界"超验性"的第三部分会出现任何永恒的谜团，这又不会在最低程度上影响它的日常过程。不同的是，你的世界和它的必死性质，将会有形而上学扩展存在的明晰象征和预兆。于是，在其必死中，它与我们的世界不会一样。

这是真的，设计者回答道。

但我们的世界也已经有一个"形而上学的扩展"了，只是我们现在的文明不相信它的存在！我们尖叫道。你知道你做了什么？你一个原子一个原子地复制了已经存在的东西！所以现在，为了避免这种无意义的抄袭，你不仅要把"下一个世界"加入你的设计，首先还要改变它的物质基础——它的必死性！于是你需要引入奇迹，也就是改变自然法则、物理乃至一切！

是，确实如此，**设计者**回答说。比起置于信仰之后的满足感或者超验性，没有死后满足感的信仰对凡人来说有着更多不可比拟的意义……这是一个非常有趣的问题。这是真实的，也就是可解决的，但只对外在于这个世界的观察者，或者外在于真实和超验两个世界的人来说是如此。只有这样一个外部观察者能知道信仰是否能被证实。我们得拒绝向这个"新世界"引入奇迹的建议。这惊到你了吗？奇迹不是信仰的证明。它们是后者向知识的转变，因为知识是基于可观测事实——"奇迹"将会变成它们。科学家会将它们变成物理学、化学或天文学的一部分。即使我们引入能够移山的先知也无济于事。接受神圣典籍、光辉传奇中的行动和事件这种信息和直接经历它们是不同的。有可能创造一个世界，要么拥有外在于它的超验知识，要么有相信这种超越性的能力——这里这一超越性要么存在要么不存在，但我们发现不了，也不能用这种或那种方式证明它。这是因为证明信仰就是摧毁信仰，鉴于它只存在于它的彻底荒谬和毫无根据之中，存在于它对经验主义的反叛之中，存在于被怀疑的咒语摇撼的虔诚希望之中，存在于焦虑的期待和无法满足的确定性之中，存在于"可视化辅助"（比如"奇迹"）的保证之中。简言之，一个掌握现有这些超越性知识及其样貌的世界是一个没有信仰的世界。

这里对话要结束了。结论就是：巨大焦虑，以及同等危险的精神盲目，它们的根源不在于人类物质主义超验性的"截断"，而在于现在的社会动态。我们需要的不是超验性的复兴，而是社会的复兴。

宇宙创生工程

之前我们已经展示了全能造物事业不会有什么结果，因为其目标是在下一个世界实现永恒存在的梦想。然而，我们还要记住，所谓的没有结果指的不是计划的技术方面，而是说"超验性"存在的事实，这不能在经验上被证实，这一事实对这个世界居民未来的影响和它死后缺席的影响一样。所以如果我们没法在这个世界弄清楚，"另一边"是否存在并不重要。而如果我们可以弄清楚，那超验就不再是它自己，而成了根除任何信仰的存在的延续。

全能造物专注于制造"此地此刻"的世界，这我觉得更有道理，也值得追求。致力于这一工作的人们叫作宇宙创生工程师。宇宙创生（cosmogonic）是由宇宙演化学（cosmogony）衍生而来的，和电子学有一点相似，毕竟都是设计者的活动嘛。[12] **宇宙演化学家研究世界的创造，宇宙技术员创造世界。** 但我们谈论的是真正的创造，而非仅仅是通过这样那样的方式复制**自然**。

当开始构建世界时，**宇宙演化学家**首先需要决定这个世界将会是什么样的：严格的决定论性或是非决定论性，有限或无限，被特定的限制环绕——也就是说（这是同一件事），展现出被称为其法则的规律性活动，还是允许这些法则经历某些变化。不受约束的多样性（不幸地）意味着混沌，如我们之前所说；它意味着因果关系的缺失、联系性的缺失，乃至摆脱任何调节关系。顺带一提，混沌是事物或者毋宁说是状态之一，是最难创造的，因为建筑材料（当然是从**自然**中找来的）有秩序的特征。这一秩序的残余很可能会渗入建造物的根基中。任何人都可以证明这点，甚至可以通过一个非常简单的实验，比如编码一台数码机器，这台机器能够向我们提供完全随机数字组成的序列，也就是混沌。它将会比一个人能从"自己脑袋"里想出的序列更随机，因为人类思维活动的规律性不允许这种"空虚"，也就是完全随机活动的出现。但即使是最完美的机器，如果我们要求它完全随机活动，也无法毫无错误地做到这点。否则，随机号码表的作者就不会碰见那么多问题了。[13]

我们的**设计者**在开始工作的时候，会对多样性添加一些限制。他的造物需要有空间和时间维度。事实上他可以放弃时间，但这会没有必要地限制他：如果没有时间，就什么也不会发生。（严格来说，要换一种说法：没事发生的地方就不会有时间流逝。）这是因为时间不是从外部引入系统（世界）的量，而是系统的内在特性，是正在发生变化的结果。有可能创造有不同方向性的数个时间，有些可逆，有些不是。当然从外在于世界的观察者角度看，后者中只有一个时间。原因是观察者在用他自己的时钟测量那个时间，同时也是因为他把这么多不同的其他时间都放置在他自己的时间概念中，也就是**自然**赋予他的时间。我们的**宇宙演化学家**没法超越**自然**；他只能在**自然**内部，用它提供的材料构建他的建筑。然而，因为**自然**有分级设计，他可以把他的活动放置于**自然**的一些层面之上。他的系统可以开放或闭合。如果它们是开放的，也就是可以从中观测**自然**，那它们对于**大自然**（the Big Thing）的从属状态就会变得很明显，因为它们不就建在大自然之中嘛。这就是为什么他更可能致力于建造闭合系统。

在我们谈论这么一种建筑计划目标之前，我们先问问它的稳定性怎么样。但稳定性的概念是相对的。自然原子的稳定也是相对的，因为大部分元素在经历或长或短的时间后，都会衰变。地球上已经没有超铀元素了（尽管可以合成它们），因为我们的行星系统已经存在够久了，这些不稳定的超铀早已衰变殆尽。恒星也是不稳定的：没有一颗恒星能存在超过几百亿年的时间。宇宙创生工程师掌握的宇宙知识比我们更广博。他因此知道，要么精确地要么大概地，事物是怎么样的，事物的方式以及未来的样子，也就是说，宇宙是否作为有尽头却无界限的实体始终搏动着，是否每隔两百多亿年会从"蓝"（向心聚合的星系光变蓝）到"红"（向光谱图相反方向运动，由于多普勒效应光波会"拉长"）改变一次，或者它又以完全不同的方式运动。无论如何，我想一个阶段的时间持续，也就是两百亿年，说实话，这也是它设计计算的时间限制，因为即使在"蓝色压缩"的时间段内（那将会产生极端高温，消灭它创造的生命和一切）不发生，作为建筑材料的原子（就跟我们的砖头一样）没办法处理这段"时长"。因此，全能造物不会创造永恒，因为这是不可能的。幸运的是，那也没有必要。我们和想要在个体层面上存活几十亿年且明白这种存在意味着什么的古怪东西毫不相似。（没人能想象那样的存在。）

我们从原子开始谈论稳定性。我们现在要快速地推进，讨论整个宇宙的问题。原子是稳定的。恒星和行星没有原子稳定。地质地貌的持续时间甚至更短。高山的生命有限，只能用千万年度量。在时间的长河中，山脉崩解，历经雨水冲刷，变成覆盖大陆和大洋底端的光滑表层。大洋和大陆自身也持续改变形状，而且速度相对更快些（根据我们的时间尺度），也就是只有几百万年而已。如此一来，如果**宇宙演化学家**的设计工程所持续的时长与演化用到的时间大致相同的话，也就是三四十亿年，那我们必须承认，即使它不算是一项谦逊的任务，也算不上非常大胆。真正大胆的不是他试图向自然学习，在其限制内建造项目，而是想指导**自然**，也就是把演化掌控在自己手中。但它将不只是生物或内稳态演化，而是整个宇宙的演化。想要成为**宇宙演化学的至尊掌门人**，而不只是我们这里讨论的小小创造设计者，这种计划确实是惊人的大胆行为。我们不再进一步讨论了。是因为现在或以后都完全绝对不可能吗？

也许是的，但这当然很有趣。无论如何，问题出现了：能够引导正在发生的改变并朝着预期方向前进的能量来自哪里？在过程中应该嵌入何种反馈？如何使**自然**控制**自然**，通过调控而非能量干预进行自我塑造、自我领导？宇宙真正的或者终极工程师们想让它前往哪个方向？然而，我们不会再做讨论了。我们要回到更小的世界，由自然部件建造而成，不是对抗自然而是存在于自然内部。

我们的**宇宙演化学家**（无疑感觉和我们更近，我们已经因为之前的题外话理解到他不是完全独立的，也就没有想象中的对一切过程的掌控）可以从不同哲学角度实现世界。我们已经讨论过，如果他创造一个包含超验性的"二进制"世界将会发生什么。但他也可以创造莱布尼茨的哲学世界，充满预设的和谐性。请注意，创造这么一个世界的人可以引入扩散速度无限的信号，因为在那样一个宇宙中，一切都是预先设定好的。我们可以更细致地解释这个现象的机制，不过这可能不值得。

　　想象一下，我们的**设计者**现在想把他的世界变成智能生命生存的居所。最大的困难在哪儿？防止他们立刻消亡？不，这个条件是理所当然的。他的主要困难在于确保宇宙中生活的生物发现不了其"人工性"。人关心以下事件是正确的做法：那就是怀疑存在超越"一切"的某种东西，这样将会立即鼓励他们寻求从"一切"中超脱出来。他们认为自己是"一切"的囚徒，他们会到处突袭并寻求出路，出于纯粹的好奇，别无其他。仅仅是防止他们找到出口，将等同于给予他们关于囚禁的知识，同时又拿走钥匙。因此，我们不必掩饰或阻挡出口。我们必须让它们的存在不可能被猜到。否则，居民会感觉像囚徒，即使那个"监狱"和整个星系一样大。

　　无限是唯一的解决方法。如果存在某种普遍的力量，把他们的世界封闭起来，就像球体那样最好，那将会让他们穿越长度和广度，却无法到达"尽头"。还有其他的无限技术应用也是可行的：如果我们确保力量不是普遍的而是次要的，其结果就是接近"世界的尽头"会毫无例外导致所有物质实体缩小，正如不可能在数学中达到绝对的零一样。新的每一步将需要更多的能量，其自身也会比之前更小。在我们的世界中，这在不同"地方"中发生，比如，当一个实体加速到光速时。能量总量增加到无限，而这能量施加的物体却不会抵达光速。这种无限应用就是实现了其极限为零的递减序列。但也许我们已经拥有足够多的此类星际技术思辨。我们真的相信它们会被实现吗？即使没人能接受这一任务，那也是因为没有选择而非无能为力。

如果真是如此，我们可以举例表明，有了足够的意志和支持，多少可能建造的事物实际上却没有被建造出来，或者更广义地说，实现呢？

让我们设想一下（不过只是为了说明例证，否则我们没法视觉化任何东西了），我们有一个十倍于月球的巨大复杂系统，它是一个内稳态金字塔结构，由闭合的向下反馈系统组成。就像一台自我修复、自组织的自动化数码机器，其中几千万颗"行星"组件围绕着太阳们旋转。整个群体，有着无数搏动的洪流，持续在这个巨大的实体内穿行（很可能和一个星团连接把它作为能量源），以星光辐射、星球大气表面运动、本地动物有机体、海浪、瀑布、森林树叶、色彩和形状、气味和香气等形式。作为"机器"部件的居民在经历这一切。这些部件不是机械的，但却组成了机器的进程。这些进程展现出一种特别的相干性、引力和特别种类的关系：它们能产生智能人格和意识感受。于是，它们体验世界的方式跟我们的一样，因为我们对气味、芳香或形状的感知到最后也不过是一场骗局，或大脑皮层中生物电脉冲的喧闹，这完全都受控于整体接收器，也就是意识。

宇宙演化学家的任务与之前描述的幻影术现象大相径庭，因为幻影术是一种欺骗自然大脑的方法，将和置身于真实自然物质环境中进入大脑一模一样的模拟信号引入大脑中。反过来，宇宙演化学家的世界却是自然人，像我们一样的实体存在，无法达到的领域，正如阳光无法进入电子过程一样，而正因如此，电子机器得以检验光学现象。事实上，我们确实从我们自己的世界了解到一种类似的"局部非入侵主义"，因为我们不可能进入某人的梦境或现实，也就是他的意识里来，直接参与他的个人经验。

不像幻影术的情况，在宇宙演化学中，世界和其居民都是"制造品"（如果这是我们用来指代被创造物的话）。尽管居民中无人知道，或者说无人能够知道这点。他们和一个人在现实生活中或幻影术中经历的经验是一样的（因为我们已经知道这两种经验无法被正在经历它的人区分开）。正如我们没法摆脱我们的皮肤，或者看到别人的意识，那种宇宙创造的居民没法以任何方式发现它的分级属性，也就是这个世界包含在另一个世界（亦即我们的）中的事实。

同样地，他们无法弄清是否有人创造了他们和他们自由驰骋的居所，假若如此，那个人是谁。但尽管我们不是被某人创造的（或者至少不是任何人格化的存在），还是有许多哲学家持反对观点，认为我们的世界不是全部。但作此宣称的人和我们有一样的感觉和大脑，有时甚至是敏锐的大脑！我们由此可以总结说，在那另一个世界中，也会出现持类似观点的各种哲学家——只是这回他们是对的。然而，因为没有办法证明他们是对的，那个世界的经验主义者也会把他们贬斥为形而上学者和有灵论者。也有可能那里研究那个世界物质的物理学家会对他的同胞们说："听着！我发现我们全是由持续运动的电子脉冲组成的！"然后事实会证明他是对的，因为这就是**宇宙演化工程师**建构他们和他们的世界的方式。但这项发现不会改变他们的存在是物质的和真实的这一总体特性。再说了，正确说来，因为他们由能量和物质构成，正如我们是真空和电子构成的，但这不会让我们质疑我们的物质性。

但在设计层面上有点不同，那就是，另一个世界和其居民都是物质进程（比如说，数码机器中的进程，正在被用来模拟恒星的发展过程）。但在数码机器中，一堆构成恒星模型的脉冲同时也是在晶体管晶体、阴极灯的真空等中穿梭的电荷。那个世界的物理学家将会发现构成他们和他们世界的电子脉冲由一些从属元素构成，接下来，他们就会发现电子、原子等的存在。但这在他们的本体论看来并没有多大意味，因为当我们发现原子是由介子、重子、轻子等组成的时候，我们并没有得出本体论结论，认为我们有"人造"起源。

那个世界的物理学家只能通过比较我们的真实世界和他们的世界来发现创造（或者"已被创造"）的事实。只有那时，他们才能发现，相比于他们的世界，我们的世界是一个短暂存在的**现实**层面（毕竟他们由电子脉冲组成，而那只是构成我们世界物质形成的脉冲的一种）。具体地说，一个被创造的世界也许是一场非常稳定、非常长和内部自洽的梦境，这场梦没有人在做，它在"数码机器"中"梦见自己"。

让我们现在回到让宇宙中智能生物踏上创造性活动之路的原因问题。原因可能多种多样。我不会去推测那种会指向特定宇宙文明的原因。如果讨论其技术活动尺度就够了，那动机就会在文明发展的过程中出现。这也许是对信息雪崩的防御。无论如何，一个后裔文明（亦即一个被预编程和以之前说的方式封印的）将因为宇宙的其他部分变得被"重重包围",任何外部活动(比如信号)都无法抵达它。这个文明自己将能够在内部(只要它足够大和丰富)创造一些更进一步分级从属的世界,这个想法很有意思,而那些世界又会嵌入另一个世界,就像套娃一样。

所以这些看起来不像一场疯狂的白日梦,我们要指出,如果没有外部的供给,任何系统的复杂性都将缓慢但逐渐地减少(换句话说,总体熵增)。系统越大,其平衡态就有更多可能,它看起来抵抗熵增法则的时间就越长。局部熵减,比如说在有机体演化中发生的,其热动力学内稳态在总体层面上持续为负,因为信息量的增加在几十亿年里一直维持。自然地,一个系统作为整体的比率应当为正(太阳熵增远大于太阳在地球上的减少)。我们之前提到过一个想法,那就是把宇宙创造"联系"到恒星上,作为需要的秩序的来源。同样地,那样世界的"外部球体"的整个表面可以变成自然宇宙中能量的"吸收体"。这是住在那儿的生物的唯一机会:要么他们决定一个巨大系统的熵——这里指的是他们自己的——不用增加,要么他们发现它们"万事万物"有外部能量供给。

让我们再看看套娃世界的分级,那是觉得我们的世界不够完美的星际文明决定的结果。那个文明开始创造二号"胶囊"世界。但几百万年后,里面的居民对生活条件不满意,希望他们的后代有更好的未来,于是又为他们创造了三号世界——在他们的世界内部，用自己的材料。我们可以把这些从属世界称作"宇宙改善器""罪恶纠正器""本体论修复器"或者随便什么名字。可能在其中一个里，最终会出现适当的完美存在，使得宇宙中任何进一步的创造性活动都终止了。这一活动总会结束，因为第十万号世界没法把他们的儿女弄到原子表面生活。

有人会问我是不是相信人类有哪怕一丁点儿的可能有朝一日会制定这种或类似的计划。

这么直接地问了，我就直接地回答。我不认为如此。然而，如果我们考虑到所有这些在大量星系中旋转的无数智能世界，而这些星系的数量要比飘浮在沼泽空气中的蒲公英种子、沙漠中的沙子多得多，那么这个非常不可能的事也是可能的了——只要它能被实现（即使在几百万个星系中只有一个）。但在这整个星辰的深渊中，没有人想到这样的任务，做这种贪多嚼不烂的事——这我觉得相当荒唐。在有人坚定反对之前，先休息一下：在七月夜晚，美丽的繁星满天，这总是引人遐思。

注释

1　见 Amarel, "An Approach to Automatic Theory Formation." ——作者注

2　尽管听起来可能很奇怪，关于科学理论究竟是什么这个问题有很多矛盾的观点。这甚至在同一个意识形态圈里也会发生。科学创造者持有的观点并不比著名艺术家对他自己的创造方法持有的观点更可信。心理动机可以是思维过程次要合理化的来源，而作者自己都没法细微地再创造一遍。因此，比如爱因斯坦，就完全相信外部世界的客观存在，独立于人类，他还相信，人可以知道它的设计结构。这可以有多种理解方式，每种新理论无疑比起前一种都是前进了一步（正如爱因斯坦的引力理论对牛顿的理论一样），但这并不一定意味着存在，也就是可以存在象征知识终结的"终极理论"。在大统一理论中统一所有现象（例如场论）的这种假设看起来是在经典物理的演化过程中发挥了作用，即从关于现象的单个方面理论迈向更统一的概括性理论。但未来并不一定还会这样：即使是创造出涵盖量子和引力现象的统一场论也不能充当证据（因为一致性的基本原理被自然满足了），因为不可能知道所有现象，从而发现是否有这么一个（不存在的）新理论也能适用于它们。无论如何，一个科学家不能针对这么一个假设工作，那就是他只是在认知过程中创造一个短暂且非永恒的特定联系，即使他能持有这么一种哲学立场。一个理论"在一定时间内有效"：整个科学的历史都表明了这点。然后它让位于另一个理论。完全有可能存在一个人类意识无法自己超越的理论构建阈值，但也可以通过比如说"智能放大器"的帮助跨越过去。一条通往未来进程的道路于是在我们面前打开，但我们不知道一些不能克服的客观法则（诸如光速）会不会阻挡这种"放大器"的建造过程。——作者注

3　在技术控制论研究的系统中，有一类系统在总体设计原则层面上和大脑如此类似，它们被称为"生物系统"。它们通过自然演化出现。于是，我们建造的机器没有一个能通过演化出现，因为它们既不能自主存在也不能自主繁殖。只有生物系统，也就是生存的每时每刻都在适应环境的系统，才能通过"演化方法"出现。这样一个系统不仅通过它的建造表达它服务的当下目的，也展现出允许它出现的演化路径。齿轮、电线、橡胶等等，都不能自己组合起来形成一个发电机。无脊柱动物从单个细胞发育而来，不是因为它生命的现实目标这么要求它，而是因为原生动物先于组织有机体存在，从而能构成组合（群落）。结果，生物有机体是同构的，不像普通的机器。得益于此，生物调节器可以摆脱任何机能定位工作。

　　让我们看看伊瓦赫年科的《技术控制论》。我们把一台数码机器放

在一只控制论"乌龟"上。机器没有任何"接收器";它只是测量其行动质量的装置。这只"乌龟"在房间里转时,会寻找温暖、光亮、振动和类似在最小程度上影响装置功能质量的扰动。这个系统没有"感觉",它不"感知"光、温度等等。它感受到"通过它整体"的刺激的存在,这就是为什么我们把它归类为生物系统。当温度变化反而影响了机器的特定部分,测量器功能的装置看到温度下降,就会让乌龟晃悠着寻找一个"更好的"地方。在其他地方,一点震动会扰乱机器的另一部分功能,但它会引起同样的反应:乌龟会走开寻找最佳的条件。一个系统不需要预先编程考虑好所有可能的扰动:比如说一个设计者没法预测电磁影响,但如果它对机器工作有负面影响,那么乌龟会开始寻找好的"生活"条件。这种系统是通过试错工作的——当问题太过复杂,或扰动有延迟性的负面影响(比如放射性),这种方法会失败。既然适应并不总是等同于认知,一个生物调节器并不一定要代表"认知机器的最完美模型"。这种完美机器在生物调节器中找不到,而要在控制论处理的其他类复杂系统中完全是可能的。——作者注

4 采用概率学和统计学的信息传递方法让我们在数学层面上更接近两性体问题和近亲繁殖带来的破坏性影响,也就是血缘非常接近的个体杂交。个体之间血缘关系越紧密,特定数量的个体会有相同的破坏基因(隐形变异)这一可能性就越高,而且如果他们是亲生兄弟姐妹,那可能性就最高。后者表型变异出现的可能性最高——当然,只要个体相关的基因信息已经被破坏就会如此。基因型免遭破坏的个体的近亲繁殖不会有任何负面影响。

如果我们有一系列不同的莱诺铸排机参与打印数学文本,每个打字错误就会引起内容的混乱,那么很明显通过比较不同铸排机打印的相同文本时,我们就能获得重构原始信息的材料,因为不同机器在文本同样的地方发生错误可能性很小。然而如果我们有一系列完全一样的铸排机,作为它们内在设计错误的结果,总是导致相同的错误,那么它们的文本比较(或者"阅读")就无法让我们重构信息,因为信息总是会在相同的地方被破坏。当然,如果铸排机完全不犯错,那也没有问题了。同样这也适用于生物信息的转移。——作者注

5 见 Schmalhausen, "Osnovy evolucyonnogo processa v svietje kibernetiki," 1960.——作者注

6 莱姆这里指的当然是二十世纪。

7 "证明一个给定系统的一致性,就是证明其中不存在句子 A,能够让我们推理出 A 和非 A 都在系统内。

"为了说明一个给定系统的完备性,就是要证明系统内的任何句子都是可推理的,无论其自身还是其否定。"Marković, *Formalizm w logice współczesnej*, 52n.

8 这里引用的是《庄子》中的典故："朱泙漫学屠龙于支离益，单千金之家，三年技成而无所用其巧。"——中译者注

9 对乐观主义者来说开设一个"信息农场"不管多么迷人，多么有前途，这一现象在文明内的实现显然不能解决所有问题。第一，一个"农场"实际上会让信息过载导致的危机更加恶化，而非消除这种危机。目前，人类还没有经历任何过载危机（除了疾病过量、瘟疫过量等），这就是为什么当我们面对的不仅是一种，而是成百上千种可能的行动方式时，无法采取有效的行动。我们说的是这样一种情况，我们可以，比如说（正如"农场"给我们提供的"信息集合"那样），以 A、B、C、D 等等方式行动，每种方式都有给出种种承诺，但同时又排除了其他所有方式（让我们想象有一个人能在生物层面上被重建，于是他就变得几乎无法被摧毁，但这会显著放缓出生率，因为既然没有人会死，世界就会变得太小）。目前决定实际前进方式的判断标准会过时（例如以前衡量经济利润和能量积攒的说法在能源是取之不尽用之不竭的物质过程时就不适用了）。此外，当基础需要被完全满足，"接下来干什么"的问题，比如我们该不该创造一些新需求，如果是，那是什么需求，这个问题又出现了。当然，没有"信息农场"能提供这种困境的解决方法，因为这样一个"农场"只会提供前进的不同方式，它揭示可以达成什么，而不告诉我们该不该前进。这样一个决策过程一定不能机械化；只有在社会精神经历与我们称之为"人类"的东西一刀两断的剧变后，才有可能会那样。增加"信息自由"，亦即可能的前进方向数量，意味着增加决策和选择的责任。放弃这些选择，物理上无疑是可能的（通过电子大脑统治者，由它来决定人类要经历什么），但因为非物理性的原因是不可能接受的。

第二，一个"信息农场"不能真正提供"一切知识""完全知识"或者"所有可能的知识"。我们当然能设想信息载体和信息收集细胞的整个分级或复杂结构，其中有的细胞扮演基础元素"收集器"的角色，收集事实性知识和关于世界上事实之间的联系的知识；而另一些研究关系的关系，寻找更高层面的调节；又有一些则致力于前面那些信息收集结果的分析，这样，在整个巨大反馈金字塔的"输出"端，我们就会得到在任何给出的范围内可以对开启这一演化机器的文明有用的信息。然而，最终，这种"金字塔式的农场"行为不能过于远离处在特定发展阶段的特定文明中生命（广义上的）的物质与精神内容。否则，脱离了人类矩阵，这样的"农场"就会生产不仅是没有用，而且无法理解的信息，也就是没办法翻译成文明使用的语言的信息。无论如何，"脱离现实""跳入未来"和经历"信息爆炸"等现象将会是一场灾难，

而非实际的进步发展，只要"信息农场"的发展太超前于文明现有的知识，消除无关信息的判断基准就会消失。如此，"农场"自身就会变成一个"炸弹"，不是兆字节的，而是千兆字节的，它会成为一个巨人，它产生的信息汪洋将导致最不同寻常的洪水。

为了更好地理解这一点，让我们设想，在新石器时代，或者甚至在中世纪早期，这样一个"信息农场"开张了，开始提供二十世纪技术的知识：原子技术、控制论、射电天文学等等。无疑当时的文明无法接收、消化或实现哪怕这场信息雪崩的一小部分。它更不可能做合适的、明智的、策略性的、战略性的决定（比如要不要制造核武器，或者要不要发展很大范围的新技术，或者要不要把自身限定在几个甚至是一个选择，等等）。

从最乐观的角度看，一个"信息农场"如果真的可能实现的话，就是一个保持"和世界连接"的装置，而且在以特定方式研究这个世界，它试图发现什么在物质上是可能的（也就是可能实现的）。于是，这样一个"农场"可以建造激光或中微子电转换器；也可能改变，比如说时间流逝的速度、引力场；那些看起来不可逆转的过程（例如特定的生物过程）可以被逆转等。这样一个"农场"如果面对特定任务会尤其有用，尽管我们只是大概描述了一下。然而，如果让这个装置我行我素，它很快会产生过载的信息，并和创造者一起淹没其中。问题的症结在于它是一个"无意识"的"农场"，同时产生对文明很重要的信息（比如跨星系旅行的可能性），也会产生完全无关的信息（木星的云层可以染成金色）。只要"信息农场"的选择器受到智能生物的积极影响，它们就能有效地筛选信息。然而，如果通过进入"无所不知"的领域，或者通晓所有事实知识的领域，他们脱离了（也就是被脱离）理性选择模式，那信息泛滥将不可避免。我们必须要注意，所有种类的信息，包括有用的，都增长迅速。让我们设想一一下，"农场"实现了把大脑移植到另一个身体的可能。如果"农场"关注这个问题，就会发现一整个范围的新事实和新现象，整个"大脑移植技术"等。但这有什么用，如果那个特定文明对这个问题正好不感兴趣？结果就是，"农场"很容易就"窒息"在无用信息里了。想想现在全世界电视上报道的技术、物理、电子和各种艺术创造等等消息。如果"农场"制造出的另外一种设备在文明中扮演类似的角色，花费时间研究这么一项技术是否值得、是否值得实现它，这些决策在信息收集的初始阶段就一定要做，否则"农场"会生长出十亿没人觉得有用的"可能发明"。

我们在这里要提到另一个问题——一个尽管看起来微不足道，但今天火烧眉毛的问题，它和科学信息的生产有关：感兴趣的团体凭借技术的协调作用来寻找已经从自然"提取出"的信息，并打印记录下来。这个问题和其他问题来自专业分工图书馆的指数级增长，而没有预防措施，诸如出版信息小结（所谓的摘要）、概要、暂时声明等能够保证大量重要信息供给经过专业培训需要它的合适人选。这是因为如果重复已经在别处做过的实验比寻找合适的出版物更便宜更快速，如果一个科学家可以预测他需要的信息不是隐藏在"自然中"，而是藏在未知的图书馆书架上，那么研究过程自身就存疑了，因为它的结果藏在成堆的打印纸里，没办法让最需要的人得到。感兴趣的团体自己有时也无法完全认识到这一现象多么有害，因为他们有时能够跟上他们学科的出版物。但众所周知，多种学科的交叉信息对研究有益。这也许意味着，不同大陆渊博书籍的集合中，已经存在大量信息，其中一些，只要放在一起，被训练有素的专家研究，就能归纳出一些新的有用价值。专业化的增加，其内部的学科化和逐步的分化，阻止了这一过程。专业图书管理员不再能替代专业领域内真正杰出的专家，因为没有图书管理员能决定独立学科中哪个结果应该首先发给特定的研究者。此外，一个专业图书管理员不能被自动目录，或者任何其他今天有的自动技术替代，因为算法在处理"信息洪水"选择时还是一无所用。有种说法是如今的发现要做两次，第一次是出版，第二次是（可能很长时间后）一群专家发现了出版的东西，这已经是老生常谈了。如果今天的信息记录、保护和处理技术在接下来五十年里没有彻底流水线化，我们就会面对一个荒诞而又吓人的图景：世界被成堆的书覆盖，人类变成了忙碌的图书管理员。

在"图书馆前台"，方法论可以理解为找寻全世界知识的方向集合，该方法会让位于"阿里阿德涅学"，意思是在装满现成知识的迷宫中进行指引。一个机器图书管理员，把对的信息发给对的人，它不能缺少"理解力"，而那要基于使用频率的分析（计数专家在其出版的作品中被提及的频率，或者通过选择方式机械地找出文章中出现的足够频繁的术语来检测研究的"价值"，这种尝试已经在进行了）。研究显示即使是相似领域的专家也无法严谨地分类一定范围内的工作，正如 J. 科美尼论证的那样。然而，因为大范围的知识，一个机器图书管理员将比所有研究员加起来更"理解"东西，并将是一个更好的专家……这些就是浓缩了（正在恶化的）现在状况的矛盾。看起来信息分布的危机会导致未来出版评判标准的增加，从而原始的选择防止专业市场被不重要的研究工作淹没，这些工作只是为了获得学位或者满足某人野心而已。我们甚至可以想到，展示平庸的研究成果最终会被宣布为威胁，被视作对科学职业伦理的践踏，因为这种工作除了制造"噪声"阻挡我们接受有用信息，毫无其他用处，尤其是知识以后要增长，这么做就非常有必要。一个缺少有效"内容筛选"的"信息农场"将几乎肯定地引发纸张的泛滥。这样一场过载的灾难会让任何进一步的研究都变得不可能。这就是为什么认知过程的自动化，至少在图书管理和出版领域中，是一项更加紧迫的任务。——作者注

10 Nihil est in intellectu quod non prius fuerit in sensu，这是经验主义的中心信条，意思是"没有什么东西在被理解之前没有先被感知"。

11 Primum edere, deinde philosophari，这是一句古罗马谚语，意思是哲学思考之前先要果腹。

12 莱姆又在玩他最喜欢的文字游戏了。这个比较在波兰语里听起来更有趣，因为宇宙学（kosmogonika）和电子（elektronika）的后缀是一样的。

13 见 Brown, *Probability and Scientific Interference.*——作者注

第八章

演化的讽刺

几百万年前，气候开始变冷。这是冰期即将到来的预兆。由于干旱的加剧，山脉崛起，大陆抬高，丛林让位于草地。草原的形成导致丛林四爪动物的生活环境急剧萎缩。后者在树枝之间的空间里生存，这样的生活方式让它们的手部运动更加精准，它们的大拇指和其他手指处于相对的位置，而眼睛则变成了主要定位器官。这一特殊环境要求它们采取直立姿势，还要比平时保持得更持久更频繁。因为树木长得越来越纤细，提供的庇护也更少，不同部族从树上迁移下来，在宽阔的草原上试试运气。于是，因为放弃了直立姿势和眼睛定位，并通过犬状口鼻的二次发育，狒狒发生了演变。除了狒狒之外，在离开树木栖息地的种族中，还有一类实验者最终存活了下来。

尝试确定人类的线性谱系是徒劳之举，因为落到地面，用两条腿走路，这些都历经过无数次的尝试。类人猿迈着不太明确的步伐，但在神经层面上早已调整过来，采用适合在茂密丛林地形中行走的姿势，最终也进入了草原这一冰期前生态环境，而四足食草动物正在草原上悠然吃草。它们已经拥有了人类的双手和双眼，但缺乏人类的大脑。竞争促使它们成长。过着群居生活，这些动物相互竞争。由于一些内分泌的独特变化，它们的童年，也就是在群体监督下的经验收集时期，极大地得到了扩展。它们的面部表情和发出的声音被用作一种交流方式，随后发展成为话语。接下来，和类人猿相比，原始人很有可能获得了更长的寿命。确实，群体中经验最丰富的个体，也就是最年长、最长寿的个体，获得了生存斗争的胜利。这是第一次在演化过程中一个具有长寿能力的物种被选中，因为这种特殊性状作为信息资源首次具有了生物价值。

"人类历史的序幕"涉及了从"像猴子一样"偶然地使用工具到制造工具的转变。后者是从继续使用"猴子"技术发展而来的，也就是说，投掷石块或者尖头枝干，这代表了远距离行为的开始。而过渡到旧石器时代则涉及了简单机械的发展和对来自周围世界进程的开发利用：火是一种内稳态的工具，让人们摆脱了气候的束缚，而水则变成了交通运输手段。生活方式的变化：从狩猎采集到游牧，再到永久定居，借此人们从以植物为食变成培育植物。从开始算起到进入新石器时代，已经过去一百万年了。

看来我们实际上并非是尼安德特人的后代，恰恰相反，我们消灭了那一曾是我们近亲的特别生命形式。这不是说我们是谋杀犯或者贪婪的进食者，因为生存斗争可以采取多种不同形式。尼安德特人和原人的关系如此亲近，那些部族应该有过杂交，这很有可能。然而，尼安德特人由于其头骨的巨大尺寸比我们的要大许多而显得如此神秘，即使他们创造了自己的文明，但还是随着文明一起消失了。原人也创造了一种新文明。（在地质意义上）过了很短的一段时期之后，技术发展的首个正式阶段开始了：几千年来的各种文明，主要集中在亚热带。但这与人类和社会团体形成经历的上百万年相比，只不过是短短一瞬。

在第一阶段，非人类能源"食草动物"和人类能源（奴隶）这两种"自然"资源都开始被利用起来。车轮和旋转运动的发现，甚至被高度发达的文明（比如中美洲文明）所忽视，却形成了拥有狭窄活动范围的机器建造基础，但这些机器无法自主适应。很快，来自自然环境的能源——风、水和煤炭——被一一开发利用，接下来就是电能。让机器运转之后，使得信息能够远距离发送。这些都有助于动态协调活动，加快将自然环境转变为人造环境的进程。

向第二阶段的过渡开始于一些重要的技术变革。获得与自然动力相匹配的发动机动力让人们开始克服地心引力。有了原子能的帮助，控制论构建成为可能，这包括编程机器的发展和活动代替机器的机械构建。接下来显而易见的结果就是尝试模仿生命现象，这更是被视作一种范例，或者行动指示，虽然不总是有意识的，而不是被生命无可争辩的优越性激发的过度崇拜。

构建越来越复杂的系统逐渐填补了理论知识的巨大空白，因为理论知识开始将早已相当广泛的简单机械（比如蒸汽机或者电动引擎）知识和复杂系统（比如演化或者大脑）的知识区分开来。在它全面的摇摆中，比如发展的目标指向"普遍模拟学"，因为人们正在学习创造一切存在的事物，从原子（实验室中合成的反物质）到自己的神经系统等价物。

跟随而来的信息快速增长向人类指明，操控信息是技术的独立分支。研究生物演化用到的方法能提供重要帮助。得益于认知过程的自动化（比如借由"信息种植"），克服信息危机的前景出现了。基于从不可靠元素构建可靠系统的原则，这可能让行动臻于完美。这将在获得生物现象同类技术知识之后再一次发生。产品制造和人工监督的彻底分离开始看起来变得可能，"享乐主义技术"（比如幻影机器）随之出现。这种发展顺序的局限在于宇宙创生工程，也就是说，从此人造世界的创造拥有主权、独立于**自然**世界，代替自然界的各个方面。"人造"与"自然"之间的差异因此开始模糊，因为"人造的"能够在任何设计者会在意的系数范围内超越"自然"。

这就是人类技术演化第一阶段可能的样子。它并不代表发展的终结。文明的历史，从它的类人猿序章一直到我们在这里概述的可能的延展，都是一个内稳态范围扩张的结果，也就是说，人类在一千到三千年的时间里对自身环境的改变。人类的这种才能，通过其技术工具，穿透了微观与宏观的宇宙，一直延伸至最远可见的"全能造物"极限，却始终没有触及人类有机体本身。人类是**自然**最后的遗迹，是这个他自己创造出的世界中最后一个"**真正的自然产物**"。这一事态不可能永远持续下去。人类创造的技术对人类身体的入侵是不可避免的。

重构物种

这一现象是文明发展第二阶段的核心，可以通过各种方式来分析和阐释。它能够采用不同的方向和形式，当然都在限定范围内。既然我们需要一些框架来继续我们的讨论，我们将诉诸最简单的一种，但是我们必须记住，这只是一个框架，因此是简略模型。

首先，要将人类有机体看成给定（因而固定在整体设计中）的。这样，生物技术的任务将会包括消除疾病，或者预防疾病，还有替换衰退的功能或者有缺陷的器官，或者用它们的生物替代品（比如移植的器官或者组织），或者是技术替代品（假体）。这是最传统但也是最快捷的方法。

其次，在实施前文描述的所有方法时，要将这些行为与更高级别的行为结合起来，后者包括用人类有目的的调控活动来替换自然演化梯度。这样的调控因而具有不同目标。它可能会集中从文明的人造环境中消除所有由于缺乏自然选择导致的所有有害结果，因为自然选择的缺乏破坏了不充分的适应。或者说，也许可以用综合程序来取代适中的程序：生物自主演化。后者的目的旨在形成数量更加庞大的完美人类类型（通过大量改变遗传参数，比如可突变性、对癌症的易感性、身形，组织内或者组织间相互关系，以调控寿命或者甚至大脑尺寸和复杂性的参数）。换言之，这将会是创造"下一代智人模型"的大纲，延续上百甚至上千年。它可能是缓慢而渐进的变化，而不是一步登天式的，这样反而会消除代际差异。

然后，也许整个问题应该用更加彻底的方式来解决。我们可以认为两种自然设计方案都不足以解决**智能生命是什么？**"这一问题，而能够通过自主演化实现的解决方案则意味着向**自然**学习。我们不对存在于某一参数集合内的模型进行改良或者"缝缝补补"，但可以给他们设定一些任意值。除了相对适度的生物寿命，我们还能够追求准永生的生命。我们可以索求现有技术能够提供的最高强度，而不是在强化自然根据其构建材料的限制提供的设计。换句话说，我们能够用彻底抛弃现有的解决方案来取代重新构建，然后设计出全新的方案。

后一种应对两难困境的方案看似如此荒谬，我们今天完全无法接受，但我们应该听听其支持者可能会表述的论证。

第一，他会说，"预防性假体"方案是必要且不可避免的。事实上，我们早就在这条路上了，这就是最佳例证。已经存在可以临时改变我们心脏、肺部和喉头的假体，我们有人工合成血管，合成系膜，合成骨头，胸腔合成内层，以及特氟龙制成的人造关节表面。我们已经有了人造手部假肢，直接通过肩带内肌肉末端的生物电来激活操控。还有各种设计方案用以建造一种设备，能够记录人走动时驱动四肢运动的神经脉冲。如果有人因为脊柱受伤而瘫痪，就能够装上这种设备机器，借助它发送记录在机器内健康人命令腿部运动的信号，从而让瘫痪之人重新走动，想去哪儿就去哪儿。与此同时，移植的机会也会大大增加：继角膜移植、骨头部分移植、红骨髓移植之后，终于迎来了移植维持生命器官的机会。专家宣称，在不太遥远的将来，肺部移植将会成为可能。[1]克服自身对外来蛋白质的生化学排异反应，将会允许我们移植心脏、胃部等等。无论我们是采取移植还是非生物材料制造的假体器官，都会在一定时间内由知识和技术的发展状态所决定。有可能，用机械器官来替换某些器官会更加容易，而其他人则需要等待移植技术发展得足够成熟。重点在于，生物和非生物假体的任何进一步发展不仅仅取决于人类系统的需求，还取决于新技术的要求。

得益于美国科学家展开的研究，如今我们已经知道，肌肉收缩的力量能够通过在神经和肌肉之间插入脉冲电极放大器而得到强化。这种设备模型能从皮肤处收集发送给肌肉的神经刺激，将其放大，然后引导到合适的效应子上。俄罗斯科学家正在仿生学领域努力研究，仿生学是一门研究有机体中效应子和受体的学科，他们已经独立建造出一种能够极大缩短人类反应时间的装置。目前，在太空火箭船甚至是超音速飞机中人类的反应时间都太长了。以光速穿行的神经脉冲一秒钟只能行进一百米，但是它们必须从感受器官（比如眼睛）出发，抵达脑部，从那里通过神经抵达肌肉（效应器），这要用上大概不到十分之一秒的时间。科学家收集来自大脑和游走在躯干的脉冲信号，引导它们直接进入机械效应器中。因此，驾驶员想要移动飞船的方向舵，就有足够的反应时间了。一旦此类技术发展到足够高的水平，随之而来的情况就会产生一些自相矛盾的悖论。装备着这样的假体，因不幸事故或者疾病而伤残的人将会获得超越普通人的能力。因为很难不给他提供最好的现有假体，而现有的假体将会比自然器官肢体更快、更有效、更可靠！

当我们在这里讨论"自主演化"的时候，这一概念会受限于系统转变，因为这些转变仍然处于生物可塑性的限制之下。这一预定不一定是必要的。有机体无法通过编程钻石或者钢铁的表型信息来制造，因为后者需要高温和高压，而这在胚胎生成过程是无法实现的条件。但是创造假体的可能性已经实现，比如永久放置进颌骨的假体，其牙齿成分可以由最坚硬的材料制成，这类材料有机体自己都无法制造出来，实际上可以算是坚不可摧。因此，有机体中明显重要的方面就是其完美的设计和功能执行，而非其生成。我们使用青霉素的时候，对于是否获取自实验室、试验试管，还是生长介质中的真实真菌，都不感兴趣。在规划人类重构的时候，我们将自己限制在促进人类基因型信息转移的发展方面，同时我们放弃（其实完全不必要）在身体内嵌入某些增强系统，对系统有价值的新功能。

我们可以回答说，人类重新设计革命的支持者可能没有意识到他提出的假设会产生怎样的后果。我们不仅仅是谈论一些在人类现有身体上添加一些狭隘附件的设想。整个文化和艺术，包括其最抽象的理论，都塞满了由自然形塑的有形物质。有形物质成了每种历史审美、每种现存语言的经典教条，并且贯穿完整的人类思想。与其看起来相反的是，没有有形因素的存在，就不可能出现任何价值。爱本身就是彻头彻尾有形的，至少在生理层面如此。由于一个人自己创造的技术他准备要经历改造，或者他认为拥有完美晶体大脑的机器人是他生命的延续，那就确实是极度疯狂的行为。事实上，这将会是人类的集体自杀行为，即使这种自杀会被思考机器中人类的明确延续所掩盖，而思考机器也是人类创造的技术的一部分。如此一来，人类最终允许他用自己带来的技术将自己驱逐出存在之地，赶出自己的生态环境。从历史阶段上移除一种适应性较差的物种之后，技术由此变成了新型合成物种。

这种论调无法说服我们的对手。他会说，我非常熟悉人类文化的有形物质性，但我不认为一切存在的事物都值得永远留存下来。你肯定知道随机发生的事情，比如生殖器官的位置，对某些概念的发展，或者社会和宗教习俗的出现产生的可怕后果。行动的经济性和对我们认为是美学原因的冷漠无视导致了代谢物排泄口和性交器官相互靠近，部分融合。这种位置上的接近从生物学角度来说，实际上恰恰是适用于上亿年前，两栖动物和爬行动物阶段不可避免的设计结果，但是一旦人们检验并调查了自己的器官功能，就得出了性行为可耻且有罪的结论。这种行为的不纯洁性似乎与生俱来，因为生殖器官与排泄功能紧密相连。有机体应该避免排泄的最终产物，从生物学角度来说这点很重要。但与此同时，还应该要考虑两性交配的目的，这是演化所需要的。两种截然相反但是同样重要的命令汇集在一起，导致了出现大量关于原罪和性生活及其表现天生不纯洁的神话传说。徘徊在基因排斥和吸引之间，思想产生的文明要么建立在罪孽的基础上，要么建立在羞耻和仪式性放荡的基础上。这就是我的第一个观点。

第二，我并不主张对人类采取任何的"机器人化"手段。当我讨论各种电子设备或其他假体的时候，只是为了服务当前的观点而引用的现有的具体范例。通过机器人，我们理解了呆头呆脑，配备人类智慧的人形机械体。因此，这是粗糙的人类漫画像，而不是继任者。系统重构不必放弃任何有价值的特征，只是消除那些人类身上不完美、粗糙的特征。演化以极大的速度行动着，改造我们的物种。其独一无二的倾向就是尽可能长时间地保留原始物种的设计方案，这赋予我们一系列我们的四足祖先没有的缺陷。它们的骨盆不支持整个内脏的重量。而自从人类骨盆必须要承受他的重量时，结果就形成了肌肉膜。但是它们极大地阻碍了劳动。直立姿势也不利于血液流动。动物没有静脉曲张，但是静脉曲张是人体的祸害之一。颅骨的突然增大导致咽腔折成直角（同时也变成食道的一部分），引入空气湍流到体内，导致大量气溶胶和细菌沉积在咽壁上。结果，喉咙成了一大波感染性疾病的入口。演化为了阻止这种情况的发生，在其周围环绕上淋巴组织，但是这种即兴创作并不成功：它实际上成了一些新疾病的源头，因为这些组织簇群发展成为病灶感染的中心。[2] 我并不是说人类的动物祖先代表着完美的设计方案。从演化角度来看，任何物种只要能够持续生存下来，就都是"完美的"。我只是想说，即使我们的知识有限且不完美，我们也能够设想解决方案，只是还无法实现罢了，这样能够让人们摆脱很多折磨痛苦。各种各样的假体看上去不如我们的自然四肢和器官，因为目前这些假体确实在性能执行方面排列第二。我确实明白，在技术无障碍的地方，传统审美就能被满足。我们的身体表面覆盖着层层绒毛时，看上去并无魅力，因此如果我们表面镀上了一层钢铁，也是同样的道理。当然，就眼睛和其他感觉器官而言，这和皮肤没什么两样。但是对汗腺就是另外一回事儿了。我们知道，文明人真的很关注减少腺体活动的影响，这种活动会在保持个人卫生方面造成大问题。不过别在意这些细节。我们不是在谈论什么终极方案。很可能过了一段时间后，"超人"方案也会被认为是不完美的，因为新技术会让他实现我们目前看来纯属幻想，无法实现的能力（比如人格切换）。如今我们相信，通过有意识的思维活动，能够创作交响乐、雕塑或者绘画。与此同时，对于"创造"

人类继任者的想法，它的精神和物理性状按照我们的想法编排，听上去就是可怕的异端。但是，对飞行的渴望，或者研究人体，制造机器，或者探查地球生命的起源，曾几何时都被视作异端。距今也不过几百年而已。如果我们的行为就像智能侏儒一样，当然，对于未来的任何可能发展，我们可以保持沉默。但是那样的话，我们应该至少要明白，我们的表现就和侏儒一样。人类不改变自己，就无法改变世界。面对给定的路径，我们踏出了第一步，同时我们还假装不知道会通向哪里。然而，这还不是最好的策略。

即使不易被接受，至少也要考虑一下物种重构支持者的言论。任何原则性的反对可能来自两个不同的出发点。第一个是感性情绪大于理性思考，至少在某种意义上，它保留对改革人类生物性的赞同，不接受任何的"生物技术"论调。它认为，人类的形态发展至今，不可触动，即使它也承认这种形态存在各种缺点。因为哪怕那些缺点，物理的以及精神的，都在历史发展的过程中具有了价值。无论人类采取何种形态，自主演化活动的结果都将是人类会从地球表面上消失。在他的"继任者"眼中，他变成了死亡物种的动物学术语，就像南猿和尼安德特人对今天的我们来说一样。对于几乎不死的生物，它们会同时掌控着自己的身体和周围环境，而大多数的人类永恒问题将不存在。因此，生物技术变革不仅仅意味着智人的灭亡，还包括其精神遗产的灭亡。除非我们将其视作我们想象中的虚构之物，否则这一立场看上去相当讽刺：人类不去解决他的麻烦，不去找到那些困扰了他几百年的问题的答案，反而躲在某种唯物主义的完美中来回避这些问题。多么可耻的逃避，多么不负责任，借助技术手段，人类正在转变成机械神灵！第二个出发点与第一个并不互相排斥：它可能会分享自己的论点和情感内容，但是以沉默的形式来表示。当它确实要发声时，它会提问。"自主演化"提出什么具体的改进和重构方案呢？他是否因为为时过早，从而拒绝提供任何详细的解释呢？但是他如何得知目前不匹配的生物方案完美性是否有一天被超越呢？他的信念建立在哪些事实的基础上呢？演化是否早已抵达自己物质能力的极限了呢？人类生命所表现出的复杂性是否具有关键价值呢？当然，如今我们早已知道，在个体参数的局限范围内，比如信息传播的速度、局部动作的可靠性、复制其执行器和控制器导致的功能稳定性等，机器系统能够打败人类，但是分别将功率、效率、速度和力量加倍，与将所有这些优化方案集成到一个系统中时，这两者之间还是有区别的。

现在，自主演化论者已经准备好戴上金属手套，对提出的论点一一反驳。但是在他继续讨论他的理性主义对手采取的立场之前，他透露说，他实际上对于第一种立场并不陌生。这是因为，在内心深处，他同样强烈反对任何物种重构计划，这与坚决谴责这些说法的人是一样的。但是，自主演化论者将这种未来的改造视为不可避免的，这也就是为什么他寻找各种支持的理由，使得必要的行动与决策结果能够重叠。他不是先验的机会主义者：他不认为必要之事必须同时也是好事。与此同时，他希望至少能有好的结果产生。

构建生命

要设计一台动力机器，我们不需要知道整个发明过程历史。一位年轻的工程师不懂历史也能做得很好。塑造出第一代生成器的历史环境至少可能和他是完全无关的。在任何情况下，将动能或者化学能转变成电能的动态机器或者设备都相当过时了。在不远的未来，电能可以直接产生，比如，使用微型核融合电池，因此就克服了如今存在的麻烦转换循环（从煤炭的化学能转变成热能，然后再从热能转变成动能，最后只有从动能才能转换成电能），只有技术史学家才会记得早期生成器的设计原理。这种与发展史相分离的情况在生物学中不常见。我们这么说是因为我们要开始批判演化的解决方案。

但是，这只能是对其设计方案的批判，而不是对它任何先前的阶段的批判。人们实际上更加倾向于注意生物解决方案的完美一面，因为他们自己的能力远远落后于生物学能力。对一个儿童来说，成人的每一个行为都是神奇的。人必须经历成长，才能看到原先被视作完美中的不完美。这还没完。生物设计者给了我们生命，也给了我们死亡，给我们带来的折磨多于欢乐，对于这位设计者的忠诚促使我们评估其成就的方式不仅限于对设计活动的讽刺。因为正确的评估应该要看到它真实的情况。设计者显然不是全能的。在它诞生的那一刻，演化就像被抛到无人星球上的鲁滨孙一样，他缺乏的不仅仅是工具和任何帮助，不仅仅是知识和预测的能力，还有他自己，也就是能够制订未来计划的头脑能力，因为除了高温的海洋、电闪雷鸣以及燃烧的无氧大气之外，那颗星球上人影都没有一个。通过说演化通过这样或者那样的方式开始，它做到了这个那个，我们因此开始人格化自组织过程的早期展开阶段，它所缺乏的不仅是组织代理机构，还有目标。

这个过程是伟大作品的序章，它本身并不知道有什么伟大作品，甚至连开场白都不知道。分子混沌唯一掌控的，除了自身的个体物质潜力之外，就是极大程度的自由：时间。

大约在一百年前，人们认为地球的年龄大概有四千万岁。我们现在知道地球存在了至少有四十亿年。我也记得曾有研究表明地球上生命的存在只有几亿年。如今我们已知的早期生命残骸最早可以追溯到二十七亿年前。如果从现在往回倒数，那么在第一批脊椎动物出现的时候，90%的演化时间已经过去了。它们出现在三亿五千万年前。又过了一亿五千万年，这些骨骸鱼的后继者爬上了干燥的陆地，征服了天空。然后，大约是五千万年前，哺乳动物出现，然后是在距今一百万年时，人类也出现了。

十亿年数起来很简单。但是要掌握这么多数量，这么漫长时间跨度内的设计难度很大。如我们所见，后续解决方案的加速不仅仅是技术演化的特征。进步在加速不仅仅因为社会集中的理论知识的积累，还有记录在遗传密码中遗传知识的累积。

在二十五亿年的时间里，生命只是在海洋中发展。当时的天空和陆地一片死寂。我们知道，来自寒武纪（约五亿年前）的物种化石有五百多种，但前寒武纪时期可能发现的化石估计一把手就能抓得过来。这惊人的差距直到今天都无法解释。似乎生命形式数量在短时间内（比如，在一百万年内）得到了戏剧性的增长。前寒武纪的生命形态似乎无一例外，只有植物（藻类）：几乎没有动物。后者用一只手就能数尽。虽然在寒武纪动物大批量出现。一些科学家倾向于接受当时地球环境发生了剧烈变化这一假设。可能是宇宙辐射强度的增加，这是我们先前讨论的什克洛夫斯基的假设。无论发生了什么，这一未知因素必然对整颗星球产生了影响，因为前寒武纪的生命间隙适用于所有古生物学数据。相反的是，出于某些未知原因，不是像来自寒武纪早期海洋中包含着少量的有机体，而寒武纪大量新物种的出现大大超过了早期形态数量的突然增长势头。古生代已经存在许多生命形态：地质数据显示，早在寒武纪很久之前，大气中氧与氮的比例就和如今的情况类似。因为空气中的氧气是活跃有机体生命活动的结果，它们的总质量不会比我们如今的更少。而化石形态的缺乏至少部分因为化石的脆弱性：前寒武纪有机体没有骨架或者矿物外壳。这样的"重构"如何以及为何出现在寒武纪，至今仍是未解之谜。也许这个问题永远不会有答案。但是也有可能通过更加彻底的生物化学动力学检验，我们能够解开谜团，我们能够以蛋白内稳态的当前结构为基础，构建在其之前最可能的原始形态，当然，只要谜题的解开受限于内部系统因素，而不是寒武纪黎明时宇宙、地质或者气候变化的一次性结果。

我们之所以讨论上述问题，那是因为"寒武纪演化"可能是由于演化中某种"生物学发明"因素所引起的。即使事实确实如此，这也不会改变最初基于细胞构建模块的既定设计的基础原理。

化学反应的演化无疑在生命演化之前。因此，第一批细胞不必以死物为食。无论如何，它们都无法立刻解决从简单化学配方（比如二氧化碳），通过太阳光子能量，合成有机身体的复杂任务。这一成就只有植物能够做到，因为植物演化出新能力，可以制造叶绿素和完整的酶机制来捕获辐射的光量子。幸运的是，在演化早期，最原始的有机体一定是已经配备了一些有机物质，它们能够轻易地吸收这些有机物质，并且在地球上大量残留下来。后一种情况通过诸如大气中氨、氮和氢的电爆炸过程实现。

但是，让我们回到基本细胞的基础动态问题。它必须要控制住自己转变过程中的大量参数，这样就不会逃脱可逆限制之外的波动范围，变成熵，最终死亡。在流体胶质介质中，这种控制必须在限制速度的情况下发生。由分子运动统计属性引发的波动不会发生得比穿越细胞的信息循环来得更快。否则，中央调控系统，细胞核就会失去对局部区域生物进程的控制：需要干预的信息就会抵达得太晚了。这将是不可逆转变化的开始。因此，在最后一种情况下，细胞的尺寸由调控信息传播速度和局部区域化学进程速度的参数决定，这些参数将信息传送至其他调控器。在早期阶段，演化倾向于制造尺寸大小不一的细胞。但是，由于进程限制，不可能造出跟南瓜一样大，或者和大象一样大的细胞。

我们应该指出，人类技术专家不仅仅认为细胞是不同寻常的设备，他们对细胞羡慕大于理解。"简单"的有机体，比如大肠杆菌，每二十分钟就分裂一次。既然单个蛋白质颗粒就包含约一千个氨基酸，这些氨基酸都有可能在空间内适当"分布"，并且"调整"自身形成分子构象，这不是简单任务。最保守的估计表明，细菌每秒至少能产生一千比特的信息。如果我们拿它与人类大脑可以处理的信息比特量相比，这个数字实则相当惊人，因为人类大脑每秒只不过能处理约二十五比特的信息。一页打满字、几乎没有多余信息的纸张，所包含的信息量约为一万比特。如我们所见，细胞的信息潜力在其内部过程中潜力巨大，也就是指那些服务于其动态存在的过程。细胞就是一座"工厂"，其中的"原材料"无处不在，从四面八方包围着"制造机器"。细胞器、核糖体、线粒体与和它们同样大小、介于细胞和化学物质之间尺寸的微型结构，都是这样的"机器"。它们由有序的复杂化学结构组成，配有诸如附加在它们之上的酶这样的"机械工具"。看起来"原材料"不是通过某些特定指向的力量被传送到"机器"和它们的"工具"内，而是被某种不必要或者不适当的力量所驱使，或者就是受控于规则的分子热运动。因此，那些"机器"受到分子悬浮液中活蹦乱跳的粒子流轰炸。而从这些混乱表象中选择出"正确"的元素则取决于机器的特异性和选择性。由于所有这些过程毫无意外，都具有统计学属性，通用的热动力学考量由此得出结论：在这一转变过程中，错误一定会发生（比如将"错误的"氨基酸放在了蛋白质分子螺旋出现的地方）。尽管如此，这些错误一定很少，至少正常情况下极其罕见，因为不可能检测到细胞"错误"合成的蛋白质。近年来，展开了很多钻研生命化学反应动力学的研究，后者被视为不是严格重复的循环过程，而是易受影响的整体过程，在其不断的发育过程中，可以快速引导，从而轻易实现想要达成的目标。在钻研出模型细胞的"输出参数"之后，大型计算机器花费三十小时的时间来计算反应速度和细胞中单个连接的最优协调性。这就形成了当今科学家最重要的问题，引导我们去思考：细菌细胞可以在不到一秒的时间内解决同样的问题，自然它们没有什么电子或者神经大脑。

细胞均匀性既真实又明显。说它真实因为细胞质就是由蛋白质、脂质等大型分子构成的胶质溶液，换言之，就是一团悬浮在液体介质中的分子"混沌物"。说它明显，那是因为细胞的透明性藐视任何观察其动态微观结构的尝试，因为切割并用染色剂保存它们会改变细胞，从而破坏它们原本的组织。正如先前描述所暗示的，多亏了艰苦卓绝的研究才让我们发现了细胞，但是细胞甚至不是形而上"工厂"。根据渗透压力中不同的梯度，细胞核与细胞质的渗透和扩散过程不只是某些物理机制作用的结果，而是这些梯度本身原则上就受到细胞核的控制。在细胞内，我们能够区分出微流，也就是，粒子微流，相当于循环系统中流体的迷你版。而细胞器则是这些微流的节点。它们的功能包括装备合理分配的酶组件的"通用机器"，同时也是能量积累器，在适当的时候往正确的方向抛射能量。

想象这么一家工厂，里面有机器以及漂浮在机器周围的原材料，这相对容易，但是很难想象一家形状不断变化、聚集物之间相互耦合不断变化，或者制造能力不断变化的工厂。细胞是水胶质系统，里面各种强制循环的流体，其结构不仅在功能层面可移动，而且整个转变过程都一片混乱（也就是说，甚至可以切换细胞质的位置，只要不破坏一些基本结构，细胞也会正常运作，因此正常存在）。它会因为布朗运动而不停晃动，不断偏离稳定状态。基于即时干预和调控决策的概率性策略，仅能够在统计学意义上以给定的方式来控制细胞过程。细胞中的氧化过程通过"液态伪结晶半导体"的电子传输发生。它们呈现出特定节律，这也是持续调控干预的结果。同样的理论也适用于其他过程，例如，能量循环涉及 ATP 中的能量积聚。

所有更加高级的有机体实际上不过是这些基本构建材料的结合体；它们从每个细胞编码的数据结果中"抽取结论和成果"，从细菌开始一路向上发展。同时，没有组织有机体共享细胞的普遍性，虽然后者在某种程度上被中枢神经系统所取代。但与此同时，这种普遍性出现在每一条阿米巴虫体内。毫无疑问，长这么条腿很方便，如果需要可以变成触手，如果失去了一条腿，还能够替换。我在这里指的是阿米巴虫的假肢。同样有用的是"在任何地方开口"的能力。一条阿米巴虫也能做到，它能够喷射食物残渣，用细胞质吞噬掉它们。原始的前提条件系统在这里首次显现出来。细胞结合成组织，可能创造出宏观器官，像骨骼、肌肉、血管和神经。但是即使最完美的再生也不如功能的普遍性那样广泛，这与原生动物的特征一起丢失了。构建材料给创造"可逆器官"设定了限制。细胞质在某种程度上能够收缩，传递脉冲信号，消化摄入的食物，但是它无法像专门的肌肉细胞那样有力收缩，它也无法像神经纤维那样传导信号，也不能成功咬碎食物，进行咀嚼，尤其是如果猎物充满能量，正在逃跑。特异性是细胞普遍性中特定性状的单向放大，它还涉及对细胞普遍性的放弃，一个想到的重要结果就是导致个体死亡。

可以通过两种方式来批评"细胞前体"。首先，从遗传学角度来说，我们假定身体的液态（水）环境比如氨基酸或者其他有机化合物，是海洋和大气化学反应活动的产物。只有当这些身体聚集在一起，只有这样它们才能够相互反应，在地球给出的"仅仅"十五亿年的条件下进行自组织。考虑进这些初始条件，我们可能会问，是否有可能实现一种与演化方案给出的"原型"不同的"原型生物"？
其次，尽管存在上述情况的必要性，我们想知道，那种最佳解决方案不受先前限制条件的影响，可以独立实现吗？换句话来说，如果设计者想要在固体或者气体环境中开始创造生命，那么组织的发育前景是不是会更好？

我们绝对没有办法与演化制造的内稳态方案的胶体版本相抗衡，即使在理论假设层面也做不到。这不是说演化的方案无法超越。谁能说，如果缺少那么几个特定原子、那么几个特定元素，作为演化用来形成最初细胞的原材料，就不会从一开始封上了一条路，但又打开了另一条路呢？也许到时候会出现能效更高、动态稳定以及内稳态形式更好的版本呢？演化凭借自己手头所拥有的实践了一种方案，它将自己的材料尽可能地物尽其用。但是，因为我们接受了宇宙中自组织程序无处不在的设定，也就是说，我们并不认为自组织只会在非常特殊的环境下发生，成为某种独一无二的特殊巧合。我们还接受了在液相内出现除了以蛋白质为基础的其他类型自组织的可能性，也许甚至是以胶体为基础，因为其他转变可能比"陆地"选项"更差"或者"更好"。

但是，这种"更差"或者"更好"真正意味着什么呢？我们怎么知道自己不是在鬼鬼祟祟地用一些柏拉图主义术语进行完全任意的评价？进步，或者是进步的可能性，是我们的评判标准。通过这种方式，我们理解引入这样的材料内稳态方案，尽管存在某些内部或者外部干扰，但是不仅能够继续下去，还能够发展，让内稳态范围扩增。这些系统不仅在适应环境的当下状态中表现完美，而且改变的能力也是相当完美，这样的改变同时需要应对环境的要求，也要能够实现某些未来的进一步转变。这是为了避免阻断后续生存方案的道路，或者避免陷入盲目发展的状态。

从这个角度来看，人类演化要正反两面评价。有负面评价，因为我们后面会看到，通过其初始选择（其构建材料）以及设计活动的后续方法，演化剥夺了其最终最高级产物，也就是我们在生物层面继续稳步发展的机会。生物技术方面，以及道德方面，阻止我们继续演化方法：生物技术方面，是因为作为自然因果力量的特定设计方案的我们太过坚决，而道德方面则是因为我们拒绝盲目试验和盲目选择的方法。同时，也有可能正面评价演化方案，因为尽管我们有着生物限制，我们却有行动自由，至少与未来相关的行动自由，这得益于科学的社会演化。

根据先前设定的标准来判断，"陆地选项"似乎不是最差，也不是最好的可能选项。实际上，太阳系内不允许统计学自然的考量，因为它就只有几颗行星。然而，我们只要用这样一个有限的参考框架，就会得出细胞中蛋白内稳态仍然更胜一筹的结论，因为在系统中同样年龄的其他行星都没有智慧生命形态产生。然而，正如我说的，这是相当有风险的议论，因为时间尺度和改变速度可能因行星而异：甲烷-氨气行星可能属于不同的演化序列，我们的一世纪可能是它们的几百万年。这就是为什么我们不会再深入探讨下去。

让我们现在从"液体"内稳态转入固体和气体内稳态。我们想要追问组织的发展前景，有些设计者应该会在物质的气态或者固态凝聚体中展开这一过程。

这个问题与学术意义相比，更有实际意义，因为要回答先前段落中提出的问题，既涉及潜在的工程活动，也涉及其他可能演化过程的出现，在宇宙中其他身体内非胶体但是"固态"或者"气态"的"演化过程"，和地球上的完全不同。我们知道，反应速度在这里至高无上。当然，它不是唯一的因子，因为每一反应过程必须保持在一定限制下；它必须严格控制，具有可重复性。循环过程的创造代表着分子水平上出现了自动化的最早初始形态。它们基于反馈，这部分解放了中央调控系统，让它无须时时刻刻观察自己调控领域内发生的一切。因此，让我们先看气体。在气体中反应发生的速度要比在水环境中快，但温度和压力也是非常重要的因素。演化使用地球上的"寒冷"技术，也就是基于反应催化技术，从启动和加速反应的角度来考虑，而不是关注于高温。这种绕行方法是唯一的可能。这是因为即使产生高压和高温的系统复杂性要低于催化系统的复杂性，演化当然也无法凭空创造出这么一套系统来。因此，它就变成了"化学家罗宾逊"。在这里，决定性的不是信息的"绝对"平衡，也就是说，需要更少的信息来构建正确泵浦类型，或者耦合特定反应（比如那些涉及聚焦太阳光线的反应）来创造使得身体之间反应成立的条件；而最好的信息类型反而是那些现在立刻可以拿来使用激活的。地球没有给固态实体或者大气领域提供类似的机会。但是，在其他情况下是否会出现合适的状态呢？我们无法回答这个问题：我们只能在此做出假设。毫无疑问，我们已经能够自己从固态实体中建造内稳态，即使它们仍然相当原始（比如电子机器）。但是这样的解决方案由于本身存在很多基本不足之处，只能算作合适设计的序言。

首先，我们构建的模型是"宏观内稳态"，也就是，系统内部的分子结构和功能之间不存在直接联系。这种联系不仅在于执行这些功能，无疑也是电子机器所要求的，比如电线必须有特定的传导率，还有晶体管或者神经模拟物等独特特征。这同时也涉及一个复杂系统，像这样的一个主体有大量无法始终控制的元素，需要建立在"通过使用特定部件获得特定效果"的原则上。因此，这些部件必须配备自主修复功能，可以补偿任何内部或者外部损坏。

目前构建的机器都没有这一特征（虽然一些即将推出的新型机器将会拥有这一特征，至少部分特征）。

其次，这种事件状态有其结果。数码机器可能需要让自己的部件（比如灯泡）冷却下来，因此就需要一个泵浦用来维持冷却液的循环。但是，这个泵浦本身不具备内稳态。实际上它是内稳态设计的简单版本，但是如果它遭到损坏，整台机器可能会立刻停止运行。但是有机内稳态内的泵浦，比如说，心脏，尽管纯粹遵循机械运动（血液输送）设计而出，却是多层面的内稳态系统。第一，它是更高级内稳态的一部分（心脏加上血管加上神经调控）。第二，这种系统具有局部自主性（内置在神经节点中的心脏收缩自主调控）。第三，心脏本身由上百万个微型内稳态构成，比如肌肉细胞。这一系统非常复杂，但是它也证明了多方面保护手段，防止干扰。[3]演化，如我们先前所说,已经通过使用液态介质内分子催化的"降温"技术解决这个任务了。我们能够想象研究出类似的方案，同时使用的是一些固态构建材料，比如构建某些晶体内稳态。分子工程和固体物理学正在往这个方向努力。

现在想要构建类似于细胞的"通用稳压器"还为时过早。我们正在走上与演化相反的发展轨迹，因为矛盾的是，这对我们来说构建狭义的专业稳压器更加容易。等同于神经元的代替物可以找到，比如在神经器件中，在神经元模型中，以及在人造神经元中，一些特定系统，比如磁集成神经元复制器就是由此构成的。后者执行识别各种复杂图像的逻辑函数，这些图像由系列信息信号组成。低温电子系统在尺寸上几乎能与神经元细胞媲美（在十年前，这样的元素，比如阴极灯，可要比神经元大上一百万倍！），但是在速度方面却领先于神经元。目前，我们无法重新创造自我修复倾向。偶然情况下，中枢神经系统组织也无法再生。但我们确实知道晶体系统的产生源于它们的原子网络受到某些元素原子的微量污染，而方式取决于原始设计，让整个单元行为表现得好像它是一种级联放大器、外插接收器、发送器、整流器等等。因此，有可能用这样的晶体进行建造，比如无线电设备。下一步将会不仅仅涉及将晶体块中的任何功能性整体集中到一起，还要利用一块晶体就能建造出无线电设备（或者电子大脑）。

我们为什么对上述方案如此感兴趣？这种系统的独一无二性表现如下：晶体无线电装置一切为二，变成两个独立但仍然运作的无线电设备，甚至运行速度对半分。我们可以再将其一分为二，每次切分我们都会获得一个"无线电设备"，只要最后剩余的部分仍然包含必要的功能性元素，即原子。我们在此正在接近构建材料的参数使用极限，也是演化用不同材料——胶体所达到的极限。演化还使用"分子工程技术"，由此开始自己的整套设计项目。

分子始终是它的构建块，它能够根据分子的动态稳定性和信息能力进行选择（酶是通用解决方案的来源：它们能够执行合成和分解的任何功能，结合与传递内在细胞与遗传信息比如染色体基因相连接的功能）。演化创建的系统能够在一个狭窄的温度范围内发挥功能（四十到五十摄氏度之间），且不低于水的冰点（也就是所有生命反应发生的温度范围）。即使是在绝对零度左右的低温，对分子的微观小型化更有利，多亏了超导现象，在上述条件下系统获得了凌驾于生物系统之上的优势（即使从维持生命的所有参数水平上来看，这种优势并没有保持多久）。

由于低温创造的系统平衡，要大于一滴细胞质所决定的平衡，自主修复干预的需求就没有了。因此，为了解决这个问题，我们需要想办法回避这一点。我们确实知道，晶体表现出"自主修复倾向"，因为当把损坏的晶体沉浸入溶液中后，会自动修复自己的原子网络。这增加了某些可能性，虽然我们目前仍然无法实现。而"气体内稳态"则会引发更加困难的问题。据我所知，这个问题在学术文献中还没有被讨论过。1957年的科幻小说《黑云压境》（*Black Cloud*）也不能算作属于后者，即使那本书的作者是知名的天体物理学家弗雷德·霍伊尔。但是我认为，他在书中表述的"生命体"：一片大型星云，集合了宇宙尘埃和气体，在电磁场内保持稳定的动态结构，是可以被构建出来的。当然，另一问题就是这种由电子和气体构成的"生命体"是否会出现在行星"自然演化"的过程中呢？这似乎不太可能，理由还挺多的。

好像我们现在讨论的已经是完全的幻想问题了，在很久之前已经跨过了所允许的界限。但也不是这么回事儿。我们根据通用法则可以做出下列陈述：自然力量只能实现这样的稳压器，其最后状态在逐渐发展的过程中累积而成，而且符合现在的普遍热力学概率的发展方向。关于宇宙女王熵殿下，我们已经说了很多不明智的话了，比如"让活的物质叛变热力学第二法则"，也就是为什么我们必须清楚强调这种半隐喻性的论题多么不谨慎，与现实几乎毫无关系。只要是冷原子云，原始星云的秩序就不如银河系，银河系经过精心布置，圆盘状的银河系内四散点缀着星际物质。尽管如此，显然它的早期"无序性"已经包含了以原子核结构表现出的高级秩序源头。当星云坍塌成原恒星旋涡时，当引力将这些气泡球挤压得足够紧实时，那么原子能量的大门会突然"崩开"。喷射出的辐射，与引力缠斗的过程中，开始形成恒星和它的系统。总而言之，即使大型物质系统总是以形成最大概率状态为目标，也就是，目标指向最高的熵，通过许多中间状态、许多变化的路径，最终经过长达几百亿年的时间，在不违反热力学第二定律的情况下，可能会出现不止一个，甚至十几种自组织演化，多不胜数。因此，存在一类大型，看上去还是虚空的内稳态系统，能够用固体、液体或者气体构建材料建造出来。这类系统包含一个独一无二的子系统：一系列"稳压器"，只会在人格化设计者不进行外部干涉的条件下出现，还要感谢自然因果律的作用。

这清楚表明，人类能够打败自然：后者只会构建某些可能的"稳压器"，而我们在获得必要知识后，能够全部建造出来。

涉及空间设计时，这样的乐观主义应该会留些充满"如果"和"但是"的余地。我们不知道人类是否能够获得所有必要的知识，来展开先前描述的"建设大任"。可能存在"信息获取阈值"，就好像光速的限制一样，但是我们对此还一无所知。除此之外，我们应该提醒自己，在"人类对抗自然"大业中涉及的真实比例。面对这样一个问题，我们犹如蚂蚁般渺小，却想自己许诺能够背起喜马拉雅山，将之搬到另外一处。也许我对于蚂蚁的说法夸大其词了。也许它们的任务实际上更简单些，因为当代技术工具与蚂蚁自己的工具——下颚和背部相比较而言，也有唯一的区别：蚂蚁只能在生物演化的过程中发展自己的工具，而我们则能够开始信息演化，这之前已经说过了。这一差异可能终有一日决定了人类的胜利。

构建死亡

活的有机体都有寿命限制，也会经历衰老和死亡的过程。但这些过程无法分割出去。原生动物终究也是个体生物，但是它们不会死亡，而是会分裂成为自己的后代。一些复细胞动物，也就是通过出芽生殖繁殖，能够在实验室条件下存活很长一段时间而不会有衰老的迹象。因此，并不是所有复细胞动物中的细胞质都必定会衰老，这就是为什么胶体的老化（即增稠，溶胶凝胶从液体转变成果冻状态）不能等同于我们生命的衰老。血浆中的胶体确实会衰老，和非生物胶体老化的方式相似，但是看上去是原因的可能实际上恰恰是它的结果。细胞胶体的衰老源于对自己生命过程失去控制，而不是反过来。

著名的生物学家 J. B. S. 霍尔丹曾提出一个假设，认为个体的死亡被视作源于遗传因子，也就是致死基因，在有机体的生命过程晚期才表达出来，因此不再会通过自然选择而被消除掉。这一假设是很难接受的。不仅仅是永生，哪怕像马士撒拉这样的长寿，演化也不会给出这样的回报。一个有机体，即使它在个体层面上不会衰老（也就是说，"不会断裂"），也会在演化群体中衰老。就好像精心保存下来的 1900 年产的福特汽车，如今看来也已经过时了，作为老旧的设计方案，不在能与当代汽车一较高下。

但与此同时，原生动物也不会无限期地分裂下去。确实有可能"强迫它们"活到很大的岁数，可能要比平均个体长二十多倍，让它们保持"极其稀薄"的饮食，仅够维持它们的系统生命功能，但是不会提供多余的物质让它们增长，以繁殖两代后代生命。最简单有机体的古老克隆（种群）从某种意义上说确实会衰老：它们的个体开始消亡，只有通过交配才能恢复生命，交配的时候会发生遗传信息的交换。要理解这个问题难度相当大。死亡的问题可以用不同的方式分析。死亡是被演化"嵌入"生命体中的吗？或者它是一种意外现象？是设计者对个人存在问题之外做出的次要决定结果？因此，这等同于毁灭行为吗？设计者取消了先前的设计，着手开始新的设计吗？还是某种材料"疲劳"的无意结果呢？

对于这个问题，要找到一个清楚明白的答案并不容易。我们应该在此区别两种事物，因为长寿和死亡相比是另外一个问题，要求不同的解决方案。因为我们已经讲过，当后代要求更长的照顾时间直至独立，那么长寿就具有生物意义。然而，这些都是例外。正常来说，一旦自然选择做出，后代被繁殖出来，亲代有机体的命运就变成后者的"个人"问题，不再是自然中任何人的问题了。无论伴随着衰老的是何种衰退过程，它们都不会影响物种的进一步演化。老猛犸象的长牙纵横交错，让它们逐渐死于饥

　　　　　　　　　　　　技术大全

饿，但是因为这发生在它们性生活停止之后，所以自然选择无法消除。动物和植物的衰老已经超出了选择的阈值，因此不在后者的管辖范围之内。这不仅适用于退化改变，也适用于长寿。除非它在生物学上有用处（就像人类的早期一样），为了下一代，延长存在，如果它是作为特定突变而随机出现的，那也会随机消失，因为没有选择因子将其在遗传中固定下来。我们在植物和动物王国中长寿的分布确实见到这种现象。如果具有随机意义的选择基因如那些保证长寿的基因结合在一起，这就是长寿出现的唯一契机。这也许能解释为什么乌龟和鹦鹉寿命很长。动物类型和长寿之间没有明显的相关性：其他鸟类的寿命相当短。有时候是环境有利于长寿的出现，这就是为什么红杉树是最长寿（五千到六千年的寿命）的有机体。

毫无疑问，繁殖是演化的必要因素，个体在时间内的有限存在只是其结果。有机体必须完全适应繁殖，我们可以说它的持续存在由"惯性"产生，也就是说由胚胎发育启动的"动态推进"。演化就像一名射击手，试图集中特定目标，比如，飞行的鸟儿，但是子弹击中目标的时候会发生什么，它会往哪里去，它是否在继续无限地飞下去，还是立刻掉落地面，对于子弹也好，射击手也好，都没有任何意义。当然，我们不能将问题如此简单化。我们知道复杂性是有差异的，而有机体的动态法则有自己的等级制度。水蛭几乎是不死的，但是人类对其兴趣根本不大。构建部件之间的相互依赖性越大，也就是说，整个系统的组织越严格，内部系统的过程相关性的恒常维护就必会越困难。细胞在自己生存的过程中，会犯下"分子错误"，一段时间之后，它们的错误总数将达到不可弥补的程度。更确切地说，它们无法以当前的形态弥补错误。分裂是再生的一种形式，分裂之后过程重新开始，就好像之前什么都没发生过一样从头来过。我们不知道为什么会这样。我们甚至不知道它是否必须要以这种方式发生。我们也不知道这些现象是否无可避免，因为演化从未在任何时候展示过任何要解决内稳态调控问题的"野心"。它的全部精力都集中在另一问题上，而且这个问题已经提前解决了：就是物种寿命，生命的超个体永生不死，行星尺度下生命作为内稳态改变的总和。它确实想办法解决了这个问题。

构建意识

任何人花一段时间观察阿米巴虫行为，在一滴水中继续寻找猎物，一定会惊讶于它类似于智慧生物的行为，更不用说人类了，这一点一滴小小的细胞质就能证明。我们能够在 H. S. 詹森斯 1906 年的《低等生物的行为》（*Behavior of the Lower Organisms*）这本古老却又值得一读的书中发现这种"狩猎"踪迹。阿米巴虫在液滴底部爬行，碰到了更小的一只虫子，它会伸出自己的假肢吞掉后者。后者企图逃跑，但是攻击方牢牢地抓住它的身体。受害者的身体持续拉长，直到断裂。得救的受害者的残余部分以一定的速度逃离，而攻击方把已经吞噬的东西带着血浆喷洒了出去，然后继续前进。与此同时，刚刚被"吞噬"的受害者部位鲜活地移动起来。游荡在"捕食者"细胞质内，它突然碰到了表面上的浮游生物，冲破出去，爬到了外面。进攻方"大吃一惊"，它一开始允许自己的猎物逃脱出去，但又立刻开始追击。随后发生了一系列怪异状况。攻击方屡次抓住它的受害者，但是后者总是有办法逃脱出去。经过多次无果的尝试，攻击方"放弃"了，不再追杀猎物，缓慢地离开，寻找更好的机会展开下一次狩猎。

这个例子最让人震惊的地方就是我们能够将其拟人化的程度。细胞质行动液滴的背后动机我们完全能理解：猎杀追逐，吞噬受害者，最初固执地继续追逐猎物，最终"意识到"不值得之后就放弃追猎。

我们本章的主题是"意识的构建材料"，因此我们在此讨论的不是一场意外事故。我们将意识和智慧归因于他人，因为我们自己两者都拥有。在某种程度上，我们还将这两者归因于与我们相近的动物，比如狗和猿类。然而，一种生物在设计与行为上与我们的共同点越少，我们就越难以接受它可能也会体验到情绪，比如焦虑和快乐。因此，我在阿米巴虫狩猎的故事中打上了引号。"构成"它生命的构建材料可能与我们身体所用的材料类似，但是关于濒死的甲壳虫或者蜗牛体验到了什么，感受到什么痛苦，我们知道什么，我们又能猜到什么呢？一种"有机体"或是由保存在液氦温度下某种低温管和电线组成的系统，或是晶体块，甚至可能是电磁场汇聚的气体云，这种情况会引发更多的阻力，更多的规定。

当我们讨论"电子机器中的意识"时，我们已经讲过这个问题了。现在，我们只需要总结一下先前所说的内容。如果 X 有意识的事实仅由 X 的行为来决定，那么X 由什么材料构成的就毫无关系。因此，它不仅是类人机器，或者电子大脑，也是一种假设性气体——磁体系统，我们可以和它交流，属于有意识的一类系统。

整体上的问题可以归结为如下所示：意识是系统的一种状态，能够通过不同的设计方法，使用不同的材料实现，这是真的可能吗？到目前为止，我们已经确认，不是所有活的都有意识，但凡是有意识的都一定是活的。但是，明显没有生命迹象的系统表现出意识，这又是什么情况呢？我们早已遇到过这种障碍，并试图解决。把用其他材料复制的人类大脑当作模型时就没有什么重大问题。但大脑肯定不是"如何构建智能和感觉系统"问题的唯一可能解决方案。当谈到智能的时候，我们的阻碍不会太强烈，因为我们已经构建出智能机器的原型。而"感觉能力"就要狡猾多了。一条狗碰到热的物体会做出反应，这是否意味着只要燃烧的火柴接近感受器，拥有反馈回路的系统就会发出声音，这样的系统也具有感觉能力？完全不是，这只是机器的模仿，我们听过了。我们已经听过很多次这样的故事。这样的规定假设，除了对刺激做出智能行动和反应，还存在一些"绝对存在"，诸如**智能和感觉能力统一于意识的双重性**。但情况并非如此。

物理学家和科幻小说家阿纳托里·德涅普罗夫曾经在自己的小说中描述过一个实验，该实验的目的想要驳斥以下观点：在语言翻译机器中，用以特定方式分布在空间中的人替代机器元件比如晶体管和其他开关，来给机器"注入灵魂"。在执行简单的单个翻译功能时，这台由人组成的"机器"可以将一句话从葡萄牙语翻译成俄语，而它的设计者会询问所有充当机器"元素"的人这句话的意思。当然，没人会知道，因为语言翻译机器由一个系统作为整体运作的。（小说中的）设计者得出结论："机器没有智能。"但是另一位俄罗斯控制论学者在发表这篇小说的杂志上表达了自己的答复，指出如果人类作为一个整体，每个人在功能层面上的分布对应于小说设计者大脑中的每一个神经元，那么这样的系统将能够思考，但只是作为一个整体，而参与"人类大脑游戏"的每个人都无法理解"大脑"在想什么。然而，这当然不意味着设计者本人没有意识。机器甚至还能由线条或略微腐烂的苹果构成，由气体原子或钟摆构成，由小火焰、电子脉冲、辐射夸克和其他我们能想得到东西构成，只要它在功能层面上与大脑动态相等，然后它就会表现出"智能"行为，如果这里说的"智能"是指以通用方式行动的能力，旨在实现综合选择过程中的目标而不是实现编程好的目标的话（比如昆虫的直觉）。只有技术难度才能阻止这类的实现（地球上没有足够的人来与它们"重合"，比如神经元，人类大脑，也有可能很难通过某种类型的电话避免连接，等等）。但这些问题其实不适用于任何针对"机器意识"的保留意见。

我曾经说过（在我的《对话》中），意识这个系统的特征就是人们通过成为系统自身来学习。但是我们没有谈论过任何系统。甚至这不一定是位于我们体外的系统。在它八万亿个细胞的每一个细胞中，至少有上百个酶对某一特定化学物质的浓度敏感。活跃的一组酶类似于一种"输入"。因此，酶能够"感知"到物质的缺乏或者过剩，从而启动自己的适当反应，但是我们作为这些细胞和酶的主人，对于这一过程有什么认识呢？只要只有鸟儿或者昆虫能够飞行，"飞行"就等同于"活着"。但我们太清楚完

　　　　　　　　技术大全

全是"死物"的设备如今也能够飞翔。这和智能以及感觉是同一回事儿。电子机器最终能够智能思考，但是不会感受、没有情绪体验，这一结论也是同一种误解的产物。这不像某些大脑中的神经细胞，拥有逻辑开关的属性，而其他神经只是发挥"情绪体验"的功能。两种类型都非常相似，唯一的区别就是它们在神经网络中占据的位置不同。同样地，视觉和听觉区域的细胞实际上也是一模一样的。因此，完全可能神经通路交叉，让听觉神经连接到枕叶，而光学神经与听觉皮层连接起来，只要这样的干预早一点执行（比如，在婴儿身上），那就有可能成功地发挥看和听的功能，尽管此人用听觉皮层在"看"，用视觉皮层在"听"。甚至相当简单的电子系统已经拥有"奖赏"和"惩罚"两种类型的连接，它们的功能等同于"愉悦"和"非愉悦"体验。这种双重价值机制非常有用，因为它加速了学习过程，当然，也就是演化发展这一机制的原因。总而言之，我们能够说一类"智能稳压器"包含鲜活的大脑作为亚类，而其他稳压器构成的则在生物意义上完全是"死的"。然而，这种"死物"只不过表示了其非蛋白质属性，以及缺乏许多我们人类、活细胞和有机体所拥有的个体参数。对于一个不仅能够执行思考操作，对刺激做出反应，还能繁殖，从周边环境（比如，电源插座）吸取"营养物质"的系统，很难进行分类，即使已经被建造出来，比如从电磁场或者气体中,这样的系统能够向任何方向移动,生长,将各种功能纳为己用作为其首要原则。

换句话说,当提到稳压器中的意识,我们并不那么需要"深刻的"答案作为解决方案。这是否意味着,我们已经回到我们的出发点,只是在同义反复呢?完全不是。我们必须从经验出发,决定系统的那些参数必须保持恒定,这样意识会自己呈现出来。既然"透明"与"不透明",或者"清晰"与"模糊"意识之间的界限是流动的,那么这些状态的界限将必须随意划分,就好像我们只是以随意的方式决定我们的朋友史密斯先生是否秃顶了。这样,我们将获得一组形成意识所需的参数。如果它们全部出现在随机系统中(比如,用旧铁炉建造的系统),我们将认为意识就是这么来的。但是如果它们是不同的参数,或者参数值与预先选择的稍微不同,会怎么样呢?根据我们的定义,接下来我们会说系统没有人类的意识类型,这将会是绝对真实的。但是即使系统没有表现出任何意识的参数,却表现得像个天才,能够同时理解所有人,这又会怎样呢?这不会有任何改变,因为如此聪明的机器,它也缺乏人类意识:没有人能同样聪明。这不是诡辩吗?有人可能会问。当然,有可能一套系统表现出与人类意识"不同"的意识,就像先前提到的"天才"系统,或者声称沐浴太阳辐射能获得最大快乐的系统。

这里我们跨越了语言的局限。我们其实对这种"其他意识"的能力一无所知。自然，如果它最终是"人类类型"意识，通过参数 A、B、C、D 来表征，相应地对应于数值 3、4、7 和 2，如果某一类系统将同样的参数对应出的数值为 6、8、14 和 4，如果它表现出的东西我们会认作异常智能，我们就不得不思考外推的风险（认为它具有某种"双重意识"）是不是可以被允许的。我刚才说的听上去很天真很粗糙。在此问题的症结是无论是那些参数，还是它们的数值都不可能被分离开，却作为"意识通用理论"或者"复杂性不低于人脑复杂性的智能稳压器通用理论"中的功能节点。也有可能在理论内进行某些外推思考，自然也会带来一定风险。我们应该如何证明外推假设？通过为人类大脑构建"电子附器"？然而，我们已经讲了很多了，也许讲过头了，因此对于最敏感的东西最好保持沉默。我们应该只是补充一下（也许都不用说），我们不相信可能用绳索、烂苹果或者铁炉建造智能系统，就好像很难用鸟儿的羽毛或者肥皂泡来建造宫殿。不是每种材料都同样有用，可以作为设计成分，让意识"开始"萌芽。但是这应该是不言而喻的，也就是为什么我们不会再多讲了。

基于错误的构造

　　热动力学中有一条悖论：一群猴子在打字机键盘上乱敲一气，直到它们能够偶然打出《大英百科全书》，这已经被**演化**实现了。无数的外部因子能够增加种群的死亡率。而选择高生育力则是解决这个问题的答案。这是无方向性动作的有方向性结果。通过叠加两套转换系统，其中每一套系统对另一套来说都是随机的，就会产生更高级别的组织次序。

　　性别之所以存在因为从演化角度来看是有利的。性行为让两种遗传信息"相遇"。杂合性是一种额外机制，既可以在种群中推广"构建创新"，即突变，同时也保护个体以防发育过程中"创新"带来的有害后果。受精卵是两性细胞，男性精子和女性卵子融合后发育而成的细胞，其中负责特定性状的基因，也就是等位基因，可以是显性或是隐性。显性基因在发育过程中会逐渐表现出其性状，而隐性基因只有遇到同是隐性的"伙伴"时才会表现出来。这是因为突变通常都是有害的，因此根据新突变基因表型被设计出来的个体的存活概率要比正常个体更小。但与此同时，突变又是面对危急情况寻找出路的不可避免手段。飞行昆虫有时候会产下无翅后代，但通常活不了多久。当大陆沉降或者海面上升时，曾经是半岛的地方会变成海上小岛。翅膀让飞行昆虫堕入死亡的水域。彼时，无翅突变将会成为物种延续的希望。因此突变既可有害也可有用。演化将这一现象的两面结合起来。突变基因往往是隐性的。当遭遇到正常的显性基因时，它不会在成熟的有机体设计中表现出来。但是，以这种方式出生的人携带有潜在的突变性状，他们会将此遗传给自己的后代。在一开始的时候，隐性突变一定也和显性基因一样，受到同样的调控而发生，但是后来这种调控被自然选择给消除了，因为所有性状，包括遗传机制、突变倾向（可突变型）都要服从于自然选择。隐性突变变得越来越多，在种群中创建了自己的应急单元或者演化储备库。

突变的这种机制主要基于信息传递的错误，并不是人类设计者会诉诸的解决方案。在某些情况下，这一机制允许新的设计特征在选择不干预的时候表现出自身。这发生在小规模的孤立种群中，由于来自相同父母的后代频繁交配，由于追求基因组的统一性，突变隐性性状相互"邂逅"，我们最后常常在突然之间拥有大量的表型突变。这一现象称作"遗传漂变"。有机体一些无法解释的特定形态（比如，鹿角的巨大特征）可能是以这一方式出现。但是，我们不确定是否正是这种特殊因子，让中生代蜥蜴的背上长出巨大的"风帆状"骨骼。我们无法解决这个问题因为性选择可能也是关键因子，但是我们不知道几百万年前的蜥蜴的口味。

突变频率本身就是一种遗传特性，特定的基因会增加或者减少，而这一事实为这一议题提供了颇为奇特的见解。突变被认为是改变遗传密码教科书的意外事故，因此受控于自身的传递。即使它们在过去确实是随机的，选择显然不能消除它们。从设计的角度来看，知道它不能非常重要，因为它"不想"，也就是说，因为非突变的物种会丧失自己的演化可塑性，一旦环境发生变化，它们就会灭绝，或者因为益处恰好符合客观需求，换句话说，就是突变作为无法控制的分子统计学运动是不可避免的。

从演化角度来看，这样的区别不重要，但是对我们来说却很重要，因为如果像基因这样的信息携带分子系统可靠性不可避免，那怎么可能设计出不可靠的系统，且其复杂程度等同于有机体呢？让我们想象一下，我们试图创造"机械精子"/"赛博精子"，通过挖掘外星球的地表，利用行星构建物质创建我们需要的机器。一场"突变"会让机器变成废物。演化来处理这个问题，因为作为统计学设计者，它不允许自己孤注一掷：它的赌注就是种群。这是工程师无法接受的解决方案：他是否应该在星球上开发出一片"发育机器森林"，只有到那时选择其中最有效的出来？但如果任务涉及设计拥有过比基因表型复杂程度更高的系统，比如能够事先编程"遗传知识"

的系统，就和我们之前讨论的一样呢？如果在超过了一定阈值之后，复杂性增加自动增强突变性，我们可能得到的是一个精神有障碍的婴儿，而不是量子力学专家婴儿。我们目前还无法解决这个问题，需要进一步的细胞学和遗传学研究。

　　肿瘤问题与信息传递的控制和细胞间相关性的问题相关联。癌症非常有可能是一系列体细胞的连锁突变导致。涉及这个主题的文献太多了，我们无法深入探讨。只能说没有数据能够否认这个观点。终其一生，细胞在组织中不停分裂。每一次分裂都伴随着一点突变"滑移"，肿瘤出现的概率和分裂次数成比例关系，因此也和个体寿命成比例关系。在现实中，随着有机体不断衰老，肿瘤出现的倾向呈指数级增长。这很有可能是因为一些特定体细胞的突变是癌症前突变的准备形式，经过一系列进一步的分裂之后，随之而来的就是最终肿瘤细胞的产生。有机体能够在某种程度上保护自己，对抗癌变的入侵，但是其防御机制随着年龄而衰弱，这同时也是影响肿瘤出现的另一因素。致癌因素有许多，包括一些化学化合物和离子辐射：它们的共同点是对染色体信息有害。因此，致癌因子至少部分以非特异性方式运作：它们制造"噪声"，增加细胞分裂过程中进一步出错的可能性。不是每一次体细胞突变都会致癌。也有一些特定突变导致的非恶性肿瘤；细胞需要被破坏，但破坏方式不是导致其死亡，而只是让作为调控器的细胞核死亡，从而逃脱有机体的控制。

这是否最终意味着，突变是不可避免的现象呢？这个观点尚有争议，因为我们同样可能正在处理**演化**采用的最初设计前提的一个遥远后果。体细胞不可能包含比让有机体发育的性细胞更多的基因型信息。既然后者允许突变，那么体细胞，也就是它的衍生物，也会遗传到这一性状。中枢神经系统的细胞不会癌变，它们也不会分裂，而转变只会发生在分裂的过程之后。从某个角度来看，癌症由此可能是**演化**在早期阶段采取的"突变决定"。

由于病毒和基因之间存在明显的生化亲缘关系，病毒假说有可能符合突变理论。"癌症基因"因此可以说也是"癌症病毒"。我们将一种外来有机体的系统命名为病毒，它从外进入有机体内。这实际上是与基因的唯一差异。

肿瘤的极大多样性和不同类型，比如主要发生在年轻个体中的肉瘤，让情况变得愈发复杂了。此外，癌症不是某种致命必需品，因为很多非常长寿的老人并没有屈服于癌症。仅仅用完全随机性来解释并不令人满意，因为有可能识别出（比如在小鼠体内）针对肿瘤易感性完全不同的纯粹谱系，表明癌症是遗传性状。这种遗传倾向在人类体内尚未真正确认。然而，要区分是癌症诱导突变的频率下降，还是可能的系统高度抵抗性，非常困难，因为我们知道，只要癌细胞数量不多，有机体是能够消灭癌细胞的。

无论这些尚未解决的问题将被如何解释，我们还是相信，虽然癌症治疗能够指望药理学领域的某些巨大进展，尽管癌症疗法目前的成就相对较小（尤其在预防方面），彻底消灭癌症易感性似乎不太可能。因为癌症是在生命最基础的地方发生作用的细胞功能原则之一产生的结果。

仿生学和生物控制论

我们已经讨论过信息传递动态学和其遗传信息描述技术（后者出现在"创造世界"一节中）。两者共同形成一种方法，通过这种方法，演化将基因表型的最大稳定性和其必要的可塑性结合起来。胚胎生成不仅仅包括启动机械性生长的选择程序，还在行动中设定调控器，该调控器拥有很大的自主性，只配备了一些"通用指令"。因此，性发育不只是涉及繁殖的生物化学反应间的"赛跑"，而是这些反应间恒定地合作，与反应同时发生。

在成熟的有机体中，建立这种有机体的调控器层次也在持续地相互作用。当提供的反应方案事先不够严密的时候，以"让他们尽其所能自行处理"为原则的逻辑扩展使有机体有了最高的自治权，这得益于"第二类调控器"——神经系统。

因此，有机体就是一种"多重状态"系统，在个体的一生中有很多可能的平衡态，毫无疑问只有其中的某些能够实现。这一原则也同时应用到生理和病理状态中。后者作为平衡态的特殊类型，虽然某些参数在病理状态中采用了不寻常的数值。当有害反应在有机体内发生时，它也可以"尽其所能自行处理"。进入充满错误结果的调控循环倾向就是拥有多层级稳定性的高度复杂内稳态金字塔活动会出现的结果之一，每一种后生动物都是如此。

后者无法通过适度有效的高级调控对抗来摆脱这种状态，而这种高级调控正常情况下是基于两个值之间的一维震荡（兴奋抑制，增加或者降低血压，增加或者降低酸度，加快或者放慢脉搏、肠蠕动或者腺体分泌，等等）。还存在完全局部的调控，在大脑的监控范围内（伤口愈合），这会在年老时消失（"有机体外周的无组织性"，局部的退行性变化轻易就能观察到，比如在老年个体的皮肤上），以及器官调控，系统调控，最后还有整体调控。传递控制和自反信息的两种方法在此交汇：离散和类比。前者通常被神经系统所用，而第二种则属于内分泌系统。但这也不是绝对的二分法，因为信号能够通过线路连接（像电话）传送，或者也能够顺着所有的信息渠道传送，只要接收方正确回应即可（就像发送无线电信号，尽管任何人都能接收到，但是其实只是发送给海上特定的一艘船）。当"事情至关重要"时，有机体会启动一种双重信息传送法：一种威胁会通过神经通路，立刻提高组织和器官的准备程度，与此同时，"类比活动"激素，肾上腺素被推送入血液中。即使有些信号最终无法传达，这种多重信息渠道能保证功能的正常发挥。

我们已经讨论过仿生学了，这门科学致力于在技术层面实现在生物王国中观察到的方案。感知器官的研究，虽然通常远不如技术传感器，但富有成果。仿生学是由生物技术专家展开的活动，他们对短期成果感兴趣。以鲜活的有机体（尤其是它们的神经系统，肢体以及感知器官）为原型建立模型则属于生物控制论领域，这与仿生学相当接近，但是它的目标不是立刻研发出技术成果，而是专注研究有机体的功能和结构。在任何情况下，这两门新学科的边界都是流动的。生物控制论已经在医学领域取得了重大进展。它包括器官及其功能性假体（人工心脏，心肺机器，人工肾脏，皮下心脏起搏器，电子义肢，盲人专用的阅读和导盲设备，甚至可以将脉冲信息引入盲人眼球外未受损的视觉神经中，和我们介绍过的幻影机相关联），以诊断机器为形式的"医生电子助手"诊断（已经存在两种版本，通用诊断设备和特异诊断设备），和直接从病人体内提取必要信息的机器（自动执行 ECG 或者 EEG 检测，并且提供自动预选的设备，然后会消除非相关信息，提供具有诊断价值的最终结果）。我们还有"电子控制附件"，我们能列举出一种自动麻醉机，能够同时检验患者体内的多个参数（比如脑电波、血压和含氧量等），如有必要，会增加麻醉剂或者清醒剂的剂量，或者一旦发现血压下降就会立刻开始增压；以及能够持续检测患者身体特定参数的仪器，比如，这种设备患者能随身携带，它的任务是如果出现高血压症状，设备就会持续提供必要的药物，让患者血压始终保持在正常水平。这一概览虽然简要，却并不全面。我们应该指出医学的传统手段——药物，属于"模拟通知者"一类，因为它通常以"通用方式"被引入体内孔道，或者血液通道，而之后它需要"通过自己努力"找到正确的系统或者器官"接收方"。反过来，针灸可以被认为是将"离散"信息通过神经干道引入体内的方法。药典的活动目的在于直接改变内稳态的内在状态，而针灸则是作用于内稳态"输入"。

就和每一个设计者一样，演化无法预判所有的结果。比如，各种孢子、藻类，甚至是小型后生动物经历的"可逆死亡"机制就让人惊叹。哺乳动物的恒温功能也非常有用。将这些性状结合起来将会是一个完美周全的解决方案，但是这不可能。即使某些动物的冬眠行为已经很接近了，但是实际上并不是"可逆死亡"。生命功能，血液循环，呼吸和代谢都会放慢速度，但是它们没有停止。除此之外，这样的状态超出了表型生理机制的调控能力。要让其发生需要事先设计好。但冬眠状态尤其有价值，特别是在宇宙航空时代，像蝙蝠那样的形式冬眠。

在它们形成之前，我们所有的生态位似乎都满满当当了。无论是白天还是晚上，都有吃昆虫的鸟儿（晚上有猫头鹰），因此没有任何空间给任何新物种了，地上也好，树上也好。因此，演化把黄昏这个"生境"留给了蝙蝠，白天的鸟儿们已经开始要入睡了，而晚上的鸟儿还没开始捕食。在那样的环境中，不断变化的光线条件让眼睛毫无用武之地，因此蝙蝠的视力很差。于是，演化给蝙蝠研发了一套超声波"雷达"。最后，蝙蝠在洞穴顶部找到了栖身之地，那里之前也是空空荡荡的生态环境。但是这些飞行哺乳动物的冬眠机制是最不可思议的事情。它们的体温能降至零度。化生过程实际上陷入停滞。动物看上去不是像睡着了，而是像死亡了。觉醒则始于肌肉变化的增加。几分钟之后，血液循环和呼吸系统开始运作，然后蝙蝠就准备好飞翔了。

诱导人类进入非常类似的深度冬眠状态是可能实现的，通过合适的药理技术和冷冻处理。这非常有意思。我们知道一些病理，由突变引起的先天性疾病，包括身体无法生长出重要的部位，可以通过将这些部位引入组织或者血液来补充。但是这样做，我们只是在修复，临时性地修复生理规范。冬眠处理反过来已经超越了这一规范范畴，因此也超越了基因表型预先设定好的可能系统反应。结果就是尽管调控潜力受制于遗传性，但是能够通过特定手段扩展出去。我们在此回到了人类"遗传垃圾"的问题上，这是由自然选择在文明中的停滞间接所致，也是增加可突变性的文明产物（离子辐射、化学因素等等）直接所致。事实证明，在不改变缺陷基因表型的情况下，遗传疾病的医学预防是可能的，因为不是基因型自身而是成熟的或者成年有机体能够受到医学手段的影响。但这样的做法也有局限。当然，由于基因型损伤在早期就表现出的缺陷是无法治愈的，比如沙利度胺引起的残疾。在任何情况下，医学和药理手段如今对我们来说似乎是最自然的，因为它仍然停留在医学权限之内。然而，弥补遗传密码"失误"可能会是一个更加简单的手段（尽管绝不是无辜手段），而且其后果要比治疗缺陷系统的手段来得更彻底。

很难高估这种"反突变和正常化式"演化的前景：改变遗传密码首先会减少，然后再消灭先天的身体和心理缺陷，得益于这项技术，大量不幸的残障人士将会从世界上消失，如今我们已经有上百万残障人士，这个数字仍然在增长中。因此，基因疗法，或者说基因工程的结果，将被证明是有益的。但是每次都会出现没有移除足够的突变基因的情况，或者这个基因必须被另一基因代替，那么"性状设计"的问题及其所有危险就呈现在了我们面前。一位诺贝尔奖得主就是因为遗传方面的研究得奖，因此据说可能对同样的成就感兴趣，他声称自己不想活着看到这个技术被实现，因为人类接下来就要背负可怕的责任。

尽管科学的创造者们值得最高的敬意，但在我看来似乎前面这种观点不该是一个科学家说出来的。一个人不能同时做出科学发现，然后又逃避由此带来的责任。我们知道在非生物学的其他领域这种行为的后果，令人伤心。科学家徒劳无功地努力缩窄自己的研究范围，这样就变成了信息收集，从而筑起高墙保护自己免受其应用造成的问题攻击。演化，如我们早已表述的，明里暗里都在无情地行动着。人类逐渐了解其工程设计活动，就不能假装他只是在收集理论知识。知道自己决定后果的人，获得力量实现目标的人，一定要承担起责任的重担，这对自然演化这位非人格的设计者来说易如反掌，因为它根本不用承担任何责任。

在设计者眼中

作为创造者，**演化**是无与伦比的魔术师，面对技术所允许的狭窄范围，在极其困难的场景中进行自己的复杂表演。毫无疑问它值得更多的赞誉，值得成为给他人好好上的一课。但如果我们将自己的视线从其工程设计活动的异常困难方面移开，只关注它的结果，我们会立刻注意到演化的嘲讽。下面就是我们的指控，从不那么普遍的到更加普遍的方面。

1. 存在信息传递和器官构建方面不统一的过量现象。根据丹科夫发现的原则，**演化**在最低可能水平维持着基因型传递信息的过量现象，与物种延续和平共处。因此，就好像设计者不那么在意自己所有的汽车正在抵达终点这一事实：如果只是大部分会如此，它将会特别开心。这种"统计设计"原则的成功取决于大部分而不是全部的结果，与我们的思维并不相同 [4]。但是，维持低水平信息过量而付出代价的不是机器中的缺陷，而是以有机体内的缺陷为代价，包括人类在内，那情况就非常特别了：每年二十五万名儿童出生就患有严重的先天缺陷疾病。最低水平的过量也适用于个体设计。由于功能和器官的磨损并不均匀，有机体的衰老也不是均衡的。规范偏移发生在各个方向上，它们通常采用"系统虚弱"的形式，比如，循环系统、消化系统，或者关节系统。最终，尽管存在整体的调控层次，大脑中的一条细小血管的堵塞或者心脏的一次泵血失败，将导致死亡。而应该预防类似灾难的机制，比如吻合术 [5]，在大多数情况下往往会失败。它们的存在非常类似于"法规的正式执行过程"，就像工厂中的消防设备，往往被安置在正确的地方，但是数量不足，或者以临时的方式装配上，在真正需要的时候，却被证明毫无用处。

2. 从个体发育中不消除不必要的元素，和第一条原则相矛盾，即信息节省，甚至到吝啬的程度。先于现代物种存在的久远灭绝生物形式的遗迹被几乎是机械式地携带至今，作为惯性的结果。因此，比如说，在胚胎发育过程中，胎儿重现了早已消失的胚胎发育早期阶段，在发育成人类胚胎的过程中出现鳃、尾巴等等。这些器官被用作其他的生物目的（支气管鳃弓发育成颌骨、喉部等），因此从表面上看，这似乎无关紧要。但是有机体是如此复杂的系统，任何不必要的过量复杂性都会增加不协调的可能性，出现病理形式导致肿瘤，等等。

3. 存在生化个体性就是第二原则——"不必要复杂性"的结果。遗传信息的跨物种可传递性是能够理解的，因为泛杂交，蝙蝠与狐狸、松鼠与小鼠等杂交将会摧毁活生生自然的生态金字塔。但是在单个物种范围内，不同物种基因型的相互异质性继续存在，以系统蛋白的个体差异形式存在。甚至一个孩子的生化个体性不同于他母亲的生化个体性。这会造成一些严重的后果。生化个体性表现出强大的防御能力，将每一个与自身不同的蛋白排斥在外，从而无法实现可以挽救生命的移植手术（皮肤移植、骨髓移植和器官移植等）。为了拯救骨髓无法制造血液的人，他们全身的防御机制必须全部瘫痪，只有这样才有可能接受来自另一捐赠者的组织移植。

在演化的过程中，生化个体性原则并不算麻烦，也就是说，它不服从于某一物种内为建立系统蛋白统一性而做出的选择过程，因为有机体被设计出来后就得完全依靠自己。演化不会考虑来自外界支持或干预的可能性。因此，我们能够理解为什么会造成现在的情况，但是这不会改变这样一个事实：医学在帮助有机体的时候，必须还要对抗那个有机体保护自己防御有益救助措施这一"不可理喻"的倾向。

4. 在当前一代中，如果每一个变化无法立刻发挥作用的话，演化无法通过渐进式改变实现解决方案。同样地，它也无法实现要求彻底重建，而不是进行微小改变的任务。在这种情况下，它既是"机会主义者"，也"目光短浅"。许多系统的特点就是设计复杂，否则将无法避免。除了第二点提出的"不必要复杂性"，我们现在讨论还有其他的东西。在那里，我们批评了演化的过量现象，作为行进抵达最后阶段而选择的道路（卵细胞—胚胎—成熟有机体）。在第三点中，我们证明了不必要生物复杂性的害处。现在，我们更加要打破传统，来批评一下作为整体的系统中某些特定个体解决方案的核心设计。比如，演化无法制造出像轮子这样的机械装置，因为轮子从一开始就必须是轮子，也就是说，它必须拥有转轴、轮毂、轮盘等等。因此，它需要以交错的方式发展而成，因为即使最小的轮子也是完整的轮子，而不是什么"过渡"阶段。尽管对这种机械装置的要求从未真正存在于有机体中，这个例子清楚表明这种类型的任务是演化无法胜任的。有机体中的许多机械元素能够被非机械元素所取代。例如，血液循环可以基于电磁泵浦的原理构建，如果心脏是一种电子器官，产生出适当的变化场，而血液细胞将会是偶极子，或者拥有一种更大型的铁磁插入器。这样的泵浦将会维持更加稳定的血液流动，使用更少的功率，独立于器官壁的弹性，因为每次将血液推动入主动脉时，器官壁都要抵消压力波动。因为器官传送血液基于其将生化能直接转化为血液动能的活动，其中一个更加困难，尚未解决的问题——即收缩过程中心脏最需要血液的时候正常功能的问题，将会一并消失。在**演化执行**的情况中，收缩的肌肉在某种程度上挤压到供养血管的"打火器"，结果就是血液流动会在暂时减少向肌肉纤维输送的氧气量。当然，心脏仍然能够处理这种状态，但这样的解决方案更是糟糕，因为它全然没有必要。血液供应储备的稍稍过量导致了当今世界的头号疾病杀手之一——冠心病。"电磁泵浦"从未实现过，即使**演化**有能力同时创造出偶极子肌肉和电子器官。然而，这样的项目要求在两个完全彼此孤立的系统中同时进行不可能的转换：造血器官需要开始制造假想的"偶极子"或者"磁性红细胞"，而心脏则必须不再是肌肉，而变成一种电子器官。如我们所知，这种盲目突变的巧合可能会让人徒劳地等上数十亿年，但事实上也发生了。在任何情况下，**演化**甚至没有执行更为温和的任务，比如封闭上爬行动物心室间隔的开口。它并不在意血液动力的生产力，因为只要它的创造物们在它的协助下能继续努力让物种存活下去，它就不介意让它们始终保留有最原始的生化和有机设定。

我们必须注意我们批评中的这一点，我们没有假设任何演化中不可能的方案，也就是说用生物学术语来讲，比如一些特定的材料改造（比如，用钢制牙齿来替代骨骼牙齿，或者用特氟龙合成表面来代替软骨关节表面）。不可能想象出重构出能够让有机体产生特氟龙的基因型。然而，至少在原则上，有可能在人类基因型器官中实现设定好诸如先前提到的"血液电子泵浦"。

演化的机会主义和短视性，或者盲目性，在实践中就意味着使用最先出现的随机方案，当发生意外事故，打开了另一种可能性时，再替换掉。然而，一些已有的解决方案阻碍了其他方案的发展，无论前者多么完美，多么高效，给定的系统发育都会停止下来。因此，举个例子，掠食性爬行动物的颌骨千百万年来始终保持最原始的机械性系统，这一方案几乎"拖累"了所有的爬行动物分支（假设我们确实演化自同一祖先）；而更好的改变方案只在哺乳动物（诸如狼一样的猎食者）身上"成功实施"，因此这个时间相当晚了。正如生物学家数次正确地观察到，**演化**是一个勤奋的构建者，但仅限于想出绝对重要的方案方面，只要这些方案能够满足有机体完全的生命力即可（为了性繁殖）。但是，其他意义没有那么重要的方案或多或少地被抛弃了，留给了偶然的蜕变或者完全盲目的运气。

当然，演化无法预测自己当下活动的任何结果，即使它能够将整个物种引导至发育盲区，虽然做出相当小的改变就能预防此事的发生。它会立刻实现可能的、便捷的情况，丝毫不在意其他状况。更大的有机体拥有更大的大脑，里面神经细胞的数量超过了质量的增加。这就解释了它对"直向演化"的明显偏爱，缓慢但逐渐放大的体型。然而，结果常常证明这是真正的陷阱，未来灭绝的工具：古代巨型物种（侏罗纪的爬行动物）各类分支中没有一个能够活到今天。因此，尽管存在着种种不幸，只能在承担最无可避免的"修改"的过程中显现出来，**演化**是所有设计者中最奢侈浪费的一位。

5. 演化还是一位混乱不堪、毫无逻辑的设计者。比如说，在它分配物种的繁殖潜力方式中，你就能看到这点。有机体并不是基于人类技术设计原则：宏观的备件原则。工程师设计物件的时候，会注意让设备中所有的模块都能被替换。而演化设计的"微观备件原则"，尽管时时刻刻都无处不在，因为器官细胞（皮肤、头发、肌肉、血液等，除了一些个别的，比如神经元）通过其他细胞的分裂，无时无刻不在交换中。后代细胞正是这些"备件"。这将是一个完美原则，如果不是常常在实践中遭遇挑战，可要比工程设计的好多了。

人类有机体由数十亿个细胞构建而成。它们每一个包含的不仅仅有基因型信息，是其执行功能的必要信息，还有完整的信息，和卵细胞拥有的信息一模一样。因此，理论上有可能将舌头的黏膜细胞发育为成熟的人类有机体。实际上，这并不可能，因为这样的信息不会被激活。体细胞缺少胚胎发育潜力。我们并不真正知道为什么会这样。一些抑制体（生长限制）可能在这里发挥作用，以回应组织间相互合作的原则。偶然地，最近有研究证明癌肿瘤生长可能是经历体细胞突变的细胞中那些抑制体（组蛋白）的萎缩而导致。

在任何情况下，似乎所有的有机体，至少在同一发育阶段，应该会以大致相同的方式进行繁殖，因为它们全部拥有相同的过量细胞信息。但并不是这么一回事儿。

事实上，物种在演化层级上所占据的位置和其繁殖潜力之间没有密切关系。青蛙是非常差劲的繁殖生物，能力几乎和人类一样差。从个体观点来看，这不仅是劣势，从设计前景来看甚至是不符合逻辑的。毫无疑问，事件的这一状态由一些发生在演化过程中的事情所引起。但我们现在没有时间忙着为演化作为有机系统创造者的弱点找寻借口。每一个演化分支的最后阶段，也就是被置于"物质制造"中的目前活着的"模型"，一方面反映着目前它被期待处理的状态，而另一方面，代表了所有祖先走过的十亿年的盲目试验和搜寻之路。现今的方案，不可避免的是折中方案，也因先前的设计惯性而受到损害，而先前方案也是折中方案。

6. 演化不会积累自己的经验。它这位设计者往往遗忘自己过往的成就。每次它都要重新找回来。爬行动物两次入侵过天空，第一次是皮肤裸露的蜥蜴，第二次它们不得不从头演化出有机的、可执行的神经适应性应对飞行条件。脊椎动物离开海洋爬上陆地，然后又返回水中，回去后得重新着手演化出"水生方案"。然而，最好的设计方案有时候被塞入各种边缘谱系中，具有极高特异性的谱系。眼镜蛇对于红外线辐射有反应的感知器官能够检测到温度中 0.001 度的差异。一些鱼类的电感知能够反映出每毫米 0.01 微伏的电压差异。蛾子（天敌是蝙蝠）的听觉器官能够对那些"飞行老鼠"的超声波回声定位振荡做出反应。在某些昆虫中，触觉的敏感度早已处于能够接收到分子振动的极限。我们现在知道宏观生物钟的嗅觉是如何发育的，其中也包括了一些昆虫。海豚拥有水声定位系统。它们的头骨前端有一凹陷部分，被脂肪包裹着，是振动传播束的接收屏，它的作用相当于会聚反射器。人眼睛对单个光量子有反应。当一个发展出这种器官的物种灭绝时，"演化的发明"，类似于刚刚描述的种种，也会跟着一起消亡。我们不知道在过去的一千年内其中有多少已经消亡了。如果它们确实继续存在，那仍然没有办法跨物种、跨家族，或者跨品种地传播这些"发明"。结果，人老了牙齿就会掉光，即使这个问题早已经上百次地解决过了，每次都稍稍有些不同（在鱼类中、啮齿动物身上等等）。

7. 我们对于**演化**做出"重大发现"的改革方式知之甚少。它们确实发生：包括创造出新的类群。毋庸置疑，这里的演化进程也是逐步进行的。这就是为什么我们可以谴责其完全的随机性。类群的发展并不是适应或者精心部署的改变的结果，而是演化像摸彩一样的抽签结果，除了发生频率频繁之外，没有头等大奖。

我们已经讲了很多有关基因型演化的内容，这也就是为什么我现在要陈述的内容，根据辛普森的说法[6]，无须进一步解释可能就能理解了。在大型种群中，面对低选择性压力，潜在遗传变异的保留库（隐性突变基因型）会发展起来。反过来，在小型种群中，新遗传类群的出现可能会偶然地陷入停滞。辛普森称其为"量子演化"（这一飞跃的革命性并没有戈尔德施密特[7]之前假设得那么强，他将理论假设的基因型宏观重构称作"有希望的怪物"）。它的发生方式是突变体突然从杂合性转变为纯合性。潜伏至今的性状突然同时在一大堆基因中爆发出来。这类现象一定格外罕见，比如说，每两亿五千万年才会发生一两次。

种群孤立和数量萎缩最常发生在死亡率突然增加的时候，比如天灾或者人祸期间。正是在这样的情况下，上百万濒临死亡的有机体中间才会发生演化辐射。他们是新的"试验模型"，以我们先前描述的方式突然出现，且事先并没有任何预先选择。只用演化的下一步进程给他们带来了一些"实践测试"。因为**演化**的方法总是随机的，适合"伟大发明"的环境不必以一种必要方式，而是以可能的方式导致后者的出现。事实上，死亡率的增加和孤立促使大象表型突变浮出"紧急情况"储备库的"表面"，该储备库一直以来都隐藏在配子中，而且其本身可能并不是什么拯救生命的发明，而是一种系统形式，一个毫无用处但又具有有害性状的拼盘。这是因为，在方向性上，选择压力和突变压力并不一致。陆地能变成岛屿，而无翅昆虫要变成长翅膀的，得靠纯粹的偶然性，这可能会让它们的处境更加糟糕。两种情况可能性相同，只有当突变压力和选择压力的矢量指向同一方向时，大踏步的进展才有可能出现。但如我们所理解的这一现象如今相当罕见。在设计者的眼中，这种情况等同于在救生船上的物资储备，其方式是灾难侵袭过后，遇难者碰到了某些意外，他们想知道船上面写着"铁比例"的集装箱里面到底是什么：是淡水还是盐酸？是装满食物的罐头还是装满石子的罐头？尽管听上去相当怪诞，但是这一幅图像精准描绘了演化的方法及其实现其伟大成就的环境。

爬行动物、两栖动物和哺乳动物出现的单源特征证明了我们是正确的：它们只演化发展了一次，每一类物种在所有地质时代中只出现过一次。那么知道下面这个问题的答案将会非常有意思：如果三亿六千万年前，早期脊椎动物没有出现在地球上，情况将会怎样？是不是有必要再等上"一亿年"？抑或，这种基于突变的创造发生的可能性是否更低呢？而且，这种发明并没有消灭另一种可能的潜在构造吗？

这些问题无法回答，因为已经发生的，就是发生了。然而，就像我们早已说过的，突变总是涉及将某一组织形式转变为另一形式，尽管通常是"毫无意义"的形式。高水平的基因型组织由此创造条件，在这些条件下，随机抽签序列会在现象中构造出一种更先进的变体或者分支，其概率总会接近1，假设这一序列非常非常长。（以"渐进的"形式，根据赫胥黎的说法，我理解的一种形式不仅主导现在的组织形式，还作为潜在的转变点，向着进入未来深入发展阶段而发挥功能。）使用"伟大的演化突破"例子，我们再次撞上了，而且是相当戏剧性地撞上了基于证据的自然设计者统计特性。有机体会揭示某一特定系统如何用不确定的部件构造而成。而演化则反过来，证明了带着赌博性质的演化，手中只有两个筹码——生和死——是如何实践工程设计的。

8. 鉴于我们正在向着**演化**最根本的批评前进，我们应该在此审查以下其调控方法。调控基因型的反馈充满错误，这就解释了种群中存在的"遗传垃圾"。我们现在要看一下**演化**最原始也最基础的前提之一：它对构建材料的选择。小小的黏稠蛋白质液滴是演化的试管和实验室。在那里它制造骨骼、血液、肌肉、毛发、甲壳、大脑、花蜜和毒液。与其广泛的最终产品相比，这一"制造瓶颈"意外狭窄。然而，如果我们忽视了冷技术施加的限制，不是分子和化学杂要反应的完美技巧，也就是我们所感兴趣的位于最优解决方案合理设计背后的普遍原则，那么我们现在就要做出如下谴责。

我们能够想象出比有机体还完美的东西吗？作为一

个决定论系统，在这方面类似于自然系统，得益于最有效的核能供应，它将维持其超级稳定性。如果我们放弃氧气生成，那么心脑血管和淋巴系统、肺部、所有的中央呼吸调控系统、组织酶的全部化学器官、肌肉变化，以及相对弱势且足够有限的肌肉力量都将会变得多余。核能将会促进所有的改造。液态介质不是最好的载体，但是能够构建这样的内稳态，如果某人真心想要的话。这打开了以各种方式远程行动的可能性，既可以是有线且离散方式（使用"线缆"，比如神经），也可以用类比方式（在这种情况下，辐射等同于信息承载的类似激素化合物）。辐射和力场也能够在内稳态环境中发挥作用，在这种情况下，带有滑动轴承的原始肢体机制将会变得累赘多余。毫无疑问，"核能驱动"的生命体在我们看来既可笑又荒谬，但仍值得想象一下，一个人在一架太空飞船上，这架飞船只是为了正确评估演化方案的整体脆弱性和狭隘性而起飞。随着引力的增加，主要由液体构成的身体经历着流体动力的突然过载：心脏无法发挥功能，血液从组织中流失，或者撕裂血管，出现了积水和水肿，在供氧停止后大脑短暂休克，甚至骨骼也变得异常脆弱，无法应对如此强大的作用力。现在的人是他自己创造的机器中最不可靠的元素，他也是机械上与运作过程连接最薄弱的环节。

但是，即使放弃核能、力场等等，也不一定能让我们重拾生物方案。比生物系统更加完美的系统是那种在材料层面上拥有更多自由的系统。这种系统的形态和功能并非事先确定好的，如果需要，它能够制造出接收器官，或者效应器，创造新的感官或者肢体，或者新的移动方式。换言之，得益于系统对自己"身体"的控制，它能够直接完成我们自己得用迂回方式完成的事情，比如我们借助技术，通过二级调控器——我们的大脑。

尽管如此，我们人类活动的迂回方式是可以被消除的。如果你能够活上三十亿年的时间，你就能探索物质的奥秘，从而让物质变得累赘多余。

构建材料的问题可以用两种方式解决：从有机体在自然中的时间适应角度来看，在这种情况下自然采取的方案拥有许多积极面，或者从其未来发展的角度来看，它所有的局限都会涌现出来。时间局限对我们来说便是其中最重要的。如果你可以活上十几亿年，你就能构建出准不朽的东西，如果这是你想的话。而演化对此的关注少之又少。

在这段以构建材料弱点为主题的段落中，我们为什么要讨论衰老和死亡的问题呢？这不是一个和材料组织有关的问题吧？我们之前已经说过，细胞质至少有潜力是不朽的。它有一套永远在自主更新的序列，这意味着不需要因为设计核心的崩溃而停止进程。这个问题很难。即使我们知道有机体在几秒或者几小时内发生了什么，但是对于它经年累月来服从的法则却一无所知。而我们的无知成功地被生长、成熟以及衰老这样的术语所掩盖，但是它们只是赋予了某些状态比喻式的模糊名称，并非精准描述。

演化是一位设计者-统计学家，我们对此早已熟知。但不仅仅是它自己的物种构建活动拥有平均统计学特性，生物个体的设计也是基于同一原则。胚胎生成类似于拥有精准目的的中央控制化学爆炸，同时也受到统计学的调控，因为基因不会决定特定细胞在"最终成品"中的数量或者位置。如果孤立地进行，后生动物中没有一个组织必须要死亡，这样的组织能够在有机体外的人工表面上生长好几年。因此，后者作为整体是必死的，而其组成部分却并非如此。我们要怎么去理解这点？有机体终其一生会经历各种干扰和伤害。一些来自环境，其他则由有机体自身造成。后一点也许是最重要的。我们早已讨论过让生命过程脱轨的某些方法，在复杂系统中主要指的就是失去相关性平衡。这样的进程分好几种类型：病理平衡的稳定化，比如胃溃疡；恶性循环，比如高血压；以及滚雪球效应（癫痫）。再加点不可靠的料，癌肿瘤生长也可能算作这些反应之一。以上种种干扰加速衰老，但是从没有生病的个体也会衰老。年老意味着生命进程统计学属性的结果，一个非常粗糙的比喻就是类似于打出一枪小子弹。无论枪法多么精准，子弹飞得越远，子弹分散得越广。衰老就是同样的进程干扰，让这些进程逐渐逃离中央调控。当这些进程的干扰触及了一个临界值，当所有补偿性器件的库存都被耗尽之后，死亡就到来了。

这样的统计学，作为流量平衡出现的最初既定前提（贝塔朗菲的《流量平衡》，1952），只要用有效的元素构建的有机体是简单的，那么这种统计学就是可靠的，但是一旦我们跨越了复杂性的特定阈值，它就可能会失效。从这点来看，细胞是要比后生动物更加完美的创造物，无论这听上去有多么矛盾。我们必须理解，我们正在用一种完全不同的语言，或者说，我们在处理与演化关心的完全不同的问题。死亡是它的多重结局，由持续的变化所导致。这是不断生长的特异化的一个结果，也是演化从一开始用这种材料而不是那种材料的结果，这也是**演化**当时唯一可能用得上的材料。

因此，在现实中，我们不去真正地嘲讽这一非人类造物者。我们其实对另外完全不同的方面感兴趣。我们只是想要变成比曾经的演化更加完美的设计者，我们必须小心，不要重蹈它的"错误"覆辙。

构建人类

对我们来说，最重要的是要改造人类。在这方面可能有不同的方法。我们可以实践"维护工程学",也就是医学。这样一来,规则就是让健康的平均状态成为我们的模型,需要执行特定行为,让每个人达到这种状态。

那些行为的范围在缓慢扩大。甚至可能包括将遗传水平上没有预计到的系数嵌入有机体中,比如之前提过的冬眠的可能性。我们能够逐渐造出更加通用的假体,克服系统的防御来促进器官的成功移植。现在这一切正在被实现。第一例肾脏和肺部移植已经被实施;动物体内的移植规模更加广泛("备用"心脏);在美国,甚至存在"备件"协会,协调并支持这一领域。因此有可能逐渐重新协调有机体,改变其特定的功能和参数。这可能将是一个双重过程,将会发生在客观必要性和技术可能性的压力之下。它将会采取生物改造的形式(通过移植消灭缺陷、残疾等)和假体改造的形式(当"死物状"机械假体对于使用者来说是比自然移植更好的方案时)。不用说,在这一范围内,假体不一定导致人的"机器化"。这整个阶段,肯定不止会延伸到二十世纪末,还会持续到下世纪初,同时正是接受自然提供的基本"设计蓝图"的前提。设计身体及其器官和功能的指令,以及最初将蛋白质用作构建材料的前提,还要包括不可避免的结果比如衰老和死亡,这一切都保持不变。

从统计学上讲,将人类的寿命延长至一百岁(也就是说，人类个体存在的平均寿命为一百岁），同时不干扰人类遗传信息，对我来说似乎不现实。许多博学之士已经向我们透露说"事实上"，同时也是"原则上"人类能够活到一百四十到一百六十岁，因为有些个体可以活那么长。这是一个值得我们思考的论点，"事实上"每个人都可能是贝多芬或者牛顿，因为这些也是真实的人类。当然，他们曾经是人类，就像高加索地区长寿居民也是人类一样，但是这不代表平均人口也是如此。长寿是特定基因的产物，凡是将它们分布在人口中的人，从统计学角度来说就是长寿的。任何更加根本性的改变都不可能实现，就算再过几百年也不可能。我们只能继续想一个变革性计划，包括有机体的再工程设计在内，当然用原始粗浅的方法，但我们肯定能做到。

首先，我们需要想清楚我们到底想要什么。

正如存在一定规模的空间量，从总星系云到各星系、局部星际系统、病毒、分子、原子核、量子，还有一定规模的时间量，也就是各种时间尺度。后者与前者粗略匹配。个体星系是最长寿的（几百亿年），然后我们还有恒星（大约一百亿年），作为整体的生物演化（三十亿到六十亿年），地质时代（五千万到一亿五千万年），美洲杉（大约六千年），人类（大约七十年），飞萤（只活一天），细菌（大约十五分钟），病毒、顺苯以及介子（几百万分之一秒）。

设计一种个体寿命匹配地质时代寿命的智能生物看似完全不可能。这样的人将必须跟小行星一样大，或者要放弃他对于过去事件的永久记忆。当然，一个新领域就此开辟，从科幻小说中借鉴了一些怪诞想法：我们能够想象一些长寿生物，它们的记忆被固定在比如城市巨大的地下"记忆计算设备"，通过紫外线与一万年前的它们年轻时的记忆库连接在一起。生物阈值看似现实增长寿命的局限点（如果它是美洲杉，那它已经六千岁了）。这种长寿生物最重要的特征是什么？长寿本身并不是它的目的。它必须有其他目的。毫无疑问，没有人能够以肯定的方式预测未来，今天或者一万年后都不行。自主演化潜力因此应该是"改良模型"的主要特征，这样它能够以匹配它创造的问题提出的要求的方式和方向来发展。

因此，什么才有可能呢？几乎一切，但只有一个例外。人们提前谋划，能够决定从现在起几千年后的某一天："够了！让事物保持它们现在的样子，让它们永远保持下去。让我们不要改变，不要寻找，或者不要发现任何新事物，因为东西不会比现在更好了，即使能，我们也不想要。"

即使我在本书中勾勒了许多不可能的事物，上面这点在我看来是其中最最不可能的。

赛博格化

我们需要单独思考一下科学家们提出的唯一人类重构项目，我们如今对这个项目很熟悉，这个项目仍然纯属理论假设。但这不是一个广义的重构项目。它服务于某些特定的目标，也就是，将宇宙作为一种"生态环境"来适应，以赛博格（cyborg）的名义存在，这一名称是电子控制论有机体（cybernetic organization）的缩写。"赛博格化"（cyborgization）包括移除消化系统（除了肝脏，也许还有部分胰腺），结果就是它们的肌肉，还有牙齿都将成为多余的部分。如果语言问题能够用"宇宙"方式来解决，通过有规律地使用无线电通信，那么嘴唇也会消失。赛博格还是拥有不少生物元素，比如骨骼、肌肉、皮肤和大脑，但这个大脑有意识地调控曾经无意识的身体功能。这种有机体的关键点在于，我们能够找到渗透泵，如果需要可以注射入营养物质或者活化剂，比如药物、激素、冲动诱导物质，或者更低基础代谢的药剂，或者甚至能够诱发冬眠的药剂。这样出现故障时自动冬眠机制能够极大地提高存活概率。

即使赛博格能够在厌氧条件下运作（其体内自然有一套氧气供应系统），它的循环系统是用相当"传统的"方式设计出来的。赛博格不是部分义体化的人，它是部分重构的人，同时还装备了营养调节的人工系统，这样能够促进适应各种太空环境。但是这样的重构在微观层面还没有发生，也就是说，活体细胞仍然是赛博格身体的主要构建材料。除此之外，组织的改变不会遗传给后代（具有不可遗传性）。也许"赛博格化"会伴随着生物化学的重构一起发生。因此，能让有机体摆脱对持续供氧的依赖将会非常理想。但这是我们已经讨论过的通往"生化革命"的一条道路。无论如何，我们知道，没有必要走那么远，去寻找那些在缺氧情况下能够比储存血红蛋白更有效的氧气储存身体，用来挺过相当长的一段时间。鲸鱼能够潜泳一个小时，这不仅仅是靠肺部够大做到的。为了实现这个目的它们还发展出了好几类器官组。因此，我们能够从"鲸鱼身上"借鉴一些元素，用到我们的重构上。

目前我们还没有表达我们的意见，赛博格化是否令人向往。我们正在讨论的这个问题只是想表明，这类问题已经被科学家解决了。然而，我们应该注意，这样的项目很可能是如今还无法实现的（不仅仅是因为医学伦理，而且还由于累积各种外科手术干预以及用各种"渗透泵"取代活体器官之后的低存活率），即使如此，事实上这个项目却相当"保守"。

批评的主要根源不在于提出的操作设定，而是它们的最终结果。与看似相反的是，赛博格并不比人类"现代模型"更加普遍。它更像是人类的"太空变体",其目的既不在于变得像所有的天体那样,也不为了类似于月球或者火星。就赛博格的适应普遍性而言,我们讨论过的相当残忍的程序实际会产生很糟糕的结果。最强烈的反对意见来自于要让"人类退化"的观点,也就是说,制造出不同类型的人,多多少少有点像各种蚂蚁一样。也许最初设计者并没有想到这样的类比,但是即使没有偏见,确实强加在人身上了。没有渗透泵也可以实施冬眠技术,就好像给宇航员装备上大量微型附加器件(自动的或者由宇航员控制的),将某些物质引入其体内。因此,缺乏嘴唇的赛博格看似是针对广大公众的设计,而非生物专家。我承认,当谈到类似的重构时,用通用术语讨论未来的必要性,要比提供某些从设计角度看似令人信服的改良方案更加容易,即使它们如今在技术层面上仍然无法实现。工业化学仍然无可救药地落后于系统生化,而分子工程,以及其信息承载应用,与有机体的分子技术相比,仍然处在婴儿时期。但是,**演化**受限于"冷技术"的客观条件和非常有限的元素选择(实际上只有碳、氢、氧、硫、氮、磷,或者微量的铁、钴和其他金属),它是"出于绝望",而不是出于选择而使用的策略,无法真正在构建内稳态调节器这一满足**宇宙**高标准的领域取得成就。随着合成化学、信息理论和通用系统理论深入的发展,人体将会成为这样一个世界中最不完美的元素。人类知识将会超越活体系统中累积起来的生物知识。到那时，暂时被视作中伤演化方案完美性的设计规划才会真正地被实现。

自主演化机器

鉴于人类重构对我们来说不太可能，我们倾向于认为用于这一目的的技术也肯定不会实现。脑外科手术，"基因工程控制下发育起来的瓶装胎儿"，这些都是科幻文学给我们提供的图景。但是将会用到的程序实际上可能看不见。近几年在美国，已经出现了编好程序的数码机器来安排婚姻的操作，尽管不常用。"机器匹配程序"选择出身体素质和智力水平都最佳匹配的夫妇。根据这些结果（目前仍有限），机器安排下的婚姻关系要比常规婚姻更加稳定。近几年来，50%的婚姻在头五年就走向了破裂，结果就是出现了很多二十多岁的人的离婚案，以及很多缺乏正常父母照顾的儿童。目前还没有发明可以替代家庭育儿模式的方案，不仅仅因为寻找适当的抚养机构（孤儿院）这个原因，双亲陪伴的感觉也无可取代，如果在儿童早期持续缺乏这样的感情不仅仅会带来负面的儿童期经历，还会在情感领域发展出不可逆的缺陷，我们描述为"复杂情感"。这就是目前的情况。人类形成夫妇关系是随机的，我们可以称为"布朗运动"。一旦他们邂逅了所谓的"正确"伴侣，他们就会一起经历一定数量的短暂性关系，这一状态似乎被认定为相互吸引。但是这种评估形式其实相当随机（因为存在50%的情况是错误判断）。"机器匹配程序"会改变这点。研究结果给机器提供候选人身心特征的知识，让机器能够搜寻与之完美匹配的伴侣。机器不会消除选择的自由，因为它不会只给出一个候选人。以概率方式运作，它会让人从预先选出的一组人中再做选择，这组人处于置信度区间内。机器能够从上百万人中选出这样的组群，而个人如果依照传统方式行动，使用的则是"运气"，在其一生中只能碰到几百个人。用这种方法，机器实际上实现了一个古老神话，即男人和女人命中注定有缘，却徒劳无功地在茫茫人海中相互寻找。重点是要让社会意识永远接受这一事实。然而，这些纯粹是理性论点。机器扩大了选择范围，但是它通过将个人头上的事物平均化而得出结果，因此剥夺了我们犯错和受苦以及享受生命中其他折磨的权利。不过，也许有人就想要这样的折磨，至少想要保持冒风险的权利。尽管人们普遍认为结婚就是保持婚姻状态，有人可能更喜欢和一个随便选择的伴侣在婚姻中经历琐碎和曲折，最后走向可怕的结局，而不是作为一对婚姻和谐的夫妇"愉快地生活下去"。然而，平均来说，从机器使用"更好的知识"的立场来看，安排好的婚姻的优势要远超过广泛采用这个技术带来的劣势。当它成为文化规范时，"机器匹配程序"不支持的婚姻可能会成为禁忌，从而变成了诱人的禁果，而社会则为其围上光环，比方说，就像过去的弥撒里出现的那样。也有可能在某些循环中出现"绝望的步骤"，被视为"非凡勇气的标志"，一种"危险生活"的方式。

对我们这种物种来说，"机器匹配程序"可能会带来非常严肃的后果。当个体基因型被解码，然后进入"个人身心档案"，进入机器储存器中之后，匹配程序的任务不仅仅将是让一个人与另一个人匹配，而且还让一种基因型与另一种基因型匹配。因此会有两层选择过程。首先，机器将会分离出一类在身心层面上匹配的伴侣，之后会将这一类提交到第二层筛选过程中，剔除那些非常有可能产生各种原因的不良后代，比如残疾后代（这是个正确的决定），或者低智商水平，或者性格不稳定（爱惹麻烦，至少暂时的）。这种行为似乎是稳定和保护物种遗传材料的理想方式，尤其是当给定文明环境中突变基因体的浓度不断增加时。从稳定人口基因型到控制他们的未来发展，两者之间的道路很短。我们这里进入了计划调控领域，从而为控制物种演化提供了一种流动的过渡，因为匹配人类基因型就等于控制了演化。这一技术看来最不残酷，因为它看不到，但是这也会带来道德两难困境。根据我们文化的法则，需要向社会通报重要的改革：这样一种"千年自主演化计划"肯定算是重要改革。但是给出信息，却又不提供任何正当理由，等同于将未来计划强加于人，而不是说服他们需要采用这样的计划。然而，任何这样的证明理由实际上只有那些通晓医学、演化理论、人类学和种群遗传学知识的人才会理解。

这一技术的另一独特方面在于，它使我们根据系统的不同特征获得不同结果。这将会相对简单些，比如说，以广泛地分配高智商作为物种自然特征的目标，尽管可能不像人们希望的那样频繁。这点在一个人与机器智力相互竞争的时代尤为重要。用先前描述的方法最难实现的事情就是深度改造人的系统组织。我们在这里谈论的是怎样的改造呢？根据一些研究人员（比如达特），我们"遗传上不堪重负"，或者更确切地说，我们对"善"与"恶"有着"不对称"的渴望，这是由于我们的祖先在过去一百万年内，有四分之三的时间都在同类相残，而且定期出现，但不包括例外的情况，比如面临饥饿（这是"常规"捕食者才会做的事）。我们早已熟知，但如今，同类相残被视作人类起源的创造性因素。现在我们宣称，食草不会累积"智慧"，因为香蕉不会鼓励生物在相处中评估周围情况，或者想出接近、打斗、追捕受害者的策略。这就是为什么类人猿在某一阶段就停滞了发展，而自从原始人开始猎杀敏锐程度上能够与其匹配的猎物之后，他们就开始了最快速的发展。这导致了"缓慢"的大量消亡，因为心智上落后的食草动物不得不一次次挨饿，而不算太聪明的猎人，追着和他相似的猎物时，也不可避免地很快死去。"同类相残发明"因此被认为是心智进步的加速器，因为物种间的斗争只能保证最机智的人能够存活下来，这一特征有助于将经验广泛转移到新情况上。无论如何，南方古猿，我们在此讨论的这种特殊的人科动物形态，是杂食性的。石器时代文化接着骨齿角[8]文化出现，因为一根长骨被啃干净之后，就变成了棍子，当然这是偶然行为。头骨和其他骨头是南方古猿最初使用的工具和棍棒，而血雾则伴随着最初的仪式而出现。这并不意味着我们从我们的祖先那里遗传到了"犯罪原型"，因为诱导某人采取超越基本驱动因素之外的特殊行动的知识累积不是以这种方式传播的。然而，持续的斗争一定塑造了人类大脑和人类身体。文化历史的"不对称性"也相当令人费解，好的意图常常会转变成邪恶目的，而反过来的情况却不会发生。确实，在某一主导宗教中，血液始终发挥着重要作用，在圣餐变体论的教条之中便是如此。如果在这些假设背后存在某些价值，如果我们大脑的内容形成于千百年来发生的各种现象，那么某种类型的物种改良，就先前提到的"不对称性"而言，将会真正是理想的。

当然，我们现在还不知道它是否真正应该开始，或者应该如何完成。"婚姻匹配机器"想要达到预想的事件状态，可能要花上数千年的时间，因为它们完全有能力最大化演化的天然速度，我们也知道，这个速度相当缓慢。无论如何，情况如下：我们就自主演化改造的未来前景持保留意见，不仅仅是因为后者的范围和规模，而且还因为它们无缝流动的发生方式。"割裂人的大脑和身体"让人恶心，而"机器婚姻顾问"看上去是一个相当天真的干预方式，但这两条长度不同的道路可能会产生类似的后果。

超感现象

我们还没有触及本书的许多重要议题，而同时我们又以更加草率的方式移除了其他应该认真对待的问题。如果现在我们要准备结尾了，我们将会提到心灵感应和其他超感现象，我们这样做只是为了避免如下指责：花了那么多时间讨论未来的问题，我们已经无情地将精神问题机械化，因此发展出某种盲目性。鉴于如今我们对心灵感应有着很大的兴趣，其中也包括某些科学家，对其了解更多是否有可能让我们从根本上改变物理学家的世界观？或者甚至这类现象是否也将对设计者的干预手段开放呢？如果人类能够体验心灵感应，如果电子大脑能够真正地代替人类大脑，那么我们已经得出了一个简单的结论，甚至这样的大脑也将会表现出超感认知的倾向，只要它是以这种方式设计出来的。这让我们可以直接通过"心灵感应渠道"实现信息传播的新技术，实现非人类的"心灵感应机"和"念力操控器"，以及赛博透视。

我对关于超感官知觉（ESP）的文献相当熟悉。像莱恩或者索阿尔这样的学者提出的反对意见，再加上斯宾塞·布朗那些写的那本干巴巴的但很有智慧的书[9]，似乎对我来说很有说服力。众所周知，从1900年起那些"灵媒"存在的现象在经过当时科学家如此周详地检验又引入红外线设备后，或多或少地都停了下来，这些设备让人们能够观测到在乌漆墨黑的房间里面发生的一切事情。看上去这些"幽灵"好像不怕黑暗，但是害怕红外线望远镜。

莱恩和索阿尔检验的现象和"幽灵"没什么关系。至于心灵感应，代表的就是将信息从一个人的思想中传播到另一个人的头脑中，无须任何材料性（感知）通道的支持。至于潜在感觉，代表的则是从隐藏、遮蔽而且遥远的物质实体中获取信息，也无须借助任何感官。而意念运动则是通过纯粹的意念力量在空间内操纵物质实体，这里还是用不上物质效应器。最后还有透视，即预测物质现象的未来状态，无须诉诸从已知前提中得出的结论（"用精神瞥见未来的能力"）。这样的研究主要是莱恩的实验室在展开，他们拥有一大堆统计材料。

对照条件是严格的，因此统计结果更有意义。就心灵感应而言，最常用到的就是所谓的齐纳卡片（Zener cards）。而意念运动则会用到骰子滚动机器，一个实验者会尝试增加或者减少每次滚动的点数。

斯宾塞·布朗批评统计学方法，说在随机长序列中，某些低概率的结果系列可能会重复出现。序列越长，重复发生的概率就越大。像"好运连连"（以及厄运连连）这样的现象都出现在随机序列中。布朗宣称，作为纯粹随机的结果，在持续性的随机长序列过程中，也许会发生任何重大偏离平均结果的扩大效果。这个论点其实已被证明：任何研究构建所谓的随机数表的人都知道，设定产生最混乱数字分布的机器有时候会产生出一系列的10，或者一整排的0。当然，任何数字都会有这种效果。但这确实也是随机结果：科学家在实验中用到的统计技术从来都不是"空虚"的，因为它们（也就是它们的方程式）填充着现象的物质内容。但是完全空虚的随机序列的长期观测，也就是说和物质现象毫无任何联系，确实会导致出现看上去非常独特的偏差。后者没有相关性，也就是说纯粹是偶然的，可以通过这些偏差是不可重复的来证明，但是过了一段时间之后，这些偏差本身将自己"离散开"，然后就消失了，在这之后的结果将会在预期的统计学平均值附近振荡很久。因此，如果我们使用实验中的随机序列，期盼一个现象不会发生，那么在现实中我们只是在观察这一序列的行为，独立于任何物质意义，因此"显著的统计学偏差"会时不时地扩大，之后消失得无影无踪。布朗的论证很枯燥，我不会在此详细讲述，因为还有其他证据向我证明了讨论的现象不存在。

如果心灵感应现象是真实存在的，如果它们形成了信息传播的独特通道，不受任何主观感官信息传播的噪声干扰影响，那么生物演化将毫无疑问会利用这一现象，因为这会极大地增加不同物种竞争生存的概率。举个例子，一群猎食者在黑暗森林中，四处分散追捕猎物就会容易许多，它们的首领只要和同伴保持心灵感应沟通，就可以随时召集回来，而这种沟通假定不依赖大气条件，不依赖可见性，也不存在任何物质障碍。最后，演化也不需要经历麻烦，精心策划方法，来寻找异性伴侣。普通的"心灵感应倾向"将会取代气味、视觉、水中定位等种种技巧。

唯一令人费解的就是蛾子能够吸引几公里以外的性伴侣飞过来。与此同时，我们知道昆虫的嗅觉和触觉器官有多么灵敏。将蛾子关进小铁笼里面也会吸引来伴侣，但是如果把它关进封闭的盒子中，我们不知道是否会发生同样的现象。先前我们已经表明了动物的不同感官可以有多敏感。如果心灵感应现象服从于自然选择的法则，那么演化的部分可以说完全是徒劳无功的。只要这样的选择发挥作用，有机体的任何特征一旦首次表现出来，就将会逃脱出去。

事实上，一些蛾子、人类或者狗在实验中表现出心灵感应的迹象，从而让人推测出结论，认为这是活体生物的性状特征。这意味着中生代祖先应该也有心灵感应能力。在二十亿至三十亿年的时间里，如果演化都无法累积出上千次实验差点儿检测到的现象，那么我们甚至无须分析统计学工具本身，就能得出结论，当前的问题并没有任何未来前景可言。其实，无论我们如何观察环境，我们都能看到心灵感应现象的极大的无用潜力，再加上它们完全的不存在于世。

深海鱼类生活在彻底的黑暗中。它们有能够发出磷光的原始器官，能够照亮周围小范围内的区域，寻找未来的伴侣，避免自己的天敌，但如果它们不用这样的器官，是不是应该用心灵感应来定位呢？它们的亲代和子代之间是不是应该存在着强大的心灵感应联系呢？但是如果雌鱼的后代躲在某个地方，母亲寻找它们依靠的还是视觉和嗅觉，不是什么"心灵感应"。夜间活动的鸟类是不是也应该演化出成功的心灵沟通术呢？还有蝙蝠呢？我们可以提供上百个这样的例子。因此，我们现在能够安全地讨论心灵感应技术的任何未来发展前景，因为即使在统计学预言的网络中，存在客观真理的种子，也就是某些未知现象，那也和超感知觉没有关系。[10]

至于意念运动，如果我们能够制造出足够灵敏的艾因托芬弦线电流计，然后让某个幽灵运动员移动一下，比如从电流计镜面反射的千分之一毫米光束并且让其落在刻度上，那么任何统计学实验都没有必要了。要求进行此种操作的力量可能比滚动骰子，让它们落到桌子上从而改变分数（根据统计学预测的数字增加或者减少点数）的力量小上数千倍。意念运动员应该要感谢我们想到这个主意，因为骰子只能被影响一小段时间，然后掉出来，散落到桌子上，而移动电流计极其灵敏的石英细弦时，我们的运动员得专注上几个小时，甚至数天。

注释

1　见 the New York Times（《纽约时报》）, May 20, 1963.——作者注

2　一个对演化设计方案的碎片化批判有时可能看起来像"无知的讽刺"，因为即使在今天，我们也没有完全理解器官的机制（比如非常复杂的心脏运作机制）。向着创造生物结构的精确数学模型的目标，我们只前进了几步，比如维纳和罗森布鲁斯创立了一个心肌纤维性颤动的数学理论。但批评一个我们不那么理解的设计看起来既无凭无据又十分幼稚。同时，我们对各种演化方案的复杂性所知甚少，因此不能隐藏这样一个事实，那就是在很多情况下，生物复杂性是由于持续性地将某一有机体中早已运作自如的有机方案应用到另一个稍后演化出来的有机体中。一个希望未来宇航技术只依赖使用化学燃料的火箭引擎的设计者最终会把飞船和推进器装置造得巨大且极其复杂。他无疑可以获得某种程度的成功，但这只是技术杂耍的一种表现。这当然不是最明智的方案，尤其是考虑到通过淘汰化学推进的想法，而革命性地切换不同种类的引擎（核能、湮灭、磁流体动力学、离子等等）能够避免大量困难和麻烦。

复杂性是思想中需要的特定保守主义结果，尽管该思想支持创造活动，同时也是"概念惰性"的结果，即不愿意（或者不能）承担任何突然或剧烈的改变，因此复杂性在设计者看来是多余的。这是因为设计者必须看到可能的最好结果，而不想受困于任何他不一定要考虑的前提。就像演化，现代火箭设计者必须搞定对未来（例如核能）技术来说是多余的大量复杂事物，来克服他的困境。只要发现某些能够让他实现核能、质子或其他非化学性推进的技术发展，那他就会立刻放弃所有的复杂东西。演化却反过来，因为这里谈论得很明显的原因，没法用类似的决绝方式真正地"放弃"任何方案。我们可以说，在演化存在和活动了几十亿年后，我们真的没法指望它想出任何新的解决方法，可以匹敌它在早期阶段创造的那些东西的完美性。这一情形让我们批判其设计方案，即使我们不完全理解其复杂性，因为我们知道这个复杂性是演化实现的创造性方法的结果，而还有其他更简单有效的方法可以和它一较高下。非常遗憾演化自己没法实现它们，但这也许是人类作为未来设计者所获得的益处。

除了严格关注设计方面，还有另一个问题，我在这里就不讨论了。人（我不只是在拓宽之前的评价）并不十分了解他自己，不管是生物层面还是心理层面。无疑"人，未知"这种说法（这还是亚力克西斯·凯瑞的一本书名）某种程度上是真的。不只是作为"生物机器"的身体，人的意识也包含了无法解释的神秘矛盾。我们可以问，在完全理解人

的实际设计和价值之前，是否应该先慎重考虑改造"自然人类模型"的可能性。人类基因型的修改（这只是个随便举的例子）会不会把有害的基因和我们不了解的有潜在价值的基因型特征一起消灭掉呢？

这就要回到我们"生物设计"这部分的问题了，一个被（稍微更传统的）优生学家及其反对者辩论的问题。比如说，淘汰掉癫痫病人，会不会把陀思妥耶夫斯基也一起淘汰了？

相似的讨论能有多抽象，这很惊人。然而任何行动，正如这本书里讨论的那样（我们当然不是宣称对这个想法有"原创权"），基于不完整的知识，因为这是我们世界的属性。如果我们因此希望推迟"物种重构"的工作，直到我们掌握了关于这个世界的"完全"知识，那就永远也等不到了。任何行动结果的部分不可预测性，以及由此而来的潜在弱点，在基于特定的哲学方法完全抹杀行动的同时，变成了关于"不行动优于行动"论点的哲学基础（这真的是个老生常谈的话题，可以穿越大陆和世纪追溯到庄子）。但这种批判，以及"不行动"的神化，因为几千年里采取的一些特定的行动，变成了可能。它确实是文明发展行动的结果，此外，还有演讲和写作（其形成了判断和思维）。一个支持激进保守主义的哲学家（例如在生物或技术领域内不行动）就像百万富翁的儿子，因为父亲的财富不用担心生计，同时却批评所有财产性。如果他是一以贯之的，那他就该放弃自己所有的财富。"生物建构主义"的反对者没法仅限于反对任何"人类重新设计计划"，而应该放弃所有的文明成就，诸如医学和技术，然后完全退回森林，重新用四肢爬行。所有他不批评或反对的方式方法（比如医学干预方法），其实都曾经是他采取的立场的反面。只是经过时间的考验，人们接受了它们的有效，才让它们成为了我们文明宝箱中的一部分，这就是为什么它们不会再引起任何人的反对了。

我们的意图不是想在任何地方向"革命性重构主义"道歉。我们只是认为，任何对历史的争论都毫无意义。如果人类曾经有意识地控制和调节自己文明的发展，后者可能会更完美、矛盾更少，而且比现在更有能力。但这是不可能的，因为创造和发展它的同时，他也在被社会指引发展和创造自己。

生物构建主义的反对者可能会反驳说，独特的个体存在是无价的，因此我们不应该基于无知，操纵基因型，试图摆脱我们认为有害的性状，并且引入新的性状。他还可能会说，他的争论只能在不存在的、不同于我们的世界中被证明。在我们的世界，作为全球政治格局的结果，地球大气在几十年里被放射性废弃物污染。大部分受尊敬的生物学家和遗传学家会认为，这会导致后续世代大量变异的出现，每一次核试验爆炸都会导致一定数量的癌症、白血病等引发的畸形、疾病和死胎。

还有，这些爆炸除了增加对此感兴趣的团体的核潜力之外，没有任何用处。直到今天，一些自认为已经文明化的国家继续着这种政治活动，已经产生了至少几千名（更可能是上万名）受害者。这就是我们生活的世界，而这也是我们在讨论生物构建主义的世界。我们不应该认为，所有来自全球调节失败的结果不会作用于我们的意识或者我们的"文明平衡"，也不该认为，不论事件状况如何，我们都应该在我们控制的领域谨慎前行（这导致完全不行动）。

只有在我们给人指派某一"作者"，也就是人格化的创造者时，人才是"神秘"生物。在这种情况下，大量人性的生物和心理矛盾暗示着我们"创造者"的秘密和神秘动机。但如果我们认定，我们是演化几百万年试错的产物，那这种"神秘性"就还原成在特定演化和历史条件下可以实行的一系列方案。于是，我们可以开始考虑该如何重新指导自组织进程，从而淘汰任何会让我们人类受苦的东西。

这一切当然不会等同于暗示人和任何要被建构的物质实体，以及要被改进的技术产品是一样的。道德责任的领域必须保护生物重构主义，这是一个高风险领域（同时也许有很多希望）。但考虑到人类在前几个世纪给自己（且不止这段时间）带来了那么多痛苦和折磨，这是他自己在社会和文明上行动不受控所致，一旦他的知识状态允许，即使这知识还不完整，也有必要让他意识到，并担起这个有责任的风险。——作者注

3 见 Ivachnenko, *Cybernetyka Techniczna*. ——作者注

4 这一文本描述的设计者"反统计学"立场其实已经过时了。装置的可靠性不能脱离统计学而讨论。技术发展导致这么一种情况的出现：（大量的）连续生产总伴随着日益复杂的制造装置。如果系统（有五百个部件构成）中每个部件是 99% 可靠的，那整个系统可靠程度只有 1%（只要这些部件对有机体运作都是必要的）。最大可靠性与元素数量的平方成比例关系，结果就是不可能获得可靠产品，尤其当它以高度复杂系统的形式出现的时候。而与人"连接到"一起，作为调节器的系统（比如飞机、汽车）对破坏较不敏感，因为人类的可塑性行为通常允许他弥补失去的功能。但在"无人"系统中，诸如跨大陆的子弹，或者更宽泛地说，一个自动化系统（一台数码机器），就没有这种可塑性空间，这就是为什么这类系统的可靠性更低，不仅是因为其中部件数量更多、实现的技术更先进，还是因为人类的缺席，人可以"缓冲"破坏的血管舒张症状。作为设计领域快速发展的结果，可靠性理论已经有了许多发展（如 Chorafas, *Statistical Processes and Reliability Engineering*）。它现在使用的方法通常"外在于"最终产品（计算，重复试验，测量错误间的平均时间间隔，研究不同部件老化的时间尺度，品控，等等）。

演化也以自然选择作为"外部控制"的形式，还有一些"内部方法"：装置倍增，在这些装置中植入一个本地的自我修复特征，而该特征服从高级中心的支持和控制，以及看起来最重要的，使用最具可塑性的装置作为调节器。尽管这些方法总体可靠，有机体还是经常失败，这是因为演化"不愿意"转移大量冗余的和设计密切相关的信息（正如丹克夫的原则表现的那样）。事实上，与年老相关的苦恼和折磨（比如掉牙、肌肉酸痛、视力听力下降、局部组织萎缩、精力衰弱等等）99%都是因为越来越多的有机体系统表现出了不可靠性。未来，预防装置不可靠性的主要技术发展方向很可能会配合演化方向，但最大的不同是，演化倾向于把"相反的可靠性""植入"其造物，而人类设计者更倾向于使用外在于最终产品的方法，避免用大量部件让其太复杂。现有的批评是实际上在这两种情况下很不同——"物质消耗"，和演化没有关系，这就是为什么浪费的遗传材料（精子，卵）对它不重要，只要有足够的材料保证物种延续就行了。对各种技术产品演化的研究表明，成功实现功能性（也就是获得高可靠性）是总体最优方案找到后很久才发生的过程，（原则上，也就是说，二十世纪二三十年代的飞机在整体设计上和现在的很像，作为比空气重的机器，它们能飞得益于其机翼产生的升力，用电力点火喷气式引擎推动，和今天的飞机有同样的控制系统，等等）。成功飞越大西洋不是由于飞机尺寸的增加导致的（因为大飞机那时已经被造出来了，甚至比今天的还大），而是通过想方设法达成高可靠性所致，这在那时是不可能的。呈指数级增长的部件数量急剧降低了非常复杂装置的可靠性，因此设计建造诸如多段火箭或者数学机器这样复杂的装置是非常困难的。而且，通过倍增装置和信息传输来增加可靠性是有限度的。一个装备了最佳保护的装置并不一定代表是最佳方案。类似于钢缆强度的问题：如果太长了，厚度增加就没用，因为钢缆会在自己的重力下绷断。除了一些可能的隐藏因素外，不稳定性的知识及增长导致的功能问题为建造非常复杂的系统（比如，成千上兆亿的部件组成的电子机器）增加了限制。有一个重要问题，可不可能建造能够超越"可靠性阈值"的装置，也就是说胜过演化方案的装置。看起来不可能。我们在几乎每个物质现象的层面上都遇到过类似的限制，在固体物理、分子工程等中也是。在组织细胞层面，衰老被许多生物物理学家认为是活细胞允许自己存在过程中的"原子衰退"的"基本分子错误"的积累，所以这些"错误"最终会导致整体系统超过不可逆转的极限。如果真是这样，那我们可以问是不是微观物理法则的统计学特性，每个物质事实结果的单独不确定性，即使是最简单的，也被比如说放射性原子的崩解、原子粒子的组合、这些原子核吸收这些粒子之类的拖累，这不是因为每样发生的事都是"不可靠的"，即使是原子核里被当作"机器"对待的"建筑"部件——质子、中子、介子，或者展现出行为规范性的系统在其自身中不构成我们称之为宇宙或化学分子、固体、液体、气体形式的"可靠装置"的"可靠的"组件。换句话说，功能统计性的不可靠不在于科学发现的自然法则吗？它们都是根据一个"特定系统"（也就是相对可靠的系统），由"不可靠组件"构成的原则，宇宙被设计得与演化树如此相似吗？而这种宇宙结构的"两极性"（物质-反物质，正粒子-反粒子，等等）某种程度上是必要的，因为其他宇宙是不可能的，因为"功能不确定性"的阴霾，这会阻挡它进行任何演化，因此永久地让它维持在"原始混沌"阶段？这样一些（我们得承认部分幻想）问题的提出看起来包含一些人格化，或者至少看起来打开了"宇宙设计者"也就是"万物创造者"的争议大门。但并不是这样，因为，决定了演化没有人格化的开启者后，我们还是可以讨论它的设计工作，也有就是用非常不可靠的部件建造相对可靠的系统的原则，正如之前所述。——作者注

5 Anastomosis，断成两截的血管的重新连接。

6 见 Simpson, *Major Features of Evolution.* ——作者注

7 见 Goldschmidt, *Material Basis of Evolution.* ——作者注

8 Osteodontokeratic，描述的是我们的人科祖先南方古猿的工具，由澳大利亚人类学家雷蒙德·达特提出。

9 见 Brown, *Probability and Scientific Interference.* ——作者注

10 鉴于大家对超感觉现象很感兴趣，我认为有必要补充一下。人们饶有兴致地讲述"预知梦"的故事，还有那些发生在自己或者亲人身上的事情证明了心灵感应、潜在感觉等的存在。我们因此要澄清，这些故事即使是亲眼所见，在科学角度看来也没有任何价值。不同于大众信念，它们被科学拒斥不是因为科学家蔑视"街上的人"。只是因为科学方法的要求。让我们先来看一个从布朗那儿借来的简单例子：设想某个国家有五百个心理学家开始用统计学方法研究心灵感应的存在。根据统计学，其中一半会获得低于平均或刚好平均的结果，另一半会获得统计学所预期的正向分歧结果。现在设想一下，五百个心理学家里有一百个获得了非常显著的结果；这印证他们约略觉得"在发生什么"的想法。在这一百个人中，一半在进一步测试中得到不重要的结果，另一半会加强他们发现心灵感应征兆的信念。最终，在战场上会剩下五六个连续几次得到正向结果的，他们已经"迷失了"：不可能跟他们解释，他们成了统计学的受害者，明明他们在用统计学作为武器。

总的来说，个例对科学没有任何意义，因为一个简单的计算就说明，当一个晚上有几十亿人在睡觉，很可能他们做梦的内容在几十亿

个里总有几百个被"实现"。再考虑到梦自然的模糊性和朦胧性，以及它们闪现的特性和大众喜爱"迷人的"现象口味，为什么类似故事进一步传播就可以理解了。当遇到完全不能理解的现象，诸如"幽灵"等等，或者自然法则暂时不灵时（也就是"奇迹"），科学认为它们是幻象、幻觉、妄想等等。这不该冒犯关系此事的人，因为科学家不在乎什么"学术胜利"，只是为了科学利益。科学是一座太坚固的大厦，由太巨大的集体和综合努力方法构成，所以科学家不愿意为了某些未经证实的现象（未经证实主要是因为无法重复），为了第一、第二或第十种和几个世纪里自然基本法则矛盾的现象放弃已经接受的真理。科学只关注可重复的现象，也得益于此它能预言和研究现象类似的现象，这不适用于 ESP。

我自己，认为"演化的"争论不容置疑。不管多少人见过、听过或者经历过"心灵感应现象"，相比于自然演化在几十亿年物种存在时"进行的""实验"，数量比都接近于零。演化没能"积累"任何心灵感应特征这一事实意味着没有东西能拿来积累、淘汰或凝结。我们也听说过本不应只是更高级有机体，诸如人和狗的特征现象，它们还是诸如昆虫等有机体的特征。但昆虫演化了几百万年，要给六足生物补充整类心灵感应，这段时间相当合适，因为很难想象还有比不借助任何感觉器官，而只"通过一个心灵感应信息通道"，就能从环境和其中存在的有机体中获得信息以应付生存斗争更有用的特质了。如果莱恩或索阿尔的统计学研究了任何东西，这个"东西"大概就代表人类意识的特定动态结构，这隶属于"猜测"长期随机序列的测试。获得的结果可以证明，通过有时我们不能理解的方式，像大脑这样的系统时不时会"意外地"遇到猜测这种序列最有效的策略，于是它会获得稍高于平均水平的结果。讲了这么多，我已经说了太多了，因为我们也同样可能有两个伪随机序列的巧合（画齐纳卡片和"画"受试者想象的它们的等价物），这是"好运的痕迹"，别无其他。——作者注

第九章　艺术与技术

到目前为止，我对艺术在技术飞速发展时代的命运还只字未提，因为要谈艺术的话，这本书的容量恐怕要一扩再扩，事实上，需要专门再写一本书，而那又是我力所不能及的。但与此同时，预言中留下了这么明显的一个空白，我又希望能尽可能地去填补一些。

现代技术在自相矛盾地同时朝着两个完全相反的方向发展。它创造了可以大规模复制艺术作品的工具，这在历史上是前所未有的。它开辟了可以让图像、声音、文本、语音可以在百万分之一秒的瞬间进行传输的信息通道，这也给了曾经无人知晓的艺术家们影响全球观众的机会，这在之前也是不可能实现的。然而，与此同时，技术作为艺术灵感的来源则是贫瘠的。这里所说的不包括那些有助于创造用以满足人们物质需求的实用产品的技术领域及影响。比如说，在新型建筑、室内设计及大型城市建设等领域，技术所扮演的角色是至关重要的。如果某一艺术的分支具有功能性，而其产物又是用于实现某种特定物质目标的工具，那么它就可以在技术中寻求到一个强有力的战友。所以城市、房屋、交通工具、日常生活用品都既可以满足功能需求，也可以满足审美需求。

然而，在其历史发展过程中，艺术早已不仅仅是唤起积极印象和情绪的工具了。在离开魔法和宗教领域并从中独立出来以后，艺术成了人类作为个体向历史长河中抛出的挑战之一。而在这一场终将以失败告终的战争中，艺术总是显得比其他战术和方式更为行之有效。它是一种挑战，因其无意识的徒劳无功而更显庄严，它由个体提出，却又不仅仅代表这一个体。所以，它首先是个性的代名词，却又远比个性更持久。艺术家总是想要以适合自己发挥才能的方式，把自己对这个世界的体验与认知强加给其他人，包括其他艺术家。如果他做得非常成功，那么他强加于人的形式与内容就会变成集体财产，而某种艺术风格、美术形式、建筑形式、叙事惯例的第一个或者第一群发明者，都会消失在后人的视野中，他们能看到的只是一些作品僵死的躯壳。就这样，艺术的历史成了一系列意义重大的考古挖掘，而活在这一时代中的艺术家所扮演的角色，则被缩减为通过参考和战胜传统来丰富文化成果的总量。

可以说，技术是艺术在其起源之处必然碰到并且第一个就碰到的敌人，因为技术本身就是去个体化的过程。

正如社会学家所熟知的那样，社会机构的结构动态就应该是这样的，员工的个性在运作过程中不会显露出来。与生俱来的个性应该为满足社会功能所需的性格让步。大众社会的工作效率越高，人们的个性在工作中体现得就越少。若从某种理想化但略显幼稚的角度来看，最好就是，无论是政府的管理者，还是技术人员、飞行员、列车员或者售货员，都成为个性完美的模范。然而，显而易见，这样的设想是不可能实现的，去个性化仍是集体生活中所必需的，这就使得诚实守信、助人为乐、与人为善成了一种必须要去学习的职业技能，而非天生的倾向。无论是产品生产和服务过程，还是其最终投入市场的呈现形式，都在经历着现代技术的去个性化。如今，需要巧夺天工的艺术创造、充满灵感的天赋异禀和持之以恒的精益求精的行业越来越少了，就连这些艺匠精神在集体劳作中的体现也是那么轻描淡写。为了使拥挤道路上的车流畅通无阻，为了让工业产品的生产最大程度地合理化，为了提供最为方便快捷的服务，技术人员、商家、管理者都应该放弃展示一切不平庸的个性，无论是不平庸的优点还是缺点。集体活动最快捷、最便捷的方式便是，在交通、管理和服务中，所有人的行为方式都尽可能地保持一致，向通过精准技术手段获得的非个体化模范看齐。

生产的去个性化同样体现在科学领域，那些孤军奋战却做出了许多伟大发现的科学家的时代也逐渐走向终结。在过去，像巴斯德或爱迪生这样伟大的科学家，他们的命运与个性和他们的成就密切相连。而如今，伟大的发明家、科学家们虽说也并非籍籍无名，但是弗莱明或者汤川秀树的个性与他们的毕生成就之间的联系却变得模糊不清，这是因为，独立发明的概念变成了"传输处理"的对象，甚至是在刚刚出现的时候就以科学报告的形式从一个大洲传到了另一个大洲，这就导致人们很难将第一个发现者与其他学者的贡献区分开。如今的发现越来越多地诞生于更为大型、密集的集体协作环境中。

在艺术领域，类似的去个性化则基本表现为艺术的消失。这里所说的并不涉及"低级艺术"，即娱乐。娱乐可以在技术繁荣的环境中蓬勃发展，因为在某种程度上，娱乐和汽车或飞机一样，都是高效且无个性的。这样的产品由可更换的配件和一套用以引发特定反应的标准化循环系统组成，它们甚至可以呈现出完美的状态，但始终是一个由刻板印象构建的结构。对于娱乐来说，创造者个性的缺失没有任何威胁，然而对于艺术来说，个性却是不可或缺的。

在技术社会中，艺术家成了有个性的活化石，多少有些格格不入，当然，他们可能也是被人关注甚至受人敬重的，但是无论如何都摆脱不了某种程度上的荒谬可笑。

如同达摩克利斯之剑一般悬在技术时代每个创作者头上的这种荒谬可笑又是从何而来呢？首先就是数量造成的，物以稀为贵，一个莎士比亚在众人中卓越伟大，而十个莎士比亚顶多就是杰出优秀，然而如果一个地方有两万个具有莎士比亚般天赋的艺术家出现，那就一个莎士比亚都没有了。因为和一小群创作者竞争，把个人的世界观强加给观众是一回事儿，挤在信息通道系统的入口处，和一大群可怜又可笑的创作者竞争又是另外一回事儿了。

随着创作者数量的指数级增长，"旷世奇才"将不再旷世，而只是一种常态。也许上面加引号的词并不是特别合适，因为如今像历史上的画圣或文豪一样才华横溢的人一定比过去要多得多，对此我深信不疑，正如今天生活在地球上的人也要比过去多得多。当然，从概率上来看，一个时代天赋异禀的人才数量，与预期数量相比，出现或增或减的波动是有可能的，甚至是极有可能的，然而这些波动并不是缺少伦勃朗或莎士比亚的决定性因素。也许有人会指出，如今根本没有能与过去时代的大师相提并论的艺术家，因为如果有的话，我们就可以立刻通过他们的作品认出这些天才。然而这也是一种误解，因为公众关注度虽然不能决定一个人是不是天才，却能在很大程度上决定他所表达的内容。在一个到处都是莎士比亚的地方，谁都成不了莎士比亚，因为莎士比亚只能有一个，因为艺术家是一种社会现象，其才华与其公众影响力是一个不可分割的整体。莎士比亚必须像一个出类拔萃的立法者，一个价值观的创造者，一个判断世界、经历世界的模范，将他的想法强加给所有与他生活在同一时代的人，而在一个同时存在着两万个"莎士比亚"式模范的地方，就像是建起了一座巴别塔。那里的每个人都在自说自话，没有人去听任何其他人说的任何话。在这种情况下，艺术家必须意识到自己的荒谬可笑：在明知道自己只有十五或三十个听众的情况下，他要怎样将自己的主人公命名为"千百万人[1]的英雄"呢？

当然也有这种情况，甚至是时有发生，一个不为人知的艺术家，也就是一个没能挤进大众信息通道的艺术家，只能扮演磐石般冷漠而骄傲的孤独者的角色，但这并不应该混淆视听。艺术家并不是一个以独特方式体验世界并尽己所能去表达的人，而是一个将自己的想法强加给他人的人。在技术时代，艺术性似乎是由特定信息通道的传递容量和才华横溢的人的供应量共同决定的。有才之人的数量越多，其中每个人的处境就越糟。我们在这里谈的不是他们的经济状况，而是他们作品的境遇。真正艺术家的野心都是普世的，他们都渴望自己的作品能跨越地理和民族的界限。而艺术作品的生产者越多，接收市场崩塌解体的趋势就越明显。电视、出版社、报刊、广播、电影等庞大的信息传输设备取代了过去艺术赞助者的角色，但是在操作上，它们更像是掷骰子的玩家，而非敏感的艺术评论家。艺术交易的压力是巨大的，巴黎的"艺术品交易商"们每一季都会推出一位画家，尽管人们根本无从分辨他和成百上千个才华与之不相伯仲但运气稍逊的艺术家的作品。如果杰出的艺术家凤毛麟角，那么他们每个人的影响力范围与他们所代表的艺术阶层的关系就是显而易见的。但是如果他们人多势众，那么，提高作品声望的同谋——根据人际关系和随机波动所进行的盲目统计——就会成为艺术最可怕的敌人。谁的作品能够出现在信息通道系统的"入口"，谁就能获得成功——艺术家声名鹊起，当然这是他应得的荣誉，却也使得那些和他才华不相上下的竞争者失去了成名的机会。拓宽信息通道也并不能改善这种状况，因为世界无法在同一时间单位内把数量不断增长的艺术作品全部吸收。任何一个去过博物馆或美术馆的人都知道，过度对于美来说是多么致命的一击。增加信息通道的数量也只会导致接收市场的进一步崩盘，从而导致文化土崩瓦解。因此，在试图去帮助艺术家们的同时，技术其实是在失去他们。因为艺术本身就是文明融合的一个重要因素，在根据特定时代最伟大的个体所强加的模式来对思想和情感进行塑造时，它还成为一种力量。

因此，与人们普遍认同的完全相反，即使没有其他阻碍艺术蓬勃发展的因素，有才之人的过量供应，一种艺术性的膨胀，也会为杰出艺术作品的出现带来不利条件。这里必须要强调一下，这种如同"信息雪崩"的现象才刚刚显现。

事实上，这也是信息论和心理学领域的一种现象，因为过度刺激对所期望的反应形式的破坏性影响是由一个大数定律所决定的。这一定律也不仅仅适用于艺术领域，众所周知，如果有数量巨大的刺激，并且它们中的每一个都会单独触发人类的反应，那它们加在一起，就会在萌芽阶段消除"这种反应"的可能性，正如那些打开集中营（里面囚禁着无数恐怖活动的受害者）大门的解放者身上所发生的：由于可供同情和怜悯的对象过多，这种感觉就会转变为恐慌、无助与迷茫。

艺术家们对于技术加速发展的不信任，甚至敌意，表现在艺术中，不仅是在情感领域，还包括认知功能。我在这里特别要提到文学。通俗文学和精英文学的分化在西方尤为明显。文学实验成了对那些可以决定社会发展方向的力量的一种反抗。文学在发现和进步领域中的缺席就是对它们的一种谴责，而且有些时候这些谴责甚至不是无声的。文学之所以能获得历史性的伟大，是因为拒绝容忍人类世界的罪恶。但文学的老对手——社会制度，以及其中形成的人性，都已经被技术的进阶所取代，其去个性化程度已经达到了前所未有的水平。想要批判这种进阶，就有必要在文学中使用一种完全陌生的语言。它们是大众统计现象的结果，是对我们所生存的世界进行物质开采的结果，它们中那些不受欢迎的部分往往更应该归咎于非人类世界，而非人类创造的世界。这就是为什么人类对文学比对世界更感兴趣。我并不认为，对**自然**、**宇宙**的批评与讽刺无法孕育出丰硕的艺术成果。但无论如何，文学也并没能做到这一点。而且从文明的角度来看，哪怕是世界级的文学大师所研究的问题本质上也都是边缘的。社会边缘问题曾经是文学的兴趣所在，但是从浪漫主义边缘到精神病理学的边缘还有很长的路要走。精神病理学经常会成为才华横溢的人的避难所，因为在这个领域里技术是无能为力的。

比起浪漫的疯子，一个白痴更容易成为文学作品的主人公，因为低于平均水平比高于平均水平更容易唤回技术时代艺术家心中失去已久的创作自由。理性——对反对无效的基本认识，将阻止群体社会中那些高于平均水平的个体脱离集体轨道的尝试。在这种情况下，只有智力不发达的人才能通过非理性的行为来表现内心的自由。这就很容易让人联想到陀思妥耶夫斯基写的地下室中的那个人，他已经预见到，在"未来的水晶宫"面前，如果别的地方都去不了，那么人就只能躲进疯癫中了。当然，这里说的疯癫不等于真正的白痴病，因为这种疾病的出现是由生活中的现实条件所导致的。

作家想要寻找当代的主人公，这种寻找便会将他们引向那些"独立于技术之外"（比如，有精神缺陷的人）的个体或社会群体，或是技术革命的意外结果（比如，反社会虚无主义，这种思潮正在年轻一代中蔓延）。

文学提炼出的"人类命运公式"，不仅可以在宽泛的社会学层面上加以思考，比如"当代的主人公"的问题，也可以在个体的、本体论的层面上进行思考。作为心理学的先驱，文学在这一领域可以说是做出了众多宝贵的发现。这一问题又是如何呈现的呢？在技术时代，还可以将"人类奥秘"视为对自身存在的不了解吗？文学还是照亮这一奥秘的璀璨光源吗？

然而"人类奥秘"究竟又是什么呢？可以将其理解为意识从特定的物质结构中萌生的奥秘，但这属于科学哲学研究范畴内的课题，而非艺术家要谈论的课题。也可以按照过去两个世纪中的文学传统来探讨这一奥秘。在文学面前有两条可行之径：要么展现个体的精神生活，仿佛它并不只是一个内在的整体；要么就更加明确地展现出控制行为的力量是隐秘的，是在清晰的意识世界的围墙之外的，因此，被支配的人也许并不知道这些力量的存在。第一条描述出的路径，幼稚、简单，甚至是虚假的，只有三流作品才会这么用。对人类精神世界的描述的演变方向是放弃主人公那种不恰当的完全自知，因为不符合现实，这种完全自知简而言之就是：作为存在，他永远都知道自己在做什么，以及为什么要这么做。

表现出主观体验流（"意识流"）的不完整性和碎片化成了最重要的事。很有可能，许多杰出的艺术家并没有意识到这么做在"方法论"上的理由。他们只是将通过内省所理解到的事物状态表现出来，但由于他们的敏感性和洞察力超出常人，所以能够越来越准确地将内在真相从完全自知的假象中提取出来。矛盾的是，进步就有赖于这样的自我限制，即向更为忠实地表现精神真相"原貌"的方向靠近。然而这条路同时通向的是沉默总量的增加，这是精神行动和决定的最高审判。福克纳和陀思妥耶夫斯基作品中的主人公对自己的了解远不如巴尔扎克作品中的主人公，因此他们与我们更像，因为我们也不知道自己所作所为的最终驱动力究竟在哪儿。因此在这一层面上，我们可以去探讨已经发现的"人类奥秘"。然而它究竟是什么呢？是通过演化塑造而成的大脑结构的心理后果。在很大程度上，人都可以对自己的行为编程，并做出选择。然而，这种自我编程绝对不是"空穴来风"，也不是仅仅依赖于内部世界的"物自体"。这种选择通常是由那些大多存在于有意识的自省领域之外的因素所决定的。

恰恰是在这一领域之外，隐藏着主要的驱动力或推动力，这些力量先后被不同的学说命名和分类：先是宗教教义，然后是哲学体系，最后是心理学学派，其中以精神分析学派最为突出。

在今天看来，这些教义和学派的方法比较原始：都是以通过人格化的投射（比如人体内的"魔鬼"）、频繁使用的隐喻（"黑暗"与"光明"的力量），以及虚构的存在，其启示性作用使得它得以普遍运用，人们开始认为它们是现实中真实存在的东西（比如把史密斯的"意志"视作某种类似于他的肌肉的组织），最终就发明了各式各样的伪科学建构（比如精神分析中的自我、超我和本我）。无论这一切解释性活动有着怎样悠久的历史传统，都经常会偏离基本动机和经验机制的认知轨道，而无法做到真正的识别。正如我们所预计的那样，这里要提到的最后一个词就是神经生理学，一门运用来自生物控制论和信息论的严密手段的科学。用这门科学的语言来说，"人类奥秘"及人类"对自身的不可知性"只不过是这种控制组织的结果，也就是说，大部分编程选择机制对于其载体或其所有者来说是触碰不到的，而且是在任何情况下都无法触碰，也无法控制的，就像我们无法直接调节心率或者血压一样。使得人类在监控意识运行上如此无能的那些决定性因素，作为中枢神经的影响因素已经延续了几亿年，而非短短几个世纪。另外我们需要补充一点，那就是，从现代的、人类的角度来看，并不是这个最终构造的每一部分都值得肯定。不过这又是我们之前提到的演化方案批评的问题了。我们现在谈的是由演化"造就"的人。大脑是所有身体活动过程（也包含大脑本身）最高级别的调节器和指引者。这些身体活动过程中的一部分是需要自省审视和有意识的控制的，然而这里我们不得不强调，那只占非常小的一部分。但这两个领域（有意识的控制和无意识的控制）之间也并没有隔着什么无法逾越的屏障，从结构上来说似乎就是不可能的。因此，一切塑造意识、填充意识的东西，虽然都源于意识之外，但并不在身体之外（即不是来自外部环境），这就形成了所谓的"人类奥秘"：人自在其中却对自己一无所知。通俗点来说，人就是"身体"和"精神"。实际上，这样说并不全面，因为我们知道我们有身体（"我们可以感受到"），通过类比我们也知道我们有"精神"（意识），然而我们还有"其他"部分——这一部分难以通过主观去感知，但它却既控制着我们的"身体"，又掌握着我们的"精神"，精神分析学将这其中的一部分（因为并非全部！）称为"潜意识"。

这就有了一个悖论，或者说一个表象，认为内省认知与主观经验一样，都是全面而且完成的，但人并不是在做任何决定的时候都能够感知到他的判断是由他有意识的动机和其他动机——他自己意识不到，但就像一种无法定位也难以名状的力量，影响着他的判断——共同决定的。事实绝非如此。相反，通常情况下，做决定的人认为他知道自己为什么要这样或那样做，因此令他做出这样或那样决定的因素对他来说是一览无余的。然而，这种自我认知经常是错误的，只是一种幻觉，因为没有什么能够比我们的意识更频繁、有效、全面地欺骗我们了，特别是在涉及行为的动机及其内容时。然而事情并不总是这样。有时候，影响决定的因素作用于明确的意识领域之外，并与意识的内容大相径庭，让人感觉它是一股压倒性的力量、一种无法抵御的"诱惑"、一种不可抗拒的压力，这时，这部分不受自省控制也无法在有意识的领域中找到其源头的支配力量，就特别容易被人格化（比如"魔鬼"）。对于意识来说，它是一种源自意识之外，却又并非来自外部世界的力量，因此也就显得格外神秘。最后，简而言之，意识就像是一个舵手，被安排去驾驭一个比他自己还大的船舵，也就是整个大脑。人，就其本身而言，是现有的意识内容，以及对隶属于它的信息"配件"（比如记忆）和执行"配件"（顺从的身体与精神装置，比如人可以让自己的腿动起来，也可以让"大脑里"播放乘法表）的固有知识的总和。所以对于人本身来说，人就是意识，但又不是全部，因为通过自省，人类可以完全了解自己意识的控制特点，同时又对那个更大、更高的控制系统知之甚少。大的系统包含"小"的系统，也决定了一个人的智力水平，以及他的信息流通偏好系统（通俗来说，就是一个人的个性），但只靠深度挖掘自己的精神世界并不能让人了解自己，他必须要观察自己的行为，而且需要相当长的时间才行。

夸张点说，人类的际遇和命运就如同一名将身家性命全都交给一辆车的赛车手，他完全不了解这辆车的性能，却又要对整个赛车过程中的一切后果负责。也就是说，他要对"赛车手 + 陌生的机器"这个组合的表现负责，虽然他只好做了对自己负责的准备，因为他对这台机器一无所知，又上哪儿知道它会带来什么后果呢？这台"陌生的机器"——一个让它的拥有者对其性能一无所知的控制系统——就是我们的大脑。笼统地说，这里所谓的"陌生"主要有两种形式：一种是在不符合日常习惯、超出寻常轨迹的特殊情况下展现出来的，比如说在面对突如其来的危险时，没人知道它会有什么样的表现。这时，这个对其拥有者来说完全陌生的控制系统的参数，就会毫无预兆地显现为这样的事实：意识在整个事件过程中随波逐流，无法自控。（比如在一艘快要沉没的船上，或是集中营的焚烧炉前，人们会做出自己之前无论如何都想象不到的行为，或是表现出他从来不知道自己具有的美德。）严谨起见，让我们补充一下，这种"短路测试"不能展现出"真正的精神品格"，因为凌驾于意识之上的控制系统的参数并非恒定的，而是未知的。当然，在某个特定的个体之中，它会具有某种倾向性，然而，这种价值取向并不是固定的，会在某一个范围内震荡。一个在庞大的控制网（也就是大脑）中经常会被掩盖的统计因数有相当大的概率在"短路测试"中出现，因为提前准备好（如有必要）的行为编程和偏好系统，到最后往往是无用的，哪怕是对大脑的运行机制和动态过程有着充分了解的研究人员，在"测试"前也一定无法预测其应用结果，顶多是列举一些可能的数据概率罢了（比如，个体可能会有这样或那样表现）。我之所以提到这件事，是因为上述这类可怕的尝试，经常出现在现代或是不算久远的过去，为他们的艺术性描述制造了巨大的困难，因为这就引出了个体行为的不可预测性，从而打破了已知的人格形态。对于那些每个作家都渴望成为的"灵魂专家"来说，最可怕的往往不是人会变成野兽，而是这种变化会让他自己和其他人一样惊讶，心中还会留有杂糅在一起的负罪感和无辜感。如果我们想用信息论的语言来解释这种现象，那就好比，一个追求（适应性）内稳态的系统，也就是大脑，在经过一系列超过某些阈值的刺激后，会突然发生转变，以保证内稳态（在控制论意义上）得以恢复，然而这种调整很有可能伴随着一直以来的偏好系统,也就是伦理价值观的崩塌(尽管是可逆的)。能令某个大脑的函数发生断崖式变化的极限值,对另一个大脑来说可能并没有那么大的作用。然而这些变化区间对于大脑的所有者来说也是未知的,所以才会成为他的"奥秘"。

非常有趣的是,这种能让一个文明人接受一切暴行,哪怕是自相残杀也不在话下的行为突变,在很长一段时间内都没有被当作事实认可,也没有被纳入人类心理学知识的范畴。然而,毋庸置疑的是,中东欧在"二战"期间经历的这些暴行,在历史上绝非孤例。很有可能,沉默就源于整个文化发展的传统,这种发展旨在确定某些无法估量之事、某些规范,以及那些社会理当绝不也无从超越的禁忌。这一传统创造出了人类内心精神的某种特定模型,作为一个连续且相对有序的系统,以及最重要的,作为一个固有的整体,与对人类行为的任何统计学或"耐力"(这里指的是,道德律是控制的特性之一,和其他特性一样,也会发生变化)的解释都是不相容的。

人是在社会生产出并认同的行为模式范围内活动的,然而人的神经网络、中控系统及其随机统计成分均作用于大脑活动的各个层面上。低级执行结构越多,我们的思考就越连贯。一旦被决定触发,它们就开始非常精确地相互咬合并付诸行动——精准同步的刺激如雪崩而至,而这雪崩的触发装置往往是通过概率演算来管理的。意识是什么？是竭尽所能的精神秩序守卫者。是"欲望"和在个体历史中形成的平均行为模式相对峙的典例。是在必要时候可以施加约束、踩下刹车的力量。是一片永不休止地为一致性和连贯性而战的战场。而且，说实话，与其说它是这样一个地方，倒不如说是人们把它塑造成了这个样子。如果一个车手的经验丰富且技艺高超，就能驾驭一辆"不负责任"、有缺陷的赛车。这种比喻可能比我们所认为的更接近事实。一个由数十亿零部件、成千上万的线圈组成的巨型内稳态调节器中很容易出现局部活动中心，而这些活动中心又经常是相互对立斗争的。想要通过直接切断电源的方式来抑制不需要的信号的产生是不可能的，也没有必要，因为只需切换相应的刺激就可以将其引入新的路径。真正有必要的是搞清楚这些路径究竟在哪儿，要如何切换刺激。总而言之，车手应该了解自己赛车的特性，人应该了解自己，以及自己的"奥秘"。人可以学会"驾驭自己"，就像车手驾驭性能不佳的车一样。

那么，精神分析在我们讨论的这一问题中扮演着什么样的角色呢？当两个人宁可冒天下之大不韪（只是打个比方）也心甘情愿被对方吸引，精神分析肯定能够比中世纪神学家更理性，因为神学家只会把这种行为归罪于"魔鬼"。然而，精神分析其实也使用了人格化的手段，只不过更为"模糊"。因为精神分析所认定的"魔鬼"并非来自我们常说的那个地狱，精神分析的地狱坐落在潜意识的"本我"之中，其"魔鬼"的名字也不叫"别西卜"，而是"力比多"。好吧，作为一种初步的隐喻来说，算不上最糟糕的，然而精神分析却无法走得更远了。是它自己关闭了这种可能性，因为力比多在这一点上的确很像魔鬼——无法再进行切割或分裂。如果我要做一件除了会伤害我自己以外什么影响都没有的事，而精神分析学家说这是力比多驱使我做的，我只得保持沉默。我难道没有从这个行为中获得任何满足吗？我的潜意识里肯定是有的。对此我们又是从何而知的呢？从这一事实而来：如果去除掉"力比多"这个解释，就会产生一片空白，而心理学最害怕的就是任何意义上的空白，无论它是动机、经验还是情感上的。这种害怕不仅仅是从心理学中习得的，意识本身也害怕，而且是下意识地害怕。众所周知，人被催眠后，会在暗示的迫使下做出与当时情境无关的动作，却几乎从不会回答他为什么要这样做。在绝大多数情况下，他会想出一个借口，尽管这个借口听起来非常奇怪，连他自己都很难相信。他会想尽一切办法来填满意识中的"动机漏洞"。在资本主义社会中某些打着学术旗号、自命不凡的研究圈子里，精神分析曾经一度大受推崇，特别是通过宣称潜意识的泛性论。然而我却认为，如果只是宣称潜意识是一种通灵的现象，是一系列刺激的循环，而没有贴上"欲望"或"破坏性冲动"的标签的话，这一理论受到的阻力应该会更大。因为对真空的恐惧比对"丑闻"的恐惧要大。

对于控制论学者来说，"力比多"定义不了任何事情，他也不害怕任何通灵现象，因为他知道，反馈系统中的控制特性，以及这些特性基于信息统计分析的变化，始终都会挡在他的面前。"魔鬼"不在潜意识中，而是在神经网络中，他的名字在这里（在控制学家们的字典里）叫作"非线性自编程通论"。

我们之前提到过，意识只是一个不可知整体中的一部分，这种状态在结构上是不可避免的。神经网络的拓扑学结构似乎就证明了这一点。

信号按照系统瞬时的动态特性绕圈循环，这一特性是由其解剖学结构和个体历史决定的。相同的控制元件，有时会成为传递非决定性信息的地方，有时又会变成最终决定出现的地方。打个比方就是，我们永远都无法伸手去按住某个交换神经元，宣称就是它决定了某一类行为的最终选择。我们遭遇的一直都是一种多层结构的处理过程，就像是一个决策金字塔，以统计动态的模式输出选择动作的结果——当然都是内稳态的。正因如此，想要让意识在大脑中某个特定的部位定居下来，似乎就成了一个永远无法完成的任务，除非我们能接受这个定位的轮廓是非常模糊的。无论如何，我们有理由怀疑，个体感受和意识行为无法通过内省被还原为更简单的元素，而是一种包含了许多各种各样的组成部件的客观研究过程的组成部分。这就是为什么，通过准确无误的分析，神经生理生物控制论可以成功取代并远远超越对行为和思想的心理动机的探索。

我们来举第一个例子：按照这样的解释，所有这些决定，无论是思想上还是行动上的，都是些什么呢？是一种设有"突触开关"的选择行为，即允许某一类信息流通，同时阻止（拦截）另一类信息，也就是在神经网络中设置某些特定的"优先动作规则"，即某些信号具有优先权。鉴于这会让有些信号变得比其他信号更有分量，那我们在进行的就是一个创造价值标准的行为：这一显然是人类独有的创造性活动已经出现在了神经网络控制机器相当基础的层级上。

如此一来，这些位于同一个网络之上，逻辑却相互矛盾的偏好系统，怎么可能不划疆而治各自为政呢？还不只是逻辑上的不相容，情感上也是如此（就好像史密斯先生身上的某个部分深爱着布朗小姐，而另一部分又痛恨她）。心理学术语是非常粗略地简化过的，没有考虑到史密斯先生的全部控制特性，或者甚至可以说，完全没有考虑到史密斯先生的控制特性。这一部分只能靠信息控制论学者来向我们呈现，而不是现代心理学家或作家。

但究竟为什么不能靠他们呢？凡是无法通过内省发现，但"中央调节器的所有者"却可以在自己的行为中观察到的（特别是如果他能系统性地观察自己的反应），都可以用各种术语来命名。于是，隐藏在自我认知中的控制因素，就这样被命名为所谓的"圣人"或"魔鬼"，神圣或邪恶的力量，或是假装成科学准确的概念，比如各种各样的"情结""压抑""欲望"，化身为精神分析中的**超我**、**自我**和**本我**等等。我们可以发现，文学既可以有效地探讨魔鬼，也可以有效地探讨情结，却不必借助"控制系统的动态特性"，看似完备的知识成了无用的知识。

　　是因为作家无法通过艺术手段将神经结构模式融入作品中吗？并非如此。这些模式对于作家来说，就像（起码不亚于）解释哪种生化转变会引起青年时期主人公的精神固化一样多余。这完全是另一种类型的难题。

　　在几十年的苦心耕耘中，人们慢慢发现这些心理状态的名称与其过程和内容并不相符，也逐渐意识到了情感与行为动机的多义性、含糊性与异质性，于是文学放弃了对上述这些状态的命名，转而开始进行详尽的描述。对"意识流"或只能用行为来表现的行为的描述越精确，作家也就越接近现实，并从这种巨大的局限和放弃中获得了最佳的效果。因为读者会和作品中的主人公一样，以一种自然而然又循序渐进的方式被推向故事的关键性高潮。

"啊哈！原来他所做的一切，都是因为爱她啊！"他会在某一刻这样告诉自己。这一心理发现，使得虚构人物的情感状态要比只是多次重复"爱"这个字眼要真实一百倍。而且更重要的是，这种碎片化的复杂情感，其飘忽不定和发展变化，以及上述人物最后独特又鲜明的"风格"，都只能通过这种方式来传达。

这种极尽细致的描述方法看似非常完美，但也有其局限性。因为在一定限度内，对主人公的身体和精神震荡变化的描写越是准确细致，他就越为真实可信，然而，到了某个节点，进一步的细化就会带来与预期不符甚至相反的效果，这时，所呈现的个性就要开始分崩离析了。

就好比一张照片，我们为了看清上面的细节，把它放大了许多倍，于是轮廓变得模糊了，细节也四散分离，如果我们凑得过于近的话，还会看到个性变得松散、混乱、毫无形状，如同一盘散沙。因为作家可以为我们点亮灯火驱散黑暗，为我们拨开眼前的迷雾，把并非一目了然的事说得清楚明白，我们感觉自己仿佛被一股特殊的电流击中了，就好像他把那些对我们来说模糊含混、难以言传、只能靠直觉感知的现象清晰地表达了出来，我们在他的描述中认识了自己，了解了自己灵魂的各个方面，然而，当我们从他那里得知了太多，就再也无法自己去体验任何事了。当然，行为规范可以跨过传统心理学术语的边界，而且对作品和作品的接收者都有利无弊，他们会对自己说："我也不知道他到底是爱她还是恨她，但是我觉得这件事就应该是这样，这是很有可能的！"然而，想要反映出行为中非理性的部分、用不协调打破人格形态的欲望，不仅跨过了传统心理学概念的边界，也超出了被观察的个体所在的范畴，虽然这一范畴内的个体仍然可以形成某个整体，或者用完形心理学派的话说就是形状。当这一情况发生时，我们便再也无法辨认出那位主人公，我们不但会迷失在他的动机和目的中，迷失在他对世界的态度中，甚至还会迷失在这个人物本身中。也就是说，在他盘根错节的行为森林中，他充满矛盾又独一无二的个性中，"人类命运公式"也迷失了。尽管如此，这些在心理学范围内观察到的破碎与混乱，在控制论研究中仍能获得一个完整而有序的形态，尽管这一知识无法运用在艺术领域。在那里，有一种模式可以向我们展示，被还原为物质运动后，非理性主观行为中的客观和理性。文学创作从这儿可得不到任何好处。

可能有人会反对，说我们在讨论的只是一些细枝末节。毕竟，每一个心理行为在不同层级的物质过程中都能找到一个对应者——所以说，像"爱"这样的心理，也可以被"翻译"成原子碰撞的语言或氨基酸的舞动，虽然这确实跟艺术没什么关系。然而，反对者根本没有理解事情的本质。因为，我们试图呈现的肉体与精神并不是完全等同的。每一个心理过程当然都有它对应的物质体现，但不走运的是,反过来却并不成立。并非所有发生在大脑中、反映在身体上的过程都有其精神体现，尽管这个过程中起决定作用的很可能是心理因素！所以，对于那些只知道纯粹的物质和物理现象的人来说，"人类奥秘"将不复存在。他会比那些将自己局限在只有艺术能传达的东西里的人拥有更多的知识。

这还不够明显吗？是不是真的文学不能，而科学能？明明这二者的研究领域并不重合。是的，它们的领域的确并不重合，但那些陈旧并因而不完备的知识与关于事物真实状态的知识也是不可能共存的。从刚才谈的这些里我们可以知道，从身体中减去灵魂，结果并不为零，而是纯粹的肉体"剩余"，不能再将其归为任何心理，尽管它决定了它们的走向和内容。科学可以把"剩余"这块骨头啃得干干净净，研究得透彻明白，而艺术却不能。艺术之所以找到精神分析这个同盟，并不是因为其科学性，而正是因为其中所包含的非科学性。精神分析创造出了"力比多"、本我的神秘幻影，把梦境抬到了很高的地位，打开了通往自由的、神话般的组合学说的大门——同时也将通往灵魂微观深层研究之路的大门紧紧地关上了。

我们来举个例子，中世纪字面意义上的魔鬼慢慢变成了约定俗成中带有修辞意味的魔鬼——一个简便的俗称，一个不仅被剥夺了面容，甚至失去了面具，就连连贯性都不复存在的过程的代名词。我们可以将这种"魔鬼的演化"看成是文学中不断兴起的对人格化的摒弃的过程。住在人的身体里的魔鬼，也就是伊万·卡拉马佐夫一直交谈的对象，是"剩余"——是意识从内省中直接了解到的东西，被从那种引导着意识但从意识内部又看不到的东西中减掉的结果——的一种人格化投影。在那个时代里，魔鬼是一种了解人类灵魂的手段，在一定程度上已经被相应的心理学知识所证明。如果说，歌德的读者尚能将《浮士德》中的魔鬼理解为字面意义上的魔鬼，但阿德里安·莱韦屈恩的魔鬼就大不一样了，就连托马斯·曼自己也不得不在行文中"消除歧义"，一边要让作曲家与这位地狱代表进行可以在更深层次中感知到的对话，一边又要给它加上引号，告诉大家这只是一个病态的大脑中出现的幻觉。托马斯·曼笔下的魔鬼比陀思妥耶夫斯基笔下的魔鬼塑造得更为"鲜明突出"，这也绝对不是巧合：仅仅把他塑造成一个令主人公"头脑发热"、疯癫痴狂的角色引上舞台已经不够了，还要将其"解释"得更精确，这就是为什么他和作曲家之间会有那么多关于大脑思考过程（也就是产生于软脑膜之下）的对话。

而如今在现实作品中，魔鬼顶多是一个信号，意味着和他打交道的是一个不正常（出现幻觉、神志不清等等）的人。"人类奥秘"被解码为某种形成于神经网络演化过程中的特定动态结构的结果，失去了其原有的黑暗光环，也失去了原有的适用性，以及其吸引艺术的特性，等到它最后一丝光芒消失于科学之中，它也就再也无法存在于艺术之中了，因为只有在真相尚未被发现时，假设与神话才有着同等的效力。

上述种种自然都印证了我的观点：文学应该承载认知性的内容，在这个意义上，它顶多（只是打个比方）可以是"中立"的，但在任何情况下都不能是虚假的。当某一现象的运行机制已经被完全了解了，与之矛盾的解释就再也不会有任何存在的余地了。

在这个方向上，没有什么比托马斯·曼在《被骗的女人》中走得更远了，里面写道：一个已经进入更年期的女人看到自己出血以后，以为这是月经的回归、爱情的征兆，然而事实上却是致命癌症的前兆。很难想象，肉体无意中对灵魂开的这个无比可怕的玩笑，这个灾难性的"误会"，已经被讲到了极致——作家总不能将决定癌细胞分裂和基因信息传递的统计数据写到作品里吧？更不能暗示在她中的这张"冒牌彩票"后面隐藏着一个魔鬼，或者直接说这是一种有意识的邪恶力量。那就真成了最纯粹、最处心积虑的骗局了。所以，魔鬼就这样在艺术中永远消失了——而且他也不是唯一一个。文学与科学在心理学领域的竞争似乎已经一去不复返了。直到今天，这种观点依然是饱受争议，甚至是被孤立的，但我觉得，在未来几十年中，它会变得很普遍。正以较大强度进行的文学实验在灵知上的枯竭是有其鲜明症状的。经常展现在我们面前的是伪发现，而非真正的发现（行为主义者更倾向于展现心智发育不良的个体，心理作家更愿意介绍超自然的意识状态，比如悲观、倦怠等等）。个体间的边界被人为地模糊了，所以我们就无法分清哪些记忆是属于哪个人的，但是这种"蒙蔽"的方法其实是无济于事的。这样看来，似乎关于人之善的一切可说的内容都已经被说尽了，现在就剩下"人类心灵恶行簿"还没有被充分利用了，对恐怖地狱与怪物典范的描写中尚余许多空白，仍需要去填补——然而，很明显的是，这条路也走不通。

总之，我们已经以一种零碎而又非常浅显的方式，介绍了技术给文学发展所带来的危机：从艺术的源头到艺术的结果，技术都在攻击着艺术。甚至技术的"大脑"——科学，在这里一领域中都不是中立的，研究精神现象的学者们也对文学造成了威胁。然而，令处境更为艰难的就是，从主流观点中我们可以发现，文学，并不完全了解这些现象产生的机制，至少并不是很清楚危险来自何方。让我们祈祷它能够得胜凯旋，如同凤凰浴火重生，以新的形式和内容重新出现在我们面前，它不会弃我们而去，因为如果艺术离我们而去，那么一个技术全面胜利的辉煌时代对我们来说又有什么意义呢？

1963年于克拉科夫—扎科帕内

注释

1 千百万人，原文为 za miliony，典出自波兰作家亚当·密茨凯维奇的《先人祭》，是主人公康拉德在第三部第二场中的名言"我爱的是千百万人"，即"我爱的是整个民族"。——中译者注

技术大全

结

论

一本书的结论部分某种程度上就是内容总结。因此，我在将我们人类未来**灵知**的责任转移到尚不存在的机器那如死物般的肩膀上时的急切态度，或许值得重新思量一番。有人会问，这是不是由作者本人都没有完全意识到的某种挫败感——由于历史或作者本人的局限，他参透科学及其未来——引起的？于是乎，他似乎为名作《鸿篇》[1]提供了一个新的——或者说更现代——的版本。《鸿篇》是智者拉蒙·柳利在很久以前，也就是 1300 年写下的作品，斯威夫特在《格列佛游记》中曾对此大加嘲讽。

暂且不说我能力不足的问题，我的回答是这样的：这本书与纯粹幻想的区别在于，它尝试为自己提出的假设理论奠定相当稳固的基础，同时也考虑到存在着的这些最为坚实的东西。这就是它为什么时时刻刻提到**自然**，因为这就是"自动化心理预测器"和"智能设备"所处的环境，以染色体为根基、大脑形态为树冠的巨型演化树。询问我们是否能够模仿那些预测器和智能设备，进而探索、付出努力是值得的，因为这基于理性。然而，当谈到设计程序的具体可能性，这又是不成问题的问题，因为所有这些"设备"早已存在，它们不仅通过了为期数十亿年的经验测试，而且做得相当好。

但仍然存在如下的问题：我对非智能因果性"染色体"模型的态度优于智能因果性"大脑"模型。这个决定纯粹出于就物质和信息设计因素的考虑，因为当涉及容量、通量、微型化程度、材料节省、独立性、效率、稳定性、速度以及普遍性等时，染色体系统的表现超越了大脑系统，在上面提到的各个方面都将后者一一打败。它们还缺乏任何形式语言的局限，这表明在物质操控的过程中不会出现什么复杂的语义或者心理属性问题。最后，我们还知道，分子水平上基因聚积之间出现直接对抗也是可能的，据说，这是根据环境状态优化其物质因果性的结果，可以通过受精的每一步行动来证明。受精也是一种"分子决策"行为，面对两个关于有机体未来状态可替代性"假设"之间的冲突，而两性配子正是这些假设的"载体"。以相同方式重新组合一种预测物质元素的可能性并不是因为在个体发育过程中施加了某些其他过程，这些过程外在于个体发育过程，但却恰恰内置于染色体结构之中。除此之外，基因型的排他性和绝对性有助于预测问题，这对科学来说非常宝贵。而大脑缺乏任何这些设计特征。作为比基因型系统更加"绝对封闭"的大脑系统，它无法直接面对其全部信息内容（而染色体能够做到），其高度复杂的重要部分，却一直在处理和系统调控相关联的任务，因此无法投身于"预测工作"。大脑似乎是"被完成"或者"经测试的"模型，或者是一种原型。如果它们要变成诱导形成完善版本的理论的装置，也许得使用一些选择性扩增手段，"只"需要复现一下就好了。而将特化系统，比如染色体系统用于此任务，结果不仅会极其困难，而且几乎是不可能。然而，通过每一个载体原子时间单位比特数来测量的话，"遗传设备"成功的可能性非常高，因此值得一试，而且不仅限于一代人。无论如何，怎样的技术专家能抵挡住这种诱惑？从氨基酸的二十个字母中，自然构建出一套"纯粹"语言，通过核苷酸音节的稍稍重排，表达出噬菌体、病毒、细菌、霸王龙、白蚁、蜂鸟、森林和国家等等，只要给它足够的时间即可。这种语言完全是非理论性的，但是它不仅仅能预测下至深海、上至高山的自然条件，同时还表明了光的量子特性、热力学、电化学、回声定位、流体静态学，以及许多我们尚未知晓的其他事物。它只在"实践"中表达，因为虽然它引出万物，但是它却对其一无所知，缺乏智慧的它要比拥有智慧的我们更具有创造力。染色体语言同样也不可靠，它挥霍无度地分配着对世界种种特性的综合声明，因为它理解世界的统计学属性，并以此为依据行动。它也不在乎任何单独声明。对它来说重要的是数十亿年的整体表达。要学习这种语言才是真正有意义的事情，因为它构建出哲学家这种人，而我们的语言只能构建各种哲学理论。

1966 年 8 月于克拉科夫

注释

1 *Ars Magna*，十三世纪的马略卡哲学家兼作家拉蒙·柳利（Lullus）的一篇文章，概述了他将事物的宗教和哲学特性结合起来，并对许多科学进行分类的方法，被视为用逻辑方法进行知识生产的早期典范。

二十年后

一

　　二十年，对于一个人来说，是很长的一个阶段，而对于一本书，特别是一本关于未来的书来说，更是一段不短的时间了。有句话说得好，没有什么比未来衰老得更快。这句话的狠毒之处直戳未来学家。就好像迈达斯国王所触之物皆成黄金，而未来学所言之事皆未实现。尽管出现了一些尚未被大众所熟知的新预测，然而他们的作者却对自己之前的预测闭口不谈。这也就解决了关于未来学科学性对自身不利的问题，因为预测与事实相符是科学，而吃一堑长一智则是力量。

　　在这里重谈《大全》，我并不是想要细数《大全》中的正确预测，而是想要强调这本书中我认为最重要的内容。当然我可以通过罗列各种各样的日期进行对比，以来证明我的那些先见之明。比如马文·明斯基认为"人类远程在线"是一种可实现的现象并将其命名为"远程呈现"，我在这本书中将其称为"遥感术"，甚至我不得不追溯到更早之前，早在1951年我就在书中提到过"远程会谈"。我还可以将理查德·道金斯那本《自私的基因》的出版日期和我那本《戈莱姆XIV》进行对比，这两本书里都谈到了传统意义上所认为的遗传基因与有机体的关系的颠覆。其实还能列举很多这样的具有先见之明的例子，但是这也绝非我本意。重要的是，我正确地选择了一条思考发展方向之路。我觉得现在比我自己二十年前大胆想象的要好，因为我从没想过，我能活到我所预测的、哪怕只是初期雏形的时代。我低估了文明的加速发展，正如有些人所指出的，文明的加速具有越来越强大的工具支持，而其发展目标也越来越模糊不清。这是由大国对于至高无上权力（霸主地位）的争夺以及想要保持其在世界上的政治经济现状而所做的努力所导致的。尽管我下面要说的并不是我们预期要谈的话题，但是我不得不补充一点，那就是核武器战争的危险一定会不断减少，因为核武器在打击的过程中破坏性过强且过于盲目，所以核武器的增加无法保证任何人的安全。这也就是为什么我们应该期待对那些在我们眼中已经不再是常规武器的常规武器进行改进和更新。自瞄准子弹是向自带程序武器、人工智能武器迈出的第一步，这样的武器在过去的常规武器中是不

　　　　　　　　　　　　　　　　　技术大全

曾存在的。这一比核武器还要资本密集型的趋势简直是势不可挡。从核战争的浓烟中显现出了其他一些用于解决冲突的技术方法武器库，这些技术方法和手段至今为止都从未被如此大规模地使用过，所以就如同原子弹战争一样其结果是不可预测的，尽管这一不可预测性并不代表就一定等同于大规模的人类灭绝。创新性成果的不断出现和增加导致新型武器的战略和战术的进步变得深不可测，因为军事作战的有效性是取决于数量不断攀升的攻击和防御手段的，而这些手段的相互抗衡只能是纸上谈兵或者在模拟战争游戏中呈现。我想说的是，这仿佛是自相矛盾的：武器库中所包含的高精尖武器越多，在实战中出现（不可预知）状况的可能性越大，因为当在越来越短时间内、在分秒之间就可以决定行动有效性的地方，对于大规模攻击的有效性预测就变得不再可能了。通过计算机模拟手段可以随意开展无数次虚拟世界大战，然而在现实中，世界大战只能打响一次，因为想要在这时候亡羊补牢，早就为时已晚。另外，在过去二十年中所发生的战争绝不是人类理性思考后做出决定的成果。之所以说是非理性的决定，是因为战争没有给任何人带来利益，却为所有人送去了损失。尽管未来学付出了很多心血，却没有预测到任何一场战争的发生。之所以没有预测到，是因为任何未来学的研究方法都无法给予对政治军事进行预测的基础支撑。

正如这场溃败所示，一个人要是想要预测所有事，那么他就会把所有事都弄错。所以，在未来学中"量身定制"的预测注定是行不通的。对未来学的研究分析就表明，在这个"所有事"中就包含着一个致命的空白。因为"所有事"中包含了截至本世纪末及以后的历史的全部外部呈现，这包括历史在政治、经济、技术、文化等所有领域中的呈现，然而却没有考虑到推动文明变革产生的主要驱动力——科学。未来学家们本该对基础研究进行深入挖掘，因为正是在这些基础研究中形成了许多伟大的理论观点，而这些论点是在数十年中对认知起指引作用的，然而他们却故步自封，将自己困在技术生产成果的表面，从中，而不是从纯粹的科学基础研究中，为自己的推断打下地基；未来学家们本该对基础研究追根溯源，他们却忽视了这庞大的"根系"，只在乎今日光鲜夺目的"硕果"，并以为这就是未来的"丰收"。也正因如此，未来学家们就更容易被雷阵雨般的流行观点和视觉冲击所俘虏。这个错误导致技术凌驾于科学之上，而这是一个致命的错误。因为技术并没有从当今的科学研究中独立出来，而是在历史上前所未有地依赖于科学。纯粹的研究与其工业应用之间的时间差距依然是巨大的，但是这是因为科学为自己所制定的任务是极其复杂的。之前各个领域的专家都是各司其职。如今，特别是在生物学领域，无法将复杂而苦难的任务分成简单

　　　　　　　　　　　　　　　　技术大全

的部分，那些在不久前看起来还相距甚远的学科之间的合作也变得必不可少，比如像信息技术与计算机科学，生物化学与量子物理学。正因如此突破的发现的成熟期较长，而这又令其后期实现具有更大更深远的影响。之前从未有过像如今想要找到一个没有实际成果的纯粹的研究领域这样困难过。正如原子学催生了原子能，量子力学正在催生新的工业材料技术，这要归功于具有所需特征的固体的原子化设计；而理论生物学在催生出了基因工程学——这门十分接近工业应用的学科后，试图通过量子化学和自我复制聚合物化学交叉融合将其变得更为强大。其实应该把我这本书中许多奇妙的想法都实现，而奇妙的程度在今天来看的确比我当年写书的时候差远了。我的意思是通过构建以遗传密码为非剽窃模型的系统来征服生物技术。我将主要对这个问题进行进一步的关注。

现在我却只想说，在《大全》出版十来年后，人们在高呼着"工业的人造生命"口号，开始撰写一些关于类织物材料合成、伪生物物质的专业论文。尽管这一概念还尚未实现，但是也已经不再是一个外行不负责任的白日梦了。因此我成功地提前找到了思想研究的主要方向，或许至少是其主题或风格的方向之一，也就是所谓的认知工作的最高范式。对于这一方向、尚未形成或是才刚刚在科学中萌芽的假设的精准猜测，肯定还算不上预期的大获全胜。因为世界科学这一整体也不是对犯错免疫的，同样在某一历史时刻科学家们的希望可能会走投无路。然而就《大全》所围绕的核心而言，已经积累了足够多的事实来证明其论证的方向是正确的——虽然下文会有所修正和补充。

首先我来说说这个题目。这本书并不像优秀的书评人莱舍克·考瓦考夫斯基所想的那样，仅仅局限于技术哲学，也不局限于科学哲学，当然这一点没有人公开表明过。因为这本书所关注的是它们相互融合的过程。也许之前我没有说得那么清楚，也没有强调。其实我本来也不想把任何不属于自己的功劳强加到自己身上。每一篇文章都至少有两层含义：一个是作者所放在文章中的、较窄的含义（这也要看作者能放入多少），另一个是后来的读者放入文章中的、较宽泛的含义。四百年前弗朗西斯·培根提出过，在天上飞的机器、在地上飞速前进的机器以及在海底行走的机器都是有可能的。毫无疑问当时他并没有以任何特定的方式去想象它们，而我们今天再读到他当年的这些话，我们不仅仅不由自主地在其中加入了知识，因为的确发生了这样的事，而且我们了解到很多特定的细节，这令他说的那些话具有更重要的意义。所以今天也可以以这样的方式来读《大全》，仿佛比起我在写作时的想象，它预见了更多，因为一个有能力的读者会将文本在其允许范围内扩容加码。所以这里如果要说成就贡献的话，也只能说《大全》在讨论高度现实化的话题上具有非常广阔的延展性，因为书中我所提出的概念与科学的发展方向有着令人难以想象的相似和重合。当然不是所有地方。但是比如我之前说过的想法（确实不是在这本《大全》里说的）——我为了参与1971年美苏在亚美尼亚布拉堪所举办的"地外文明研讨会"时的发言——也得到了证实。我当时写道："如果宇宙中的文明分布不是随机的，而是由我们所不了解的天体数据所决定的，尽管与可观测到的现象相关，但是接触的机会会变得更小，那么文明所在位置与恒星介质特征的联系越强，也就是说，宇宙空间中文明的分布与随机分布的差别越大。"毕竟我们不能先验地排除有天文上可见的文明存在的迹象这一事实。由此可见，"地外文明探索"计划应该在其规则内包括这样一条，即考虑我们的天体信息的瞬态特征，因为新发现甚至会对"地外文明探索"计划的基本假设产生影响并引发变化。

的确就是这样发生了。从地球放射性同位素的组成、星系天文学数据以及天体和行星生成的模型中，就像是从一块拼图中，形成一个重建的太阳系诞生历史和生命产生条件的假设力量的整体。这件事需要进行非常广泛的介绍。四分之三的星系都是螺旋形状的，有一个核心，从中延伸出两条手臂，就像我们的银河系一样。由气体云、尘埃和恒星组成的星系产物，在其内部不断旋转，这样核心以比臂部更大的角速度旋转，而臂部追赶不上这个速度而扭曲，所以赋予了整个星系螺旋状的形状。然而这两条手臂的移动速度又与形成它们的恒星不同。星系不变的螺旋形状是由于密度波，在密度波中恒星的角色就仿佛是普通气体中的分子。由于大家的旋转速度不同，一部分恒星滞留在臂部之后，而其他一部分则拼命追赶并通过。只有处在距离核心一半位置的恒星速度和臂部速度相同，这就是所谓的共转圈（并行）。形成了太阳和恒星的太阳星云位于旋臂的内部边缘，大约在五十亿年前进入其中。它以大约 1 公里 / 秒这样一个几乎可以忽略不计的缓慢速度追赶着旋臂。这块星云进入密度波中以后，很长时间内都是处于被压缩的状态，这有利于太阳的形成，直至在它周围也形成了行星。这是从何而知的呢？从我们系统的放射性同位素组成和这个系统目前的位置来看——在射手座和英仙座的臂部之间分布。放射性同位素的组成表明，太阳星云至少被超新星爆炸的产物污染过两次。这些同位素（碘、钚和铝）不同的衰变周期可以说明，第一次污染发生在星云刚刚进入旋臂的内部边缘之后，而第二次污染（放射性铝）发生在大约三亿年之后。数百万年后，已经被行星包围的太阳离开了旋臂，自此之后在一个宁静的真空中移动，准备在十亿年后进入下一个星系旋臂。

太阳在自身形成的最早期是在一个强辐射和有利于行星繁衍生息的区域度过的，目的就是为了能够和其他冰冻的年轻行星一起进入一个与外界高度隔离的空间，在这个空间内，地球上的生命可以不受干扰限制地发展。正如这张图片所显示，对于哥白尼所提出的规则，即地球并不处于一个单独列出的特殊地方的想法，是要画一个问号的。如果太阳和行星的运行速度比螺旋臂快很多，那么它就会经常横穿过螺旋臂。超新星爆发所造成的辐射和放射性冲击会阻碍或破坏生物进化的稳定进程。如果太阳在共转圈上运行，在那里恒星既不会落后也不会超过旋臂，生命也无法在地球上延续，因为迟早同样会被超新星的近距离爆炸消灭。然而如果太阳在星系遥远的外围移动，因此从未横穿过旋臂，那么就可能根本无法形成行星。由此可见，为了能够让太阳首先诞生出一个行星家族，然后成为地球生命的孵化器，必须满足许多不同的且相互独立的条件。行星的形成需要剧烈碰撞事件的突发，而生物形成则需要数十亿年的沉寂。一段时间以来，我们已经知道，我们的行星系统的形成离不开临近星球爆炸所形成的推动力的参与。发展扩容成整体性假设的新图像表明这样一颗恒星是来自何方的。超新星一般不会出现在星系盘增厚区之外，最经常在旋臂处爆发。因此，对于生命诞生的初始阶段和适应阶段来说的必要条件既不在其本身，也不在与它相距甚远的地方，而是在星系的共转圈中。这样生成的模型就具有一定的漏洞，为了不展开有争议的天体物理学话题，我们在这里就省略关于这一问题的讨论。这种对我们系统的历史的重建并不是一个不容置疑的真理，而是一个整体，包含了所有所获得的数据的一个统一体，比其他与之相竞争的重建更好。毕竟我们在宇宙的演化中总是处在调查法官的位置，手中只有间接证据，我们要做的就是以最符合逻辑顺序和因果关系的形式将其组合起来。准确地重建天文系统数十亿年历史中的所有细节是不可能的，因为随机因素在这些过程中扮演着重要角色。过近距离的超新星爆炸非但不会压缩原行星云、加速器凝结，反而会将其卷走，从而阻碍地球和生命的诞生。

除此之外，太阳并不是在星系本身的平面内运动，而是在一个偏离该平面几度的轨道上运动。不知道这是否是没有意义的，是否与我们系统的命运相关。无论如何，它都关注这样一件事，即应该在共转圈附近寻找孕育文明的生物行星。这对在银河系内部开展搜索的探索者来说不是很有利，因为位于盘面内或盘面外的搜索区的特点是尘埃、气体、恒星和辐射云的高度集中，使其难以运行及进行信号探测。在观察其他星系时并不存在这一问题，然而却出现了因为巨大距离而导致双向虚构交流的问题。同时，用于星系间联系的发射器的功率必须足够大，而且信号化的行为是完美的利他主义的表现，因为发射信号者不能指望从这个可能等待至少几千万年才所获的回复中获得任何信息收益。从另一方面来说，探索区域收紧了，而也需要在其中看到某些好处。因此，对星系动力和结构的研究为文明间交流的问题带来了新的启示。采用所描述的模型让我们将对星系中迄今为止生物系统数量的评估进行修改和更正。我们几乎可以肯定地知道，在太阳附近，即半径约为五十光年的恒星中，没有一个是这样的系统（当然我们只考虑有可能与之发生信号接触的系统）。共转圈的半径约为一万零五百个秒差距，也就是三万四千光年。这个星系中大约有一千五百亿颗恒星，假设三分之一的恒星包含在核心和旋臂的底部，我们就得到作为旋臂的一千亿颗恒星。我们并不知道在共转圈周围的应该画出多厚的环形，以囊括整个有利于生物系统形成的生态圈。因此我们假设，这个构成环形的区域内，有所有恒星的十万分之一，也就是一百万颗。共转圈的周长是二十一万五千光年，所以如果那里的每一颗恒星都点亮一个文明，那么两颗恒星间的平均距离为五光年。然而事实并非如此，因为太阳系附近的任何一颗恒星闪耀下都没有文明的出现。因此我们可以说，即使在共转圈上，也只有百分之一的恒星满足生物遗传的条件：那么银河系中就有一万颗这样的恒星，两颗恒星之间的平均距离为五百光年。但是这种计算平均值的方式并没有太大价值，因为臂内恒星并不能很好地预测出它周围有生命的存在，要知道它们中大多数都是这样的，因为它们紧紧地集中在旋臂内。因此，我们应该沿着星系平面内太阳之前和太阳之后的共转圈圆弧寻找，即在英仙座和射手座的云层之间寻找，因为那里可能有一些像太阳一样的恒星，它们已经有过星系通道穿越的经历，现在随着我们的系统在真空臂间扩散移动。我不知道是否这个区域内的恒星已经被列入调查研究范围了。这项任务看起来似乎不太难，因为这样的恒星相对较少。但是广袤的星系中文明间的距离是很难通过统计来估算的，因为我们总是想通过取平均数了解天体数量稀少的地方的情况，其结果往往是以失败告终。所以我们要做的是寻找而不是计算。我们再次回到我们的模型上。在共转圈切割旋臂的地方，大概厚度为三百秒差距。原太阳轨道向星系平面倾斜大约七到八度，在大约四十九亿年前第一个，迄今为止也是唯一一个通过旋臂的。三亿多年来，太阳星云在臂内受到动荡环境的影响，自从它离开旋臂后，就一直在宁静的真空中漫游，这段旅途如此漫长，因为太阳沿着共转圈移动，通过旋臂时形成一个锐角，所以太阳轨道的臂间弧比臂内弧要长。当你盯着星系图，脑海中呈现出模型的时候，有居住者的行星的全部问题都被笼罩在了令人难以置信也令人毛骨悚然的光亮中。这就是旋臂，它们既是生命的缔造者，又是生命潜在的杀手，它们首先在通道中建立起生命的存在，然后再下一次旋转中将已经诞生的生命系统揽在一起，再用超新星致命的辐射打击它们。可以赋予生命开始的东西也可能在以后摧毁生命。旋臂就像是一张分娩床，又像是一个旋转的断头台，一切都取决于行星系进入它的哪个发展阶段。至于建立联通的机会非常少，在太阳系的"尾部"后面的共转区域深陷在高浓度的恒星、辐射、尘埃和气体中，就和我们面前的一样。很少会有这样的信号障碍和干扰，因为行星非常密集地分布在太阳之前，对于其居住者来说并没有什么可值得羡慕的。因为尽管对于某一个特定的恒星来说，超新星的爆发并不是一个非常频繁出现的现象，每隔几千万年会发生一次，但进入系统中的超新星残骸碎片对于生命来说可不是无所谓的。所以在这种压迫下的文明确实有比以自我保护工作的形式建造通信发射器更为紧迫的任务。面对超新星，这些任务哪怕对于强大的、远在我们之上的存在来说，也并不容易。新模式可信在什么地方？通过进一步的研究，在不远的未来应该就可以将其指定。如果我们以此类推，这个模型是可以令人信服的，因为在恒星周围的空间内出现了一个被称之为"生态圈"的地方，在它之外，由于温度过低或过高，行星上都不可能出现生命在太阳系，这个区域包括金星和火星的轨道，也包括地球。因此共转圈就相当于被移动到了星系维度上的这个区域，那里的条件环境各不相同，也存在着不同的危险和威胁。综上所述，大家可以更好地理解，当我谈到预言或哪怕只是猜测的潜在的双重含义时，我所想表达的意思到底是什么。我在1971年所提出，关于天文现象与生命起源之间的关系的发现，使得地外文明探索计划发生了深刻的改变，我的观点直中要害，因为如果经过进一步的研究，地球在星系中的共转位置被认定为生物遗传的典型现象，那么这样的改变是必要的。所以这个猜测也充满了在我给出这个词时我所不了解的含义。这个猜想本身并不是无聊的陈词滥调，但既没有人提出这个说法，也没有人支持它。在提出对费米悖论假设的解释时，没有考虑到宇宙中生命非随机分布的可能性，而是强烈地将其限制在某些特定的区域。然而却出现了一些通过原子或技术自杀的现象，将我们从宇宙的孤独中拯救出来的假说，据说这些现象是每个文明在跨越某道发展的门槛之后所必然出现的。这种将自己命运的全部责任归咎于生物而非宇宙的倾向，在我看来是当代人恐惧的表现，因此我拒绝承认其客观价值。从我的猜想中还可以用一种相对隐晦的方式得出这样一个结果：在收到任何"其他"信号之前，我就已经预料到，在天体物理的数据和生物形成之间的间接联系的新发现。因为如果我们接收到来自某颗恒星附近的信号，我们就不必再使用重建星系深层过去的假设的迂回路线来寻找信号可能来自的地方。

对于为什么我曾经（现在也依然）认为相对快速和容易发现的信号是不可能的这个问题，我在布拉堪的研讨会的发言上已经进行了回答。我提出，我们必须依靠信号产业，因为我们自己没有向宇宙发送强大的信号，这是由一个对我来说难以置信的假设中得出的结论，仿佛高度发达的文明在其行为中是完全自由的。这是想象的结果，我曾经写过，文明的发展由于其永不休止的进步，将其引向幸福与和平中的权力高原，它达到了一种境界，在这种状态下，珍贵的利他主义行为也变得微不足道。然而我却认为，伟大的文明就有巨大的麻烦，因为每个人都在按照自己的标准和方式与问题进行抗争。至今为止所发现的事实还没有确定我的怀疑主义——也可以说这是一种悲观主义——是否正确。然而它确实为所提出的问题提供了一个答案。（参见《地外文明探索问题研究》，莫斯科 MIR 出版社，1975 年，第 329—336 页）

生命产生的潜能蕴含在如此宽广的物质特征中，其中所包含着最大和最小比例的过程，所以我并不认为，生命的形成机制已经被得到了明确的认识。虽然任何的星系假说似乎都已经与我们所有已知的事实相连，但是它是通过间接证据程序来实现的，而且也的确还有可能很多地方都有漏洞、都会受到打击。为了不将这些意见过度地展开，我在这里只提一个地方。这一假说认为太阳星云的环星际轨道具有不变性。同时很多天体物理学家都对这一不变性提出了质疑。他们认为，恒星或星云在其圆周路径上进入旋臂的道路上，会经受来自其他处于附近的恒星所带来的引力扰动，这些扰动将入侵者推开并使之沿着离心力方向在其轨道上移动。当它出现在另一侧旋臂处时，这样的天体就多了一个新的、更具离心力的轨道，它再沿着这个轨道移动，直到与旋臂的下一个交叉点。如果是这样的话，那么现在太阳既不遵循它在进入螺旋之前的轨道，在它身边的恒星也都不再是当它第一次进入时身旁的那些了。而一旦没能够将其从轨道推出，那就意味着原太阳是独一无二的，就仿佛一个穿过人群的人，一次都没有被别人撞到过。这并不能排除，如果真的发生了，它将是一个统计学上极罕见的现象，也就是说是特殊的，无法对其他所有通过螺旋和恒星穿越提供任何有效的重要概括。太阳毫无疑问现在正与其他行星一起航行在接近共转圈的臂间广袤真空，但它如果由于受到引力、来自轨道的典型推力的影响而靠近了共转圈，在这种情况下，它就拥有了一段极为特殊的过去，这对天体物理学来说则是致命的特征，因为这种推力的大小无法精确确定为对任何恒星或星云的可测量的扰动。从这一角度来看的话，即便是太阳过去的重建的准确性也被局限于此，也仅限于此，并不能说明这种事件发生的频率，同样对于正常的生命生成的机制也是一无所知。但是需要强调的一点是，这一争议并不代表"我们现在不知道，将来也不知道"[1]，只要打开二十多年前的天体物理学教材，就足以看到这段时间内所取得的巨大进步。如今没有哪个知识领域是不需要不断学习的，需要在图书馆的书架上进行残酷的清理。所以可以期待在不久后这里所提出的假设流传千古或者被批判推倒。

二

　　《科学美国人》杂志在 1981 年 9 月用了整整一期来讨论工业微生物学，其中刊登了关于工业微生物、哺乳动物组织细胞培养、微生物遗传程序、细菌食品生产、微生物药物生产、微生物在化工中的合成以及农业微生物学的文章。二十年前，这些程序还处于起步阶段，或者像基因遗传编程一样尚未存在。大型资本开始在这个领域进行投资，像美国基因泰克公司就是证明。流行杂志月刊《发现》的 1982 年 5 月号封面印着《利用细菌制造电脑》的标题。其实从文章中我们只可以得知，研究人员期待能够通过将细菌转化从而生产制造出相当于逻辑电路的东西，所以这只是夸大其词、吸引眼球的标题。然而二十年前，只能够从这本书里找到类似的问题。所取得的进步让我们能够将《大全》的主要论点分为两部分，即顺式生物学技术和反式生物学技术。我们可以将第一部分理解为人类技术和生命现象领域间的双向联系。我们将传统生产技术设备引入这一领域——主要指假体整形，比如：人造血管、关节、心脏、心脏起搏器等。除此之外，我们还将这一领域的现象转变为我们所用，正如《科学美国人》中那些文章所说的那样。因此仿生学、基因工程学、新假体（特别是感官类的假体）都属于顺式生物技术。已经实现了将相距甚远的动物物种的 DNA 遗传密码片段结合起来的可能。但是一直以来都是盲目地做，基因图谱的绘制以及作为原型创建的特殊设备通过这种操作将目标对准被需求的组织乃至整个有机体及伪有机体。一般来说，掌握顺式生物密码就仿佛是学习一门陌生的外语，目的是想要用这门语言自由地表达，而且众所周知，谁要是学会了，谁就能建构出之前从未有人用这门语言说过的句子。但是如果这是一门原始部落所使用的语言，它将缺乏许多我们所熟悉的表达方式，而且用它来讲授理论物理就变成了不可能之事。所以，不是所有东西都可以用这个语言表达出来，生命代码亦是如此。作为动物和植物有机体，它的表达集合可能是无限的，但是同时又是有限的，因为它无法用这一种密码来表达阐明如动力机械或原子反应堆的表型。因此通过反式生物技术我想将生命基质的转换理解为将逻辑活动图转移到物质的其他非生物状态，而不是作为剽窃或者更为大胆的重组的模型。技术密码仍然是信息的起因记录，但仍可以由非生物元素构建。

那么在《大全》写成的二十年后，关于遗传密码的知识又以什么面貌呈现出来呢？当时它的结构和基本功能已经被广为认可，但是它的出现仍是一个谜，如同一座难以攀登的玻璃大山，甚至让人连迈开第一步的腿都无处安放。非经典热力学和分子生物理论这两方面的研究必须交叉融合，才能够点亮解开谜题的明灯。第一种趋势与伊利亚·普里高津的研究有关，我们耗散结构理论的成就都归功于他，耗散过程就是远离热力学平衡状态的这种过程，在连续耗散的能量流中自发地形成了许多粒子结构配置。这使人大为震撼，因为之前人们一直认为，随着能量的不断分散，没有什么比熵的增加从而导致混乱的发生更有趣的了。同时，这一理论还表明，即使接近绝对零度，物质也会发生丰富的结构变化，而且在生命可以稳定生存的温度下，它的活跃性更强。而曼弗雷德·艾根创建了分子过程模型，这应该可以算作生物产生的初始阶段。存在于温暖的原始海洋溶液中的某些化合物，在随机碰撞中与其他化合物相遇，可能通过结合形成循环转化，而这些循环转化又与其他循环反应联系在一起，形成了一种相互依存的动态关系。就如艾根将它们都称之为超循环，这就是"化学上的利他主义"，因为一个循环的产物使另一个循环继续进行下去，反之亦然。这些相互交叉、互相依存的关系为自我复制提供了开端，随后（几百万年后）引发生存竞争。想要把这件事讲清楚需要另写一本书，所以我在这儿只能向感兴趣的各位推荐艾根的研究。这种略过不谈对我们来说不会是太大的遗憾，因为我们要讨论的不是生命代码本身，而是它不存在的亲戚们。然而这里需要关注一个重要的问题。我们能够在头脑中或者在纸上创建密码产生的模型，但是不能在实验室中创建，因为我们至少要等待数百万年，甚至更长的时间才能看到效果。用海洋代替试管似乎方便得多。这里指的是大量的统计过程，如果想要从简单的化合物开始，而最终想要得到一些原始的超循环，则无法进行强有力加速。这就好像买彩票，如果只有少数人参与猜彩票上开出的数字，就可能任何一个数字都猜不中；但是如果有数十万玩家参与，命中的概率就会增加。绝大多数自发的化学反应都以衰变或者形成溶液中沉淀物体而告终；需要等待很长一段时间，自我维持反应才能结晶，而它们中的大部分将再次走入死胡同。时间流逝本身就仿佛是一个永不停息的彩票生成器，同时一个过滤出失败者的筛选器，这就是事物的另一面。中奖的机会随着玩家数量的增加而增加，哪怕你住在火地群岛，也可以参加在华沙组织的彩票开奖；但是所有参加化学游戏的物体都必须物理上亲自参与，不能只是从观测的角度上存在。所以仅仅通过增加参与物体的数量和种类是无法缩短中奖的等待时间的。另外，我们不了解超循环原生体的化学成分，而且我们是否有一天能够确定它们的化学成分也是值得怀疑的。现代的生命代码肯定与数十亿年前的原生质体不一样。这种早起的密码优化一直持续到整个太古宙时期。非常有可能的就是，产生核苷酸密码的物质本身在化学上与它并不接近。对于我们来说最重要的是两件事：第一，密码产生的条件不可逆转地对其及其产物产生了深刻的影响，密码产生的溶液的化学成分塑造了它运行的信息能量结构。如果制定一份抽象的、纯逻辑的生物密码工作图，是不能从中解读出它为什么要对自己进行这样的划分而不是划分成其他的转录单元，并且它的工作方式就是这样，而不是按照其他的步骤操作来工作。想要弄明白这些，需要用分子化学的数据来将这张图补充完整。核苷酸是密码的组成，适合作为持久的信息载体和自我复制的基体，而蛋白质则通过自身的三级结构表现出高度的、非常特殊的催化活性。因此，基因是静态的，而蛋白质是动态的，基因表达就仿佛是将核苷酸方言翻译成氨基酸方言。总的来说，我们可以认为，核苷酸是生命的记忆，蛋白质是生命的处理器。

目前最令我们感到惊讶的并不是密码可以自发产生，而是它在数十亿年的时间长河中，从古代细菌再到人类出现，它在挖掘完全部发展的可能性后，并没有在任何地方被困住。这种惊叹应该也是一种慰藉，这代表我们作为技术专家也将获得相似的能力，因为密码不可能绝无例外只获取有利条件，从而在进化的阶梯上不断攀登向上，越爬越高，这就好像一个玩家在进行彩票下注时买到的都是可以中奖的。绝对不可能是这样的；密码不是唯一的玩家，而是大量繁衍复制的数以亿计的玩家，在无穷无尽的游戏中尝试所有他所掌握的战术，对于我们来说令我们感到欣慰的是，在这些游戏中没有碰到任何不可逾越的障碍，这唤醒了我们对未来的期望。因此由此可见，一旦启动自组织表现出无限丰富的活跃性，且由于它所参与的竞争，它本身就创造出了一个动态的优化梯度。密码必须传递高度准确性的信息，但是却又不是绝对不会出错，因为它在传输过程中出现某一小部分错误是将错误作为创造宝藏的存储地的一种方法。如果真的是谬之千里，我们人类就无法产生，而如果根本无懈可击，我们也不会出现，因为生命会在低水平发展层级停滞不前。因此按照最古老的想象将创造力注入物质并不是我们的任务，而是合并联结并通过这样释放出物质中固有的潜在能力。我们技术的所有原材料和材料本质上都是被动的，因此我们必须按照预先设想和制定好的计划对它们进行加工塑造；这里指的是要将其从这种被动转化成活性分子水平上的基质技术。

知晓一种民族语言的逻辑结果，就可以以它为基础将其作为所有其他这类型语言的模型。这是因为音素或语素等语音组成部分对于世界强加给语音的物质条件依赖性很弱。这些组成部分必须要在呼气时由人的喉咙和嘴唇发出，并且作为声波的中心通过空气传播，这样才能够很好地被耳朵识别出来（在此我们抛开书面语言的问题，因为书写是在发音诞生几万年后才出现的）。然而世界附加给"遗传语音"的限制是非常严苛的，因为这就相当于信息载体对定义清晰的化合物的限制。这并不意味着在宇宙中任何地方产生的每一个自我复制的密码都需要与地球上的密码相同。这只代表着在其他物理化学条件下所产生的其他密码必须同样具有这种由某些条件附加而成的信息结构，因为每一个这种类型的自组织，在化学中开始且没有摆脱其法则，形成自身控制能量连接网，这就是信息结构。这种判断不一定是工程学所需要担心的问题，但对于那些不想掌握 DNA 遗传密码本身，而且想掌握其工作原理，想要将这种原理转化到或者移植应用到与生物相距遥远的其他物质领域内的人来说，这就是一个巨大的问题了。这样一个全能建造大师候选人的选择难题来了：

他可以（也许只是原则上可以，因为到目前为止我们还不知道应该怎么做）以这样的方式重新组合 DNA 遗传密码，并为它提供构建所需的材料，在通过工程学手段强制的胚胎发育过程中创造出新的物种，这些物种是不存在的，因为它们很久以前就已经灭绝了，或者是那些存在但被赋予了新特征的物种；又或者根本就是那些以前没有存在过、现在也不存在的物种，因为在其单一的历史过程中，进化没能够完全利用潜在于生命代码中的所有的物种形成的能力。它也不能再做其他的事情了。比如，无论是在现在还是在遥远的未来，都不能创造出一种 DNA 遗传密码的辩题，从而创造出一个对放射性完全不敏感的有机体。用汽车零件可以制造出不同类型的"混合动力车"，但是绝对不可能这样制造出火箭或打印机。密码能力的跨度比我们任何单独的技术都要大得多，但是仍是有边界的。因此这本书"生存还是死亡"都取决于能否超越生物密码的能力。好吧，我固执地坚持这个观点，认为这不是一个幻觉。这一点无法确定，但是也不能将全部赌注押在被称为"傻瓜之母"的希望上。因此，我将首先按照抽象的逻辑顺序，然后将物理层面的问题考虑其中，介绍《大全》中没有的想法和判断，这些可能会让我变得希望渺茫。

　　对于所有可能完成的任务来说，它是这样的：解决一个任务总比解决两个任务容易。然而如果解决完一个任务是战胜另一个任务的必要条件，那么当然就只有按照这个顺序对它们发起攻击。而地球上的生物圈就是解决两个连续的任务的结果：生物产生和生物进化就是这样两个任务，是大自然必须要按顺序解决的，但是我们不需要对这两个任务进行详尽的复述。上面提到的两个任务对于大自然来说是不可分割的，但是我们却可以将它们分开，以便用理论方法和模拟工作分别处理它们，毕竟这大自然是做不到的。我们应该更容易完成第一个任务，因为我们已经观察到了以生命的形式解决它的模型。更重要的是，创建代码（第一个任务）比第二个物种形成的任务更困难，通过两者的持续时间就可以了解到这一点。从密码的开始到密码的固化经过了整整十亿年，从而产生了无核有机体的多物种辐射。然后，进化的步伐加快了，而进化也越来越快地创建出越来越复杂的有机体类型。当然这里的"快"是相比较而言，因为已经不需要十亿年，而"只"需要几亿年时间来形成盔甲鱼、两栖动物、昆虫，应该是在中生代或者更早一点（早几百万年）的时候，物种形成的速度达到进化最大值：形成一个新的物种时间为几百年。人类技术的进化也呈现出类似的加速度，尽管它是在更大的飞跃中发生的，但这也就导致因此生物圈的工作由两个独立的任务组成，还是要由任务的顺序决定，我也对此抱有一丝希望。毕竟，掌握一门已经存在的语言比通过发明一种之前不存在的语言来解决缺乏语言能力的问题要容易得多。哪怕在某一种语言中无法发出某些音，但基于这种语言也会更容易地创造出其他语言，比如说，人们从日常生活的语言中创造了数学语言。所以我们认为宇宙中全部可构建的因果语言集合都局限于一个模板，即地球的核苷酸密码，或者仅限于与之相近的有机物密码的家族群中，那我们可能就低估了宇宙的多样性了。我认为，宇宙允许这样的因果语言集合存在，在其中还有自生语言子集。前者不能自发生成，但是后者却可以，就像DNA代码一样。这就是我尽力想要在这本书中介绍的内容，根据想象，初级分子水平的密码语言诞生出一棵进化树，在它高高的树枝上产生了社会和智能生物，它们将话语发展为下一个层级的语言，为的是在了解了两个层级的规律之后，就可以创建出第三个层级，也就是因果语言，其产生者是下一阶段文明的技术。通过类比所得出的结论告诉我们这个生物技术任务的两个部分的难度不同，但是并没有说明合适的策略是什么。说到底它无疑是由一套自然界的基本法则决定的，这在之前对我们来说都算不上什么安慰，而最近慢慢开始变成了我们的慰藉。然而首先要展现一个从论证中走出来的科学跳跃。有时候经常说，对一次性事件的研究算不上科学，但是我们经过仔细思考可以看出，科学所研究的既有一次性事件，也有大规模发生的事件，只是处理这两种情况时所进行的理论工作大不相同。首先适用于物理学的广泛理论，如在运动中的（特别是加速运动中的）物体的动力学，如流体力学，如热力学，如宇宙工程天体物理学，如电磁学理论以及经典量子理论，都阐述了某些可测量的量之间产生了什么关系，以及如果产生了 A，那么以这样那样的概率来看 B 也会产生。然而这些囊括范围宽广的理论并不完整，因为它们都不涉及关于初始条件制定的研究。这些条件对于这些理论来说是外来的、是刚刚需要去对它们进行研究的。正是从这种不完整性中衍生出了这些理论的普遍有效性。一个被击中的网球按照牛顿或者爱因斯坦的动力学定律运动（其实牛顿定律就够了，因为对于这么小的速度和质量来说，相对论的修改是不必要的），但是为了确定其运动要素，必须要给出那些在理论中不存在的初始条件（如撞击角度、它的力度、地球引力场大小等）。例如，我们可以从天体物理学中了解到恒星和行星是如何形成的，但是为了确定太阳系的形成情况，我们就需要将初始条件的数据引入理论之中。然而一次性事件的发生，如果不考虑初始条件，是无法从理论上反映出来的。这里还有一个其他情况出现：有些现象的确只出现一次，但是它们属于一个类似现象的强大集合，比如说太阳的形成，它和所有的恒星形成是基本相似的。还有一类现象可能也同样属于集合，但是我们只知道其中发生的某一个事件。这个时间就是地球上的生命及其衍生物的起源与发展，比如文明的起源与发展。范围宽广的普遍性理论基本上是不具有历史性的，因为它们的有效性不被空间所限制，也没有时间上的定位，然而像生物进化这样的特殊事件的理论究其本质而言则必须是具有历史性的。因此在假设因果密码的多重性时，我依据的是这一密码已知的唯一版本，因此也就产生了不确定性，这种不确定性不亚于尽管我们只知道一种样本就去假设宇宙文明所具有的多重性。这对我们来说是有意义的，这也是个麻烦，因为我们没有任何关于因果密码形成的一般理论，也没有关于这种密码如何运行的理论，也许这种理论并不完整，但是可能因此是对此类所有有可能的密码都是普遍有效的。这种理论应该并不包括初始条件（所以当谈起分子自组织的起源、生命代码的古老母体时，这个理论对于地球的物理状态是什么、海洋的化学构成是什么、大气层是什么等等都是闭口不谈的），这可以被当作是它的优势，而非劣势，因为这个理论可以揭示哪些一般特征是所有可能密码的共同属性。因此，这样的理论可以令我们能够区分出 DNA 代码中哪些是纯粹本地的、根据数十亿年前的地球条件形成的，而哪些是其中包含典型的、在其他密码共同进化中形成的。这样的理论正因其自身的不完整性，不会告诉我们，为了建造一个非生物技术密码我们必须要满足哪些初始条件。但是，它也会告诉我们足够多的信息，让我们立刻发现开展这样一项工作的机会。这就像任何其他的有效普遍理论一样，它可以揭示出什么是在现实中可以发生的，什么是在现实中无法出现的。众所周知，每一个理论都有正面和反面：正面规定了什么是有可能发生的事，反面规定了什么是不可能发生的事（比如将物体的速度加速到接近光速是可能的，但超过光速是不可能的；以增加其他地方的熵为代价来减少熵是可能的，但是想要"不劳而获"地白白减少熵是不可能的，等等）。没有这样的理论指导，我们就不得不自己去搞定，哪怕我们如果能够构建出一个技术密码，这就等于令这样的理论构建更为现实化，这样以后再进行技术密码的构建就能够比第一个密码时省力简单很多。在迈出这样一大步之后，让我们回到物理学，回到我们将之称之为密码上的最高审判，我们现在明白，从中可以获得的帮助真是少之又少。在任何一项工作中行动的两极就是要么完全符合预期，要么就是完全随机。完全符合预期的行动就要求这个执行人要通晓所有必要的基础理论、所有的初始条件和边界条件以及不在此范围内、没被预告的所有附加信息（例如关于专家的数量、参与力和可使用的材料的数量等等），他建造出的探月火箭，在着陆后将完成指定的研究探测计划，并将研究结果通过无线电传输回地球。完全随机的行动就是指，一只被关在笼子里的老鼠，在笼子里上蹿下跳，四处寻找可以逃出去的机会。工程实践更接近第一种极端，而人在森林里迷路的时候就更接近第二种，而科学家在接近发现真相时，采取的是一种如同游走于这两极之间的混合式行动。

以生命代码为模型，我们就不需要完全依靠于纯粹随机的方法，因为我们知道，技术密码作为我们的目标，必须具备一系列作为信息载体的特定属性，必须能够精确地动态化，所以为此我们需要合适的效应器，另外我们还知道，与碳化学属性十分相近的硅（最近新发现）也可以构成双键，典型的有机碳化合物作为生命过程的主干结构。因此我们可以试着从硅开始，或者使用聚合物化学中另外一章中的数据。或许我们可以从它们入手，有关新化合物的新闻就会出现，在比基于蛋白质生命更广泛的温度和液体环境中形成聚合物（自我复制非常高效）。我会省略掉化学建筑方面的事情，并不是我不重视它，而是因为在克服了它之后，这个项目的真正难题才会显现出来。

原则上来说我们可以从活细胞中分离提取出所有的化学成分，但是我们却无法将它们重新组合成生命。这是为什么呢？与之相类似的原因，就好像原则上我们可以同时把所有的砖、砂浆、水泥、房梁、瓦片、水管、电气管道以及下水管道都放在一起进行组合搭配，再将家具、壁纸、灯具和其他的东西也都汇集在一起,然后开始组合安装,这样我们就可以建造出一栋功能设备齐全的房子,从地下室到阁楼再到厨房,应有尽有,厨房的平底锅上还正在炸土豆。我们可以一项一项按顺序地建起这样一座房子,但是活细胞却不能这么建造。为什么?这是因为房子有地基,在地基之上建立墙体结构以及后续建造工作,但是细胞没有这样一个初始场所:它是通过"众生皆由蛋生"[2]的方法"一下子"就形成了的,这就是进化创造的方法,其中"初始阶段工作"持续了十亿年。所以最关键的事情就是如何将巨大的时间长度缩短数百万倍。抽象地说,可以单独记录下密码信息、单独合成相应的效应器、单独合成赋能分子聚合体、单独合成一项所需要的酶,然后将所有这些进行组装,但是在这之前必须要发明相应的微技术或微化学装置。很快就会发现,这种微型仪器是根本制造不出来的,最卓越的将分子元素组装成一个整体的合成工具就是其他种类的分子,因为这是这种构造的大小比例所要求的。因此也许会发明出分子仪器,也就是创造出一个由物理化学特性所引导的、非随机的人造环境,而且在这个细胞项目的实现中带有极为精确的目标重点。也许我们就能沿着这样一条道路,到达在实验室中合成生命这一听起来带有传奇色彩的目标。由于我们距离具备这种能力还有很长的路要走,我所说的和我所想的一切都只是一些为时尚早、尚不成熟的事情，当有一天生物遗传行为在试管中被重复进行的时候，可能我所说的这些才显得没有那么为时尚早。但是尽管如此我依然认为，我们要忍着考虑接下来应该会出现什么情况。是否我们掌握了所有化学公式或者物理化学成分构成，我们就可以启动我们的新因果语言，并在技术密码中烙印上相应的行动计划？这件事不可能这么简单就能做成。我们已经节省了十亿年的初始阶段工作，但是我们知道，一个经过优化的完美生命代码形成一个物种，对于一个单一物种来说至少需要一百万年的时间。为什么？因为所使用的方法是大量统计的方法：严重过量的原型性的、实验性的、基因突变的有机体必须在它们的母体环境中接受生存测试，而因突变而发生的变化是微小且渐进式的，因为这种富有创造性的策略是一种试错法，是受统计学所支配的，它能够向我们保证，这么多的有益的突变同时发生，其结果为立刻能够产生新物种的可能性为零。然而我们是否能够通过对我们的密码进行外部干预，取代被称之为自然选择的方法，也就是用预期法取代随机法？然而这种替代方案并没有完全解决选择的问题。生命代码只有一个，具体物种的基因型表现形式由序列组成：一个单一物种的种群构成了一个可以遗传变异的集合库，另外每个基因型随着发展形成一个表型，在两者之间有一个适应环境变化的个体存储库。密码就像是一个民族的语言；不同物种的基因型相当于方言以及其他专业语言（数学语言、逻辑语言、计算机程序代码，这些都是民族语言的衍生物），将基因型翻译成表型就仿佛是对于特定话语含义变化的阐释。如果我们继续进行这样的比喻，形式语言，比如像机器语言和数学语言，它们的解释带非常窄，也就是说，这些语言的特点就是高度明确，在这方面它们和简单生物比如细菌和原生动物很相似，在繁殖时分裂，因此它们的基因型严格制约着它们的表型。而具有多重含义的语言表达就仿佛是高等生物的基因型，能够产生各种各样的环境表型。如果不了解密码多变性的详细特征，就无法事先说明如何能够最优化地利用它的因果关系潜力。也许有比生物密码的普遍性更大或者更小的密码。无论如何，想要让这样的技术密码衔接编程仅仅严格遵循一个程序，而不遵循其他任何程序，就等于是放弃了密码所具有的所有创造力和适应力，这就是通过非传统的方式进行在技术中形成的传统方法的复制。所以我们无法解决这个难题。我们只能发现，生物密码创造力的充分实现过程异常缓慢，并且浪费了大量投入的物质资源，比如像个体的大量死亡和很多物种的全面灭绝。然而由于这种缓慢速度和浪费使得进化非常精准地到达了自己的每个产品的外部和内部条件（环境和系统）。根据成本评估，特别是对代码转换为最终产品的时间成本计算后，最有可能采用的就是混合战略。理论上来说如果使用预期法可以缩短时间，但是同时也抑制了代码自身所具备的变化性及自发创造性，然而这种发明创造性需要极其漫长的时间才能显现出来。目前我们没能想出任何比计算机模拟代替真实构建更好的办法。的确可以模拟小阶段的编码转换，但无法模拟全部从基因型到表型的过程，因为要考虑到巨大的变量可能很快就压垮容量最大的计算机。也别想指望未来几代计算机，因为我们已经了解到了计算能力不可逾越的极限，只是被称为"超算性"。我们也知道，有些任务需要在这壁垒之外的力量来完成。超可计算性是由自然界法则和自然常数确定的，如普朗克常数或者真空光速等。如今，它们已经令设计者们不得不进行最小化设计（使脉冲过程使用最少时间）并降低逻辑元件的温度（这就提高了它们的效能）。现代计算机已经达到了固体技术处理的极限，而其中在硅片（芯片）的逻辑电路已经被蚀刻。只有转向在分子层面的元素构建才有可能取得巨大进展，而在这里我们的猜测之路与计算机科学之路有了交集。然而"超可计算性"这一定义依然有效；有些任务哪怕是靠由宇宙中所有物质建造出的计算机也是无法完成的；即使能够完成，也没什么可值得高兴的，因为它必须在宇宙范围的时间内工作，而这正是我们一直试图摆脱的合成技术编码进化所带来的最大的麻烦。在分子和原子层级之下，基本粒子及其组合成的核子是最后一根救命稻草，但是我却不愿相信，逻辑系统在一千年以后也要被装进核子。如果生命基因型代码必须包含关于所有胚胎发育的步骤和阶段（更普遍的是作为基因型向表型转化的表观遗传学）的全部信息，进化就会在自己的起点处裹足不前。这就需要赋予组成部分自主权。代码就像一个战略家，通过自己养育出的军队建立起一支拥有服从纪律听指挥又能发挥主观能动性的军人的军队。这种服从和独立的结合是值得被接纳的，尽管我们根本说不出这是如何做到的，因为整个表观遗传学领域依然是我们信息版图上的一个巨大的空白。甚至很难承认的是，既然生物代码可以，就说明这件事是有可能的，所以我们应该也能做到。然而细胞构造的方法将不可避免地被尝试和测试，我们甚至不能排除那些在我们今天听起来仍然很奇怪的解决方法，比如利用技术细胞建立一个纳米计算机，每个细胞都相当于包含一个基因型，由电力驱动的分子电路组成，或者我们允许自己大胆幻想一次，由亚原子（分子间）的相互作用力驱动的。然而这样的想法不能算是预测，只能说是梦想。

技术代码进化模拟是一种游戏，在这个游戏中赢家是代码认知或实用的伪产品。在不知道这些产品是什么的情况下，我们却并不是注定要保持沉默。即使在具体产品仍处于未知的情况下，也可以考虑生产方法。在这里我要提醒一下，我们面对的是语言，而语言具有能够表达出平淡无奇或精彩无比的意义，而且无论是语言学家还是语法学家都不需要是天才。研究某种语言——无论是民族语言还是因果语言的词法、生成语法和句法的人都不必太在意这种语言要表达的是什么。他所研究的是可以被表达出的东西：比如一段话中包含有多少信息，所表达的内容中实际最大逻辑深度是多少，等等。民族语言的理论是不存在的，只能说它类似于物理理论，是不完整的（开放的）；它也将确立语言场的属性，就像爱因斯坦的理论确立了引力场的属性一样，对初始条件始终保持沉默。对于话语来说，有些条件就是由说话者设定的，因为总在说一些具体的东西，所以话语是语言场中的轨迹，就像天体是引力场中的轨迹一样。我们补充一点，如果我们已经将话语作为观点表达的辅助，那么在话语中我们就可以使用预期法或者随机法。采用预期法的人就是像每个人在与其他人交谈的时候，都预先在脑子里把这些话排列组合好。而采取随机法的人则使用易位构词游戏的方法，为的就是将每个给他的句子都转变成另一句，而无论是开头的句子、结尾的句子还是中间的句子都必须具有意义。需要做的就是随机替换词中的某些字母。进化就正如这种游戏一样。字母的变化就等同于突变，通常给出的都是"没有意义的句子"或者意义受损的句子。在生命的情况中，留下来的只有在经历变化后依然保留"意义"的。这是自然选择所决定的，它有权利延长句子，向其中添加新的字母或者由字母（基因）组成的词。因此从一个简短的初始句子，经过成千上万次的替换后可以产生一个长句子，意思也与一开始时那个句子完全不同。然而纯粹的随机解法会非常耗时费力，所以易位构词游戏爱好者不会盲目地改变字母，而是经过在脑海内重新排列，找到替换后仍能保持意义的字母。这些脑力游戏爱好者在脑海中所做的字母替换和代码潜力研究人员对机器所做的技术代码模拟是一样的。我在这个建模中假设对生物进化进行了重要的简化：技术代码产品不需要繁殖。另外需要把游戏分割为阶段。在这些阶段原子是操作单位，在找到它们创造出带有效应器的技术代码的家族后结束。在下一个阶段，这些单元就像是字母表中的某些字母被安排在单词和句子中一样，成为代码的元素。如果要模拟一种民族语言，这个游戏就变得不可能了，因为它很快就会被超可计算性壁垒挡住。正因如此，我们才能说一些不可思议之事，就是那些奇思妙想的幻想或胡言乱语的蠢话。在言语中可以建立一个与现实世界完全相反（反经验主义）的世界，甚至可以构建自相矛盾的话语（二律背反）。然而因果语言的局限性非常强，它既受这种语言所控制的构建材料

（如表观遗传学中的蛋白质）所影响，又受有机体存在的外部世界所影响。进化所变现出愚蠢行为必将遭受严厉的惩罚，这种惩罚不是由受害人所引起的：当突变引发进化发生错误，由它所创造出的生物必然死亡。所以代码出现错误，要么立刻产生影响（致命的基因突变阻碍胎儿进一步发育），要么产生延迟效应（发育仍然继续，但是产生的是有缺陷的产品）。代码不能表达任何东西，因为不是所有东西都能被表达出来，甚至不是所有能产生的东西一定在功能上是合理的。这两个范围的限制力如此之大，以至于在游戏中产生了一种阻力，我们将这种阻力称为代码在机器中的对手。为了说明问题，我们用象棋来做比喻。研究者只是裁判和观赛者，机器中的代码是其中一方的棋手，而另一方则是代码表达所必须经历的一整套限制。限制来源于多个层面：原子层、分子层、多粒子的能量信息层，所有这些都受到热力学定律和其他物理定律的限制，而"技术筛选"还在更高层级运行。"技术筛选"将每一个哪怕其构造不与自然法则相悖，但是与我们所建立的标准（如设备的可靠性、效率等等）相矛盾的产品踢出游戏。简单地说，机器通过代码执行各种进化演变，而世界模型作为它的对手要保证机器不能进入到禁区。如果机器一旦迈入禁区，必须退后一步。在用不同的事物（语言、象棋）进行比喻后，为了能够把事情说得更清楚一点，我们现在将代码模拟说成是游戏，游戏的规则在过程中会发生变化（尽管不是所有都发生变化：世界用物理学所建立起的那部分规则从未改变）。我们还用象棋来做比喻。棋子的属性对应的就是原子的属性，而棋盘上的排列对应的就是代码构建的分子结构配置。在下一个阶段，游戏的整个规模将发生改变：现在，棋子是技术基因，象棋的布局是技术基因型，而游戏流程图是表观遗传的开端（将基因型转化为表型）。我指出，从这个游戏阶段开始，我们还不期待任何技术代码的创造力具有实用价值。因为为时尚早。我们只想探究代码创造性跨度的边界。我们不知道生物密码的跨度界限在哪里，我们只知道四十亿年里形成了什么，却不知道这期间其实还能够产生什么或者可以出现什么替代性产生。如果通过逻辑深度来理解某种信息处理从开始到结束、一步步的操作数量，那么我们可以通过技术深度理解基因型对表型控制调节的时空范围。最有可能的就是，DNA 代码建造巨龙的同时，不断在向控制的界限靠近。在现实世界中，这些对于每一个代码来说界限都是有两个范围的：基因型中既不能容纳任何数量的控制信息，表型也不能跨越某些物理界限。信息过剩最终将开始损害它们以正确方式处理转化的机制，而表型冗余（哪怕只因为它的庞大）会导致系统失调（这些限制只涉及个体，而不涉及它们的集合）。我们已经说过了，模拟是一种游戏规则会改变的游戏。关于这种游戏还要多说几句。象棋的规则是制定好的，然而棋手总是可以用不正确但又不总是没有效果的方式随意改变规则。有人趁对方不注意，将他的车藏进自己口袋里，就是以一种有效的方式不遵守规则，因为这对他自己有利。用棋盘去敲打对手的头尽管是不道德的，但是也是有效的，因为这样可以让要输了的一方不至于被将死，能挽回败局。但是如果在棋盘上放一只蟑螂或者唱一段《阿依达》中拉达梅斯咏叹调来代替走一步棋，那就是无效的了，因为无论是放蟑螂还是唱歌剧对于玩家赢棋来说都没有任何帮助。象棋的规则可以被违反，因为这是一个纯粹的契约游戏。自然界中发生的游戏可不是这个样子的。玩家是在击打对方，而不是在和对方做游戏，他改变游戏场，因为他超越了象棋的规则。这就更接近进化的产物了，它们是"不择手段"地在进行比赛，在大自然中，所有的伎俩都是被允许的，因为生存指令就在告诉大家："做你能做的，你就能活下去！"只有这一指导原则保持不变，其他所有事情都可以改变。在现实生活中也是一样，人们在战争的冲突中，要么取得胜利，要么被对手消灭。旨在让战斗各方遵守道德规则的合约被屡次蹂躏。大规模地伤害手无寸铁的人民也是对几百年来一直遵循的传统规则的改变。一台模拟计算机可以在对手允许的范围内改变游戏规则，这里我要提醒一下，而对手正是对代码表达的可转换性施加的约束所进行的调整。对手要确保，模拟不会超出真实世界的属性。游戏的裁判、观赛者及监督者，也就是机器旁边的人，每次当机器想要制造出怪胎的时候必须要制止它。随着时间的推移，就可以从表达和限制两方面将程序补充完整，以削弱机器过剩的怪胎生育力。但是这也需要适可而止，否则就会"给孩子洗澡却把孩子和脏水一起泼出去了"——适得其反。不是每一个奇怪的特性都是毫无价值的。

我们继续这个话题，它将为下一个科学认知话题画上前括号。在经验认知领域中，有两个完全对立的关于设置世界的观点，表现为还原论和整体论（或者涌现论）。根据还原论，从构建物质最基本的小砖块中能够推导出一切存在或可能存在的事物的属性，只是我们还没学会怎么去做。因此科学分为不同的自然科学科，如物理学、化学、地质学、天体物理学等等，这是我们信息大量缺乏的结果。随着空缺的信息被逐渐填满，物理学将演变成化学（已经在过渡了），天文学将转化为天体物理学（也正在发生），量子物理化学转化为生物学，等等。然而根据整体论，基本自然法则是存在的，所有的物质现象（引力定律、原子与电磁相互作用法则、热力学定律）都要遵从于自然法则。但是也有一些系统的属性是无法从它们的部分中推导得出的。这样看来，还原论是乐观的，而整体论是悲观的。

如果不能预测一个至今为止尚未存在的系统属性，就需要为了认识它而创造一个。从基本规律中永远无法推导出这样一个系统的属性。涌现论就是所有涌现出的东西，是从整体中涌现出的甚至在部分中无迹可寻的特征，因为整体对于部分来说，是不可还原的。这种悲观的、限制我们的立场可能是基于事实的：爱因斯坦的一般理论在航天学中没有被使用，因为没有办法依据这一理论解决几个运动体的问题。也许可能能获得答案，但是也是极为艰难的，如果使用牛顿理论再加以适当修改可能会容易得多。这也同样适用于原子量子力学。虽然原子的相互作用是完全遵循量子力学的定律描述的，但是不久前通过原子定律推导出物体特征来预测物体属性的想法是一种套套逻辑，因为基本定律支配着物质的所有状态，因为它们是基本的。正如爱因斯坦的理论一样，原则上可以做到的事在实践中却可能无法做到。在过去的四分之一个世纪中，基本定律和实际应用之间的差距变得越来越小，特别是在固态物理学方面。这一理论使用了所谓的伪原子和赝势的模型概念，使其可以有效地从基本定律过渡到固体属性，包括复杂固体的属性，从中可能取得比我们预期更为重大的进步。也许未来某一天，我们可以从物理学家那里定购具有所需特性（当然不是完全任意的）的材料设计，就像在建筑商那里定制房屋设计一样。这对还原论者来说绝对是一个好消息，同时也让技术代码模拟游戏的想法变得不那么精彩了，尤其是在早期阶段。此外我认为，在画上后括号后再回到这个游戏中，它的结果将为自然进化的成就带来新的，也许并非永远有利的光芒。

我们必须要意识到，从已经被彻底认知的生物代码的结构来看，其实际的创造潜力并非看一眼就能确定或者能够在任何理论基础上推导出来。同样，对一种民族语言的词汇、句法、语法的了解也并不能够推断出它的创造潜力，因为这就仿佛意味着，在英语的基础上预测包括伊丽莎白时期戏剧和艾略特诗歌在内的盎格鲁-撒克逊人的全部文学。还原论者的反对意见认为，这种不可能是实际的，却不是根本的，因为随机地将单词组合在一起形成的句子经过了几十亿年，最终也会自己来到莎士比亚或者艾略特那里。但是这种方法并不值得推荐，哪怕是在模拟代码游戏里。

尽管如此我仍相信，制定的技术代码将允许历史上第一次对生物代码作品进行公理化的认可。我偷偷地认为，生命密码作品的这种复杂性，既是多余的，又是必要的。

必要是指考虑到它诞生时的初始条件和限制条件，它的形成是来自手边已有的东西，而它的运行是根据这些启动条件才能够实现的。但是从历史的角度看，这种强加的必要性可能会变成一种不必要的复杂情况。《大全》里所包含的对进化的讽刺，通过我虚构的戈莱姆的嘴里说出的话（进化斗争的产物离进化的摇篮越远，其技术产品的品质就低劣，以及，生命在微观层面所做的事可比它所做的将分子控制提升至宏观层面这件事效率高多了）来进行补充，这些都是我将我的疑虑真实地表达出来。我们甚至无法在很微小的程度上完成进化能够做到的事情，但这一事实也不能让类似的批评变得毫无意义。在我们看来，对进化的掌握依然是难以超越的，而对因果代码的模拟研究或真实研究才能够为我们提供被创造物的创造力和功能性的超直观测量。如果我是一个智能机器人，而不是一个有血有肉有代码的人，我会对徘徊在迷宫中的地球进化不停地摇头，对它不得不面对那些精挑细选出的、在充满"艰难险阻"恶劣条件的跑道上奋力拼搏，表达我的惊讶不解与怜悯。从这一章的反思中可以看出，戈莱姆对生物的反对，它的论点是：进化在宏观层面的许多机械原始器官解决方法中投入了非常精确的量子分子层面的实验。我甚至倾向于认为，人类大脑在识别时经历的很多困难都源于"不必要的复杂化"，因为进化将各种"老掉牙"的解决方法都"拖进"大脑中。我在这里思考的甚至不是如何用历史将大脑分层，将其分为主干、旧脑、过渡期脑，最后是新脑，反映了数百万年来鱼类、两栖动物、爬行动物和哺乳动物所经历的磨难，而是最近几乎还没有被触碰过（因为根本就还没理清）的大脑半球二分法。在此我要先向各位道歉，如果有人认为我这是在诽谤，但是从大脑前半球和后半球的交界处胼胝体分隔开的效果微不足道，这使我更加坚信，可以更好地建立理性认知。据说，大脑右半球是无法发出声音的（尽管它能听得懂言语），但是比左半球更有音乐性和非理性倾向（据说是直觉），但是这样的判断还需要证明。在过去的几百万年时间中，当言语发声，它的中心只集中在左半球，这是非常幸运的，如果它被复制，我们将不得不具有两个这样的中心，那么我们要么就都是结巴，要么就都呈现出人格分裂。如果两个半球在功能上能够系统性地相互补充，那么切割大脑的胼胝体对于接受手术的人来说无疑是一场巨大的灾难，他就会呈现出非常严重的思维能力损毁的状态，哪怕他自己不知道，别人也能看得出来，而且由于半球冲突所引起的脱壳症状也会显得异常可怜。一个精神思维能力正常的癫痫病人在这样的手术后会出现他的右手想拥抱他的太太，可是左手又将她推开的情况（真实病例）。如果没有出现急剧的智力下降（右脑皮层停止参与思想表达和言语表达），大脑的冗余也就变得没用了，它的性能就仿佛是那些夸大其词的广告所宣传的双引擎汽车一样，关了一个引擎汽车的性能和之前一样。当我们看到一切都混在一起工作的时候，我们很难会从中寻到安慰，特别是当我们看到，低级中心和右脑皮层完成了左脑皮层所做的理性工作时。我不是非要坚持认为这一观点已经是确定的了，但是支持这种怀疑的间接证据却在不断成倍地增加。随着我们对自然进化杰作欣赏的减少，我们关于因果语言的知识会不断增加。因为能够做的最大的蠢事就是重复别人的错误，技术代码工程可能会不断远离生物模型，而且我认为，在宏观层面上的体现会比在分子层面上的更强烈。可以不考虑技术，而固执地对生物进化行为进行伦理评价，但是没有一个专家明确地这样做，当我偶尔读到古生物学家的作品时，我心中充满了对于侏罗纪时代和中生代的爬行动物灭绝的遗憾和惋惜。这些并不是有意识地针对进化论而表达的不满和气忿，因为又有谁能比进化论者更明白，进化不是人，所以它所采取的策略是不受道德规范约束的，也并非故意而为之。地球上数亿年来的宇宙沉寂已经将很多动物推上了定向演化和巨型化的道路，最后将以一场只有最大规模的核战争才能与之匹敌的动物大屠杀告终。人类无法在死亡的洪流中去想象生命的洪流，而进化论反对者对于从达尔文时代直到昨天仍与达尔文主义者发生冲突时所表现出的强制专横也令我感到十分惊讶。他们的核心论点就是无法想象这种微小变化通过积累甚至可以赋予最低等动物最高级别的自我保护本能。

而这种论点从来没有为世界所知，只显示出其作者没有思想的自以为是。没有人、没有任何人，哪怕在最美好的意愿和最伟大的想象力的情况下，能够阐明进化是一场多么艰苦卓绝的空间对抗，又是一个多么深不可测的时间深渊。尽管无法用眼睛看到，但是这片巨大的大陆在两个世纪之交已经向我们敞开了。如果没有踏足，那完全是我们自己的错误。

1982 年 7 月于克拉科夫

注释

1 代表认为科学知识有限的观念。在这个意义上，这句话的流传始于德国生理学家埃米尔·杜布瓦–雷蒙在 1872 年出版的著作《关于自然知识的限制》(*Über die Grenzen des Naturerkennens*)。——中译者注

2 Omne vivum ex ovo, 生源论，指的是每个生命都源自已有的生命。——中译者注

三十年后

未来学致力于在预言未来、追求科学地位上干一番事业，但其本身的完整历史（据我所知，其实我知之甚少）还没人书写过。这段历史信息丰富，可悲又可笑，因为历史表明，那些自称预言家的人（也没有其他人了）总是错的，不过也有例外，就是罗马俱乐部的人（以及其他人），他们用黑色描绘未来。

未来学繁荣一时，催生出一系列畅销书，给作者们带来了金钱和名誉，因为他们让政治家和普罗大众满怀（虚假）希望，认为未来终于能够预测了。然而，这一繁荣最终证明只是昙花一现。预言不准确导致的失望情绪如此可悲，而主流未来学家声名鹊起又如此可笑，两者不相上下。只要看看赫尔曼·卡恩就足够了，他几年前已辞世，这让他免于为自己在无数未来学畅销书中的错误预言负责（他的错误要比他的追随者或者反对者的错误严重得多）。作为兰德公司和哈德逊研究所的联合创始人，卡恩首先沉迷于预言热核战争的恐怖未来；当潮流风向改变之后，他又开始提前预言漫长的未来（例如他的《未来两百年》）。在预测过程中，他不断增加预言场景，无止无尽，但即使他（在助手协助下）花式创造出各种未来，没有一个如其所言成为现实。尽管如此，面对所有未来预测无一命中的惨败，以及不断出错的未来学大师逐个离世，本段提到的相关机构都完好无损地存活下来，因为建立机构要比解散机构容易多了。机构长寿的主要保障并非在于其研究的成功率，而是得益于自身无坚不摧的结构。一旦投入了上百万美元的资助金和捐款，最终被浪费掉的事实与那些工资单上的人却毫无关系。

然而，未来学不再流行，这是事实。尽管仍活跃，但未来学的作用更加保守，不再傲慢如往昔，而其拥护者和活动学家追求的不过是早已被彻底遗忘的铁定法则，或黄金法则。一旦自己的预言失败，他们不再重提，却是写下一大堆新预言，再问心无愧地公之于众，内心认为这不过是谋生手段。这样的未来学家有很多，我无意揭露他们，因为"不宜提姓名"（nomina sunt odiosa）。我打算"为了自己的房子"（pro domo sua），即我个人对未来学做出最朴素的贡献。我的贡献具有双重性质。时至今日，我已写作四十多年，自己越来越好奇未来世界会变成怎样，而正是对这个问题的好奇指引我写下大部分科幻小说。尽管如此，无论我的预测多么准确，一旦以文学虚构的形式传播出去，就不再被视为未来学研究的重要组成。原因在于"艺术之许可"（licentia poetica）是保障所有虚构文学的基础，赋予文学权力和优势做出缺乏实证的陈述（即不一定真实的陈述），但与此同时，也让文学陈述缺乏可信性。

也许事情真如小说般描述，确实发生，又也许事情的发展完全不同。无人会去责难作者，因为虚构作品的作者可以给出非实证推测。正因如此，1961年到1963年，我试图放弃这一便利保护措施，与现实对抗。结果就是写出了一本不畅销的《技术大全》。然而，这本书的内容也不是完全的未来主义，因为书中描绘的未来类型还没有流行起来（因此，听上去可能很奇怪，甚至是我在写作时，也不知道自己到底在干什么）。书的刊印量也不多，大概三千本，出版后基本上也如石沉大海，没有激起水花，只有唯一的例外：1964年11月，莱赛克·考拉阔夫斯基在《创作》期刊上写了一篇评论，题为《信息与乌托邦》。考拉阔夫斯基唱衰书中预测内涵的各种假设，宣称这本书的读者可能很难区别童话故事和信息。尽管给出了"一勺"赞美之词，但他还是泼上了一桶焦油，在自己的结语中，指责我在和哲学王国"清算账目"。他特别挑出了我的一句推测：在未来每一个领域都会遭受技术的入侵，对其高度批判。最后，他以华丽的文采结束了自己的评论文章："所以，对于梅洛-庞蒂的问题：现代科学入侵之后，哲学还剩下什么？人们能够给出和他一样的答案：所有以前都属于哲学的一切。"

就他声明的内容而言，其不屈不挠之势不亚于第一个支持马克思主义哲学反对（试图废除）基督教，而后又反过来支持基督教反对马克思主义的哲学家。和许多其他人一样，我尊重考拉阔夫斯基的作品；也许他的大部分宗教作品，从贯穿历史的角度来看，表达了信徒越无比狂热地追寻上帝，越快为教条洒热血，以这一方式为叛徒和宗派主义开辟道路。我对他的马克思主义三部曲不是特别感兴趣，仅仅因为这套书和《永动机建造史》一样迷人。虽然这样的机器可能永远造不出来，但是，数世纪以来，人们为此付出了最大的努力，催生出大量原创又离经叛道的项目。当这些项目经耐心设计，跃然纸上，又陆续跳脱出来，付诸实践，无人甚至眨一下眼睛。同样的情况也适用于在地球上建造天堂的理论，这就是马克思主义给我们——受苦的我们——绘制的蓝图。在永无止境地追求更光明的未来同时，也让我们进入坟墓和废墟，数不胜数，还需要最坚韧的毅力，克服最大的困难才能彻底走出。

我为什么要提到这一切？三十年前，我被迫默默忍受一位哲学家的批评，他驳斥了我的所有预测，原因却相当简单，预测不过是描述了尚未存在的状态。既然这些状态不存在，作者又如何能捍卫呢？杰出的思想家自然可以在评论中称其为童话故事，并将作者比作沙盒中的小男孩，挥着玩具铲子，辛苦劳动，自称（就像孩子们做的那样）要挖到地球的另一边。

然而，真实情况却是，我的预测已经逐渐成为现实，尽管考拉阔夫斯基贴上了根植于科幻小说和童话故事中的幻想标签。多年来，我一直考虑重印《技术大全》，并附加一些评论，说明在此期间发生的事情，哪些处在研发阶段，而我预言中的哪些内容又脱离常规。但现在，我只截取《大全》中的单个篇章——幻影学，原因有二。第一，因为我设想的信息技术分支早已存在；第二，因为其完全不属于幻想的存在不会改变考拉阔夫斯基的立场。我明白，他没有撤回他的言论，现在看来，这些抨击我预测能力的话语毫无根据，错误百出，因为他根本不会去阅读关于控制论、虚拟现实的科学文献，也不会去查阅一下最新产品价目表，上面有一大堆我曾经想象过的装置，它们现在的名字是"可视电话"和"数据手套"。而他不会费力去做的原因则是哲学绝对无谬论，正是他的核心态度，没有任何事能够挑战考拉阔夫斯基武断的宣言。对一位哲学家来说，这样的态度有点怪异，因为哲学家的观点往往反复无常，变化多端。然而，我无意写文抨击他，因为重复一下这位"信息与乌托邦"大师的话："我的批评谦虚朴素。"

我将重述一遍关于技术入侵哲学王国的内容，并将其与世俗发生的情况并列，这些情况如今在专业书籍、学术书籍以及畅销书中都有描述。当然，波兰还没有这样的文章，不过我们毫不怀疑很快就会出现合适的译文。某位美国人曾说过，大浪潮前一两年出现的先驱人物，会名利双收。而赶在大浪潮三十年前出现的人，最好的下场是遭人遗忘，最糟的是受人嘲弄。我恰是后者。

人成为作家，靠的并非谈论自己写的书，但既然无人真正尝试分析《大全》的哲学内涵，我就需要在创作本书的三十年后来总结一下主题。现在的任务简单多了，因为当年写作之时，我甚至不能完全确定自己要努力完成的内容是什么。当时甚至整本书的结构我都不甚明白：我写书的方式是"让书自己写出来"。尽管如此，如今我能够辨别出自己预言相当准确性的原因，这并非偶然，也不是来自任何独一无二的个人天赋。其实相当简单，这一切都是基于一个信念：生命及其经过生物学检验的演化过程将成为一座金矿，为未来所有适用于工程学方法的现象的构建带来取之不尽的启示。从这个角度来看，作为自动化认知的"信息培育技术"（在其唯一批评家考拉阔夫斯基的眼中，这个说法如此怪诞）只不过是"剽窃"了动物和植物的自然演化，因为演化恰恰就是一名信息培育家，目的在于让各个物种连续发展，而所有生物都源于共同的"知识树"——遗传密码。这反过来又成为我们感知系统存在的原因，必须在严酷的环境中生存下来。结果，"幻影学"这一章（以及本后记）的基本问题核心在于如何为智慧生物创造区别于普通现实的环境，可以生活其中。我曾在书中问道："我们能够创造出人工合成的现实吗？就像面罩一样，覆盖住人的所有感官，而拜'面罩/幻影机'所赐，他将无法认识到自己已脱离现实世界。"

这一挑战的背景是英国唯物主义主教乔治·贝克莱的学说，我原以为直到下一个千年挑战才会成功。贝克莱的观点一言以蔽之："存在即是被感知"。确实如此，我们认定存在的事物，首先归功于我们的感知，或者至少在这位哲学家生活的时代（1685—1753）是这样的。我要赞美伯特兰·罗素的《西方哲学史》，这本充满原创性的作品道尽了作者深思熟虑的主观性观点（他认为黑格尔是半吊子哲人）。在书中，罗素认为，任何只要满足理论物理学方程式参数的，都是物质。而我无法同意这一观点的理由很简单，在理论物理学中，存在各种可替代的理论，而物质，如果存在（我相信如此），则是唯一（不可替代）。

顺便说一句，出于必要，我必须承认自己在空闲时也尝试插手一下哲学，尽管如此，劳动很大程度上毫无结果。关键在于，除了使用语言，没有其他研究哲学的方法。（虽然我探究实验哲学的课题，主要来源于科学哲学，特别是幻影学，但这一假设并没有激发我太多的热情。）检验越来越多的细节，自相矛盾的情况出现了：语言开始变得和物质非常相似。在实验和理论的放大镜下研究物质时，过一段时间就会产生恶性循环。看似最小或者最基本的粒子，其实并非如此，因为它还包含着甚至还没被观察到（或者感知到）的夸克。但尽管理论上自由夸克能够从物质中提取出来，可能要求巨大压力和温度，但夸克也不再被视作基本粒子的"微小"构建块，因为夸克从某种程度上其实很"大"，虽然这听上去很奇怪（同时，我们不遗余力地进一步"挖掘"夸克，"更深入"地探测）。这和语言的情况一样：单个单词不是意义的自主载体，而是指代高一级语序的单位。结果，即使语言由单词构成，但是单词获得意义的唯一方式是其在语言系统中的功能，即嵌入语言中的位置。这一混乱局面驱使哲学家与语言学家争辩，陷入语言困境，哲学家越是深入探究语言陈述的结构，他越会和科学家一样，经历同样的过程，即像科学家想要找出图片的组成元素一样。超级显微镜让科学家超越放大的墨点，超越制造纸张的松软纤维素，超越分子、原子，直到发现自己可以谈论夸克的程度，虽然他本人或者其他人肉眼都无法看到。换句更简单的话来说：过度精准，想要抵达语言终极精准的程度，结果陷入形式系统，困于库尔特·哥德尔发现的可怕深渊之中。言尽于此，我现在必须结束我的题外话。

通过幻影术，我指定了一种方法，人们可以借助该方法将自己的感觉中枢与计算机连接起来（这里的计算机我指的是我文章中的幻影机器）。计算机向感知器官比如眼睛、耳朵、皮肤等输入刺激，这些刺激完美模仿了现实世界，或者普通环境，给我们源源不断提供正常刺激。与此同时，计算机也连接着反馈，这意味着它的功能运作取决于陷入幻影世界中的人的感知活动。如此一来，会让主体产生一种不可动摇的信念，相信自己身处一个显然不存在的环境中，他正在经历的实际上只是幻影，做出自己在日常生活中从不会做的动作。此人将会体验到与现实经历不相上下的印象（视觉、嗅觉、触觉等），两者的相似性在此不再是幻想或者任意假设，而是关键设想。因此，我通过我的幻影术预测假定，我们将可能制造出与我们现实感知难辨真假的人造刺激，包括认知、视觉、听觉和嗅觉。与此同时，现已成为现实，尽管"罗马不是在一天之内建成"，目前仍有不完美的地方。从另一方面来说，如果幻影机完美运作，判断我有没有陷入幻影世界将会越来越难，在极端情况下甚至不可能。因此，莱姆的童话故事逐渐变成不可辩驳的事实。

现在直接跳入工程技术早已成功的部分，让技术入侵哲学教条领域成为事实，我会引用保尔·马尔克斯1991年4月6日发表在《新科学人》杂志上的文章片段[1]。计算机专家乔纳森·瓦尔德恩创造的计算机程序已成功让连接进入虚拟世界（也就是我命名的幻影世界）的人们坚信自己所处的"现实"完全真实，以至于"在某行业中有一条不成文的强制规定：使用过虚拟系统的员工在使用完后的半小时内不准驾驶车辆"。理由呢？很简单，人们在"幻影世界"中使用汽车驾驶程序，其间所体验的所有撞车和事故都不会涉及任何危险结果，但场景切换，离开幻影车座，坐上真实车座，就很容易发生交通事故。

于是，计算机程序创造的幻觉覆盖所有感官，并切断与日常平凡现实的联系，要从人工合成转变到真实存在，这一做法极端困难。到目前为止，前面提及的公司只公布了一小部分程序：飞机驾驶模拟器、太空旅行、飞越指定区域（比如，飞越西雅图市中心的摩天大楼），以及上一段提到的汽车驾驶。所有这些都可以而且已经用到测试、飞行员培训或者驾驶考试中，但是，它们还将有更广泛的应用价值。我现在会细说，与其说是现有技术的成就，不如说是我三十年前自己的预测。

在斯坦尼斯瓦夫·别雷斯的《对话斯坦尼斯拉夫·莱姆》一书中，我就说过，"幻影学从实验哲学的角度来看非常有意思（要不是如此不可能实现），我写这段内容的时候，确实强调过，其对社会的影响可能会如噩梦般可怕"。这本书于1987年由文学出版社出版，但别雷斯在前言中表示，其实是在1981年到1982年写成的。在这段话中，又心照不宣地再次提及莱赛克·考拉阔夫斯基，给我贴上"科学技术统治的主要思想家"的标签。在《对话》中，我提出，按照这个思路，传染病（比如霍乱或腺鼠疫等）教授，就应该被称为"致命流行病的主要思想家"。关键在于，我对消费主义文明如何对待技术果实并不感兴趣，因为其本质令我厌恶，我是感兴趣于技术会结出怎样的果实，因为我们需要先掌握破坏的方法，然后才能驾驭，这听上去很庸俗。因此，对人类命运关心的人不会漠不关心这种方法的本质知识，尤其是哲学家。

1991年3月11日，《明镜周刊》引述道，在英国，花五万英镑就已经能购买一台幻影机器了，而广告公司的目标客户就是"实验室、街机游戏、建筑师，还有军方"。东芝、三菱、松下、夏普、三洋以及任天堂等日本公司也已开发这一技术，更不用说美国人和德国人了，他们在1991年就举办过研讨会，讨论能够制造"虚构现实"（后更名为"虚拟现实"）的产业新分支潜力。法国人也不甘落后。正因为有了适当的程序，摩纳哥王子能在不存在的英式花园中闲庭信步，其他人则可以飞越高山大海。

1990 年 8 月 20 日，《明镜周刊》报道说，纽约出版商西蒙与舒斯特向霍华德·莱因戈德支付了七万五千美元，请他写一本关于幻影学的书，而其中最重要的问题自然就是："人能够和电脑发生性关系吗？"我写书时，像这样或者那样的观点就曾出现在我脑海中，正如我前面说的，这是信息新技术带来的"噩梦般的社会影响"。人们早就听闻，很多人梦想着"入侵自己的电脑"，进入虚构的世界，为尝试各种可能的"禁果"提供毫无障碍的机会。

　　三十年前，我是如何预见到的呢？是时候引入节选段落了。我这样写道：

　　　　艺术，是信息的单向传送。我们只是接收方，只能观看电影屏幕或者戏剧演出，接受其中的信息。我们只是被动的旁观者，不参与情节发展。而文学和戏剧不同，不会给出同样的幻觉，因为读者可以立刻翻到书的结尾，看看早已确定的结局……阅读科幻小说时，我们有时会读到有关未来娱乐项目的情节，其中包括类似于我们实验所描述的活动：主人公在自己的头上插入需要的电极，一瞬间，他就发现自己身处撒哈拉腹地，或者火星表面。写下如此描述的作者没有意识到，这种"新"的艺术和现代艺术的唯一区别在于，将两者与事先确定好的固定内容"连接"在一起的方式（其本身意义微乎其微）。即使不用电极，我们在立体的"环幕影院"中也能获得同样的幻觉，也许只需要再佩戴一个"外置嗅觉通道"以及立体声……此外，幻影术致力于在"人造现实"和其接收方中创建双向连接。换言之，幻影术是反馈的艺术。当然，某人可以仅雇用一些演员，让他们穿上十七世纪的服装，而自己穿上法国国王的戏服，还有其他奇装异服的人，在一个合适的地点（比如租用一处古堡），来演绎他的"路易王朝"。这样的活动连基本的幻影术都算不上，就举最简单的一点吧，因为其中任何一个参与者都可以随时摆脱这一"现实"。

幻影术的意义在于创造出没有"出口"的情境，让人无法离开虚构世界，回到真实世界。现在，让我们来一一探索实现幻影术的各种手段，以及这样一个有趣的问题：是否存在一种可信的方式，可以让幻影术中的人坚信他的经历只是幻觉，自己只是被幻影暂时地从失落的现实中分隔开了。

在我引用《大全》下一章节内容之前，我想要提醒一下，我从未如此注意这个问题的哲学方面，因为1961年到1963年写作期间，我已得出结论，对于尚未存在的技术，要审议其准贝克莱主义（即唯心主义）影响，这一任务太过抽象。我想象自己身临如此境地：在装配着福特先生或者奔驰先生发明的单缸引擎的汽车摇摇晃晃上路之前，就开始思考交通扩展全球产生的可怕后果：环境污染，交通堵塞，道路不通畅地区，车主和市政府面临的停车问题。还有其他问题：交通如此扩张究竟会带来任何好处吗？是否让旅游业和娱乐业（例如赛车运动）收益更快呢？或者带来历史上未知的危险呢？下面是最重要的，这位来自十九世纪中期颇有远见的思想家想要囊括各种堵塞造成的社会心理影响，他的种种预言肯定会被视作特大灾难论！同样，我不想探讨供需市场的本体论影响而过度解读自己的幻影学说。（供需关系如今甚至进入了巨速发展阶段，数十亿美元的投资和技术吊起的胃口出现在口号中，只会让我们震惊不已："和电脑发生性关系！"）

《大全》的下一节题为"幻影机器"。以下是一段摘录：

> 人连接到幻影生成器之后能够经历什么呢？一切。他能够攀登阿尔卑斯山，或者在月球漫步，不需要穿宇航服或者戴氧气面罩，也可以身着闪耀的盔甲，带领军队征服北极的中世纪城镇。他可以作为马拉松冠军接受众人的欢呼，或者成为伟大的诗人，从瑞典国王手中接过诺贝尔奖牌，还可以爱上

蓬帕杜夫人，也被她所深爱。他可以与伊阿古决斗，为奥赛罗报仇雪恨，也可能被黑手党杀手刺伤。他还能经历背后长出鹰翼的过程，腾空飞翔，然后再变成一条鱼，一生畅游珊瑚礁，抑或变成一条鲨鱼，张开血盆大口，追逐猎物，他甚至还能抓住海中的游泳者，大快朵颐，然后游回水下洞穴，安静地消化掉腹中美食。他可以变成六尺四寸的黑人，法老阿蒙霍特普，强盗阿提拉，或者反过来，变成一个圣人。他可以是预言家，他的所有预言保证百分之百会实现，还可以在死后一次又一次地复活。

我们如何实现上述种种经历呢？当然，不会那么直接。这个人的大脑将会与一台机器连接起来，这台机器将一股股嗅觉、视觉、触觉或其他刺激输入大脑。于是，他将会站在金字塔顶端，或者躺在2500年环球小姐的臂弯中，又或者挥舞利剑斩杀身披铠甲的敌人。大脑响应收到的脉冲信号，产生自己的脉冲信号，而机器则把后者发送到自己的子系统中，它必须在一秒之内完成。多亏了子系统中的正反馈游戏，以及组织好设计巧妙的自组织系统发出的脉冲信号流，环球小姐会回应他的话语，并亲吻他，他采摘的花朵茎秆会柔软地弯曲起来，敌人的胸口被他刺中后会喷出血液。请大家原谅我这种夸张的叙事风格。但是，无须浪费太多时间和空间，我会概述作为"反馈艺术"的幻影术的工作原理。在这个领域内，接收方会变成积极的参与方，一个英雄，置身于事先编排好的事件中。也许我们最好使用这种歌剧风格的语言，而不是技术术语，因为技术术语不仅会让叙述变得极端枯燥乏味，还会显得极其烦琐，因为目前并不存在相应的幻影机器，或者任何合适的程序。

这就是1962年的莱姆。如今，机器和程序都已成为现实，我如今能够在所有买得到的出版物上明明白白看到我自己的预言，关于虚拟现实的书籍层出不穷，就跟兔子繁殖一样，没有最快只有更快。具体来说：在直升机飞行模拟器上，"赛博用户"戴好头盔，身穿装有传感设备的服装，手上戴着传感手套，看到自己在直升机驾驶舱内，坐在驾驶员的位置上。他能打开"窗户"，按下各种按钮，移动面前的操纵杆，然后能启动引擎，或者改变螺旋桨的角度；在他的"机器"，也就是他的"直升机"内，他可以上升或下降，或者透过"窗户"欣赏外面的"风景"。数据手套将可充气元件隐藏在线路中，有了这一装备，"驾驶员"坚信自己牢牢握住"直升机"的操纵杆，当他做出调整时，模拟的飞行装置和整个外部环境都发生改变，精准模拟各种可能环境中的真实飞行。

所有这些不再只是莱姆的想象，要想体验这一切只需要租赁或者购买合适的装置，以及对应的程序。人们甚至能在普通飞行体验中产生晕机的感觉，而且不仅仅只飞往西雅图，还能让你的胃翻江倒海。这不足以说明了预言有多准吗？这不足以推测一大群程序员肯定早已开始疯狂尝试，想要实现前面提到的"与电脑的性爱"吗？我欣然承认，多年前我并没有在《大全》中留出什么空间来讨论这个主题，因为我主要关注的不是后宫计算机化的拓展，也不是其他任何纵欲形式。然而，我所有略过的都将变成肥沃的土壤，供幻影学家／设计者们研发，而且我也担心，色情导向的行业肯定会比太空行走项目更有利可图。

让我们回到三十年前的《大全》，我曾写道：

> 我们无法赋予机器能够预测其主人公所有可能行为的程序。这并不可能实现。尽管如此，机器的复杂程度无须等同于其所有代理对象（仇敌、朝臣、环球小姐等等）的复杂程度总和。例如，我们熟睡时，常常发现自己置身于各种陌生外景，遇见不同的人，有时候很独一无二，有时候古怪反常，人们跟我们说话时，往往让我们大吃一惊，即使所有

这些各式各样的场景，包括我们梦境中的其他参与者，都只不过是一个正在做梦的大脑的产物。因此，幻影机的幻想程序可能只是类型的大概草稿，"第十一王朝时期的埃及"，或者"地中海盆地中的海洋生命"。在另一方面，机器记忆库必须包含与给定主题密切相关的完整数据范围，在必要时刻，数据激活，以图像形式传输这些早已记录下来的事实单元。当然，必要时刻取决于处于幻影世界中的主人公的特定"行为"，例如，他转过头，看向自己身后的法老墓室。他的背部和颈部肌肉脉冲被传送至大脑，必须毫无延迟地应对这些"脉冲"，为此，光学显示的中心投射发生改变，"背后的墓室场景"将进入他的视觉范围内。因为幻影机器必须瞬时做出充分反应，应对人类大脑输入刺激流动中的每一个变化，无论变化有多细微。当然，可以这么说，以上这些不过是字母表中最开头的几个字母。生理光学法则、引力等等必须得到如实表征（除非违背了所选择的幻想主题，比如，某人伸展双臂，想要摆脱地心引力飞翔起来）。但是，除了已经提到的决定性的因果链，幻想还必须包含以相对自由为特征的过程。意思很简单，就是其内部人物，主人公在幻影机器中的同伴，应该展现人类特征，包括根据主人公的行为和语言做出（相对）自主的语言和行为，他们不可以只是木偶，除非在"表演"之前进入幻影世界的主人公如此要求。当然，所使用的装置的复杂程度各不相同。模拟环球小姐要比模拟爱因斯坦简单许多，因为模拟后者，机器将必须展现的复杂性，以及智慧性，要等同于天才的大脑。我们只能希望想要与环球小姐交流的人要远多于要见见相对论创造者的人。

这里，我欠大家一条来自1991年的评论。尽管引用的预言准确性很高，但就涉及的幻影术程序研发难度而言，这些预言在一定程度上"压缩"了难度的质量差异。给环球小姐或者其他带有情色性质的沉默伙伴编写对话程序，要比编写其他对话容易许多（只要不是完全例行公事般的对话，比如客服对话）。三十年前的我无法如今天的我这般，看清通往模拟人类的人工智能道路上的巨大障碍。

计算机发展的最初阶段充满着极端乐观主义情绪，人们展望的前景是"计算机终会赶上人类"。如今，我们已经知道，编写能够打败象棋大师加里·卡斯帕罗夫的计算机程序要比成功模拟五岁小孩儿对话的程序简单得多。象棋程序的计算威力强大无比，但是，表征哪怕小孩子生物特性的信息复杂性也是如此。与计算机不同的是，小孩子眼睛里进了东西，他会立刻伸手去摸，吸进了灰尘会立刻打喷嚏，扭伤脚踝或者被荨麻刺伤等，这些几乎都是在语言形成前的知识，在孩子非常小的时候就大量习得，而计算机本身无法"理解"任何事物，所以什么都要向计算机解释清楚。

因此，幻影术内实现人际交流的难度要比我以前认为的大很多，尽管我欣赏时装模特和爱因斯坦之间的差异。此外，我也高估了与视觉内容（例如视野）全球转换相关的问题，这些内容往往取决于进入幻影世界的人的态度。我还错误地认为，必须要收集人类身体神经系统意志方面的脉冲，而给人使用的"通用"方法，只反映了头部和四肢的关键运动，就相对简单许多。尽管如此，在接下来的一节中我还是正确的："它（机器）只是给进入大脑的事实下指令，于是我们不能要求幻影机器创造出人格分裂的人或者精神分裂症患者剧烈发作的经历。"

对我来说，本质问题是"人如何确定幻影画面的虚构性"。在再次引用三十年前的内容之前，我必须陈述以下事实：虽然现有的幻影头盔允许立体视觉（三维视觉），但是画面锐度取决于光栅网格的密度，就和电视机屏幕或者电脑显示器一样。既然画面的分辨率是点乘以点，在显微镜检测之下，它们的锐度不可能无懈可击，这就暴露了其人造之物的属性。尽管如此，视觉技术进步明显，例如高清电视就是很好的证明，让我们有理由推测，图像现在不完美也只是一时的。在未来，即使超强放大镜也无法看到图像"颗粒"，无法暴露其光栅制作本质，以及不真实的人物。众所周知，第一代奔驰就是一辆老旧马车，不过是把车轴锯短了，除了能够（缓慢）移动，这辆车和同品牌的现代车辆无任何共同点。

尽管如此，在努力探讨现实及其模拟之间差异时，我思考了智力的终极可能，而不仅限于视觉可能。因此，我写道：

> 因此，关于如何了解幻象虚构性的问题，乍看之下，就类似于做梦的人提出的问题。诚然，在有些梦中，所经历的一切真实感极其强烈。但我们应该记住，做梦时的大脑永远无法像清醒时的大脑一样，呈现出全面的指令、意识和智能。在正常情况下，梦境可以被误认作现实，但反之则不成立（即把现实认作梦境），除非我们置身于非常特殊的情景中（比如刚刚醒过来、生病，或者精神疲劳）。在这些情况中，我们的意识容易"轻信"，因为它变得"迟钝"了。

不同于梦中所见，幻象发生在人清醒时。这次不是大脑创造出"另外的世界"和"其他人"，而是由机器制造的。就传递的信息质量和内容而言，进入幻影世界的人变成了机器的奴隶：他无法接受其他外部信息。但与此同时，他能够自由使用那些信息：解读信息，分析信息，想用什么方式就用什么方式，只要他足够聪明和好奇。这是不是意味着一个牢牢掌握自我心智能力的人能够识破幻影术的"骗局"呢？

我们对此的回答是：如果幻影机器变成类似于现代电影院一样的东西，那么对于走入电影院、购买电影票，以及其他任何预先准备活动的记忆都会保留在观影人的整个观影过程中（比如说他知道自己在现实生活中的身份），这些事实会让他不那么严肃地看待自己的经历。然而，事物总有两面性：一方面，意识到所经历的行为的任意性，人们就会放任自己，比现实走得更远，就像在梦中一样（结果，他的暴力性、社会观或者性取向都和他日常行为规范很不一致），这一方面在主观层面上相当愉悦，因为它释放了行为自由；但与此同时，意识到在幻影世界中无论是表演行为还是演出的人物都不是具体存在的，也就是说是不真实的，因此，即使是最高级的表演，看完之后也无法满足人们对真实性的追求。

1991年的此时写下这段话，我必须偏离一下主题，不得不反思以下情况：给"幻影机器"编程的企业特聘专家应该最能抵抗这一幻觉，但事实上，禁止他们在模拟驾驶后至少半小时内不得开车，已表明数字幻觉创造的"真实压力"要比我以前想象的强大许多。无论如何，在现实和幻想的边界上，我们可以玩出许多花样。

让我们再回到过去看看《大全》：

毫无疑问，"进入"幻象的过程可以被完美掩盖。有人使用幻影机，预订了去落基山脉的旅行。整个行程愉快又美好，此人"醒来"之后，也就是，幻象之旅结束之后，助理摘下顾客身上的电极（现在可能是头盔——1991年的莱姆），礼貌地和他挥手告别。顾客出门走上街头，突然发现自己置身于一场可怕的灾难之中：房屋倒塌，地动山摇，满载火星人的"飞碟"从天而降。发生什么事了？"醒来"，移除电极，离开幻影机，这些也统统是幻象的一部分，对此一无所知的旅客的观光之旅才刚刚开始。

即使没有人真的搞过这样的"恶作剧",精神科医生仍然会在候诊室里看到许多精神病患者,他们得了一种新型的恐惧症:害怕自己所经历的一切都不是真实的,害怕自己被"囚禁"在"幻影世界"中。我提到这点,是因为它清晰地指出:技术不仅能塑造正常的思维意识,还能使得它们患上一系列的疾病和失调。

我们只列举了掩盖经历的"幻影性"的许多可能方式中的一种。我们还可以列出许多其他同样有效的方式,更不用说下列事实:幻象可以包含任意数量的"层次"——就像在梦里一样,当我们梦到自己已经醒来时,其实是在做嵌在前一个梦里的另一个梦。

突然,"地震"结束,"飞碟"消失,之前说到的那位顾客发现他仍然坐在那张扶椅上,头上插满电线,和设备连接在一起。一位礼貌的技术人员面带微笑地解释说,这是一种更高级别的程序。于是顾客离开,回家睡觉。第二天他去上班,发现他的办公室不见了:被上次大战中遗留下来的一枚炸弹炸平了。

当然,这有可能还是幻象的延续。但我们又上哪儿去知道呢?

首先，有一种非常简单的方法。如前所述，机器是外界信息的唯一来源，这点是毫无疑问的。但它不是关于有机体本身状态的唯一信息来源。通过代替身体的神经机制来提供本人手臂、双腿、头部位置以及眼球运动等信息，它只能发挥这一作用。但是，有机体的生物化学信息并不服从于这种控制手段，至少就目前我们所讨论的幻影机器而言是这样的。因此，做上一百来个深蹲就够了：如果我们出汗了，有点喘不上气了，或是感到心跳加速、肌肉疲劳，那我们就是在现实生活中，而不是在幻象中，因为肌肉疲劳是由肌肉中乳酸的累积所导致的。而机器无法影响血液中的糖分水平、二氧化碳含量，或是肌肉中的乳酸浓度。在幻象中，你就算是做上一千个深蹲都不会有丝毫疲惫。然而，如果有人想要进一步发展幻影术，这也不是什么不能解决的问题。首先，可以给幻影中的人一定的移动自由，他只需用一种特定的方式来行使这种自由（比如，使用自己的肌肉）。

1991 年的补充：这条预测早已实现，观察者发现处在幻象中的人们行为怪异可笑。而原因和我在《大全》中讲述的一样："当身在幻影中的人伸手去拿一柄剑，那只有伸手这个动作是真实的，因为在外部观察者眼中，他的手里握的不是一柄剑，而是空气。"

真实情况正是如此，只是现在手上戴着手套，而手套装有传感器和充气垫。

再回到书中：

那就只能"与机器玩智能游戏"了。区别幻影和现实的可能性取决于该设备的"幻影潜力"。让我们想象一下，我们置身于某个环境中，并试图辨别它是否是真实的。比如，假如我们认识某个著名的哲学家或者心理学家，然后去拜访他，和他交谈。这可能是幻觉，但要让一台机器模拟一场与智者对话的场景，一定要比创造类似火星飞碟登陆地球的"肥皂剧"式场景要复杂得多。事实上，"旅游型"幻影机和"制造人类"幻影机是两种不同类型的设备。显然，建造第二种机器要比第一种要难得多。

其次，还有另一种方法可以发现真相：人人都有自己的秘密。这些秘密可能无足轻重，但它们只属于我们自己。机器无法"读懂我们的思想"（它不可能做到这一点：记忆的神经"编码"是每个人的个体属性，"破解"一个人的代码无法让我们得知其他人的代码）。因此，无论是机器还是其他人都无法知道我们自己家书桌的哪个抽屉卡住了。我们只要赶回家看一下就知道了。如果抽屉是卡住的，那我们身处的世界很可能就是现实世界。要是幻象的创造者要在我们去找他之前就成功地探测到，并在他的磁带上记录下种种诸如"抽屉卡住了"的琐事，那他可得好好跟踪我们才行。揭穿一个幻象的最容易的方法就是通过这种细节。然而，机器也总能诉诸技术性的策略。抽屉并没有卡住，我们发现自己仍然在"幻象"中。但这时候，我们的妻子出现了，我们告诉她，她只不过是我们的"幻觉"。我们向她挥舞刚刚拉出来的抽屉，来证明这一点。妻子怜悯地笑了，说今天早上她就叫来木匠把抽屉给修好了。于是，我们又搞不清楚了：这到底是真实的世界，还是机器的狡猾把戏完美匹配了我们的行动。

来自 1991 年的另一则补充：引用三十年前书中的这一段预言，是因为根据现今趋势，这些预言具有可信性。从美国到日本，全球大手笔的投资证明，大量大型公司和无数专家准备大规模制造"幻影机器"，也着手研究销售机器的市场环境。因此，我们可以期待，在千禧年的最后十年内，可生成人工合成现实的产品如巨浪般向我们袭来。而且还会证明，这对药物（成瘾药物）使用造成不小的竞争，也会极大危害社会和医学健康。此外，这也将成为第一批可媲美经验和感官现实的替代技术，能够实现所有梦境，甚至包括最淫秽或最狂虐的梦境。我发现难以相信对诺贝尔奖颁奖仪式的巨大但难以满足的要求，尤其如果没有什么特殊的颁奖理由。

我仅限于我个人的想法，因为除了科学文献和大众媒体的若干文章，我不熟悉关于该主题的任何其他来自信息丰富的图书馆的资料（我指的不是科幻小说中的各种奇思妙想，而是以事实为根据的严肃信息或推断）。甚至此时此刻，更让我好奇的是，社会属性更加成熟的思想诞生出来，也不是不可能的。然而，据我在美国的消息来源说，纯粹技术方面胜过了该技术后果的哲学或者未来导向分析。但我们仍能够宣称，我们正在处理实现唯我论创造的技术：源自信息压缩集中世界的所有体验都是个体与幻影生成器连接后的专有财产。确实，"幻影诱导"如今不仅仅是一种可能性，甚至值得好好研究一番。1962 年，我这样写道：

但我们也不应夸大其词：在幻影世界，每一个异常现象都会唤起我们的怀疑之心，表明这是机器制造的幻影，尽管在现实生活中，确实有旧炸弹会爆炸，妻子有时也会叫来木匠。因此，我们能确定的只是：认为自己身处现实世界而非幻影世界这一陈述，永远只是一个可能性的问题，有时可能性非常高，但从来都不是绝对的。和机器玩游戏就像下国际象棋：当代的电子机器会输给顶尖选手，但能打败普通人；在未来，它将打败每一个人。同样的说法也适用于幻影机器。所有这些试图发现事件真实状态的努力，其主要弱点在于，如果一个人对自己生存于其间的世界的真实性产生了怀疑，就必须自己行动起来。因为任何向他人求助的行为，实际上都是一种向机器提供具有战略价值的信息的行为。如果这确实是一个幻影，那么告诉我们的好朋友事关存在不确定性的秘密，我们就将额外的信息透露给了机器——而它就会利用这些信息来强化我们的信念，让我们相信自己正在经历的就是现实。

再次插入 1991 年的评论：关于机器策略的推测不是源自我个人偏执狂般的迫害症，而只是和程序员改良计算机象棋策略一样的原因，他们不停改良，直到机器最终战胜人类大师。总而言之，是在创造性的足智多谋方面与自然并驾齐驱的动力，一种非常人性化的动力，无须特殊的合理化。让我们再回到 1962 年的莱姆：

这就是为什么人在体验过程中无法信任任何人，除了他自己——这样一来，他的选择范围就大大缩小了。他的行为在一定程度上是防御性的，因为他是被全面包围的。这也意味着，幻影世界是一个完全孤立的世界，任何时候其中都不可能有一个以上的人，就像两个真实的人不可能同时处于同一梦境中。

没有一个文明能够"完全幻影化"。如果从某个点开始，一个文明的所有成员都进入了幻象，那么该文明所处的真实世界就将陷入停滞，并最终消亡。因为即使最美味的幻影美食都无法延续真正的生命（虽然可以通过将特定的脉冲信号传导入神经来产生饱腹感！），人在幻影世界中待的时间足够长以后总要摄入真正的食物。当然，我们也可以想象某种可以覆盖整个星球的"超级幻影机"，该星球上的居民"永远"——也就是说，只要他们还活着——与机器相连，而他们的身体则像植物人一样，由自动设备来维持生命（比如，将营养物质输送到血液中）。自然，这种文明看起来就像是一场噩梦。但是，决定这种文明能否存在的并不是它看起来像不像噩梦，而是其他的因素。这种文明只能存在于一代人之内——与"超级幻影机"相连接的那一代。

因此，这将是安乐死的一种特殊形式，一种文明在愉悦中自杀的行为。出于这个原因，我们认为这种应用并不可能实现。

对"超级幻影机器"的反思表明，人工合成现实的制造很有可能回避极端情况的产生。尽管如此，风险在于产业的初期类型会哄骗人们，许诺虚假的赏金，引导他们误入可怕的歧途。在《大全》的另一章节中，我写道：

> 在我们的分类系统中，外围幻影术是一种间接作用于大脑的方法，也就是说，幻影刺激仅仅提供类似于现实的事实信息。它决定的永远只是外部状态，而非内部状态，因为同样的感官观测（比如有一场暴风雨，或是我们正坐在金字塔的顶端），无论是人工生成的还是自然生成的，在不同的人身上唤起的感受、情绪和反应也都是不同的。

> 核心幻影术，则是直接刺激相应的大脑中枢区域，使人产生愉快或狂喜的感觉……

> 幻影术似乎是集合当代各种娱乐手段的巅峰之作。它们包括"游乐园""电影院""幽灵城堡"，以及迪士尼乐园——它实际上就是一个最原始的大型伪幻影术。除了这些官方认可的技术，还存在一

些非法技术（比如，让·热内在《阳台》中描述的那些活动，在一家妓院里发生的"伪幻影化"）。幻影术具有一定的潜力成为一种艺术。至少，已经有了开始的苗头。因此，它也可能会产生一种分化，就像电影或其他艺术领域发生的那样，分为有艺术价值的产品和毫无价值的垃圾。

然而，幻影术的威胁明显要比电影——其中那些堕落的，有时甚至是违背公序良俗的电影形式（比如色情片）——所能带来的威胁要大得多。这是由幻影术独有的特点所决定的：它提供的体验是极为"私密"的，只有梦境才能与之媲美。

1991年的补充内容：幻影程序的知识不足以推断出幻影术特定使用者在程序框架内的行为，这完全因为程序在本质上必须通用。这与迷宫一样，迷宫图不足以推断出走迷宫的人的特定路线。如今我们都已能观察到这一点，尽管规模很小，微不足道。因此，在直升机模拟中，没有打开假窗户的人将不会在飞行时看到窗外的全景；在驾驶模拟中，没有跑向障碍物的人不会经历撞车事故。人们可以立法保护这类幻想隐私，保证幻影中主体的反应不会被系统调查并记录下来。这一法则将应用到所有幻影化情况中，但不包括一些测试部分，例如考验驾驶员、外科医生、或者汽车驾驶员的技能。

继续 1962 年的内容：

这是一种肤浅的愿望实现技术，很容易被违背公序良俗的行为滥用。有人可能会说，这种潜在的"幻影放荡"不会造成社会危害，不过是一种"释放"形式。只在幻象中"对邻居干坏事"并不会伤害任何人。有什么人曾为自己最恐怖的梦中的内容而背负过任何责任吗？如果一个人只是在幻影机中攻击，甚至杀死自己的敌人，而不是真的在现实生活中动手，那不是很好吗？或者如果他只是"垂涎邻居的妻子"，难道这会给这对幸福夫妇带来什么灾难吗？换言之，难道幻影机就不能只是吸收潜藏在人们内心深处的黑暗力量，却又不让它伤害任何人吗？

这种观点可能会遭到这样的反驳。批评者会说，在幻象中犯下的罪行实际上会鼓励他们在现实生活中也做出同样的行为。众所周知，人最渴望的就是他们无法拥有的东西。这种"任性"随处可见，没有任何理性支撑。当一位艺术爱好者准备为一幅凡·高的真迹——只有出动一队专家才能将其与完美的复制品区分开来——而倾其所有时，是什么在驱使他？是对"真实性"的探求。因此，幻影体验的不真实性不仅不具备"缓冲"价值，反而会成为社会所禁止的活动的学校或训练场，而不是"吸收器"。如果幻象变得真假难辨，就会产生不可预测的后果。比如说，一个罪犯杀了人，之后此人将会辩称，他当时深信这"只不过是幻象"。许多人会被困在这种现实和虚构无从分辨的生活中，困在这个真实和幻觉无法主观分割的世界里，永远无法找到迷宫的出口。这种情况会成为强大的挫败感和精神崩溃"生成器"。

因此，有充分的理由表明，幻影术不应该成为一个行为全然自由的世界，就像做梦一样，在这里，能够约束这种虚无放荡的疯狂行为的只有一个人的想象力，而不是他的良心。非法的幻影机当然也能够造出来。但这属于治安问题，而不是控制论问题。控制论专家可能会被要求在设备中设置一种"审查机制"（类似弗洛伊德的"梦境审查"），一旦幻象中的人开始表现出某种攻击性或者有施虐倾向的行为，机器就会立刻停下来。

这看似是一个纯粹的技术问题。对那些有能力建造幻影机的人来说，引入这种控制并不是什么难事。但如此一来，我们就会碰到两种完全意想不到的后果，让我们先来介绍简单的。绝大多数艺术作品都是不可能幻影化的：它们会发现自己超出了许可的限制。如果我们幻象中的主人公想要成为波德比平塔3，那就无法避免伤害的发生，因为作为波德比平塔，他将会一剑斩杀三个土耳其人，而作为哈姆雷特，他将会刺死波洛涅斯，认为后者不过是只耗子。

而且——请原谅我举了这个特别的例子——如果他想要体验宗教殉道，这也会变得有些棘手。倒不是说几乎没有哪部作品里没有人被杀或者受到伤害（就连儿童故事也不例外——想想真实的格林童话有多残酷吧！），而是说，对刺激的调控范围，也就是幻影机的审查机制，事实上并没有延伸到幻影术中人的实际经验领域。他想要被鞭打，或许是想要为宗教殉道，但也可能他就是个受虐狂呢？我们能控制的只有输入到他大脑中的刺激，但无法控制他大脑的实际运作和他的实际体验。这种体验的背景始终不在我们的控制范围之内（在这种情况下，这似乎是一个缺点，但作为通用法则，我们可以说这是相当幸运的）。通过刺激人脑的不同区域（在外科手术中）获得的有限实验材料早已证明，同样或者类似的输入在每个大脑中的记录方式都是不同的。在所有人类的大脑中，神经元用来和大脑交流的语言实际上都是一模一样的，但用来形成记忆与联想图谱的语言，更确切地说是编码方法，却是高度个性化的。这一点很容易验证，因为每个人记忆的特定组织方式都只适用于他自己。因此，举个例子，对某些人来说，疼痛是和加剧的折磨或者对不端行为的惩罚联系在一起的，而对另外一些人来说，可能是一种不正当快乐的源泉。于是，我们触碰到了幻影术的极限，因为它无法被用来直接确定态度、意见、信仰或感觉。可以塑造体验的伪物质环境，但无法塑造伴随着它的观点、思想、感觉或联想。这就是为什么我们将幻影术称作"外围"技术。就像在现实生活中，对于两种一模一样（在情感和思想上，而非科学上）的体验，两个人能够得出完全不同，甚至相互矛盾的结论。因为，众所周知，一切知识来源于感觉经验4（或者说，在幻影术中，来源于神经刺激），但神经刺激与情绪或者智力状态之间没有明确的决定关系。用控制论专家的话说就是"输入""输出"的状态与二者的映射之间不存在明确的决定关系。

有人就会问，既然我们已经说过了，幻影术可以让人们体验到"一切"，甚至能变成鳄鱼或者鲨鱼，那怎么又不能确定了呢？

做一条鳄鱼或者鲨鱼，当然可以，但却是以一种"假装"的方式，而且是在双重意义上：首先，众所周知，我们只是在处理一种幻象；其次，要想成为一条真正的鳄鱼，我们得有一颗鳄鱼的大脑，而不是人类的才行。归根到底，人只能是他自己。但我们应该正确理解这一点。如果一名国家银行的职员的梦想是成为一名投资银行的职员，那他的愿望可以完美实现。但如果有人想要做上几个小时的拿破仑·波拿巴，他就只能（在幻影中）很浮浅地成为拿破仑：照镜子的时候，他能看到拿破仑的脸，身边会有拿破仑的"老近卫军"——他忠诚的元帅们，但如果他本人不懂法语，便无法和他们用法语交流。在这种拿破仑式的情境中，他还会展现出他自己的性格特征，而不是我们从历史上了解到的拿破仑的。最多是他努力扮演拿破仑，也就是在某种程度上把自己假装成拿破仑。鳄鱼的情况也是如此……

幻影术可以让一个文学爱好者获得诺贝尔奖，让整个世界为之臣服。每个人都会因他的伟大诗歌而崇拜他——然而，除非有人能把诗歌呈送到他的桌上，否则他无法在幻象中自己创作出这些诗歌。

简而言之，一个人想要扮演的角色和他本人的性格特征与历史背景差异越大，他的行为及整个幻象就会越虚假、幼稚，甚至粗糙。因为，要想加冕为王或是接待教皇的使者，他得熟悉所有的宫廷礼仪才行。幻影机创造出的人物可以假装没有看到身着貂皮的国家银行职员的愚蠢行为，所以他感到的乐趣并不会因为自己犯下的错误而减少，但我们能清楚看到整个情景都完全沉浸在琐碎和滑稽的气氛中。这就是为什么幻影术很难发展成一种成熟的戏剧形式。第一，它不可能有写好的剧本，只能有一些粗略的情景大纲。第二，戏剧需要人物：戏剧中的角色都是提前分配好的，但幻影机的顾客拥有自己的个性，也无法按照剧本来扮演角色，因为他不是职业演员。这就是为什么幻影术主要还是一种娱乐形式。它可以变成可能或不可能实现的太空旅行界的"托马斯·库克旅行集团"，还可以有一系列非常有用的广泛应用——但这些应用既与艺术无关，也与娱乐无关。

幻影术可以帮助我们创造最高水平的培训和教育环境。它可以用来培训任何职业的人：医务人员、飞行员、工程师。而不会有飞机坠毁、手术事故，或是因建筑项目计算失误而造成的灾难的威胁。此

　　　　　　　　　　　　技术大全

外，幻影术也允许我们研究心理反应：在挑选宇航员培训生的时候尤其有用。伪装幻象的可能性有助于创造这样一个环境，让接受检验的人不知道自己是真的在飞往月球，还是一切只是幻觉。这样的伪装是必要的，因为我们需要了解他在面对真正的崩溃时的真实反应，而不是假装出来的，因为任何人都可以轻易地表现出一些"个人勇气"。

"幻影测试"可以帮助心理学家更好地了解人们的各种反应，了解恐慌如何发展，等等。它还可以帮助人们快速选择大学课程和职位的候选人。对于那些长时间独自待在一个相对逼仄而封闭的地理空间（北极的科考站、太空飞船、太空基地，甚至是星际探索中）的人来说，幻影术将被证明是不可或缺的。有了幻影术，在抵达某一行星的旅行所必要的年限中，船员就可以进行各种各样的日常活动，就像在地球上时那样：跋山涉水的环球之旅、为期数年的学习研究（因为在幻象中，我们也能聆听知名教授的讲座）等等。（教育水平确实能够攀升到巅峰——1991年的莱姆）对盲人（除非是那些彻底失明的人，也就是初级视皮层已经损坏的人）来说，幻影机将会是真正的福音，它将为他们——以及那些瘫痪或长年卧病在床的人，想要重活获青春的老人，总之是成百上千万人——打开完整的大千世界。换句话说，如前所述，娱乐可能反而是幻影机的一个相当边缘的功能，而更具社会意义的功能将成为主流。

毫无疑问，幻影机也会引起一些负面反应。它的坚定反对者，比如真实性爱好者将会出现，对幻影机只能很短暂地满足人的愿望嗤之以鼻。然而，我（1962年的莱姆）认为，一些明智的折中将会达成，因为任何文明实际上都是一种便利的生活，其发展在很大程度上可以被归结为这种便利范围的扩大。当然，幻影术也可能变成一种真正的威胁，一种社会瘟疫，但这种可能性适用于所有的技术产品，尽管它们的程度可能会有所不同。我们知道，滥用蒸汽和电力技术的后果远没有滥用原子技术的后果来得严重。但这是一个社会制度和现有政治关系的问题，和幻影术或者任何其他技术分支都毫不相关。

幻影术将成为它们的因变量，虽然不一定是函数（从数学角度来说）。

1991年的我写下这句话，并以如下评论作为结束。生产虚拟现实设备系统的价目表列举了以下产品：可视电话（9400美元），数据手套（8800美元），VPL套装（一整套 22 万美元)。与此同时，广告保证，沉重的可视电话拥有 8.6 万像素，而数据手套可同时连接所有手指与装置，让一切实时运作，所以，幻影世界中的人不会发现最细微的动作与视觉或其他感觉变化之间的延迟。我不可以，也不想把我的文章结尾变成广告。但上述引用自 1990 年的数据确认，我们已开始不再把我称为幻影术的事物视作乌托邦式的错误，或者虚构的童话，而是精准的预言。那么，某位哲学家在整理自己三十年前文章选集时，又做了什么呢？与重印版文集标题《赞美不一致性》一样，考拉阔夫斯基平静地重申，莱姆在 1963 年到 1964 年捏造的一切都是无伤大雅的谎言。[2]

1991 年 5 月于克拉科夫

注释

1 "An Extra Dimension of Realism for Game Arcades," *New Scientist*（《新科学人》）130(1991): 23.

2 London: Puls, vol. 3(42-51).

参考文献

Amarel, Samuel. "An Approach to Automatic Theory Formation." In *Principles of Self-Organization,* edited by Heinz von Foerster and George W. Zopf. New York: Pergamon Press, 1962.

Ashby, W. Ross. *An Introduction to Cybernetics.* London: Chapman and Hall, 1956.

Ashby, *Design for a Brain.* London: Chapman and Hall, 1952.

Baumsztejn, A. I. "Wozniknowienije obitajemoj planiety." *Priroda* 12 (1961).

Bellamy, Edward. *Looking Backward: 2000–1887.* New York: New American Library, 1960.

Blackett, Patrick M. S. *Military and Political Consequences of Atomic Energy.* London: Turnstile Press, 1948.

Bohm, David. *Quantum Theory.* New York: Prentice Hall, 1951.

Brown, G. Spencer. *Probability and Scientific Interference.* London: Longman, 1958.

Carrel, Alexis. *Man, the Unknown.* New York: Harper, 1935.

Charkiewicz, A. A. "O cennosti informacii." *Probliemy Kibernetiki* 4 (1960).

Chorafas, Dimitris N. *Statistical Processes and Reliability Engineering.* Princeton, N.J.: Van Nostrand, 1960.

Davitashvili, L. S. *Teoria Polowogo Otbora*. Moscow: Izdatel' stvo Akademii Nauk SSSR, 1961.

De Latil, Pierre. *Thinking by Machine: A Study of Cybernetics*. Translated by Y. M. Golla. London: Sidgwick and Jackson, 1956.

De Solla Price, Derek J. *Science since Babylon*. New Haven, Conn.: Yale University Press, 1961.

Goldschmitdt, Richard. *The Material Basis of Evolution*. New Haven, Conn.: Yale University Press, 1940.

Hoyle, Fred. *Black Cloud*. New York: New American Library, 1957.

Huntington, Ellsworth. *Civilization and Climate*. New Haven, Conn.: Yale University Press, 1915.

Huntington, *Mainsprings of Civilization*. New York: John Wiley, 1945.

Ivachnenko, Alexey Grigorevich. *Cybernetyka Techniczna*. Warsaw: Wydawnictwo Naukowe, 1962. Also published as *Technische kybernetik* by VEB, Berlin, 1962.

Jennings, Herbert Spence. *Behavior of the Lower Organisms*. New York: Columbia University Press, 1906.

Koestler, Arthur. *The Lotus and the Robot*. London: Hutchinson, 1960.

Leiber, Fritz. *The Silver Egghead*. New York: Ballantine Books, 1961.

Lem, Stanisław. *Dialogi*. Cracow, Poland: Wydawnictwo Literackie, 1957.

Lévi-Strauss, Claude. *Race and History*. Race Question in Modern Science. Paris: UNESCO, 1952.

Magoun, Horace W. *The Waking Brain*. Springfield, Ill.: Thomas, 1958.

Marković, Mihailo. *Formalizm w logice współczesnej*. Warsaw: PWN, 1962.

技术大全

Olds, James, and Peter Milner. "Positive Reinforcement Produced by Electrical Stimulation of Septal Area and Other Regions of Rat Brain." *Journal of Comparative and Physiological Psychology* 47, no. 6 (1954): 419–27.

Parin, W. W., and R. M. Bajewski. *Kibernetika w miedicinie i fizjologii.* Moscow: Medgiz, 1963.

Pask, Gordon. "A Proposed Evolutionary Model." In *Principles of Self Organization,* edited by Heinz von Foerster and George W. Zopf. New York: Pergamon Press, 1962.

Schmalhausen, I. I. "Osnovy evolucyonnogo procesa v svietje kibernetiki." *Problemy Kibernetiki* 4 (1960).

Shapiro, J. S. "O kwantowanii prostranstwa i wriemieni w tieorii 'elemientarnych' czastic." *Woprosy Filosofii* 5 (1962).

Shapley, Harlow. "Crusted Stars and Self-warming Planets." *American Scholar* 31 (1962): 512–15.

Shields, James. Monozygotic Twins: Brought Up Apart and Brought Up Together. *Oxford: Oxford University Press, 1962.*

Shklovsky, Iosif S. *Wsieljennaja, zizn, razum* [Universe, Life, Intelligence]. Moscow: Izdatel'stvo Akademii Nauk SSSR, 1962.

Simpson, G. G. *The Major Features of Evolution.* New York: Columbia University Press, 1953.

Smith, John Maynard. *The Theory of Evolution.* London: Penguin Books, 1962.

Stapledon, Olaf. Last and First Men: A Story of the Near and Far Future. *London: Methuen, 1930.*

Taube, Mortimer. *Computers and Common Sense: The Myth of Thinking Machines.* New York: Columbia University Press, 1961.

Thirring, Hans. *Die Geschichte der Atombombe.* Vienna: Neues Osterreich Zeitungs-und-Verlags- gesellschaft, 1946.

Turing, Alan. "Computing Machinery and Intelligence." *Mind* LIX, no. 236 (1950): 433–60.

Von Bertalanffy, Ludwig. Problems of Life: An Evaluation of Modern Biological and Scientific Thought. *New York: Harper, 1952.*

Wiener, Norbert. *Cybernetics: Or Control and Communication in the Animal and the Machine.* 2nd rev. Ed. Cambridge, Mass.: MIT Press, 1961. First published 1948.

Summa Technologiae

by Stanisław Lem

© Tomasz Lem 2016

All rights reserved.

Illustrations © Copyright by Daniel Mróz's Estate, 1972

北京出版外国图书合同登记号：01-2021-6198

图书在版编目(CIP)数据

　　技术大全 / (波) 斯坦尼斯瓦夫·莱姆著；云将鸿蒙，云将鸿蒙二号机，毛蕊译. -- 北京：北京日报出版社，2022.1

　　ISBN 978-7-5477-4128-3

　　Ⅰ. ①技… Ⅱ. ①斯… ②云… ③云… ④毛… Ⅲ. ①技术学 Ⅳ. ① N0

　　中国版本图书馆 CIP 数据核字 (2021) 第 231687 号

责任编辑：许庆元
助理编辑：胡丹丹
特邀编辑：冯　婧
装帧设计：少　少
内文制作：陈基胜

出版发行：北京日报出版社
地　　址：北京市东城区东单三条8-16号东方广场东配楼四层
邮　　编：100005
电　　话：发行部：（010）65255876
　　　　　总编室：（010）65252135
印　　刷：北京盛通印刷股份有限公司
经　　销：各地新华书店
版　　次：2022年1月第1版
　　　　　2022年1月第1次印刷
开　　本：850毫米×1168毫米　1/32
印　　张：22.5
字　　数：396千字
定　　价：118.00元